国内首部探秘典当行业与古玩市场的小说

网络原名《黄金瞳》

典 当 ③

打 眼◎著

典当行业：质押借贷，不乏尔虞我诈
古玩市场：珍宝赝品，不乏鱼目混珠

台海出版社

图书在版编目（CIP）数据

典当 . 3／打眼著. –北京：台海出版社，2011. 11

ISBN 978 – 7 – 80141 – 895 – 1

Ⅰ.①典… Ⅱ.①打… Ⅲ.①长篇小说—中国—当代

Ⅳ.①I247. 5

中国版本图书馆 CIP 数据核字（2011）第 223711 号

典当 . 3

著　　者：打　眼

责任编辑：王　品　　　　　装帧设计：天下书装

版式设计：刘　栓　　　　　责任印制：蔡　旭

出版发行：台海出版社

地　　址：北京市景山东街 20 号　邮政编码：100009

电　　话：010 – 64041652（发行，邮购）

传　　真：010 – 84045799（总编室）

网　　址：www. taimeng. org. cn/thcbs/default. htm

E – mail：thcbs@ 126. com

经　　销：全国各地新华书店

印　　刷：北京高岭印刷有限公司

本书如有破损、缺页、装订错误，请与本社联系调换

开　　本：787 × 1092　　　1/16

字　　数：400 千字　　　　印　张：24

版　　次：2011 年 12 月第 1 版　印　次：2012 年 8 月第 2 次印刷

书　　号：ISBN 978 – 7 – 80141 – 895 – 1

定　　价：39. 80 元

目 录
CONTENTS

第一章 | 油耗子

"路上开车小心点,宁停三分,莫争一秒……"

儿子才刚回家几天,又要出门,庄母虽然有些不舍,但是也没有说什么,只是免不了嘱咐一番。

其实要不是参加完老三的婚礼,紧接着又要去山西参加国际藏獒交流会,必须带着白狮同行的话,庄睿都打算坐飞机前往陕西了,这开车的热乎劲早就过去了。

由于周瑞和刘川要准备参加藏獒交流会的事宜,这次庄睿只能一个人开车上路了,从彭城至陕西渭市,一共八百多公里,对他而言,也是个不小的挑战,因为有一段路并没有高速,并且还是环山道,需要注意力绝对集中,稍有不慎,那就是车翻人亡的后果。

从安徽萧县转上高速,然后直插商丘进入到河南,经兰考、开封、郑州、洛阳到陕西灵宝,一路都是高速,庄睿车速很快,早上六点多出发的,现在不过下午一点,已经算是进入到陕西境内了。

在小心翼翼地开了一段不是那么好走的路之后,过了潼关和华县这两个大大有名气的地方,庄睿才算是到了老三的家乡,陕西渭市。

这一路经过的历史名城可真不少,尤其是河南诸地,在历史上见证了不少朝代的兴亡,庄睿也有些遗憾,如果时间充足的话,倒是可以慢慢行来,想必在那些城市里能淘到不少好物件。

渭市地处陕西省东部,历史悠久,是进入西安的门户,素有"三秦要道,八省通衢"之称。且土地广阔,气候温和,可耕地占总面积的96%,号称是"陕西粮仓"。

老三和章蓉都是渭市下属一个县城里的,从上海毕业之后,经过公务员考试,进入到家乡小县城里面工作,老三是在粮食局,章蓉进了财政局,算是都很不错,这两个部门在当地都属于大局。

庄睿直接将车开到了章蓉所在单位的门口,看到章蓉正站在门口一棵树下张望,将车靠了过去,放下车窗,问道:"嫂子,三哥呢? 他就舍得让你这个新娘子抛头露面?"

"你就贫吧,长发单位临时出了点事情,被喊回去加班了,今天晚上应该能回来,我先带你去他家里住下吧。我们在县城是租的房子,不怎么方便。"

　　章蓉拉开车门坐了进去,她也不知道自己老公的单位搞什么名堂,从昨天就把刘长发喊去了单位,这都两天没见人影了,要不是刘长发打了个电话回来,她都以为自己老公被人绑架了呢!当然,这也是有了那一百万之后才产生的想法,换做以前,谁会绑架她那穷光蛋老公?

　　"你们干嘛不在城里买套房子啊?这房价应该不是很贵吧?"庄睿发动了车子,随口问道。

　　"你说的倒是容易,我们之前哪有钱买房子啊。长发的父母在家里建了一座房子,欠了一屁股债。这几天我倒是在看房,不过赶不上结婚用了,买下来再装修好,也要好几个月。"

　　章蓉家里是县城的,本来是打算两家都凑点钱,在县城里买套房子的,可是刘长发父母说什么都不答应,非要在家里建房,钱没少花,可以后他们未必就有时间在那里住。

　　章蓉也是好脾气的,能体谅老三父母的想法,要是换个人,恐怕早就鼻子不是鼻子、眼不是眼地闹腾起来了,这也就是对着庄睿,才发几句牢骚。

　　老三家在农村,快要靠近临潼地界了,到了地方之后,天色已经快黑下来了,一个四处升着炊烟,鸡鸣狗吠不绝于耳的小村庄,出现在了庄睿的眼前。

　　当庄睿将车开进村子里的时候,一群光着屁股的小孩不知道从哪里冒了出来,追在车后嬉闹着,几只土狗也凑着热闹。在村子那并不宽敞的小路两旁,还有端着饭碗蹲在家门口的大人,大声呵斥着那些孩子,不过一双眼睛也是紧盯着庄睿的汽车,充满了好奇。

　　在章蓉的指点下,庄睿将车停在老三家的门口,追在车后的孩子们也哄然散去,但并不离开,还站得远远的向这边看来。

　　乡下人结婚,最注重的就是房子,如果做父母的不能给儿子建造一套房子的话,那会被人看不起的,虽然刘长发上大学花了不少钱,不过家里还是借债在老宅子旁边,给他建了一栋平房,一共五间,外面还有个院子,在整个村子里来说,这都是最好的了。

　　其实老三和章蓉未必就能住在这里,这边距离他们上班的县城,还有二三十公里路呢,来回也太不方便了。

　　老三当时就不想让父母建这套房子的,不过整个村子才出了这么一个大学生,并且儿媳妇也是大学生,倍儿有面子的事情啊,所以刘父砸锅卖铁借了不少钱,还是建了起来。如果不是有庄睿给的那一百万,恐怕老三和章蓉结婚之后四五年之内,那工资都是属于别人的。

　　庄睿和章蓉下车之后,刘长发的父母也从屋里迎了出来,两人都是五十出头的年纪,可能是常年做农活的原因,他们面相有些显老,知道庄睿是儿子的同学,很是热情,加上老三的几个弟弟妹妹,簇拥着把庄睿迎到了屋里。

　　"娃,你这只大狗,可是不得了啊,额(我)们村子里的,没有一个能比得上,来,快来吃饭,饿了吧?"

看着庄睿身后跟着的白狮,刘父一脸警惕的表情,把几个小孩都赶到了里屋,生怕白狮伤人。

早就知道儿子有同学要来,老三父母早早地做好了饭菜,一直在等着。

"没事,叔,这狗不咬人。"

庄睿也有些无奈,现在白狮体型太大了,走到哪里都不是很方便,在这土狗满地跑的农村,居然都能将别人吓到。

想到这里,庄睿就有些头疼,日后自己去北京上学,这白狮也是个大问题,它几乎是从刚出生就跟着自己,要是把它放在山庄里,恐怕没人能管得了它。

刘父准备的酒菜,都是陕西的特产。菜是牛羊肉,酒是西凤酒,这在陕西可是名酒,招待一般的客人都不会拿出来的,主食是热腾腾的臊子面,上面还洒了些葱花,扑鼻的香味使得庄睿胃口大开,当下也不客气了,坐上桌后,给刘父倒上酒,爷儿俩喝了起来。

章蓉则去给白狮准备食物了,她可是知道这是庄睿的宝贝,搞了满满的一盘带着碎肉屑的骨头,端了出来,不过还是要庄睿接过来放在地上,白狮才肯去吃,即使在家里,白狮也只吃庄母给的食物,别人给的连闻都不去闻。

刘父话不多,挺朴实的一个农村汉子,只是不停地劝庄睿酒,西凤酒后劲挺大,一顿饭吃下来,庄睿倒是喝得七七八八了,就去老三的新房睡下了。

乡下人结婚所用的新房,最怕女孩子去睡,不过要是大小伙子的话,就没有那忌讳,老三这新房自己一天没住,倒是让庄睿拔了个头筹。

开了一天车,庄睿也是累得不轻,加上酒气上涌,晕沉沉地就睡了过去,一觉到第二天早上,才被院子里的喧闹声吵醒了过来。

在农村,结婚办酒还是遵循着以前的老规矩——流水席,一桌吃完再换人,菜是不停地上,采买的东西很多,所以要提前几天作准备,这闹哄哄的人,就是来送碗盘的。

"三哥,什么时候回来的啊?"

庄睿起身走到院子里,一眼看到老三正四处给人敬烟呢。

"昨天夜里回来的,有点晚,看你睡下了就没喊你,老幺,实在是对不住,单位出了点紧急的事情,昨天才算是处理完。"

老三回头看见庄睿,连忙跑了过来,那边的事情自然有本家的兄弟招呼着。

庄睿知道老三的工作性质,不禁有些奇怪,问道:"你不是在财务科吗?再紧急的事情关你什么事,这马上就准备结婚了,还折腾你啊?"

"别提了,我们这马上就要在全国出大名了……"老三的表情有些古怪。

"什么事情啊?说说……"庄睿来了兴致。

"哎,一帮子盗墓贼不务正业,放着那么多的古墓不去挖,改成老鼠偷油了,把我们县里的一个储油罐快给偷空了,昨天喊我去,就是统计损失的。"

"盗墓贼偷油？食用油啊？"

听到老三的话，庄睿也是感觉到有些不可思议。

这世界之大，真是无奇不有，听完老三所讲的事情之后，庄睿是半天无语，自己的见识，还真的是很浅薄。

众所周知，河南陕西两地，自古多帝王将相的陵墓，像位于河南洛阳以北的邙山，陕西渭河周围的唐朝十八陵，由此也衍生了一个极为特殊的职业，那就是盗墓。

虽然这盗墓自古就有，远在三国曹操时期，更是被授予官衔，称之为"摸金校尉"和"发丘中郎将"。校尉的官职可是不小，在军中仅次于将军，掌管特殊的军队，而中郎将则是探墓的好手，俸禄高达两千石，到了近代，还有盗墓将军孙殿英，这些人都是"官盗"的代表人物。

如今"官盗"已经是绝迹了，因为大肆挖掘古墓，这是法律所不允许的。

而在民间月黑风高夜潜行于荒山陵墓之中的人，都被称为"私盗"，也叫"民盗"，这主要指的是个人或者团伙的盗墓行为，这些人大多都是通过利益相互结识，不过更多的却是亲戚朋友，白天下地干活，晚上摸黑盗墓，平时都像良民似的，很难被人发现。

数代"家族营生"传下来之后，这些人的家族也就演变为了盗墓世家。即使是现代，在陕西河南等地，也是有许多盗墓世家存在的。

通过上面的介绍，大家都知道，这"官盗"消失了，而"私盗"却大行其道起来，当然，他们不敢像祖宗那么明目张胆，往往都是在夜深人静的时候才行动。

"私盗"最为集中的地方，就是陕西、河南与山西这几个省份，由于近些年来政府打击盗墓行为的力度不断加大，现在的"私盗"也化整为零了，一般都是由两人组成：一个人挖洞，向外传递随葬品，一个人清土望风，这样的多为兄弟组合。

渭市地处关中十八陵的中心地带，自然是不缺少盗墓的专业人才，而在老三生活的这个县城里，有个姓胡的出身于盗墓世家的人，组织了一帮子街头的无业游民，拉起了杆子，开始了集团化盗墓行动。

在初始的时候，他们也发掘了几座大墓，收获不菲，搞到不少珍贵的文物，但是这些人都是生于斯长于斯的本地人，没有什么出手的门路，被一些上门收文物的人把价格压得很低，风险担了不少，但是钱没搞到几个，加上政府打击盗墓的力度开始加大，在许多重要的陵墓周围，都开始有巡逻队出现了。

这被断了财源，平日里游手好闲惯了的众人，手头就变得紧张了，俗话说：人心散了，这队伍就不好带了。火车跑的快，全凭车头带，这盗墓集团的胡老大，也绞尽脑汁地开始寻找新的项目了，怎么着也要让弟兄们有口饭吃啊。

别锁撬门？曾经组织起来干过几次，连撬了三家，一共翻到九十二块八毛钱，还被人拎着菜刀追了三条大街，有个兄弟差点被车撞死，风险太大，收益太低，放弃了。

拦路抢劫？这需要武力啊，弟兄们打洞挖坑可以，这活干起来吃力。第一次干的时候,就被起早赶集的乡下俩兄弟打的是屁滚尿流,后来一打听,那哥俩都是远近闻名的武把式,于是这念想也被切断了。

什么?做点小买卖?开什么玩笑,一加一减一再加一等于几的问题,问上三个人就有三种回答,指望他们去做买卖?保准赔得连裤子都没有。

为了保证人心的凝聚力,做老大的冥思苦想了好几天都没想出什么头绪来,有一天出门遛弯,不经意间看到了县城粮油站的仓库,心中不禁一动。

大家都知道,渭市有着陕西粮仓之称,粮油储备在国内都是能排得上号的,大型粮仓在市内就有好几个,几十吨的油罐也有不少。

衣食住行,食物就排到了第二,人每天都要吃饭,这油更是必不可少的,而那位被逼得没了办法的老大,就将主意打到了食用油上面。

胡老大回去之后,马上召开集团会议,各个骨干都必须参加,讨论的主题就是:如何从戒备森严的粮油仓库里面把食用油给搞出来?

"抢呗!"

有的人不经大脑就开始发言了,迎接他的是一个个竖起的中指,开什么玩笑!这粮油储备是国家重点保护的,看门的武警都有一个班,拿什么去抢啊?洛阳铲?迎接你的指定是一梭子子弹。

"咱们可以骗啊,搞点假的提货单,开上几辆卡车,咱们光明正大地去提货。"

出这主意的人,以前是隶属于环球办证集团亚洲分部中国分公司陕西办事处的一个员工,虽然自己没干过诈骗的事情,不过找他办证的大多都是专业人士,也学到过不少的相关技能。

这个建议得到了一致好评,胡老大对这个主意也是赞赏有加,这说明同志们都动脑筋了嘛,以后咱们也是吃脑力活这行饭的了,于是就分工下去,那位办假证的自然去准备相关证件,其余的人有的去联系货车,有人去联系下家,顿时,将大家的积极性都调动了起来。

谁知道万事俱备之后,提货的时候出了问题,他们不了解流程,以为拿着提货单就可以了,谁知道一般有大宗货物要提的时候,都会事先电话通知,然后再传真确认的,结果自然是不用提,黄了,还好当时那几个人跑得快,没被抓到。

货车司机被抓了?拜托,别把兄弟们都当做脑残,这事办的自然是没有首尾,从司机身上是追查不到他们的。

第二章 | 风水格局

第一次虽然黄了，可没有活干，日子还是要过啊，养了这么一大群人，手上钱是越来越少。胡老大关在屋里憋了三天之后，居然想出了一个法子来，咱们是干什么的啊？专业打洞人士！这事有谱了。

于是，距离粮油站大概一百多米远的一家店铺被胡老大的人给高价租到了手上，卖什么？音像制品，每天店门口放着俩大音箱，专门播放一些流行歌曲，这倒是把粮油站的工作人员给乐坏了，天天有免费音乐听啊，上班也没那么枯燥了。

胡老大这些人在干什么？当然是在店铺后面的院子里打起了地洞。

胡老大亲自勘探了地形，并准确地测量出店铺和粮油站之间的距离，又通过洛阳铲得到了土层的性质，一帮子人摩拳擦掌地干起了老本行。

这熟门熟路干得就是顺当，而且胡老大的专业知识真的不是吹出来的，半个月之后，一条高一米五，宽两米的地道，就打到了粮油仓库的下方。

仓库嘛，自然是锁起来的，而且常年都不见打开一次，说老实话，真是养活了不少耗子，当胡老大亲自动手在地面开出一个洞的时候，差点以为自己进了黑风洞，那里面全是老鼠，个头大得都快成精了。

这个仓库是粮油一体的，东边摆放粮食，西边就是几个巨大的油罐，胡老大目测了一下，然后将这个洞给填死，从下面直接打到油罐的下方，用气焊切割机，在油罐底下开了个洞，并安装了一个阀门，只要一打开阀门，那油就会自动流入到下面的油桶里。

如此还不够，为了和现代化接轨，胡老大又派人在地道里安装了双轨，并且特制了可以在双轨上推动的车子，这样一来，偷油的效率就大大提高了。

食用油这东西，人每天都要吃，也是每天都要消耗的，不说是2004年那会儿，就是现在，农村吃油也不会吃超市里卖的色拉花生油之类的，所以胡老大粮油集团算是正式成立开张了，而且发展势头很好，由于价格便宜，质量上乘，很快就打开了市场，十里八乡的人都吃上了他们提供的粮油。

有钱了，这日子过得也好了，小半年的工夫，胡老大一帮子人都发了，整天开着小车，人五人六的,小半年的时间,胡老大他们可是整整赚了两千多万啊,这可比盗墓有前途,这也坚定了他们改行的信心。

胡老大没忘记开展新业务,在盗空了一个仓库内的四个油罐之后,又开始业务扩展,把粮油站内的四个仓库都给掏空了,并已经在着手准备,去另外几个县市开分公司,要将这项业务发展壮大。

有朋友说了,这仓库里的东西少了,粮油站的管理人员会不知道?

还真的就是不知道,用他们的话说,那么多粮食,被老鼠吃掉一些,要算在损耗里的嘛,再说粮食便宜,搬着也费劲,胡老大他们也没怎么动,至于油,那是储备物资,没事谁会打开油罐看看里面油少了没有,那不是有病吗?

俗话说:常在河边走,哪能不湿鞋? 就在半个月之前,某位领导要来视察国家重点粮油储备单位,这下子从县长到粮油站的普通工作人员都忙了起来,灭鼠行动,打扫卫生,开展得轰轰烈烈的,为了确保领导视察圆满成功,不出现一丝纰漏,就连油罐也被检查了一番。

这一检查不要紧,好家伙,整个粮油站仓库里的十二个油罐,其中的九个油罐里面是一滴油都没有剩下来,这下子事情大发了。

由于领导视察是需要保密的,所以灭鼠行动打扫卫生啥的,也不能浮于表面,所以粮油被盗这件事情,就很保密的被报告给了当地政府一把手。

"查,要严查!"

这可是关系到自己官帽子的问题,凡事就怕认真,县城刑警大队的人进驻之后,马上就发现了油罐下面的特制阀门,再顺藤摸瓜,地道也随之露出了水面。

要说胡老大他们这帮子人,干这事情有些太不专业,或者说活干得太顺当了,有些得意忘形了,半年下来都没出现什么问题,他们的神经已经完全放松了下来,原本还派了两个小兄弟监视粮油站的动静,现在根本就不去过问了,粮油站在他们眼里,就是一摇钱树。

发现了事情的根源,接下来的事情就很好办了,为了不打草惊蛇,警察并没有打穿地道,而是秘密在周围布控盘查,撒下了天罗地网,不到两个小时的时间,音像店就进入到侦察人员的视野里了。

胡老大自然不知道自己已经被盯上了,这天也是凑巧,新仓库油罐里的油又差不多要空了,为了生意能继续做下去,原本已经不怎么亲自操作的胡老大,来到店里,准备再开一条地道,这种比较专业的事情,还是需要他的指点的。

老大都来了,那些部门经理,公司骨干什么的,自然也要来应应景,于是这场抓捕进行得异常顺利,半个小时工夫,整个集团从老总到跑业务打杂的,是一个不少的全部都落了网。

最好笑的是,由于店里音响的声音过大,刑警队的人进入到后院的时候,那帮子人还都在扯着嗓子聊天呢,估计就是放上几枪,也没人能听到。

出了这样的事情，自然是要连夜突审，并且要统计追回国家损失。损失要是能被追回来，那领导责任不就会轻一点嘛。

老三就是因为这件事被抽调了过去，整整埋头算了两天，才统计出来，一共损失了价值四千多万的食用储备油。

"三哥，这事，真是……真是……"

听完这番话，庄睿想了半天，愣是没找出形容词来，乍一听上去，这事挺可笑的，可是细想一下，整个就是一人祸啊。

老三笑得也是颇为无奈，说道："行了，反正天塌下来上面还有高个的，没你三哥什么事情。对了，老幺，我这几天比较忙，没多少时间陪你，你要是闲得慌，让二毛带你去我家地里转悠转悠，现在西瓜可是熟了，你去了随便吃。"

"三哥，咱们还客气什么啊，你去忙吧，我等会儿带白狮去地里溜达溜达。"庄睿很少来农村，倒是有些新奇。

"嗯，离我家瓜地不远，来了个科考队，回头让二毛带你看热闹去?"

老三有些不好意思，不过这要做新郎了，亲戚朋友来了都要亲自招待，不然会被人说失礼的，只能委屈下庄睿了。

没有城市中上班人群的喧闹，没有车水马龙的嘶鸣声，没有那钢铁牢笼在烈日蒸烤下所散发出来的炙热，乡间的清晨，微风徐徐，远处的村庄炊烟升起，偶尔传出几声鸡鸣狗吠，让人有一种进入到泼墨山水画卷中的感觉。

白狮此刻也兴奋了起来，围着庄睿前后飞快地跑着，它的姿态非常优雅，就算是在跑动中，硕大的头颅也是高高昂起的，像是尊贵的国王在俯视自己的领地一般，不时碰见几只土狗，这些土狗在看到白狮之后，纷纷夹起了尾巴，躲在路边瑟瑟发抖。

陕西少水多旱，不过渭河的一个分支正好经过这个小村庄，远处山脉此起彼伏，像舞龙般一直延伸到村庄的边缘处，生动非常;弯弯曲曲的渭河水，像玉带那样从庄睿眼前轻轻飘过，然后缓缓东流。

庄睿这段时间所看的书，主要以古汉语和中国地理为主，也掺杂了一些有关于风水学的论著，在他眼中，这个地方的风水似乎正符合书中的一些言论。

远处的大山呈现环抱形状，又被渭水河兜裹，成为"水抱格"，而它的西北方有连绵不绝的山脉，挡住了由甘肃方向吹来的西北风，这又形成了"环山格"。

庄睿虽然对风水研习不深，但是也能看出，这里真正是一块"山环水抱"的风水宝地，是富贵双全的风水地理格局。按照书中所说，这样的地方肯定会有帝王将相的陵墓，难怪刚才老三会说有科考队在此了。

"庄大哥，你坐，额(我)去给你挑个西瓜，额(我)们家的西瓜，都是沙瓤的，又大又甜……"

不经意间，庄睿和带路的二毛，已经来到了老三家的瓜地，放眼处，满地都是瓜藤，粗大繁盛的叶子下面,散落着一个个滚圆的西瓜。

在瓜地靠近土路的边上,搭着一个茅草棚子,里面有张竹床,应该是守夜人住的,二毛让庄睿先在床上坐着,他跑到地里去挑西瓜了。

"嗯?白狮呢?"

庄睿没有待在棚子里,而是跟在二毛后面,小心地走进到瓜地里,一回头,却发现白狮不见了踪影。

庄睿正要喊上一嗓子的时候,白狮从远处跑了过来,像一道白色闪电般,刚进入视线没几秒钟,就蹿到了庄睿的身前。

让庄睿惊诧的是,白狮嘴里居然叼了一只肥大的兔子,像邀功似的,白狮将兔子放到了庄睿面前,大头使劲地在庄睿身上蹭了蹭,差点没把嘴边的血迹抹到庄睿的衣服上去。

"庄大哥,你的这只大狗好厉害啊,额(我)们这里的兔子一般都在窝边,很难抓的,恐怕山里的野猪都斗不过你这只大狗……"

二毛看到那只足有五六斤重的兔子,惊叫了起来,一脸羡慕地看着庄睿,对于长年在农村的孩子们来说,能养上一只厉害的猎狗,那是件很威风的事情。

庄睿弯下腰,把已经死去的兔子拎起来看了一眼,兔子的身体完全被白狮咬穿了,前后露出几个血洞,随手就递给了二毛,说道:"二毛兄弟,回头把这兔子带回去,也是道好菜啊。"

之所以庄睿先把兔子拿起来,那是因为庄睿知道,白狮绝对不会允许二毛伸手拿它的猎物的。如果二毛之前有这个动作,恐怕白狮早就将他扑倒了,当然,没有庄睿的命令,他是不会咬人的。

二毛接过兔子,乐呵呵地向棚子跑去。

庄睿宠溺地拍了拍白狮的大头,从兜里摸到个苹果,掏出来后,使劲向远处扔去,白狮不待吩咐,闪电般蹿了出去,在苹果还没落地的时候,就凌空用嘴接住了,一颠一颠地跑了回来,只是送到庄睿手心里的,只剩下一个苹果核了。

看着身边的白狮,庄睿心中泛起一种很古怪的感觉,这要是放在以前,自己肯定会被别人当做那种驱狗熬鹰的纨绔子弟。

"庄大哥,来吃西瓜啦……"

二毛在瓜地里东拍拍、西敲敲之后,挑了一个有十多公斤的大西瓜,费力吧唧地抱到棚子里,招呼了庄睿一声。

"这瓜要是拿回村子,放在村头的井里泡上几个小时,那吃起来才爽快呢。"

二毛边说话,边用棚子里的西瓜刀将瓜给破开了,这瓜是熟透了的,一刀下去还没往下切,整个西瓜就裂开了,汁水流淌了一地。

"嗯,好吃,二毛,你怎么知道这瓜就是熟的呢?"

庄睿边吃边夸了起来,这瓜是沙瓤的,咬在嘴里面面的,一股甘甜直入心扉,庄睿以前看别人买西瓜，都要敲上几下，自己买的时候也学着别人敲敲，不过有什么讲究就完全不知道了，只是应景而已。

转脸看到白狮眼巴巴地正望着自己，庄睿连忙把切开的另外一半西瓜，放在了地上，十多公斤的西瓜，就算是一半，他和二毛也吃不了。

二毛啃着西瓜，用袖子擦着嘴，含糊不清地说道："庄大哥，这西瓜用手弹一下，要是发出'噗噗'的声音，就是熟透了的，再不吃就要坏了；'嘭嘭'声的，是熟瓜，不过还能放几天；'当当'声的，那就是还没有熟的。你以后这样买西瓜，保准没错。"

来到这恬静的乡间，庄睿似乎又回到了童年，吃完一块西瓜之后，钻到瓜地里，按照二毛所说的，挨个的敲了起来，玩的是不亦乐乎，心里想着，学到这一手，咱以后再也不会买到生瓜蛋子了。

"吼！"

正玩得高兴的时候，庄睿耳边突然传来了白狮的怒吼声，顿时将庄睿吓了一跳，连忙站起身来，他知道白狮从来不叫的，现在这声音，已经代表白狮极端愤怒了。

循声望去，庄睿不禁哑然失笑，白狮就在距离他四五米远的地方，正在用爪子扒挠着瓜地里的一只刺猬。

这应该是只成年刺猬，通体灰色，身上的毛刺已经完全炸开了，缩成一团，蜷在地上一动不动，白狮好像吃了点亏，不时地用爪子拨弄一下，被刺扎到之后，连忙又后退几步。

见到庄睿过来，白狮不再上前了，而是对着刺猬不住地发出低吼声。它估计也是很无奈，对着这浑身都是刺的家伙，根本就是狗咬刺猬——无从下嘴。白狮刚才没注意，一口咬上去的时候，嘴巴可是被扎得不轻。

"庄大哥，让你的大狗退后一点，额（我）来抓它，这东西可坏了，经常偷额（我）们的瓜吃，而且还专门挑大个的……"

二毛也循声跑了过来，看到是只刺猬，顿时两眼放光，出言让庄睿管住白狮，自己却掉头往棚子跑。

庄睿也想看看他是怎么抓刺猬的，于是就把白狮唤了回来，那刺猬能感觉到白狮的威胁，依然是蜷缩着身体，一动不动。

二毛从棚子里出来的时候，手里多了个破麻袋和棍子，走到刺猬身前，张开麻袋，用棍子把不敢动弹的刺猬拨了进去，看的庄睿是目瞪口呆，他还以为有多难抓呢，却是如此简单。

"庄大哥，这刺猬肉可好吃了，比兔子肉还香，晚上我让长发嫂做给你吃。"

抓到了刺猬，二毛很是兴奋，将麻袋口扎住之后，拎在手上不住地甩着。

庄睿听得连连摆手，他虽然是无肉不欢，不过对于这满身炸刺的动物，还是避而远之的。

庄睿在瓜地玩了一会儿，想起了老三说的科考队，心中有些好奇，在这野外科考，十有八九就是文物考古或者是发掘古墓的,于是对二毛说道:"二毛兄弟,那个科考队在什么地方啊?咱们去看看吧。"

"离这里不远,喏,翻过那个小山梁就是了,额(我)带你去。"

二毛是刘长发的小堂弟,今天的任务就是陪好庄睿,他跟着庄睿也是很开心的,先得到只兔子,转眼又抓了个刺猬,这下回到村子里,可以向小伙伴们吹嘘了。

"二毛,你又摘西瓜干嘛?实在是吃不下了啊。"

刚才那小半块西瓜,都让庄睿肚子撑得难受,现在看到二毛又蹲在那里挑起了西瓜,连忙走过去制止,虽然这不值几个钱,也不能浪费不是。

"庄大哥,那边干活的有我嫂子,我带个西瓜过去给她们吃。"

二毛没抬头,熟练地摘下一个西瓜来,抱在了怀里,手中还死死地抓着那个装着刺猬的口袋。

"干活?干什么活?不是科考队吗,怎么要你们干活?"

庄睿听得有些莫名其妙,干活也要找男人啊,听二毛话中的意思,似乎还是女人在干活。

"帮他们挖坑,五十块钱一天呢,我也去干了一天,不过第二天就不要男人干了,都是村子里的老娘们在那里。"

二毛似乎有些不满,对他们小孩子来说,一年到头也没机会见到五十块钱啊,他自问可是要比那帮子老娘们有力气。

第三章 祸从口出

俗话说：望山跑死马。这话一点都没错，虽然看着距离不是很远，但是庄睿和二毛足足走了将近一个小时，才刚刚到达那个全是黄土地的山梁，要不是偷着给自己的双腿输入了灵气的话，恐怕庄睿早就走不动了。

看着精神奕奕和之前没有什么两样的二毛，庄睿不禁在心中暗叹，自己一成年大老爷们，居然还不如这半大孩子有耐力。

站在山梁上，庄睿才发现，这距离地面高出来十多米的山梁，似乎并不是山脉延伸下来的，倒是有些像夯土堆。

夯土是考古学里面的术语，庄睿在相关书籍里经常可以看到。

在古代的时候，可是没有什么水泥石灰之类的建筑材料，那时的城墙、台基往往是夯筑的。

夯土是用滚木一层层夯实的，结构紧密，一般比生土还要坚硬，而土色不像生土那样一致，并含有古代的遗物，最明显的特点是能分层，就像是纸张一般，并且在夯面上可以看出夯窝，夯窝面上往往有细砂粒。

而夯土层其实就等于现代的地基，在古代的夯土层上，往往都曾建造过宫殿等建筑，而在宫殿和夯土层的周边，往往就是帝王的陵墓，秦始皇陵中，现在还遗留着高达三十余米的九层台阶式的夯土建筑。

庄睿曾经看过一篇报道：贺兰山下一片奇绝的荒漠草原上，有着西夏帝王陵园和王公贵戚的陪葬墓，在这片博大雄浑的陵园遗迹中，最高大醒目的建筑是一座高二十三米的夯土堆，状如窝头。

与其相比，庄睿脚下的这个夯土层，并没有那么高，但是面积却要大上了许多，史记里曾说兵士们身穿重甲，在夯土层上纵马奔驰，以使其变得更加厚实紧密，可能千余年以前，这里就曾经有过那样的盛况。

"庄大哥，你看，额（我）们村子里的人，都在那里呢……"

庄睿循着二毛手指的方向看去，距离他们一百多米远的地方，搭有一个简易的凉棚，凉棚的旁边有个面积很大的坑，应该不是很深。庄睿站在这夯土堆上可以看到，十多个人正蹲在坑里忙碌着，由于距离不算近，庄睿也没能看清楚他们具体在干什么。

在那些人周围十多米远的地方，还站有四个全副武装荷枪实弹的武警战士，这会儿他们也看到了庄睿和二毛，正警惕地向这边张望着。

"那些人还不是想把地里的宝贝拿出来？额（我）们村子里以前也有人去挖过，不过被政府抓走了，这些人不怕，还有当兵的帮他们站岗呢。"

二毛有些不服气，在他看来，土地里的东西，自然是谁挖到就归谁，凭什么别人能挖，而他们就不能挖呢？

"你们村子里也有人盗墓？"庄睿倒是不知道这事，有点好奇地问道。

听到庄睿的话后，二毛气鼓鼓地说道："那不叫盗墓，自己家里的庄稼地，刨土的时候挖出来东西，怎么是盗的呀？政府不讲理，还派人来都给没收了……"

"呵呵，二毛，这是有规定的，出土的文物，都是属于国家的，不允许私藏的，你们种的庄稼地，虽然是属于你们使用，但并不是说，地下的东西，也是属于你们的啊……"

庄睿一边往科考队那边走着，一边随口给二毛解释着。

"那他们就能明目张胆地挖啊？谁知道是不是挖出来自己个儿藏起来了？"庄睿没看出来，二毛还是一个小愤青。

二毛看了下左右，小声的对庄睿说道："庄大哥，额（我）告诉你，这次在县城偷油被抓住的，就有额（我）们村子里的一个人，和额（我）们家也有点亲戚关系，昨天那人的媳妇还找长发哥去求情呢。"

庄睿现在算是明白了，敢情是二毛家里有人被抓了。当下也不再给他解释了，他们径直向那群人聚拢的地方走去。

"站住，干什么的？"

二人刚距离那个挖出来的坑还有二三十米远的地方，就被一个武警叫停了。这二人一狗的组合，让他们有些看不透。二毛自然是村子里的人，他们见过，但是看庄睿的穿着，肯定不是，并且那条大狗即使这几个当兵的人看了，心里也是发怵。

"额（我）嫂子在那里干活，额（我）来送个西瓜的，这是额（我）们的贵客，又不是偷东西的，你们凭啥不让额（我）们过去啊？"

二毛扯着嗓子喊了起来，他可不怕这些当兵的，他也有枪，家里还有把打野猪的老炮筒呢。

几个武警战士互相看了一眼，点了点头，示意他们可以过去，他们在被派到这里来执勤的时候，上面就交代了，只要不是冲击考古发掘现场，就不允许与当地人发生冲突。庄睿虽然不是本地人，但看模样也不像是来抢东西的。

走到近前，庄睿才发现，这个坑并不算浅，只是被挖成了阶梯状，一层一层向下，十分平整，所以看起来显得不深，其实深度也应该有三四米。

坑的面积大概有四十平方米左右。十多个中年妇女,有的拿着巴掌大的小铲子在刨土,有的居然拿着把刷子在一点点地将土层刷掉。庄睿看的是瞠目结舌,她们拿的工具都像是小孩的玩具一般,怎么挖出来的这个大坑啊?

二毛像是看出了庄睿的疑惑,在旁边说道:"庄大哥,这坑都是额(我)们老爷们挖出来的,挖好后他们就把额(我)们赶走了,像是额(我)们要偷东西似的,他们倒是光明正大地把挖出来的东西带走了,凭啥啊……"

二毛为了那一天五十块钱,怨念还挺深的,一直念念不忘。

庄睿懒得和二毛这半大孩子解释,随口说道:"他们这是官盗,你们那叫私盗,不一样。"

没想到庄睿话语未落,一个清脆的声音从庄睿身侧响了起来:"你这人怎么说话的呀,我们是受国家文物局委托,来进行抢救性发掘的,怎么就成了官盗了啊? 你说清楚,不然我和你没完……"

庄睿听到耳朵里的,是一口脆生生的京片子,心里不由暗自叫苦。原本是开玩笑的一句话,居然被人听到了,这还真是祸从口出啊。

听声音应该是个年龄不大的女孩,只是女孩头上戴了个草帽,正好背对着阳光,庄睿一时看不清她的相貌。想着刚才自己说的话的确有些不合适,庄睿就想下去给女孩解释一下。

"你别下来啊,这是考古发掘现场,不是什么人都能进的。"女孩手一扬,让庄睿上也不是,下也不是,有些尴尬地站在那里。

"这位大姐,额(我)们庄大哥也没说啥啊。"二毛看不过去了,出言帮庄睿解释道。

"谁是大姐,呸,呸,偶是青春无敌美少女。"

一句"大姐"惹的那女孩不高兴了,从坑底爬了上来,顺手摘掉了头上的草帽。

"大姐,偶是什么意思啊?"二毛除了"呸"字听懂了之外,后面几个字都没听懂是啥意思。

"说了不许再喊大姐了,'额'是什么意思,'偶'就是什么意思。"

女孩气得直跺脚,可是也拿二毛没办法,不由将怒火转向了庄睿,道:"刚才你说我们是官盗,还没找你算账呢。"

直到女孩转向自己,庄睿才看清楚女孩的相貌,不由在心底赞了一声,还真是青春无敌美少女啊,大大的眼睛,长长的睫毛,微挺的鼻梁,因为生气嘟起来的小嘴儿,更是给整个人平添了几分可爱。女孩装作生气的模样,让庄睿看得居然有些赏心悦目,不过,这只是单纯的欣赏,因为女孩的年龄好像小了点,应该只有十八九岁的样子。

"看什么看,错误哥哥,英宁哥哥,有人来砸场子啦。"女孩凶巴巴地瞪了庄睿一眼,喊出的话差点让庄睿跌个跟头。

"砸场子?"庄睿可没这想法,他不过就是想来见识一下而已。

"说了不要叫我错误,我叫范错!"

随着说话的声音,一个大男孩从下面走了上来。

"嘻嘻,范错的全称就是范了错误,所以叫你错误哥哥是没有错的。"

女孩这会儿完全把庄睿忘到脑后去了,笑嘻嘻地和那男孩开起了玩笑。

"秋千,你又在欺负人了啊,回头被你爷爷知道了,肯定挨骂。"

刚才女孩喊了两个人的名字,现在说话的这个,想必就是那个叫英宁的了。这俩名字还真是有特色,庄睿在心里想着。

英姓倒是有,而且还比较有名气。好像有个前文化部长,就是姓英的,还有俩晚辈,在娱乐圈里都是混得风生水起,庄睿也经常看到有关他们的新闻。

"我才没有欺负人呢,英宁哥哥,这个人说我们是官盗……"

那个叫秋千的女孩,这会儿才想起喊两人的原因,又把矛头指向了庄睿。

"这位先生知道官盗两个字,想必对考古也是比较了解的吧?这么说是不是有些不合适?"

这个叫英宁的男孩,看面相应该也就是二十二三岁的样子,像是个学生,不过说起话来,颇是有些咄咄逼人。

"这……"庄睿无奈地摇摇头,没想一时口快,却惹出了争论。

老三刘长发所住的村庄,就叫做刘家庄。据说从唐代的时候,人们就开始在此居住了,虽然历经上千年的时代变迁,但庄子里的大部分人,还都是姓刘,只有两个外姓。

一个姓张,听老辈人说,是明末清初的时候,李自成手下的兵将,败退之后,隐姓埋名来到村子里的。他们是庄子里的第二大姓,差不多有五分之一的张姓人家。

还有一个余姓,这个姓氏在庄子里只有一家,也是外来的,并且年岁大点的人都还记得,那是在上世纪的六十年代,一对年轻的夫妻逃荒来到了刘家庄。在那个狂热的年代里,刘家庄由于地理位置偏僻,并没有受到多大的冲击,那对夫妻就在这里定居了下来。由于夫妻两个都有文化,闲暇下来的时候,就教庄子里的小娃娃们读书识字。乡下人都很实诚,对于文化人也很尊敬,时间长了,也就把这一家人都当成了自己人。

夫妻二人似乎也认命了,在这里先后生下了两个儿子。除了在上世纪八十年代的时候,丈夫带着老大出去寻过一次亲之后,他们就一直留在庄子里面教书,一直教到了上世纪九十年代。老三刘长发的启蒙老师,就是这夫妻二人。

不过在夫妻二人以民办教师的身份退休之后,在上世纪九十年代中期,却得了一场突如其来的暴病,夫妻二人同时去世了。这让村子里的人都唏嘘不已,当时全村子的人出力,很是风光地给他们夫妻办了身后事。

他们的两个儿子,老大叫做余訾,老二叫做余浩。兄弟二人早在上世纪八十年代那会儿,就娶了庄子里的姑娘,也算是刘家庄的女婿了,加上他们父母的关系,刘家庄谁都没把他们当成是外人,并且和好几户人家都还沾亲带故的。

这余家老大在结婚之后没几个月的时候，就去外面打了七八年的工。听说是没赚到什么钱，回来之后，他就在家老老实实的务农了，人挺好，就是可惜后来生了个傻儿子，现在都有八九岁了，见人只会傻笑。

　　老大余誉性格沉稳，平时表现也很本分，打工没赚到钱，回来之后就老老实实的干活养家。不过每隔上一段时间，他就会出去一趟，时间不算短，有时候要走上个三五个月。他给庄里人说是找到了父母在河南的亲戚，去走动一下。

　　余老大家的日子，虽然过得说不上好，但是吃饭是没问题的。而老二的性格就有些轻佻，虽然也是结过婚的人，但整天就想着不劳而获，经常往县城里面跑，结交了一帮子不三不四的朋友。

　　这次县城粮油站食用油被偷的案子，就牵扯到了余老二，现在正被关在县城的看守所里。余老二的媳妇和二毛家有些亲戚关系，所以昨天晚上找到了刘长发。她本来以为刘长发在县城里面上班，能帮上点忙，谁知道老三只是个小公务员，根本就没有资格掺和到这件事情里面去。

　　"他大哥，你可要想想办法，救救老二啊。这要是被判了，我们娘儿俩怎么活啊……"

　　和刘长发家喜气洋洋不同，现在的余誉家里却是哀声一片，余老二的老婆更是拉长了腔调，哭唱了起来。

　　"弟妹啊，你先回去，我再想想办法。这哭，也不能顶事呀。媳妇，你陪着弟妹回家，把儿子也带走，晚上就在那里住下，不要回来了。"

　　余老大脸上带着笑，把哭天抢地的余老二媳妇送了出去。

　　"那今天谁给你们做饭？"余老大媳妇出门前问了句。

　　"饿不死，你就别问了。"

　　余老大眼中冒出一股寒光，让他媳妇心头一颤。她连忙拉着傻儿子低着头走了出去，过门槛的时候不小心还摔了一跤。

　　别人不知道，她可是比谁都清楚，自己这个丈夫看着像是个实诚人，其实是心狠手辣。自己的儿子之所以是个傻子，就是怀孕的时候，被余老大给打的，那真是往死里打啊，差点就流产，只是儿子生出来之后，却也变傻了。

　　余老大媳妇不是没想过离婚，不过余老大说了，只要她敢动这心思，就去把她全家杀光，吓得她从此不敢再提这件事情。不过只要不惹到他，余老大平时对她娘儿俩也算不错，时不时拿出几百块不知道从哪里搞来的钱，让她花销。

　　"余家兄弟，老二都进去了，你不想点办法，还买肉吃啊？"

　　送走傻儿子和媳妇之后，余老大转悠到了庄子里的小卖部，掏出五十块钱，买了几样熟菜。

　　"刘二哥，老二的事情都快把我愁死了，可是河南那边的亲戚来了，这也不能不招待啊，要不然人家不是说咱们刘家庄没规矩吗？您说是这个理不？"

余老大一脸的苦笑,让人一看到,就会产生几分同情心。

"是,是这理,你也别太急了,老二这是自己作孽啊。来,你拿好。"

那小卖部的老板找了几张报纸,将切好的熟菜包好之后,递给了余老大。

"那行,二哥,我先回了,要不你也过来喝两杯?"

余老大招呼了刘二哥一声,见到他连连摆手之后,才转身向家中走去。

余老大回到家中,四处看了下,把院子门给锁上了,然后将拴着狼狗的链子解开,这才进到房间里。

"大哥,老二的事情,咱们不能不管啊。要不我找人花点钱,把他给捞出来吧?"

看似没人的房间里,一个声音很突兀地响了起来。原来在屋角的一处椅子上,端坐着一个人,只是这人个子有些瘦小,大概刚有一米五的样子,不注意看的话,还以为是个小孩子呢。

余老大没有接话,而是将屋里唯一一扇窗户的窗帘给拉上了,然后才把手里的熟食放在桌子上,说道:"管?怎么管?把咱们也坐进去?我说过老二很多次,稳稳当当地在这里再待上三年,我保证他下半辈子吃喝不愁。他不听我这做大哥的话,我拿什么去管他?"

小个子犹豫了一下,站起身把那几包熟菜打开,说道:"可是咱们的事情……"

话刚开口,就被余老大一挥手打断掉了。

"没什么可是,他什么都不知道,这样也好,可以帮助咱们转移下视线。前段时间我有种感觉,咱们好像被盯上了,不过这事一出,注意力肯定都放在他们身上了。只要咱们能快点得手,谁都追查不到我的头上,到时候是走是留,都能进退自如了。兄弟们干完这一炮活,就是想出国,也没有问题。"

此时的余老大,眼中满是狠厉之色,要是被庄子里的人看到,肯定会以为他换了个人。这是以前那个见人就笑眯眯的,做事情优柔寡断的余家老大吗?

"大哥,那这事要提前安排了,我那侄子要不要先送出去?"小个子不知道从哪里掏出瓶西凤酒来,拿出两个碗,都给倒满了。

"小八,你什么时候变得这么婆婆妈妈的?咱们干的事情,都是把脑袋别到裤腰带上的,顾得了那么多吗?"

余老大听到自己那傻儿子,眉头顿时一皱,眼睛竖了起来,不满地瞪了那个小个子一眼。

"大哥,我就是说说,怎么做,还不都听您的啊。"

看到余老大瞪眼,小个子顿时吓得浑身一哆嗦,端着的酒都洒出去不少,连忙出言解释着。

"嗯,你等一会儿就离开,通知下面的人,都给我老老实实在家里窝着,谁都不许惹事,要不然我扒了他们的皮。等这考古队的人走了之后,咱们抓紧把东西都掏出来,到时候这里不待也罢。"

余老大端起酒碗,和小个子碰了一下,一仰脖子全灌下了肚,也不用筷子,抓起桌子上的熟菜吃了起来。

吃饱喝足之后,那个叫小八的小个子男人就离开了。这人似乎有个毛病,走路的时候喜欢贴墙根,而且下脚很轻,加上个子小,从余老大家里出去之后,即使是大白天的,也没几个人注意到他。

"老婆儿子?"

小八走后,余老大一个人还在接着喝,脸上不时露出阴狠的笑容。要是现在有人看到他的神态,保证会感觉到毛骨悚然。

自从上世纪八十年代离开这刘家庄之后,余老大被父亲带到了河南洛阳。从那会儿起,他才算是知道了自己的出身,敢情自己那平时与人为善的老子,也不是什么善茬子。

就是在那七八年中,余誉接触到了一个连做梦都未曾想到过的世界。而他也凭借着过人的忍耐力,机敏的头脑,狠辣的手段和人畜无害的伪装,从半路杀了出来,接手了家族里的祖传营生。

女人?余誉在各地养了好几个,都是年轻漂亮有学历的黄花闺女,儿子也生了两个。他怎么会把家里这摆不上台面的老婆还有那傻儿子放在心上?

要说女人,那个来了快一个星期了的考古队里面,倒是有个不错的小妞。余老大灌下一碗酒,眼睛有些迷离了起来。

而那个在余老大眼中不错的小妞,此刻正双手叉着小蛮腰,刁难着祸从口出的庄睿同学呢。

第四章 | 关中十八陵

"我说几位,我真的不是故意的,就那么随口一说,不用这么当真吧?算我不对,给几位道歉了……"

庄睿本来想来见识一下这野外考古发掘的,却没想到这个小丫头如此难缠,心中就打了退堂鼓,咱惹不起总归能躲得起吧。

"道歉?道歉是要有诚意的……"

那个叫秋千的女孩,大眼睛滴溜溜地转了一圈,然后盯着二毛怀里的那个大西瓜,不动了。

"秋千,不许这样,老师知道了会批评我们的。"

倒是旁边那个叫英宁的小伙子看不过去了,对着庄睿说道:"没事了,你们走吧。这里的确是不允许闲杂人等进入的。"

"额(我)们怎么就是闲杂人等啦?你们挖的这块地,就是额(我)大伯家的,你们才是闲杂人等呢。"

二毛有些不服气了,这边原先是一片菜地,不过现在都被清理干净了。虽然考古队赔偿了二毛大伯家的损失,不过这地确实是他们家的。

"行了,二毛,别说了,把你嫂子喊过来,咱们一块吃西瓜,这么大一个,人人都有份。"

庄睿怕二毛再说下去,两边又要吵起来,连忙制止了二毛,从他怀里将西瓜抱了过来。这个西瓜也有十多斤重,在场的人一人分上那么一块,还是没有问题的。

二毛看到庄睿坚持,也不说什么了。庄睿是长发哥的同学,又是城里人,他心中还是很尊重的。

"嘻嘻,早这样不就行啦,我去叫爷爷来吃西瓜。"

女孩看到庄睿服软了,得意地笑了起来,向那坑底走去,不过没走两步就回头道:"是你自己送西瓜给我们吃的啊,不是我们问你要的哦。"

"是,是,是我自己给你们的,行了吧?"

庄睿被这女孩搞得哭笑不得,不过他也没有生气。这女孩虽然有些不讲理,但并不

19

讨人厌。

"大家都休息一下吧,再干上一会儿,然后晚上接着干。"

一个声音在坑里响了起来,顿时大姑娘小媳妇们,一窝蜂地从坑底跑了上来,将庄睿和二毛围住了。有和二毛熟悉的小媳妇,还捏着他的脸蛋,在开着玩笑。

庄睿也被这阵仗吓了一跳,连忙用手中的西瓜刀将西瓜分成了十几块,一块块递了出去。

有几个人接过西瓜,都对庄睿说了声谢谢。庄睿简单和他们聊了几句才知道,原来这些人都是本地文物部门的工作人员。

"小伙子,谢谢你啊。"

递出最后一块西瓜,庄睿才发现,面前站了一位老人。他年纪应该不小了,须发全白,不过精神很好,站在这大太阳底下,脸上居然没有出多少汗。

庄睿摆了摆手,笑着说道:"没关系,我这也是慷他人之慨。呵呵,这是我同学家里种的西瓜,老人家别在意。要是不够的话,我回头再送两个过来。"

"那不合适,我们还是买吧。"

老人看了看下面的那个大坑,想了一下说道:"估摸着还要在这里待上半个月,让同学每天送两个西瓜过来吧,一个西瓜二十块钱,你看行吗?"

"不用,不用那么贵的,五六块钱就够了。"

没等庄睿说话,二毛就接上口了。这倒是让庄睿对这半大孩子有些刮目相看了,刚才还表现的像个小财迷,现在居然会少要钱。

"那就十块钱一个吧。二毛,你每天给这边送两个西瓜,回头我给你长发哥说一声就行了。"

"嗯!"

二毛重重地点了点头,刚才的怨气早就抛到九霄云外去了。这西瓜在农村不值钱,平日里谁路过瓜地摘两个吃都没关系的,只要不毁坏瓜秧就行了。

"爷爷,快吃西瓜啊。"

庄睿和老人说话这会儿,那女孩的西瓜已经吃完了,有些意犹未尽地舔着嘴唇。

"喏,你吃吧,小馋猫。"老人宽容地笑了笑,把手里的西瓜递给了女孩。

"老师,您吃,我这块还没吃呢。"那个叫英宁的学生,连忙把老人的孙女拉开了,将分给自己的那块西瓜让给了女孩。

"小伙子,我这孙女的父母都在国外。我平时也没时间管教她,让你见笑了。"老人刚才其实听到了几人的对话,知道是自己孙女不讲理。

"老人家言重了,没什么事。我就是对考古比较感兴趣,听说这里有考古队在发掘现场,想过来见识一下,刚才是说错话了。"

庄睿对面前这个老人的身份还是有些好奇的。看到那些本地文物部门工作人员对老人的态度,庄睿知道,这里的考古发掘工作应该就是这老人主持的。不过这么严肃的事情,又是带着孙女,又是带着学生,未免有些太儿戏了。

"呵呵,小伙子,你能说出官盗两个字,想必平时也很关注考古或者文物这方面的知识吧?"

老人对于"官盗"二字并没有什么忌讳。他的想法与众人颇为不同,挖墓即盗墓,只是国家挖出来的墓葬中的文物,多是用于展览或者是研究当时社会形态所用,而不是像私盗那样,完全是为了私利。

"老爷子,我只是业余喜欢收藏而已,对于考古所知不多。我正想着读个考古专业的研究生,给自己充下电呢。"

庄睿虽然这段时间恶补了一些关于考古方面的知识,不过在这个老人面前,自然是不敢卖弄了。

"哦?现在报考考古专业的人可是不多呀。这项工作比较枯燥,又经常在野外田间转悠,有时候一年到头都回不了家。小伙子你怎么有这个想法呢?"

老人听到庄睿的话后,愣了一下,显然对庄睿的回答有些意外。

"呵呵,老爷子,我刚才说了,只是想从考古专业中,系统地学习一下中国历代的风俗文化。这对于收藏也是大有益处的,并不是说以后就会从事考古的相关工作。"

庄睿没有隐藏自己的想法,以他的身家,是没有必要来从事这项工作的。每天待在野外,估计白狮会喜欢,但是庄睿绝对是受不了的。

"报的是哪个大学的考古专业啊?"老人随意地问道。

"京大的,听说那里的师资力量最为雄厚……"

老人闻言眼睛亮了一下,道:"京大可是不好考啊。考古专业虽然很冷门,不过那个系主任孟老头,可是个老顽固哦。"

"呵呵,我在大学化学成绩还不错,对中国历史以及古汉语,都略有涉猎,相信应该是问题不大。老人家也认识京大的孟教授?"

庄睿很自信地说道,他大学毕业那会儿,本来庄母是让他继续读研究生的,不过庄睿考虑到家里的情况,还是出来工作了。现在毕业才两年,很多知识并没有丢掉,再复习一下就可以了。

"当然认识啦,认识他一辈子了。那老头,啧啧,很难缠的。这样吧,小伙子,我来考你几个问题。你要是能回答出来,我去给那孟老头说说情……"

庄睿没有发现,老人在说话的时候,那双看透了世情的眼睛,不经意露出了一丝孩童般的纯真。

"老人家,说情就不必要了,不过我对考研的面试还真的没什么经验。您老有什么问题就问吧,我当是提前历练一下了。"

庄睿笑呵呵地说道,德叔已经给那位孟教授打过招呼了,自己和眼前的这位老人素昧平生,怎么好意思去麻烦对方啊?再说了,听这老人的意思,那位孟教授为人有点古怪,要是有多人去说情,指不定就会适得其反呢。

"好,那我就问你,我们现在发掘的这个墓葬,你知道是谁的吗?"

老人的问题让庄睿皱起了眉头。这陕西的大墓实在是太多了啊,别的不说,从秦汉以来,到唐灭亡,陕西都是作为国都所在地存在的,这名人雅士,帝王将相数不胜数。老人这个问题,实在是有些难回答。

庄睿的眼睛向那坑底看去,灵气随之溢出,不过从土壤里并没有发现什么线索,只有一些破碎的陶瓷器皿。里面的灵气很淡薄,庄睿也看不出是什么年代的。

收回灵气的时候,庄睿看到了那几个执勤的武警,心中动了一下。由国家文物部门出面牵头,地方全力协助,还有武警保护现场,想必这个陵墓不简单,应该是个帝王墓吧。

只是这帝王墓,范围也忒大了一点。从秦朝到唐朝,也有几十个皇帝,谁知道是哪一个呀?

"关中十八陵!"

庄睿脑中忽然冒出这个名词。他想起了前不久看过的一篇文献,说的就是唐朝十八位皇帝的陵墓,似乎其中的唐睿宗桥陵、唐玄宗泰陵、唐宪宗景陵、唐文宗章陵等几个皇帝的陵墓就在这个小县城里啊。

那篇文献里说这几座陵墓都是依山而建,和自己现在所处的位置也是比较相似的。只是文献中说桥陵气势雄伟,石刻精美异常,为关中十八陵之最,应该不是它了。至于是剩下的哪个皇帝的陵墓,庄睿也猜不出来了。

"老人家,这个墓葬的地面寝宫已经被毁了,不过从这旁边的封土层来看,当年的工程肯定很浩大。想必埋葬在这里的人,身份尊贵。如果我没猜错的话,应该是唐朝的玄宗泰陵、宪宗景陵,或者是文宗章陵这三座陵墓之一吧?"

庄睿把自己心中的想法说了出来。他也不知道对错,因为古人最重殡葬,而陕西这地界的大墓实在是太多了,不一定非是皇帝才可以在墓葬上面建造寝宫,一些诸侯王也是有这个权利的。

庄睿的话让老人的脸上露出一丝诧异的神色。虽然国人都知道唐朝,也能说出像是李渊、李世民,或者唐玄宗等几位皇帝的名字,但也就仅限于那几个比较出名的皇帝。能像庄睿这样连十八唐帝陵陵名都叫出来的人,那可就屈指可数了。

"小伙子,你说的是关中十八陵吧?唐朝一共就十八位皇帝,你怎么就猜这三位呢?"

老人对庄睿的答案不置可否,而是接着询问了下去。

"唐朝一共十八位皇帝?"

庄睿也不知道自己回答得是对是错,他都是从那篇文献上看到的。正想回答的时候,他脑中突然响起了老人的问话,心中不由愣了一下。

"这老人能在此主持考古发掘,不会连这基本的问题都搞不清楚吧?难道……"

虽然关中十八陵比较有名气,但是并不代表唐朝一共只有十八位皇帝啊。庄睿明明记得,从唐高祖李渊起,至哀宗李柷唐朝灭亡,一共是有二十一个皇帝,

只是在唐朝末年爆发了黄巢起义,之后朝廷衰弱,各个藩镇拥兵自重。到唐昭宗的时候,皇帝被后梁太祖朱温挟持,当上了傀儡皇帝,没过多久就被朱温杀掉了。在他之后的唐朝最后一个皇帝唐哀宗,却是被朱温给毒死的,而且是死在了山东境内,自然在陕西没有陵墓了。

所以纵观唐朝二十一个皇帝,武则天是和高宗同穴而葬的,再去掉昭宗和哀宗两个末代皇帝,实际上只有十八座陵墓,这也就是关中十八陵之说的由来。

"老人家,关中是有十八个唐朝皇帝的陵墓,可是唐朝的皇帝却不是十八位吧?我记得应该是二十一位,而玄宗泰陵,宪宗景陵和文宗章陵正是在这附近,不过您要是再问我到底是哪个皇帝的陵墓,那我实在是答不上来了。"

庄睿感觉面前这老人有点狡猾,居然下了个套给自己钻。要是再说下去的话,自己肯定会被他绕迷糊的,所以将自己知道的全说出来后,就坦言告知老人,我知道的就这么多了,您就别再问了。

"不错,小伙子,回答得不错。能知道这些,已经是很不容易了。我老头子可以保证,只要你笔试能过,肯定会被那个孟老头录取的。"

老人听完庄睿的答复后,脸上露出了满意的神色,居然开口大包大揽了起来,那副神情,好像自己就能做主了似的。

庄睿心里颇是有些不以为然,连德叔和孟教授那么好的关系,都不敢说这样的话。不知道面前这老人哪里来的底气。

就在庄睿心中腹诽的时候,一个当地考古部门的工作人员走了过来,对着老人说道:"孟教授,休息得差不多了,再干一会儿咱们就可以回去了,等太阳快落山了再来吧。"

"孟……孟教授?"

站在一旁的庄睿听到那工作人员的称呼之后,不由有点发傻。他再愚笨也知道这位孟教授肯定就是日后自己的那位导师了,更何况德叔前几天还说了,京大的孟教授这段时间就在陕西。

也不怪庄睿事先没有猜到。毕竟陕西这么大,他怎么也不会想到,在这个偏僻的山沟沟里面,自己竟然能碰到孟教授这位考古学界的泰斗人物。这事情也忒巧了一点吧。

孟教授对那工作人员说道:"让大家开始干吧,不过要小心一点,挖到东西了喊我一声……"

"你是叫庄睿吧?"

给那个工作人员交代完之后,孟教授看向了庄睿。见到庄睿点头承认了,孟教授才接着说道:"前段时间上海的德老弟给我推荐了你,几乎把你夸成一朵花了。老头子我是不信的,不过这闻名不如见面啊。不错,虽然不是科班出身,但是底子还是不错的。只要

你笔试过了，我这边没问题。"

见到庄睿有些局促，孟教授又给他打了支定心针。他对这个学生很满意，本科读的不是考古专业，对于唐朝的历史能知道这么多，称得上博闻强识四个字了，而且为人很警醒细致，自己以前给人下套子，不知道圈住了多少人，没想到居然被这小伙子给识破了。

"谢谢孟老师，谢谢孟老师。"

庄睿心中也很高兴。这不过是一时兴起，想来看看别人是怎么样考古发掘的，却没有料到居然能在这里遇到日后的导师。这也省了庄睿和德叔日后专门去北京拜访孟教授了。

孟教授对自己这个日后的弟子，也是很满意。突然他想起一件事来，出言问道："对了，小庄，你英语没问题吧？"

"英语？没问题，书写和对话都可以。一般专业性的翻译，只要了解一下相关词汇，问题也不大。"

庄睿虽然不明白孟教授的意思，不过还是老老实实地回答了。

听到庄睿的话后，孟教授点了点头，道："那就好，好好复习一下古汉语方面的知识。要是九月份有时间的话，你来北京，我给你些学习资料。"

庄睿点头答应了下来，不过心里实在有些奇怪，难道自己身上还有什么灵气啊？不过就回答了一个问题，这孟教授就如此抬爱？

其实庄睿并不了解，从古至今，不仅是好师傅难寻，这徒弟也是不好找的。虽然说勤能补拙，但是一个人的天赋，往往就会决定他日后的发展。所以像孟教授这样的人，虽然说是桃李满天下，但是除了早年的弟子之外，现在能被他承认的弟子，也就是寥寥数人，还都是带在身边细心教导的，和在大课堂上授课是完全不同的，他现在既然认定了庄睿有悟性，自然就想把他收入到门下了。

由于年龄大了，孟教授现在已经不在大课堂授课，只带几个研究生。而他也决定了，带完这一批弟子之后，就不再招收研究生了。从某种意义上来说，庄睿也将算是他的关门弟子了。

第五章 洛阳铲

"有信心就好，既然咱们碰上了，就过来帮忙吧。先熟悉下考古现场，别等到以后去现场的时候，看到古尸害怕。那我老头子就没面子啦。"

孟教授也没有问庄睿为何来到这里，就拉起了壮丁。其实他知道庄睿帮不上什么忙的，只是想让庄睿感受一下场内的环境而已，发掘帝王墓，可不是经常有的事情。

"丫头，你们几个过来一下，别偷偷摸摸的。"

孟教授见庄睿答应了下来，向站在远处不住往这边张望的孙女招了招手。

"这是我孙女孟秋千，这个叫范错，戴眼镜的叫英宁。他们两个是我今年带的研究生，小庄明年要考我的研究生，你们先认识一下。对了，小庄，你虽然年龄比他们大，以后可还是要叫师兄的啊，呵呵。"孟教授的性格很开朗，时不时就开句玩笑。

"我们还是叫庄大哥吧，你就叫我小范好了……"

见到导师旁边的孟秋千要说话，范错连忙抢先出口，把自己的名字给定了下来。

"什么范错，错误多顺口啊。"小丫头嘴里嘀咕着。

孟教授向自己的孙女瞪了一眼，说道："没规矩。小范，你先给小庄介绍下这个墓葬的情况。我还要去看看刚才出土的那件瓷器能不能修复。"

"庄大哥，下去再说吧。"

见到孟教授转身走向棚子，除了女孩之外，范错和英宁都松了口气。虽然孟教授平时并没有摆什么老师的架子，不过他身上那不经意间露出来的那种气度，却是让二人感觉到有些不自在。

这种气度很难用语言来描述，那是一种个人的修养和对文化的沉积，并且达到一定的深度之后，才能流露出来的。庄睿刚才站到孟教授的身边，也感到有些自惭形秽。

"小范，你们现在挖掘的这个墓到底是谁的啊？"

庄睿跟在几人身后走到了坑底。他刚才用灵气往下看了有七八米的深度，下面似乎并没有棺木之类的东西啊。

经过范错和英宁的一番讲解，还有孟秋千这个小丫头唧唧喳喳的在旁边补充，庄睿知道,他们在发掘的是唐文宗李昂的皇陵。

庄睿上学时看过的第一本小说,就是梁羽生的《女帝奇英传》。从那会儿起,他对唐朝的关注就自然多了一些,经常会找些唐朝的史料来看。不过知道的越多,庄睿对唐朝就越是没什么好感。

唐朝虽然盛名在外,就连早年出国的人也以唐人自居,有了唐人街这种称谓。不过唐朝的皇帝,下场其实都挺凄惨的,就连成功赫赫的开国皇帝李渊,还有那开元盛世的唐明皇李隆基,都是被儿子篡位,幽禁抑郁致死的。

后面那些不出名的皇帝,被太监或大臣杀死的,亦不在少数,能得善终的不是很多。而这位唐文宗,下场也是很凄凉的。

大家都知道明朝的太监跋扈,但是唐朝更是有过之而无不及。那时的朝政朋党相互倾轧,官员调动频繁,有时甚至连政权和皇帝的废立生杀,均掌握在宦官手中。

唐文宗是被太监拥立的,后来起用李训、郑注等人,意欲铲除宦官。在大和九年的时候,李训引诱宦官参观所谓"甘露",企图将之一举消灭,但事情败露,反而导致宦官大肆屠杀朝官。事后,文宗更被宦官钳制,在抑郁中病死了。

而唐亡之后的五代十国,更是战乱不休,给中原大地带来了极大的危害。

"小范,这关中十八陵,都是早有记载的,为什么到现在才开始发掘啊?"

庄睿有些不解。据他所知,关中十八陵除了武则天和高宗合葬的那个陵墓之外,都早已被盗墓贼光顾过了。国家要保护的话,早就应该动手了啊。

"庄哥,这你就不知道了。国家对于文物挖掘,一向都是极其谨慎的,不到万不得已,是不会轻易去挖掘墓葬的。

"我们之所以来这里,是因为前段时间广东海关查获了一批走私文物,其中有一个是国家一级文物——马踏飞燕。根据抓获的文物贩子交代,这批文物就是出自唐文宗墓,所以我们才来做抢救性的发掘,看看是否能将一些文物保护下来。"

小范有些话并没有说出来,其实国家控制墓葬的发掘与考古,根源还是在钱上面。由于出土的文物长时间受到泥土和潮湿环境的侵蚀,出土以后的保养非常重要,这需要一笔很大的开支。

别的不说,就是故宫博物院里的那些文物的收藏与保养,每年所花费的钱,都是一笔天文数字。即使这样,有许多珍贵的文物由于保存不善,损坏甚多。当然,这些事情都是不好外传的。

国家都如此,那些地方文物考古部门,就更是些不受重视的清水衙门了,根本就拿不出保养文物的这笔钱来,所以有人就提出来,暂缓墓葬的挖掘工作,让文物继续留在地下。

不过在庄睿看来,这都是些扯淡的说法。文物在地下多留一天,损毁和被盗的几率就多一分。某些人只要少去吃喝几顿,用于文物保护的钱也就省出来了。当然,对于这样的建议,领导是不会采纳的。喝酒也是革命工作的需要嘛,不要以为每天喝得像二五八万似的很舒服。

"对了,你刚才说的马踏飞燕,那是汉代的物件啊,而且至今只出土一件,怎么说是从唐文宗墓里出土的? 是不是后世仿造的呀?"

谈到文物,庄睿倒是算得上半个行家,对于大名鼎鼎的马踏飞燕,他自然不陌生。

1969 年在甘肃威武县出土的马踏飞燕,是东汉时期雕塑艺术和铸铜工艺融为一体的杰出作品,在中国雕塑史上代表了东汉时期的最高艺术成就。

整个作品铜马昂首,四蹄翻腾,马尾高扬,口张作嘶鸣状。其三足腾空,后右蹄踏在一只正在振翼奋飞的燕背上。燕顾首惊视,与之相呼应。奔马头微左顾,由于马蹄之轻快,马鬃马尾之飘扬,恰似天马行空,以至飞燕不觉其重而惊其快。其大胆的构思,浪漫的手法,给人以惊心动魄之感,令人叫绝。

不过这件作品,庄睿只听闻出土过一件,所以对范错所说的那件马踏飞燕有些疑惑。

范错摇了摇头,道:"不是后世仿造的。经过鉴定,那件马踏飞燕,从大小形状以及材质,和甘肃收藏的那一件几乎是一模一样。这也就说明,在汉代,应该不止制作了这么一件器物。老师就是为此才来的,他也是想知道,这件器物是否真是出土于唐墓之中……"

"都上来啦,休息了。范错哥哥,你就会偷懒……"

小丫头的声音从上面传了过来,坑底下的人一窝蜂地跑了上去。这会儿已经临近中午了,阳光太毒了,所以要等到下午四五点钟之后,太阳快落山的时候再挖掘一会儿。

"二毛,再摘两个西瓜去……"

虽然一点活没干,庄睿还是感觉到口干舌燥,从兜里掏出五十块钱,递给了二毛。

"不,不,庄大哥,额(我)不能要你的钱。"

二毛连连摆手,这钱要是考古队给的,他就接着了。不过庄睿掏出来的,他可是不敢要。

"拿着吧,这是考古队买的。快去快回啊……"庄睿知道二毛的心思,把钱塞到了他手里。

"哎,一会儿就回来。"二毛像兔子似的跳了起来,飞快地跑向了瓜地。

等到二毛回来的时候,他后面跟着几个妇女,每人都挑着两个箩筐,这是来送饭的。考古队这段时间,都是住在刘家庄里的。由于中午往返的时间要两个多小时,所以他们也就不回去了,而是多花了一点钱,让庄里人给送饭过来的。

庄睿也饿了,对这荤腥不多的农家菜,也是吃得津津有味。倒是英宁几个人,吃了几天这样的饭菜,有些腻了,饭菜没吃几口,都去对付二毛抱来的西瓜了。

吃过饭后,庄睿和英宁范错几个人,都聚拢到孟教授的身边。而那些工作人员与当地雇用的妇女,都找个有荫凉的地方凉快去了。倒是那几个武警吃了几块西瓜之后,又尽职尽责地担负起了守护任务。

"孟老师,您能确定这个地方,就是文宗陵墓所在地吗? 我看这出土的东西,都很普通啊……"

庄睿刚才去看了摆在一起并标了记号的那些破碎瓷片,其工艺虽然还算细致,但并不像是皇家祭品,而且他眼中灵气现在可以穿透大约十米深度的地面,也没有发现下面有什么珍贵的文物。

孟教授并没有因为庄睿的问题而生气,想了一下说道:"唐朝的墓葬,一般都是依山而建,像武皇和高宗李治的合葬墓,就是建在山里的。我们现在所处的位置,是这个山脉的尽头,属于山水抱格的风水宝地。文宗墓应该就是在此,只是一千多年下来,历经战乱,几番被盗,已经很难从地面建筑来推断地下陵墓的所在了。之所以在这里挖掘,是因为之前在这旁边发现了一个盗洞,而且经过探测,这土壤也是五花土。只是现在盗洞出现的地方已经全部挖开了,而出土的物件价值都不大,说明不了什么问题。或许是我们挖掘的方向搞错了……"

庄睿提到的问题,孟教授早就在考虑了。从现在所出土的物件上来看,这倒像是个陪葬墓。不过在这方圆几百米之内,他们都探测过了,只有这里地下是五花土,别的地方打下去七八米深的时候,就遇到了岩石层,是不可能有墓葬的。

"小范,英宁,你们拿洛阳铲走远一点,再打些洞出来,注意与封土层的直线距离。"

孟教授沉吟了一会儿,给两个弟子安排了任务。其实在挖掘出盗洞的横面之后,他就有了这种想法,而庄睿的话促使他下了决心。

不过这件事对范错和英宁而言,就是比较痛苦的了。用洛阳铲打洞可不比挖土省力气,打下去七八米深,两个膀子都会变得酸麻无力。

"我跟你们一起去……"

庄睿也站起身来,他主要是对传说中的洛阳铲比较感兴趣,想见识一番。

洛阳铲这个名词,一直都是和盗墓联系在一起的,关于是谁发明的,说法不一,比较靠谱的一个说法是河南洛阳附近农村的盗墓者李鸭子于上世纪初发明的。

1923年前后,马坡村村民李鸭子来到他家附近一个叫孟津的地方赶集。转了一会儿,他便蹲在路边休息。要知道,李鸭子平日里以盗墓为生,所以他经常想也是有关盗墓的问题。

无意间,他看到离他不远的地方有一个包子铺。卖包子的人正准备在地上打一个小洞,他在地上打洞的工具引起了李鸭子的兴趣,因为他看到,这个宽仅两寸,呈U字半圆形的铁器,每往地下戳一下,就能带起很多土。

盗墓经验丰富的李鸭子马上意识到,这东西要比平时使用的铁锨更容易探到古墓。于是他受到启发,比照着那个工具做了个纸样,找到一个铁匠照纸样做了实物,第一把洛阳铲就这样诞生了。

洛阳铲诞生之后很长的一段时间里,都是用于盗墓。

河南洛阳邙山上冢垒嵯峨,几无卧牛之地,地下随葬品埋藏极为丰富。在新中国成立前,几乎山上每一个角落,都曾经被洛阳铲勘探过,大批出土的文物流失到了国外。

在 1928 年的时候,著名的考古学家卫聚贤在亲眼目睹盗墓者使用洛阳铲的情景后,便将其运用于考古钻探,在中国著名的殷墟、偃师商城等古城址的发掘过程中,发挥了极其重要的作用。

在上个世纪五十年代的时候,洛阳成为重点建设城市。工厂选址常遇到古墓,以机器钻探取样,费时费工。于是工程施工人员就利用这种凹形探铲,准确地探测出千余座古墓。

如今,洛阳铲是中国考古钻探工具的象征,当然,也是盗墓贼必不可少的装备。

学会使用洛阳铲来辨别土质,更是每一个考古工作者的基本功。孟教授没有阻止庄睿和两个弟子一起去勘探土质,也是想让他先接触一下,熟悉一下洛阳铲的使用。

"小范,这些洛阳铲怎么都不一样啊?"

庄睿跟在二人身后,走到了摆放洛阳铲的地方,发现地上居然放着十余个小铲子,长度约二十至四十厘米,直径在五至二十厘米左右,只是有的底部呈钝形,有的却像是月牙铲,和自己听闻的有些不一样。

"庄哥,这是用来探测不同墓葬的,像这个叫做重铲,是专门探测汉墓用的。由于这里出土了马踏飞燕,老师怀疑有汉墓的存在,就带过来了。"

范错随后又指着那个有点像是水浒里面鲁智深用的月牙铲形状的铲子道:"这个叫做扁铲,也就是咱们常说的洛阳铲了,唐墓就得用这个。"

范错一边解释,一边和英宁挑选了两个洛阳铲,然后递给了庄睿一把。

见到庄睿翻来覆去地在打量着手里的洛阳铲,英宁出言解释道:"庄哥,你别看这东西就像是个铲子,很简单的模样,其实制作起来很麻烦的,需要经过制坯、煅烧、热处理、成型、磨刃等近二十道工序。最关键的是成型时造弧度,需要细心敲打,稍有不慎,打出的铲子就带不上土,那样就废了,只能手工打制。你手上的那把,可是老师珍藏的,其余的都是这边文物部门提供的……"

庄睿接过来之后,发现这只是一个铲头。在铲子的头部,有空心内旋的螺纹,想必就是连接木杆所用的。

为了携带方便,这些洛阳铲都是可以拆卸的,就连木杆,也是可以根据的你的身高来选择的。这些木杆都是特制的,一般都是上好的白蜡杆,韧性极强,可以轻易的将其折弯而不会断掉。

"庄哥,你用这个,这是老师请人特制的,专门用于他那个洛阳铲的。"

庄睿正准备弯腰去选择个木杆的时候,范错递过来一个六七十公分左右的皮套。庄睿伸手接了过来,感觉有些沉甸甸的,打开一看,原来里面是根约有半米长的空心螺纹钢管。

将钢管取出,庄睿才发现,这里面不止一根钢管,而是层层相套,有点像钓竿那样,可以随意延长。在钢管的头部,有个扣环,上面绑缚了一根拇指粗细的绳子,很整齐地盘绕在上面。

怎么使用,这还不至于用别人教。庄睿拉出来三节钢管,对准螺纹口选择拧紧,比划了一下,大概有两米左右长,掂掂分量,也不是很重,使用起来应该没有问题。庄睿把剩下的钢管放回了皮套里,将皮套斜着背在了肩膀上。

庄睿拿过英宁接好的一个白蜡杆洛阳铲,和自己手中的一比较,大概轻了一倍左右。不过这白蜡杆长有两米多,携带起来,却远远没有自己手上的工具方便。其实,现在洛阳铲品种众多,像是最近才出现的电动洛阳铲,俨然一个小型的钻探机。

"庄哥,咱们走远一点吧,这附近两三百米的地方,都被勘探过了。"

范错和英宁,各人都拿着一把洛阳铲,头上戴了个草帽,如果不看服饰的话,和常年劳作的农民也没有什么两样了。

"周围几百米内,就只有这里出现熟土了?"庄睿有些疑惑,那封土下面也有可能建造陵墓啊。

英宁听到庄睿的问题,转过头来回答道:"是这样的,别的地方打下去十多米的时候,就出现岩石层了,封土层下面也是,我们探测得很细,除了熟土,没有别的东西。"

"或许陵墓没有那么深啊。我听说在古代,七八米深的陵墓,都很少见了呀。"

庄睿这话一出口,自己也感觉出不对来了。七八米深的墓葬,肯定不适用于王陵的。别的他不知道,十三陵地宫可就是深达几十米的。

"我们基本上隔三五米就打下去一个洞,要是下面有东西,肯定会带上来的……"英宁知道庄睿对考古发掘一窍不通,于是给他解释了一番。

听到英宁的话后,庄睿才知道,敢情这洛阳铲不但可以辨别地下的土质,还能将墓葬里的物件给带上来。

如果打洞的时候碰到那些杯、碗、盘、壶等类的陶瓷器陪葬品,或者铁、金、木头等东西,都能将之带上来,从中就可以判断出下面是否有墓葬。考古发掘的人就可以根据这些物品来推断出地下藏品的性质以及布局。

更有甚者,像那些经验丰富的盗墓贼,凭借洛阳铲碰撞地下发出的不同声音和手上的感觉,便可判断地下的情况。比如夯实的墙壁和中空的墓室、墓道自然大不一样。

有些盗墓贼,凭着一把洛阳铲,就可以准确地将盗洞打到摆放棺木的主墓室里。要论起对于洛阳铲的使用,恐怕大多数的考古学家们都远不及那些家传的盗墓者们。

"咱们往哪个方向去?"庄睿向二人问道。他先前站在封土层上往四周看,好像只有现在挖掘的地方是块风水宝地。再往山脉方向走,就是龙脉的尾部所在,向上翘起,有个小山包,按理说应该不会是那里。因为一般选择有龙脉的墓葬,都是在其头尾两处择一厚实可以聚气的风水宝地,而不会去断龙脉,那可是风水大忌。

"去那个小山头看一下吧,这附近也只有那里没勘探过了……"

第六章 | 勘探选址

"等等,等等我,我也要去!"

一个声音从三人身后传来,是孟秋千那小丫头跟了上来,手里还像模像样地拿了一把洛阳铲。

"你就不怕晒黑了? 像非洲人那样的?"范错和小丫头斗惯了嘴,忍不住出言挑逗她。

"不怕,我有防晒油……"

孟秋千得意地向范错挥舞了一下小拳头,看得几人相对无语。这敢情是来度假的啊,连防晒油都带上了。

孟秋千没再搭理范错,而是凑到了庄睿身边,说道:"庄睿哥哥,你马上要考我爷爷的研究生,到时候我可就是你的师姐了呀。你看能不能让你那条藏獒对我亲热一点啊?"

庄睿闻言顿时头大了。这丫头居然打起了白狮的主意,别说是她了,就是刘川那个从小看着白狮长大的家伙都没得到过白狮的好脸色,更别提这丫头了。

"那啥,秋千啊,不是庄睿哥哥不帮你。你也知道,藏獒脾气暴躁,除了我之外,它谁都不买账的。我看你还是离它远一点吧,不然就你这细胳膊细腿的,被咬断了就麻烦了。"

庄睿怕这丫头去逗弄白狮,故意夸大了一些,想吓唬她一下。

"哎,不对啊,丫头,你不是孟教授的学生,只是跟来玩的。话再说回来了,咱们还差着一辈呢,你该叫我师叔才对,怎么让我叫你师姐啊?"

庄睿忽然想到这个问题,张嘴就说了出来。

"不帮就不帮,还想让我叫叔叔,门都没有……"

小丫头撅起了嘴,凶巴巴地瞪了庄睿一眼,然后在背后的包里掏了一阵,拿出一袋牛肉干来。她想去喂白狮,不过看白狮那体型,又不敢靠近,在距离白狮还有三四米的时候,就把牛肉给扔了过去。

谁知道白狮根本连看都没看一眼,紧跟着庄睿就跑到前面去了,气得小丫头在后面直跺脚。

这个山头距离发掘现场并不远,只有四五百米的距离,山上种满了猕猴桃树。这时正是开花季节,整个小山包上,开满了黄色小花,离远看很是漂亮。

几人走近了才发现,居然有人围着这个小山头做了一圈的栏杆,上面还绑了铁丝,应该是防止山里的野兽来祸害果树的吧。

"汪……汪汪……"

还没有靠近那栏杆,里面就传来激烈的狗叫声,随之两条体型健硕的狼狗从林子里面扑了出来。

"吼……"

原本跟在庄睿身后的白狮传出一声低吼,那两条狼狗顿时夹起了尾巴,向果林里钻去。

"叫什么叫,笨狗,不会上去咬啊!"

一个男人的声音,从果林里面传出来。

"这里有人住?这么多天都没见有人啊?"

范错有些诧异地说道。他们知道这果林是村子里的人承包的,但这个季节只是果树的花季,没必要看守的,再说他们已经来了一个星期了,也没见到有人进出。

"你们干什么的啊?没事滚远点,睡个觉都睡不安稳。"

随着一阵骂骂咧咧的声音,一个男人从果林里走了出来,不过步子有些跟跄。他走到栏杆的边上,扶住那半人高的栏杆才算是站稳了。

"你这人怎么说话的啊?"

范错被骂得有些恼怒,走到栏杆边就要和那人理论的时候,那汉子猛然站直了身体,和范错打了个照面,吓得范错不自觉地接连往后退了几步。

此时庄睿也看清楚了这人的相貌,心中也打起了小鼓。面前这男人站直了身体,比庄睿还要高出半头,应该有一米九多,浑身上下就穿了一条三角裤,一身结实的腱子肉。那扶在栏杆上的手臂,估计比孟秋千的腰还要粗。

而最让几人感到心惊肉跳的是这人的长相。他半边脸和常人无异,但是另外半张脸自眼睛以下的皮肤漆黑一片,一直延伸到脖子。这要不是在光天化日之下,头上顶着个大太阳,别说范错等人了,就是庄睿恐怕都要被吓得转身就跑。

要是深更半夜的看见这张鬼脸,正常人都能给吓出心脏病来。

"这就是传说中的阴阳脸啊?"

几人都向后退了几步,脑中冒出这个念头来,不过倒是很少听说这阴阳脸能一直长到脖子上的。

"爷爷我就是这么说话的,怎么啊?不服气?"

那汉子蒲扇般的大手重重地在栏杆上拍了一下,眼睛瞪得像驴蛋似的,死死地盯着刚才说话的小范同志;另外一只手很不雅观地伸到下身处掏了掏。几人可是清楚地看到，几根细毛从他指缝中飘落到地上。

这下别说孟秋千这丫头早就扭过脸去了，就连庄睿都看不过去了。这人也他娘的忒极品了一点吧。

"我们是国家考古队的。你把这栏杆打开，我们要进去取些土样……"

庄睿看到范错和英宁的脸色，知道这两个学生被吓到了。这也不怪他们，换做庄睿在几年前刚出学校大门的时候，遇到这样的人，恐怕也是转脸就跑了。

那汉子根本就不搭理庄睿，一脸凶相地向众人骂道："取什么……鸟土样，这是我们家承包的果园，懂不？私人承包的，你们想来捣乱啊？都滚蛋，惹爷爷生气了，废了你们这几个小兔崽子。"

庄睿看和这人说不清，拉着几人向后走远了几步，小声对范错说道："小范，去把刚才和我一起过来的那个孩子喊来。"

范错答应了一声，转身向来处跑去。

那汉子看到只有一个人离开了，而庄睿等人不走，有些恼羞成怒了，对着身后的两条狼狗喊道："还不滚，虎子，大黄，上去给我咬他们。"

两只狼狗向前冲了几步，冷不防白狮一声低吼，吓得一头又钻回到林子里，任凭那汉子怎么喊，都不出来了。

"没用的东西，白养活你们了。"

汉子骂骂咧咧地转身也进入到果园中。庄睿等人不禁松了口气，和这浑人说不清楚，真被他打了，那也是干吃眼前亏。

只是还没有到一分钟的时间，那鬼脸汉子又跑了出来。他左手拎着个白酒瓶子，右手抓着一把砍刀，刀尖指向庄睿等人，骂道："再不滚，老子一刀一个，宰了你们几个兔崽子。"

庄睿心中原本也是怕了这人三分，不过此时火气却上来了。自己这几个人又没干什么，果园里的果树现在也没有结果，至于摆出这么一副防贼的模样吗？

"你来宰我试试？"

庄睿向前走了几步，手里攥紧了那把洛阳铲，心里虽然有些紧张，不过要是被这浑人给吓跑的话，面子上就忒难看了。

"庄哥，别和这人一般见识。咱们回去找村子里的人来说。"

站在旁边的英宁拉了庄睿一把。他都不敢正眼去看那人的脸，实在是有些寒碜人啊，英宁都不知道自己晚上还能不能睡得着觉。

"小子，你以为我不敢啊，有种你别跑！"

鬼脸汉子"咕咚"一声把酒瓶里剩的半瓶酒都灌进了肚子，随手将酒瓶子扔到一边。左手在栏杆上一撑，他整个人借势跳了出来，凶狠地向庄睿扑来。

"呜呜……"

没等那人靠近庄睿,匍匐在地上的白狮,闪电一般地蹿了出去,整个身体凌空,前爪猛地拍在鬼脸汉子拿刀的右手处。那汉子手中的刀顿时被拍飞了出去。没等他醒过神来,白狮巨大的身躯已经把他压在身下了。

"妈呀!"

那鬼脸汉子此刻酒劲全醒了,睁开眼睛看到的是一张血盆大口向自己的脖子咬来,一股热气喷在脸上,森白的牙齿如同匕首一般锋利。他毫不怀疑这一口下去自己的脖子能被撕成两半。

白狮的爪子已经抓进了鬼脸汉子肩膀上的肌肤里面,但是肉体上的疼痛远不如心中的恐惧来得强烈。

鬼脸汉子绝望地闭上了眼睛,等待死亡的来临。过了足足有十几秒钟,那想象中的痛楚并没有传来,鬼脸汉子慢慢地张开了眼睛,却见到一双绿莹莹的眼睛还在紧紧地盯着自己。而自己的两个肩膀,被那大狗的两只爪子死死地按在地上。他平时自诩过人的力气是一丁点儿都使不出来了。

要是换做庄睿,肯定不敢如此近距离地和那张阴阳脸对视。不过在白狮的眼里,根本就不存在美和丑。它现在只等庄睿一声令下,就要咬断这个男人的喉咙。野兽的本性让白狮浑身的血液沸腾了起来,口中喘出的气也逐渐变得有些粗了。

"饶命,饶命,救命,救命啊……"

庄睿不让白狮咬下去,但是也没有让白狮松开。过了大概有三分钟的时间,鬼脸汉子终于坚持不住了。白狮那双像是看着死人一般的眼神,让他的心理防线彻底崩溃了,刚才嚣张的模样已经消失不见了,扯着嗓子大声地喊起救命来。

"孙子,你是谁爷爷啊?现在怎么不嚣张了啊?"

庄睿刚才着实被这人给骂恼了,此时是心情大爽。他也有点恶趣味,还没听够这鬼脸汉子的救命声,就是不让白狮起身,从口袋里掏出烟来点上一根,惬意地抽了起来。

"你是爷爷,我是孙子还不成啊,你先让这大家伙放开我吧。"

鬼脸汉子说话的时候,已经近乎带着哭腔了。他胆子大但是人不傻啊,对自己的小命还是很在乎的。

这汉子名字叫做余三省,河南洛阳人士。在同辈里排行第三,名字是他祖父给起的,取自曾子"三省吾身"的典故,原本是想让他长大后多反思自己的作为。

不过余三省从小就不是个省油的灯,加上又长得人高马大的,一般人见了都让他三分,也就养成了个蛮横的性格,文化水平也就是能写出自己名字,至于啥意思,就要去问那死鬼爷爷了。

余三省脸上本来是和常人一样的,但是一次意外使他毁了容。

在十几年前的时候,他跟着余老大去盗掘湖北一个地方的王侯墓。本来以他的体型,很难钻进盗洞里,都是在外面把风的。不过那次老八开的盗洞比较大,以他的体型,倒也能下去。

一般盗墓贼盗墓，盗洞打通墓葬之后，都是一人进去掏东西，一人在外面接着。而余老大手下人多，一般都是两人进去，外面还留有三五个人放风的。

余三省也跟着余老大盗掘了十多个古墓了，从来没下去过，经常被老八嘲笑，心中不忿，那次也就跟着老八两人下去了。

那是个帝后合葬的墓穴。不过进去之后，他们居然发现了另一个盗洞，也就是说，千余年来，已经有最少一波盗墓贼光顾过这里了。墓穴里面的东西，基本上都已经被掏空了。两个棺材中的一个，已经空空如也，尸体都被拖出来了，地上到处都扔着尸骨。而另外一个棺材，棺盖也被掀开了一半。

留到现在的古墓，十有八九都是被盗过的了。两人也没怎么失望，准备打开棺盖看下，要是没东西就麻利地走人。

余三省力气大，又是第一次下盗洞，为了展示一下自己的力量和胆气，没用老八招呼，上去一把就将棺盖给掀开了，顿时人就愣住了。

原来这个宽大的棺材里面有两具尸体。两具尸体身上的衣服都已经腐烂掉了。其中一具尸体的皮肉也都腐烂完了，露出略带灰色的白骨，但是另外一具女尸却是全身发黑，干瘦干瘦的，肌肉并未腐烂，眼睛自然是没有了，瞪着一对黑洞洞的眼眶，看着棺材外面的二人。

不过更让二人动心的是，这两具尸体的中间露出几个物件来，用强光手电一照，有玉佩也有金钗，像是有不少好玩意儿。

"傻大个，你不是胆子大吗？怎么看到个干尸就傻眼了啊？回头上去我跟老大学学你的样子，哈哈哈……"

老八身材矮小，天生就有些自卑，虽然和身材高大的余三省是堂兄弟，不过两人一直都不怎么对路，这会儿看到余三省的样子，不由出言嘲笑了起来。

"让一边去，我把尸体取出来，你去拿东西。"

余老三被老八说得脸上有些挂不住了，爬了上去。

古代都是棺椁一体的，也就是说，在棺材的外面，还有椁的存在，其实也是棺木，就是大了一号而已。

余老三爬到棺椁上之后，弯腰准备把那女尸给拎出来。他听多了盗墓中尸体的事，倒也并不是很害怕，但是没想到那木质的棺椁历经了上千年的侵蚀，已经是不堪重负了。

随着"咔咔"的声响，余老三脚下的棺木突然碎裂开来。这一碎不要紧，正弯着腰的余老三，一头就向棺材里栽了下去。

余老三本能地伸出右手，在棺材里支撑了一下，却没想到正按在那女尸的腹部。让他惊恐欲绝的是，随着女尸腹部的憋起，一股黑色的粘液从尸体的口中喷了出来。由于距离太近，余老三只来得及闭上双眼侧了一下脸，另外半张脸和脖颈，就被喷个正中。

"诈尸啊!"

像是火烧般的灼痛使得余老三喊叫了起来,吓得老八也不敢继续取东西了,连忙拉拽着余老三从盗洞里爬了上去,连夜送到了医院。

经过检查,余老三脸上的黑水是一种有毒素的液体,虽然对性命无碍,但是那黑色已经渗入到肌肤内部,却是没有办法消除了。

这时候余老大又拉着老八亲自下了一趟墓穴,仔细观察后得出了结论:这个女尸埋葬前,应该是往肚子里灌输了剧毒,使得尸身不腐。而她旁边的那具尸体,极有可能是以前盗墓贼留下的,原因就是被尸体肚子里的剧毒给沾染上了。

而余老三被喷中毒素没有死亡的原因,可能是因为年代久远,毒素数量又不是很多了,所以才造成皮肤的灼伤而没有致命。

原本好好的一小伙子,变得像个鬼似的,媳妇也说不上,就是去发廊泻火,小姐们都推三阻四的。从那时起,余三省的性格也变得愈加暴躁古怪起来。

不过此时面对着像个牛犊子一般大小的凶兽,感受到死亡的威胁,鬼脸汉子心中的怯懦也都显露了出来。

刚才看到那鬼脸汉子跳过栏杆,吓得转身已经跑出了几十米的英宁和小丫头,这会儿也都愣住了。他们没有看见白狮扑倒鬼脸汉子的全过程,只是在逃跑的时候担心庄睿,回头看了一眼,却发现那嚣张的家伙已经躺倒在了地上,而且还在大呼救命。

这正可谓是卤水点豆腐————物降一物。

第七章 | 五花土

"庄大哥,你这藏獒真厉害!"

两人看到危险解除了,连忙又跑了回来。小丫头对白狮的喜爱之情更是溢于言表,那神态恨不得扑上去抱住白狮亲上一口。

"别过去……"

庄睿一把拉住了孟秋千。刚才白狮是出其不意,才将这人制服的。万一放开他,想要再制服他,那白狮就要伤人了。

"额(我)的娘哦,谁家的狗啊?快点拉开啊,要出人命了。"

这会儿二毛和范错也气喘嘘嘘地跑来了,后面还跟了一个老娘们,是中午送饭的其中一个人,见到地上那趴着的一人一狗,不禁大声喊了起来。

庄睿没有搭理那老娘们,而是对二毛问道:"二毛,这人是你们庄子里的吗?怎么上来就要拿刀砍人?"

"不是我们庄里的,这是余老三,我们庄子里一户人家的亲戚。庄大哥,你来,我给你说……"

二毛看了地上那人一眼,把庄睿拉出去十几米,小声地将这人的来历告诉的了庄睿。

原来这余老三是一年前来刘家庄的,是本庄余家老大的河南亲戚,由于长得比较寒碜人,在外面待不下去了,就跟着余老大来这里混口饭吃。

庄稼人都比较质朴,虽然这余老三长相比较吓人,不过也没人笑话他。谁知道这余老三的酒品不好,喝多了喜欢找人打架不说,还经常调戏庄里的小媳妇和大姑娘。

刘家庄是个以武传家的地方,庄里的武把式很多。在把余老三教训了几次之后,余老大就借口这亲戚太爱惹事,给发配到这山窝里来看果园了。

二毛也怕出人命,小声地对庄睿说道:"庄大哥,放开他吧。我们在这里,他不敢惹事的……"

"白狮,过来……"

庄睿招呼了一声,白狮伸出血红的舌头,在余老三脸上舔了一下,才松开爪子,跑回到庄睿的身边。

"杀人啦,咬死人了啊!"

这一舔可是把余老三吓得不轻,扯着嗓子又干嚎了起来。叫了几声之后,他发现那条大狗已经不在了,连忙爬起来,身体都没站直,就连滚带爬地翻过那道栏杆,那遮羞的短裤掉到膝盖都不知道,心有余悸地看着庄睿身边的白狮。

"流氓……"

小丫头啐了一口,把脸扭转过去。

"你让我们进去。我们只是取些地下的土样,不会破坏你的果园……"

庄睿听到这果园的确是刘家庄里的人承包的,也不想和他们闹得太僵,毕竟自己还是老三的客人呢。

"你说不会破坏就不破坏啦?你们手上那洛阳铲,要是铲坏了树根怎么办?这果园是我大哥承包的,没大哥的吩咐,谁都别想进来。"

余老三这时也回过神来,虽然不敢再出去找碴,但口气还是很蛮横,说什么都不让庄睿等人进去。

"洛阳铲?"

庄睿从余老三口中听到这个名词,不由愣住了。自己虽然早就听过洛阳铲的大名,不过要不是亲眼所见,也认不出来这东西就是洛阳铲,为何这余老三一口就能叫出来呢?

或许是陕西这边盗墓的太多,他们都见过吧,庄睿想起二毛曾经给自己说过的话,找了个解释的理由,不过心里还是存了一丝疑问。

"是啊,这是我们庄子余家兄弟承包的果园。你们进去乱挖,这损失算谁的呀?"

和二毛一起过来的那个中年妇女,也是向着余老三说话。不过庄睿有些奇怪的是,来送饭的有三四个老娘们,怎么就她来打抱不平了?

"小庄,你们先在这外围打些探洞,看看土质,不要和老乡争执嘛。"

孟教授也得到了消息,挂着个登山杖走了过来。

"爷爷,是这人不讲理,还耍流氓。"小丫头告起状来。她可是从来没有看到过那么丑陋的东西,到现在心里还在"咚咚"直跳呢。

孟教授没有搭理自己的孙女,向庄睿几人吩咐道:"行了,今天太热了,你们提取一下这周围的土质,然后咱们就回去吧。"

庄睿等人答应了一声,各自找地方用洛阳铲向下探去,那余老三看到几人没有再要求进果园,骂骂咧咧地转身回去了。

用这洛阳铲取土样,也是个力气活,并且在开始的时候,全凭手上使劲将铲子往下砸。洛阳铲钻入到土中之后再提上来,呈半圆形的铲子中间就会带上来一筒圆形的土壤。

庄睿刚开始往下打洞的时候,还是感觉比较吃力的,不过在打出一个直径约有二三十公分,深度到了两米左右的小坑时,就找了窍门。原来这越是往下就越轻松,等洞深了之后,用洛阳铲本身向下所产生的惯性,就可以深入到泥土之中,自己只需要把铲子提上来就可以了。

孟教授也跟在庄睿旁边,教他如何使劲与发力。这里面也是有巧劲的,可以借助洛阳铲的重量,使自己用很小的力气,就将洛阳铲打下去。

经过孟教授的一番教导,庄睿在摸到窍门之后,动作就变得娴熟了起来,再加上他可以用灵气消除手臂的酸麻和无力,基本上就像个机械人似的,不停地重复着一个动作,把旁边的小丫头都看傻了。

当小范和英宁还在和第一个探洞较劲的时候,庄睿已经开始打第三个探洞了,前两个都是打下去十四五米深。洛阳铲带出的土壤里,经过小丫头的鉴别,并没有出现熟土。

庄睿同时也在学习分辨熟土和生土的区别,这可是发现地下是否有墓葬的重要依据。

熟土也可以称之为五花土。因为在挖墓坑时,会将坑中各层颜色不同的熟土和生土挖出来,下葬后,再将这些混合土回填坑中,就形成了所谓的五花土。在一般情况下,如果洛阳铲带出来的土壤是五花土,下面十有八九就有墓葬存在了。

而且从五花土中,还可以分辨出墓葬的墓坑地形分布情况。如果五花土比较少薄散乱,可能会是墓道;如果厚重集中,可能就是墓室。这样经过看土后就可以进行定位找墓室了。

至于熟土和生土两者之间如何区别,就需要一定的经验了。简单来说,五花土有些会包含杂草、建筑垃圾、人类遗留物等文化遗留,而原生土则没有。

当然,有些五花土也比较纯净,那就需要仔细观察土质了。一般来说,土壤里面都包含有毛细孔,五花土里面的毛细孔是杂乱无章的,而原生土里的毛细孔则是基本垂直的。

这些东西,口述笔说是很难有直观的印象的。庄睿在小丫头的指导下,对洛阳铲带出来的土壤一一鉴别之后,对生土倒是搞明白了,但是连打了四个十几米深的探洞,都没有见到五花土。

虽然每选择一个地方打下洛阳铲之前,庄睿都会用灵气先甄别一下地下的情况,不过这些土壤给他的感觉都是一样的,偶尔会有些石头块烂树根之类的东西,但是并没有墓葬的存在。

"咚!"

随着洛阳铲接触到地下土壤所发出的沉闷声音,庄睿双手交替快速地拉动绳索,将洛阳铲提了上来,在地上磕了几下,让铲子所带出的泥土散落在地上。

这已经是他打的第五个探洞了,旁边那几位早就看得目瞪口呆了。看外表庄睿斯斯文文的,谁都没想到他有这么大的力气和持久的耐力,怪不得刚才敢和那阴阳脸壮汉较劲呢。

"咳咳……小庄,休息一下吧,这罗马可不是一天建成的。等会儿回到那边发掘的地方,我指五花土给你看……"

孟教授对于庄睿的干劲也有些吃不消了。就是他年轻的时候，连打两个探洞也要休息半天，没想到这小伙子不仅学识渊博，居然还是个猛张飞。

"没事，不累，孟教授，我把这个探洞打完了再休息。"

随口和孟教授说着话，庄睿把洛阳铲又提了上来。现在打的这个探洞，已经很靠近那片果林了。从放下去绳索的长度可以判断出，现在探洞已经有十四五米深了。

"咦，这土颜色有点不对啊？"

庄睿发现洛阳铲带上来的这一筒土磕到地上之后并没有散开，而是呈圆柱状竖了起来，并且土壤的颜色呈褐色，与刚才取出来的土样完全不同。

庄睿蹲下身体，用手将这块土壤拨开，看到那褐色是呈一条线状；用手指搓弄了一下，马上就变成了粉末，有点不像是土。

孟教授的脸色有些凝重，向四周看了一下，说道："这褐色的不是土。"

"不是土？"庄睿愣了一下。

"嗯，这是木头在土里腐烂之后，留下的痕迹。你看这边沿很整齐，纹路呈直线，不是自然死亡腐烂下去的木头，而是经过加工的。"

孟教授边说边站起身来，看着不远处的那片果园，近乎自言自语地说道："果然是在那个地方啊，不知道还能留下多少东西。"

"您说什么？"庄睿没有听清楚孟教授的话。

"没什么，喊他们一声，今天收工了……"

孟教授没有回答庄睿的话，用脚将地下那土块踩散掉，转身就走，留下一头雾水的庄睿傻傻地站在那里。

"这……不是说出了五花土，下面就有墓葬吗？怎么就走了？"

庄睿被孟教授的举动搞得有些莫名其妙，他们不就是来挖皇陵的吗？看孟教授这模样，似乎对这陵墓的位置，并不怎么在意啊。看着走远了的孟教授，庄睿无奈，也只能跟了上去。

回到那个发掘现场，孟教授招呼了众人一声，收拾好家什就往回返了。那些村民们都很高兴，反正出一天工就五十块钱，少干点活谁不乐意啊，三五人一伙向庄子走去。

"小范，我刚才的探洞里出熟土了，孟教授怎么反而叫回去了呢？"

庄睿心里一直憋着这个问题，对走在自己身边的范错问道。

"老师可能有别的想法吧。庄哥，听老师的没错。"

都说研究生就是导师的打工仔，范错和英宁两个学生只管跟着老师做课题，别的是不需要他们过问的。反正孟教授对他们也不错，吃住都在自己家里，每个月还有几百块钱的生活补贴，比起那些被导师压榨而又一分钱没有的同学来，要强多了。

庄睿只能将疑问再放回到肚子里。一个多小时后，众人回到了村子。那些县城的工作人员都有摩托车，直接从村子里就赶回县城了，而孟教授几人也回到了租住的农家。

庄睿发现,他们住的地方离老三家并不远,也就是隔了三五户人家。

　　庄睿问了一下,那边还有空房,干脆就找到老三,把这事情一说,搬到孟教授他们那里去住了。总不能一直占着老三的新房吧。

　　……

　　"汪……汪汪……"

　　"别叫,是大脚嫂啊,你这是送饭回来啦?"

　　余老大听到院子里的狗吠声,连忙走出来,将两条狼狗给栓上了。

　　"余家兄弟啊,我这可是一路小跑回来告诉你的。那帮子考古队的人,要去你那果园子里面挖,被我给制止住了。你可是要快点想办法啊,再过两个月,这果子就要成熟了。"

　　余老大打开院子门,刚才那个给考古队送饭的老娘们就眉飞色舞地对余老大比划开了,口中的吐沫星子都飞溅到余老大的脸上去了。

　　"呵呵,大脚嫂,人家是政府的,咱们能拦着吗?今儿这事可是要多谢谢你了。对了,前一阵大侄子结婚,你看,我正好去河南走亲戚了。这钱你拿着,就当是我随礼的钱。"

　　余老大眼睛里闪过一丝阴狠的神色,不过随之就掩饰了过去,从口袋里翻出一张皱巴巴的百元大钞来,做出了一脸心疼的模样,将钱递给了大脚嫂。

　　"哎呀,这怎么好意思啊,随个三五十块钱的份子就行了,一百太多了……"

　　大脚嫂嘴里喊着不好意思,手上已经是把钱接了过去,用两根手指捏住甩了甩,听到脆响之后,才满意地将钱放到口袋里,嘴里还念叨着:"我说余家兄弟,你去找找书记。这事可不能让那些人乱来啊,种了几年的果树,要是全被砍了的话,那损失多大呀。"

　　"哎,大脚嫂,你还不知道吗?我这人老实,嘴又笨,政府真要这么做,我是一点办法都没有啊。书记和咱又不熟,你看……"

　　余老大一副愁眉苦脸的样子,在身上摸索了半天,又找出一张五十块钱的票子,硬是塞给了大脚嫂。

　　"这果园是咱们村子决定承包给你的,前几年都是在亏钱,大家都看得到的。余家兄弟,你别担心,我晚上就去书记家。二叔肯定会给我这个面子的。"

　　大脚嫂攥着手心里的钱,拍着胸脯说道。她没想到余老大为人这么大方,不过就是前几天交代她送饭的时候注意点考古队,别让挖到自己的果园子。这出手就是一百五十块钱,自己也要帮上点忙,不然这钱拿着可是有点儿烧心啊。

　　余老大搓着手,看着家里冰凉的灶台,有点不好意思地说道:"那可真是要谢谢你了。大脚嫂,在这吃过饭再走吧。你看,孩他娘不在家,我去买两个菜去。"

　　"不用了,大兄弟,你就等好吧。我回头就去二叔那,保准不让他们动你的果园子。"大脚嫂看着这家徒四壁的样子,暗中撇了撇嘴,向外走去。

　　千恩万谢地送走那老娘们之后,余誉的脸色变得阴沉了下来,四处张望了一下,回身关好院门,匆匆走进了屋子。

说余老大家徒四壁一点都不为过。三间平房一个院子，除了正房有张床，还有个柜子和吃饭的桌子之外，其余就没什么家具了。原本也不是这样，只是几年前余老大在承包那片果林的时候，将家里的东西都给卖光了。这事都传到镇子里去了。

回到房间之后，余誉关紧了房门，屋里顿时黑了下来。余老大也不开灯，顺手从桌子上拿了把剪刀，走到床边趴下身子，在床头下面的一块青砖上敲了敲，听到"空空"的回音之后，用剪刀插进砖头的缝隙处，将青砖撬了上来。

这块砖头下面是空的，余誉伸手从里面拿出一个不大的手包，站起身来。

打开手包，里面除了一沓百元大钞和一个手机之外，赫然还有一把精致的手枪，只有巴掌大小，要是有枪迷看到，肯定会一眼就认出来这把被称之为掌中惊雷的勃朗宁手枪。手枪旁边，还放有一个装满了黄澄澄子弹的弹夹。

余老大没有动手枪，而是把手机拿了出来，开机之后看有了信号，就拨打了出去。

"大哥，什么事情需要打电话？"

手机里传来老八有些低沉的声音。

"后天晚上八点动手，叫小四后天中午到家里来，把雷管和炸药带来。另外让小七准备好车，晚上在村子三里屯炮楼子那里接应。"

余誉一连串吩咐了下去。如果拉开灯的话，就会发现，他那张原本显得颇为憨厚的脸，变得有些扭曲和狰狞。

"大哥，怎么回事？不是说好了等那帮子考古队的人走了，咱们再干活吗？"

老八在电话里不解地问道。今天上午才见过面，没想到这下午余老大就改了主意。

"没时间了，那帮子考古队的人，应该发现了王陵是在果园下面。今天要不是老三拦着，就要有人进去了。我只能拖上个三五天的，再晚恐怕就要暴露了。你忘了那下面还埋有什么东西吗？"

余老大的声音有些阴森森的，吓得电话那头的老八浑身打了个哆嗦。他当然知道那片林子里埋了什么东西，五具尸体埋下去的时候，就是他亲手挖的坑。

"大哥，不行咱们现在就撤出去吧。这些年赚的钱，也够咱们在国外花一辈子了。"老八想起那些变成了果树肥料的家伙，背后不禁凉飕飕的。

听到老八的话后，余誉暴怒了起来，眼中露出一丝杀机，压低了嗓子狠狠地骂道："放屁，我在这里谋划了七八年，怎么可能放弃？这次要不是老六失手被查到，东西早就取出来了。幸亏老六死掉了，不然咱们都得去挨枪子……"

想到那几个被余誉亲手掐死的人，老八再也不敢触余老大霉头，连忙回答道："我知道了，大哥，你放心吧，事情我一准安排好……"

第八章 | 机关重重

"嗯,事情要是有变化,不要打这个电话。老规矩,拍电报到村子里,就说河南有急事……"

余老大交代了一声之后,才挂掉了手机,将手机电源关掉,换了一张卡之后,把手机放回到包里。从那叠百元钞票下面,他拿出一个小本本翻开看了看。

原来在钱下面,还藏有七八个护照。不单是余誉自己的,还有手下几个人的,都放在他这里,预防某一天事发,能逃往国外的。只是这里面有几个人现在已经不在人世了。

大家看到这里,应该都明白了。余誉的父母,其实出身于河南洛阳的一个盗墓世家。在上个世纪那席卷全国的大变动中,新中国成立前挖坟掘墓的余家也受到了冲击。无奈之下,刚刚结婚的余父带着妻子逃到了刘家庄。

刘家庄安静的生活,让余父也忘记了自己的出身,一住就是二十多年。不过等到改革开放之后,余父有些想念家里的亲人,就带着大儿子回河南探亲了。这一回去才发现,原本穷得叮叮当当的家里几兄弟都富裕了起来。

余父一打听,原来在二十多年前的那场大变革中,自己的一位堂弟偷渡去了香港。在前几年他也回乡探亲了,并且鼓动家里人又操起了旧业,他专门负责在香港出手。这不,才发掘了几座古墓,家里人的腰包就都鼓了起来。

余父过了几十年的安静生活,并不想再参与进去,当时就要带着儿子返回刘家庄。只是一向不怎么说话,有些蔫不拉几的余誉,这次居然说什么都不愿意回去,非要留在外面闯一闯。

拧不过自己这个儿子,余父只能只身返回了刘家庄。而余誉也像是脱了牢笼的鸟儿,见识到了一片自己闻所未闻的新天地。

跟着自己的一个堂叔,余誉表现出了在盗墓这方面别人所不及的悟性,学东西上手十分快。对那些常人难以理解的风水堪舆方面的知识,他仿佛天生就懂。在跟着堂叔盗掘了几座古墓之后,余誉就能独立寻找墓葬了。

这样过了有四五年左右,余誉凭借着自己在盗墓上得天独厚的天分,以及从小跟着刘家庄那些武把式练得的身手,他不仅将自己那位堂叔挤下了当家人的位置,而且把这个盗墓团伙牢牢地抓在了手中。

余老大掌权之后,正值国内经济发展势头良好,他们这个盗墓团伙也变得愈加疯狂了起来。在上世纪九十年代的初期,他们的足迹遍布陕西、河南、河北、山东、新疆等地,大批珍贵的文物也从他手中流到国外。

谁都不会想到,在刘家庄整个一老蔫,见了年轻的女人眼睛就发直的余家老大,在外面出入的都是豪华酒店,乘坐的都是高级轿车,香港美国等地也去了好几次,更是包养了几个在校大学生,一副成功人士的派头。

在外面混得风生水起的余老大并没有得意忘形。狡兔三穴,他也懂得将刘家庄作为自己的一个避风港。每次回刘家庄的时候,他都穿得破破烂烂的,一副混得很不如意的模样,居然连自己的父母和弟弟都蒙骗了过去。

在上个世纪九十年代中期,余老大回到家里,有一次和父亲喝酒的时候,无意中听到余父提起这刘家庄的来历。这里原来居然是唐朝皇陵的守陵军队居住的地方,到了后来就慢慢演变成了现在的刘家庄。

那也就是说,这地方是皇陵所在。余老大不禁动了心思,往后的数日,每天都往山坳那边跑。以他这几年的见识,自然认出了那块风水宝地。

余父也是出身于盗墓世家,在这生活了几十年,早就看出那块皇陵所在,但是他并不想搅乱目前安静的生活。他发现自己儿子的举动之后,顿时就明白了余誉这些年来的所作所为。

发现了余誉的动机之后,余父很严厉地将儿子训斥了一顿,并说他要是敢盗皇陵,就大义灭亲,去公安局举报他。

其实余父这话,只是想打消余誉的念头,却没成想余誉这些年来在外面犯下了滔天大罪,手上的人命都有好几条,只要有一件暴露出来,肯定就是吃枪子的下场。

像余老大这种心性凉薄的人,是容不得一丝威胁存在的。在接连被父亲警告了两次之后,他终于动了杀心,找了一个机会,偷偷地在父母的饭菜里下了药,而后又装作孝子贤孙哭天抢地将父母安葬了。

为了山坳里面的皇陵,余老大安心在刘家庄潜伏了下来,并寻找时机,在现在孟教授挖掘的地方打了盗洞,只是那里并非是皇陵所在。

陕西皇陵大墓众多,在上世纪八十年代的时候,一度成为盗墓贼的后花园。进入到上世纪九十年代之后,地方加大了对盗墓行为的打击力度,并且是举报有奖。像刘家庄这样的地方,时不时还有巡逻队经过。所以余老大也很小心,足足用了有五六年的时间,才勘探出了皇陵准确位置所在。于是在前几年,余老大动用了一些手段,将那块原本是别人承包的果园高价转包了过来。

有了果园的掩护之后,余老大很快就探明地宫所在。让他惊喜若狂的是,这个极有可能是唐文宗皇陵的地宫，居然从未被盗掘过。这也就是说，里面大量珍贵的文物，都将属于他了。

余老大之所以下了这个结论，是因为他们在打通了墓道之后，发现这是一个凿山为陵的墓葬，由墓道、墓坑和墓室三部分组成。像这种墓葬只能找对方向，通过墓道进入，而无法从墓壁开凿盗洞进入墓室。

并且更为关键的是，他们在进入墓道之后，并没有发现别人所打的盗洞，也没有外人曾经进入过的痕迹。另外就是居然在甬道里发现了防盗所用的连环翻板。

连环翻板一般都是用于大型墓葬之中，多数都是设置在墓道里，其宽度大致和墓道宽度相当，长度更是会超出一米。这样的尺寸，令不知内情的盗墓贼很难跨越过去，往往无从躲闪，最终落入到陷阱之中。

连环翻板的构造其实很简单，就是在陷阱坑上铺设木板，在木板的两侧都坠有重物，人踩到落入陷阱之后，翻板会自动恢复原状，静静地等待下一个侵扰墓葬的盗墓者。

有的连环翻板设计得更为巧妙，在翻板中间安装一个轴，当人触动机关之后，已然是身体悬空，无法后退了。

连环翻板下的陷阱，一般都挖得比较深，以防落入到里面的盗墓者再度爬上来。而陷阱的底部，通常都会放置密布的利刃，如刀、枪、锥等。利刃尖处向上，只要上方有人掉下来，都难逃刀剑穿心的下场。

为了探明这个墓道，余老大他们也是损失惨重，当时走在墓道前面有两个人，一个是老八，另外一个是崔姓的团伙成员。

前文说过，像这些盗墓团伙，里面的成员，基本上都是自家人，余家也不例外。只是在前几年的时候，香港那边催货比较紧，家族里从事这个营生的只有三四个人，于是又从外面招揽了几个成员。

这五个人都姓崔，也是河南洛阳人士，原本也是一个小盗墓团伙，后来并入到余老大团伙里面。当时走在前面的那个人踩到了翻板，连反应的时间都没有，就被翻板给吞没了。上面的人只能听到一声惨厉的痛呼。

老八反应快，在前脚踏空的时候，推了姓崔的那人一把，借势将身体向后翻了出去，这才保住一命。

当几人小心翼翼地打开翻板之后，用电筒一照，下面那人胸口处穿了几条利刃，死状惨不忍睹。

出了这样的事情，余老大等人没有再敢继续往下走，而是回到了地面上商讨。

这时又出了问题，死的那人是姓崔的，而在死前却是被老八推了一把，所以上来之后，另外几个姓崔的人对老八是怒目相向，差点就动起手来。在余老大的劝阻下，这才得以平息，只是众人心里都存了芥蒂。

余老八是余誉的本家堂兄弟，一直都是死心塌地跟着余老大的，再加上他天赋异禀，虽然身材矮小，但是对探墓和挖掘盗洞有些得天独厚的优势。下到墓葬里取陪葬品这样的工作，也是向来都由他去做的，所以余老大在言语中，对老八也是多有偏袒。

那崔氏几兄弟心中不忿，于是就向余老大提出来要散伙，以后各走各路，各过各桥，井水不犯河水，并且陕西这地界，他们从此后都不会再踏入一步。

余老大一听这话，心中顿时就动了杀机。他怎么可能放这几个人活着离开？为了这座皇陵，他连自己的父母都除去了，绝对不会给这几个人走漏风声的机会。

不过以余老大的城府，自然是不会摆在脸上的，当下笑眯眯地答应了下来，并说兄弟一场，晚上办些酒菜，也算是好聚好散。

当天晚上，余老大就在果园子里摆上酒菜，和众人吃喝起来。这崔姓几兄弟对余老大知之甚深，也不是没有防备之心，凡是余老大没动过的菜，他们都不会去下筷子。这酒倒是没事，因为余老大喝的也是一个酒瓶里倒出来的。

谁知道就算如此防备，也还是着了余老大的道。那酒里被下了药，只是余老大等人事先吞服了解药。把崔姓几兄弟药倒之后，余老大凶相尽露，亲自动手将几人活活给掐死了，然后埋在果树地下做起了肥料。

解决掉崔氏几兄弟之后，余老大等人又重新潜入到墓道之中，用长木杆探明了连环翻板的所在，并去订制了几个可以折叠伸拉的合金梯子，将梯子架在翻板上方，这才得以通过。

只是通过了连环翻板之后，余老大等人还是没能进入到墓室里面，原因就是遇到了巨石封门。这也是汉唐王陵里经常使用的手段，十多块重达千斤的巨石拦在了余老大等人面前。

看到这巨石拦路，余老大不怒反喜。这说明这座皇陵绝对没有被前人光顾过了。他也算是有耐心，当下用守果园的名义，在这园子里搭建了个木头房子，安心住了下来。

每天留一个人在上面放风，两人下到墓道中。由于这些石头太多太大，如果用炸药的话，很可能将墓道震垮掉，只能用地锚钻将巨石一点点的震裂，然后把碎石运到了地面上。

如此过了一年多的时间，才算是把拦在门前的巨石都清理干净了。就在余老大准备解决最后一道关隘的时候，外面却是出了大事。

余老大等人盗墓十多年，手上存有不少好物件，也一直没有断了和境外的联系，陆陆续续地将文物走私出去。

原本这事情是余老大亲自操作的，不过因为文宗皇陵是在刘家庄附近，他要是不在的话，留下余老三几个人，很容易被别人怀疑。于是他就把和香港交易的事情交给自家堂弟余老六，却没想到在一次走私汉代文物的时候失手了，而余老六由于暴力拒捕，也被当场击毙。

余老大这盗墓团伙，除了他们本家几兄弟是核心成员之外，其余的人都是外围成员，根本就不知道他们的姓名来历。本来余老六死了，这线索也就断了。不过余老六为人不够谨慎。在一次酒后，他曾向手下提起过唐文宗皇陵，而那手下正好又被警方抓获。这也使得有些人认为那件马踏飞燕是出自文宗的墓葬。为了保护文宗墓葬里的其他文物，孟教授等人才会来到这里。

本来在考古队进驻到刘家庄的时候，余老大已经萌生远走高飞的念头了。只是在随后的几天，他发现考古队所挖掘的地方，是他先前打过盗洞的所在，并没有找到真正的皇陵。这让他心存侥幸，想等考古队撤离之后，取出皇陵中的物品，然后再离开这里。

不过刚才大脚嫂向他通报的情况，让余老大心中产生一丝不妙的感觉，似乎有一张大网向他张开了，只是心中的贪欲还是让余老大决定，在后天动手打开最后一道机关。

之所以选在后天，是因为那天是庄子里刘长发结婚的日子。一来会燃放鞭炮，可以遮掩住炸药爆炸的声音；二来会有许多客人来到刘家庄，自己手下的人混进来也不会很显眼，并有助于得手后的逃脱。余老大早已将各种情况都计算进去了。

现在的关键问题在于，能否把考古队的人拖到后天以后再对果园那里进行勘探。余老大知道，如果村里同意考古队在果园里打探洞，加上那几个武警，自己根本就拦不住，那秘密必然会曝光的。

把手里的护照放回到包里，余老大将那把枪拿了出来，犹豫了一下，又把枪放了回去。这大热天的在农村，老爷们基本上都是光着膀子，穿着个大裤衩，根本就没有地方藏枪。

伏下身体，余老大把手包重新放回到青砖下面的暗格里。将青砖铺上去之后，他还抓了一把灰尘洒在了上面吹了口气，看看没有什么破绽，这才站起身来，打开房门走了出去。

走出家门之后，余老大径直来到庄头的小卖部，掏出一百块钱买了四瓶四十八度的西凤酒，把找回的二十块钱揣到兜里，拎着酒向村支书家里走去。

"二叔，我来看您了，没啥东西带的，给您老拎了几瓶酒。"

进到村支书家大门，余老大就喊了起来，把手里的酒放到了桌子上。

"来就来了，还买什么酒啊，你这几年承包果园，可是亏进去不少钱吧？"

余誉口中的二叔，大约有六十多岁的模样，个头不高，满脸皱纹，手里拿着一个长长的旱烟袋，正吧唧吧唧地抽着。

"可不是啊，二叔，您也知道，我出去打工那么多年，就存了一点钱，把家里值钱的东西全都卖掉了，这才凑够了承包果园的钱。可是今天大脚嫂说那帮子考古队的人要挖园子里的树，这可让我怎么活啊……"

余誉一进门就诉起苦来，蹲到门槛边上，用脏兮兮的手揉着眼睛，摆出了一副可怜样。

"嗯，你这娃别急啊，刚才四儿的媳妇也来跟我说这事了，可别人不是还没挖吗？你别急，他们就算是要动你果园子，也会给赔偿的，东边二毛他叔的那块瓜地，不也是赔了几千块钱吗?"

刘支书抽了一口旱烟,把旱烟头在桌子边上磕了几下。烧尽了的烟灰全落到了地上。

"二叔,我那园子可是花了好几万啊,这眼瞅着还有两个月就能挂果了,可是那瓜地比不了的……"

余老大从兜里摸出一包皱巴巴的金丝猴香烟,站起身给刘支书敬了一根。

"你这娃咋就不开窍啊? 瓜地是瓜地的价格,果园子是果园子的价格,村里还能让你吃亏了不成? 他们还没来找我,这几天先忙活长发的事情,等这事过了再谈吧……"

刘支书没接余老大敬的香烟,而是从烟袋里抓了一把散烟丝,塞到烟锅里面压实了,这才蹭了根火柴点上。

这刘支书和刘长发,也是有点亲戚关系。刘长发是刘家庄这么多年第一个考上大学的人,放在古代那就是状元啊。因为这个,刘家庄在七里八沟的说话都大声了几分,加上刘长发娶的媳妇又是城里人,所以庄里准备好好操持一下,他这个做支书的,就是总指挥。

得了准信,余老大又和刘支书白话了几句,才乐呵呵地转身离开,出门之时,眼中不禁流露出一股得意的神色,等到刘长发那毛孩子结婚之后,自己早就远走高飞了。

第九章 | 南北两派

　　孟教授他们租住的是一个有着四间屋子的大院子。原来住在这里的人家,为了那一个月八百块钱的租金,搬到亲戚家里去住了。一间屋子是小丫头睡的,另外一间是孟教授的,还剩下两间,本来小范和英宁一人住一间,不过庄睿来了之后,他们两个就挤到一起去了,给庄睿空了一间房出来。

　　晚上的饭菜是刘长发叫人送过来的。他得知孟教授是庄睿日后的导师之后,也过来拜访了一下,只是他这新郎官事情太多,没说几句话就被人找上门来拉走了。

　　"奶奶的,这让人怎么睡啊?"

　　农村的晚上倒也不热,只是蚊子多得让庄睿有些受不了。白狮身上毛厚,倒是不怕。可是庄睿躺下没几分钟,身上就被咬了七八个包,麻痒难忍。

　　庄睿跑到另外几个人的房间一看,原来都带着蚊帐呢。庄睿无奈之下,就准备去车上凑合一夜,明天再去买蚊帐。

　　"老幺,睡不着吧?"

　　带着白狮正准备溜出院子的时候,刘长发走了进来,身后还跟着个三十多岁的中年男人。不过由于天色比较晚,农村又没路灯,庄睿并没有看清楚这人的面貌。

　　庄睿实话实说道:"蚊子太多了,没法睡,我去车上凑合一晚。"

　　"走,去你屋里,我帮你把蚊子赶走。"

　　老三笑呵呵地扬了下手。庄睿发现他右手里拿着一把干草,左手挎着一个篮子。

　　让庄睿有些奇怪的是,老三并没有向他介绍跟着自己的那个人。而那人也没和庄睿打招呼,进到院子里之后,直接走向孟教授所住的房间,敲开门后走了进去。

　　庄睿没空去关心那人是做什么的,这会儿被老三拉回到了自己住的房间。老三把窗户什么的都给关上了,然后找了个火盆,将手里的干草点燃扔了进去,顿时一股浓烟升起。老三连忙拉了庄睿走出屋子,回手把屋门关得死死的。

　　"三哥,这是什么草啊?"庄睿能猜出这玩意应该是熏蚊子用的,不过他除了蚊香之外,还是第一次见拿草熏蚊子的。

"呵呵,这东西叫艾草。咱们乡下地方以前没蚊香买,也用不起那玩意,都是用这东西,可比蚊香好使,又不用花钱,路边一抓就是一大把。夏天各家都晒干了熏蚊子用。"

老三回到院子里,把筐里的东西拿出来,摆在了院子正中那个石台上,是一些熟食和几瓶啤酒。

"老幺,三哥这次对不住你,实在是太忙了。不行等明天你还是去县城里住吧,那有个招待所,条件还是可以的。"

这次庄睿来,老三总是感觉有点不好意思。前段时间他去广东的时候,住有宾馆,吃在饭店的,可到了自己这儿,连个睡觉的地方都安排不好。

"三哥,别说这些见外的话了。我和伟哥他们都没在农村住过,这也是一次不错的体验,就住这挺好。行了,我把那俩小子喊出来喝酒。"

庄睿摆了摆手,他说的是心里话,长这么大第一次住在农村,的确有些新鲜感。庄睿起身把小范和英宁都叫了出来,孟秋千那小丫头也钻出来凑起了热闹。不过孟教授的房门一直紧闭着,隐隐传出两个人的声音,也不知道那人是什么来头,和孟教授在商议着什么事情。

…………

孟教授端坐在椅子上,连连摇头,对面前的人说道:"不行,不能让他们进入到墓葬之后,你们再动手。那样会给文宗陵带来难以估量的损害的。"

"孟老,这个团伙我们已经跟了很久了,只是团伙成员比较分散,很少集中在一起。如果不将他们一网打尽的话,不知道还会有多少国宝被他们走私到国外,危害无穷啊……"

中年人努力向孟教授做着解释。他叫陈炙,是广东省公安厅缉私处的一个副处长,专门负责对外打击走私的。"马踏飞燕"特大文物走私案,就是他经手破获的。

早在三年前,广东警方就查获过几次国宝文物走私案,只是没有能抓住主犯。不过那时,余老大就曾经进入到陈炙的视野中。经过细致严密的调查,陈炙几乎可以断定,在这个村子里蓬头垢面的余誉,就是在外面风云叱咤的余老大。

只是这几年来,余老大并没有任何异动,而且陈炙手上证据不足,再加上他们这个盗墓团伙极少集中在一起,使得警方一直没有对其下手。

"那是你们警方的事情,我只管文宗墓不被破坏。小陈啊,这可是国家准备发掘的第一座唐朝皇帝的陵墓,并且还准备在这里修建供旅客游览的寝宫,意义重大啊。地下陵墓,绝对不能遭受丝毫的破坏。"

孟教授的工作是保护文宗墓不被犯罪分子所破坏,至于其他的事情,那不在老爷子的考虑范围之内。先前去发掘那片没有价值的陪葬坑,孟教授就已经很配合警方的工作了。但是此次要等盗墓者进入墓室之后再行抓捕,这是孟教授无论如何都不能接受的。

由于南北地理环境和历史传承的差异,南方和北方的墓葬也有所不同,这也使得盗墓者分为了南北两派。南派盗墓多精于技术，在寻找古墓的过程中，对于风水堪舆运用较多，讲究个望、闻、问、切。

"望"自然就是看风水了，而"闻"是靠气味的不同来分辨墓葬的有无。有的朋友就会说了，这不是扯淡吗，人能长个狗鼻子？不过这听起来玄之又玄，却是有一定事实依据的。

历代墓葬中的填土和填充物不同，因此墓葬也会散发出不同的味道。如秦汉时期墓葬中常常灌注水银，随葬朱砂防腐；而唐宋之后的墓葬外侧，则习惯涂抹青膏泥。这些特殊物质所散发出来的味道，也许一般人难以察觉，可那些世代以盗墓为生的盗墓者们，却能敏锐地辨别这些气味，从而进一步确定墓葬所在地。

有个叫焦四的广州人，就是南派的代表人物，对于寻找葬墓那可谓是百发百中。他能靠听风雨，辨雷声，观草色泥痕等方式来判断墓葬的位置所在。

曾经有一次，焦四和手下一帮盗墓贼在野外寻找墓葬，当时正是中午，天空电闪雷鸣。焦四马上让手下分散开来，到不同的方位去观察雷雨闪电，记住特征后来向他汇报，而焦四本人则是站在高处观望风水地气。

过了一会儿雨停之后，有一个人回来向他报告，说是在打雷的时候，感觉脚下有些浮动，而且地下还有回声。焦四马上就判断出，那里有古墓，并且还是大墓。一帮盗墓贼挖掘之后，果然是一座汉代王侯的墓葬。

在这个过程中，焦四就运用了南派盗墓中的"望"和"切"两种技巧。

朋友们不要以为这是无稽之谈。风水堪舆寻找墓葬，这都是经过无数次验证的，往往都有大量的事实依据，这也是南派盗墓者的立身之本。

而北派盗墓贼，就是属于粗放型的了。其最显著的特点就是他们所使用的工具。北派盗墓者中，很少有人根据风水学说来断定墓葬的位置。他们更相信的是手中的洛阳铲，所以有些人说，洛阳铲是北派盗墓的象征。

另外，利斧也是北派常有的工具之一。作为开凿墓葬时所用，尤其对于汉代有"黄肠题凑"的大墓，利斧更是不可或缺的工具。

除此之外，考古者在发掘墓葬时，经常能在先前被盗过的墓葬里发现凿、耙、镐、铁锹、镰刀等物品。这些都是北派盗墓者偷坟掘墓得心应手的工具。

不管是寻找墓葬，还是发掘墓葬，北派都没有什么技术含量，只是单纯的依靠工具锋利，所以被称之为粗放型的。这也是被南派盗墓贼所看不起的。

像余老大这些人，发掘墓葬基本都是挖通盗洞之后，用斧头或者凿子凿开墓室，就是炸药也是经常会用到的。

南北两派相比，北派盗墓者对于墓葬的破坏，要更加严重和彻底，所以孟教授才坚决不同意陈炙的意见，不能等盗墓贼得手后再一举抓获。

陈炙对于孟教授的固执也是无可奈何。毕竟孟教授是享受国务院特殊津贴的专家，并不是他所能指使得动的。如果这老爷子执意要去挖掘文宗墓，他也是无法阻止的。那样一来,肯定就会打草惊蛇。

"孟老,您看这样行不行,再给我们两天的时间布网。在后天,一定将这帮犯罪分子绳之以法。"

陈炙他们已经掌握了这个盗墓团伙的一些资料,并分析出他们现在并没有启开墓葬进入到墓室之中。不过根据他们的判断,余老大等人应该就会在这几天之内动手,所以陈炙向孟教授做出了保证。

…………

第二天的时候,孟教授等人依然像往常那样,带着一帮村子里的老娘们去挖掘现场。而庄睿今天就走不开了,因为伟哥和老四都是今天到,他来得早,被老三委以接待的任务了。

伟哥和老四也是从未在乡下住过,跟着庄睿去了瓜地,看了考古发掘现场。一天很快就过去了。两人晚上自然是和庄睿住在一起,不过是在地上多铺两张凉席,倒也方便。

等到刘长发结婚的这天,庄睿的车被用于接新娘,伟哥扮嫩去当伴郎,又是忙活了一整天。老三结婚也算是刘家庄的喜事,旁边几个村子里沾亲带故的来了许多人庆贺,再加上新娘娘家人,顿时让刘家庄多了不少生面孔。

当夜幕逐渐临近的时候,刘长发家里流水席还在不断上着,庄头来来往往的客人络绎不绝。就在这时,两高一矮三个人乘着月色,从庄后悄悄向后山溜去。

今儿的风很大,虽然天上挂着一轮半圆的月亮,但是时不时就会被一阵压得很低的乌云遮挡住,不说是伸手不见五指,能见度也是很低。

一阵大风吹过果园,树枝发出了"沙沙"的声音。三个人影快速翻过果林外围的栏杆,进入到果园之中,树影倒垂,有如鬼影婆娑。

"站住!"

一声低喝制止住了冲上来的两条狼狗。原本凶恶的狼狗看见余老大后,围上来摇起了尾巴,被余老大挥手赶开了。

"大哥……"

余三省一身酒气的迎了上来。他那张半黑半百的阴阳脸在夜幕的衬托下,更像是鬼魅一般,绝对有止小儿夜啼的功效。

他们干的就是夜猫子的勾当。余老三向来都是白天睡觉,睡醒了就喝酒。毕竟这荒山野岭的就留了他一个人,再加上不远处还埋着几个昔日的伙伴,余老三胆子再大,也是需要用酒来麻醉下自己的。

余老大没有搭腔,眼睛扫了一眼余老三手里的酒瓶子,扬手就是一巴掌扇在了余老三的脸上。人高马大的余老三居然被这一巴掌抽得原地打了个转,等身形站稳了的时候,半边脸颊已经是高高肿了起来。

"没出息的东西,现在是什么时候了,你还敢喝酒? 坏了事我让你去地下陪崔家几

52

兄弟。"

余老大恶狠狠的话让余三省的酒劲马上就醒了过来,屁都没敢放一个,像是正在听老师教导的小学生一样,站在余老大面前低头不语。

"老规矩,三省你在上面放风,老四你去果林边上,有事摇铃,都放警醒一点……"

余誉从身后的背包里拿出两个核桃大小的铜铃来,递给了二人。不过这铃铛里面的金属铜舌,却是用一根细线将之牵扯住,并围着铃铛外面绕了很多圈。老四和余三省接过铃铛之后,熟练地将包裹撞舌的线解开,用手攥住铃铛,使之无法发出清脆的声音来。

虽然现在有对讲机可用,但是铃铛在寂静的夜里可以将声音传出很远。余老大他们早就习惯了使用这个,毕竟万一出现什么情况,可能根本就没有时间去用对讲机说话的。铃铛就不一样,随手扔在地上,就能发出响声了。

余老大交代完之后,放下手里的背包,把身上穿的那破旧衣服给脱掉了,里面露出一件黑色紧贴着皮肤的潜水服,又从包里拿出一个面罩套在了头上,仅露出一对眼睛在外面。

老八也是同样的装束。他们所穿的衣服都是特制的,不会使身上沾染到泥土,并且还可以保护皮肤不被碎石等物划伤。

不仅如此,在余老大的背包里,还有千斤顶和防毒面罩等物。很多主坑墓室由于长时间封闭,里面的气体都是有毒素存在的。余老大对于这个文宗墓已经窥视了十多年,准备得相当充分。

"走吧……"

余老大淡淡地向黑漆漆的树林外面看了一眼,率先进入到在果园中间搭建的那个木屋里。

这木屋大约有十几平方米大小。为了不沾染地气受潮,木屋里的地面上,铺了一层青砖。最里面摆了一张竹床,中间有张桌子,靠门边处,还扔了一堆酒瓶子,酒瓶子旁边,有个烧火的灶台,只是里面的火早就熄灭掉了,也不知道多久没用过了。

余老大蹲下身体,将灶台右边的青砖一块块给撬了起来。大约撬出十多块青砖之后,在地上居然露出两道凹槽。老八和余老三走到灶台的左面,用力将灶台向右推去。

随着一阵"咔咔"的响声,那看似固定在地上的灶台,缓缓向右滑出一米多远,而原先的位置上,露出一个一米多宽的洞口来。

老八没等余誉吩咐,拿出一个矿工灯套在头上,身子一矮,就从洞口钻进去了,身形很快消失在地面。而原本黑漆漆的洞里,也向外散出光亮。

"老三,等我们进去把灶台推回去。"

余老大身体已经下到一半了,不知道想起什么,又钻了出来,对余老三吩咐了一声。

"知道了,大哥,你把这铃铛带下去。"

余三省将手里的铃铛交给余誉。看到余老大下去之后,余老三把线头从灶台一个空心的地方穿了过去,并贴着地面把线头系在了桌子腿上,然后才将灶台推回到原位,并把地上撬起来的青砖一一铺了回去。

搞好这一切之后,余老三又从床底下拿出一瓶酒来,就着桌子上的卤肉喝了起来。不是他心大,而是这活干的实在是太多了,基本上都没出过什么问题,按照余老三的经验,没有两个小时,他们是不会上来的,傻坐着不如整点小酒喝了。

在园子外围放风的余老四就没有这么舒服了。果园子那蚊子都是成窝的,他根本就在一个地方待不住,不时用手拍打着附在身上吸血的蚊子。

第十章 地下皇陵

刘家庄的地理位置比较偏僻,庄子西面就是大山。平时除了一些嫁出去的姑娘回娘家之外,很少有人来这里。

不过今天就是个例外了,不仅周围十里八村的人,就连县城都有人开小轿车前来,不为别的,就是因为刘长发结婚。这同学同事的来了一大群,流水席已经摆了一天了,偶尔还会有车开进刘家庄。

在距离刘家庄二里多远的路边,有个土楼子,就是那种把泥和草用水搅拌在一起搭建起来的,晒干了之后,就会变得很坚固。在以前的时候,很多人家的屋子都是这样的。

在土楼子后面的一个干草场上,从下午五点多钟的时候,就停放着一辆桑塔纳轿车,正好隐藏在土楼子和草垛的阴影之下,等到天色全黑的时候,更是隐蔽在了黑暗之中。

桑塔纳的前车窗是打开的,一个亮点在夜色中忽明忽暗地闪着。

余老七是昨天才从武汉赶回来的,当他亲哥哥在广东被击毙之后,余氏盗墓团伙马上就分散到了全国各地。他们手上有钱,在不同的城市里都有住处,除了余老大之外,别人谁都不知道。

不过这半年多的时间,余老七总是感觉到心神不宁,数次在梦中梦到自己的哥哥。如果不是护照与钱款都在余老大的手上,他早就跑到国外去了。

拉开车门,余老七走了下来,将手中的烟头踩在脚下捻灭后,对着草垛撒起尿来。就在他浑身打了个哆嗦,准备拉上裤子的时候,耳后忽然传来一阵风声,没等余老七反应过来,一双有如铁钳般的大手掐住了他的脖子,直接将他按倒在刚才撒尿的草垛上。

顾不上嘴边传来的腥臭味,余老七拼命挣扎了起来,口中还大声喊道:"你们是干什么的? 你们是干什么的啊?!"

"拉过来。"

余老七的挣扎是徒劳的,一双手铐迅速的将他双手从背后拷了起来,随之身体被拉到车前面,把头死死的压在了桑塔纳的车头处。一束强光亮起,照在余老七脸上,半眯着眼睛的余老七,惊愕的脸上带有一丝绝望的神色。

"余震江?"

一个男声在余老七耳边响起。听到了自己的本名,余老七不再做徒劳的挣扎了。他这时也已经看清楚了,在他周围,站满了荷枪实弹的公安武警,一辆警车随之开了过来。

"押上去,突审,有情况向我汇报……"

陈炙摆了摆手,余老七被押到了警车上,自然有老预审去对付他。

"刑大队,主犯那边现在情况怎么样?"陈炙向身边一个穿着便服的中年人问道。

"陈处长,我们已经安排人跟着了。他们刚刚出村,往后山的方向去了,和我们判断的情况差不多,应该就是今晚动手。"

刑大队是陕西警方派来支援兄弟单位进行抓捕的。在村子里监视余老大的行动的都是刑大队手下的人。陈炙因为口音不同,怕打草惊蛇,除了和孟教授面谈过一次之外,一直都是在村子外面遥控指挥的。

…………

老八打的这个盗洞是呈斜坡状的,从地面进入到墓道中,足足有十多米的高度,和一个三层楼房差不多。下到墓道中之后,余老大马上将手心里的铃铛松开,让它悬空垂直挂在了盗洞的入口处。

墓道高约一米六,宽倒是有两米多,这是为了当时放置棺木所需要的。余老大在这里必须躬着身体前行。在墓道的边侧,居然还有排水槽,按照老八的分析,这极有可能连接到地下河里。

借着矿工灯的光亮,老八和余老大一前一后向墓道纵深处走去。

虽然进入墓道的盗洞上面,被余老三封死掉了,不过墓道里的空气并不沉闷。在这里经营了数年之久,余老大可不仅仅是开凿巨石了,光是通风口,他就让老八打了三个,整个文宗陵的外围,早就被余老大摸透彻了。

这个墓道长有二十八米,两旁和上面都是用石砖堆砌起来的,严密合缝,光滑平整。由此可见,这个文宗墓不会输于那些已经出土了的王侯大墓。

其实文宗皇帝在位的时候,一直都被太监囚禁,并不受重视,原本墓葬不会有如此规模的。只是不管在哪个朝代,按照惯例,新皇一登基就会修建自己陵墓。文宗自然也不例外。

而且在文宗皇帝被太监幽禁致死之后,这些宦官为了逃避天下悠悠之口,以示自己等人的清白,也给文宗皇帝进行了风光大葬,所以文宗的陵墓并不比前面几位皇帝的差。

在盗洞向前五米处的地面上,平铺着一个合金做的梯子,老八和余誉小心地从梯子上爬了过去。在他们的身体下方,可就是连环翻板。第一次进入到这里的时候,崔家兄弟就是栽在这里的。

越过这个连环翻板之后,余老大回身将梯子拉了过来。因为在前面还有一处这样的地方,稍有不慎就会掉下去。

二十多米的距离，两人走了将近十分钟，才来到墓室外面的大门处。这是一个汉白玉的石门，门是对开的，分别用整块汉白玉制成，吻合得相当好，门缝隙处只能勉强插进几毫米厚的刀刃。

　　两道门上，左右各镶有一个青铜的麒麟兽头，兽头怪目圆睁，口中各衔一枚铜制的圆环。上千年时间的侵蚀，已经使得圆环上锈迹斑斑了。

　　这道门，就是挡在余老大和墓坑之间的最后一道障碍了。如果不是考古队进驻刘家庄，余老大早就将这个门给打开了。虽然有自来石挡门，但这并不能阻止盗墓贼的脚步。

　　自来石是一种原理简单，但是构思巧妙的防盗设置。说的再直白一点，自来石就是从里面锁住墓门的门闩。

　　但是要让石门从自己身后自动锁上，古人还是动了一番脑筋的。

　　他们先将石门门轴的上下端制作成球状，又在两扇石门中间齐门缝的相同部位雕凿出一个表面突起的槽，然后再在门内中轴线不远的石铺地面上凿出一个前浅后深的槽来。

　　关闭石门前，人们先将那根有相当宽度的石条放在地面的凹槽内，并慢慢让其前倾，使之与石门接触。当人们从墓葬中撤出后，石条借助其本身倾斜的压力和门轴轴端的"滚珠"作用，自动地推着石门关闭，直到它的顶端落在两石门的那个凸槽内。

　　这时，谁若要想从外面将石门推开，也只能是痴心妄想了。

　　很多朋友都去过北京的明定陵。那座皇陵地宫的大门，也是自来石封门的。当时为了进入地宫，考古人员花了很大的力气，最后还是借鉴了古代盗墓者所用的拐钉才打开了这道大门。

　　所谓的拐钉，是一种一端有长柄，另一端为半圆形的金属器。开启墓门时，将拐钉从门缝伸入，再将半圆形部分套在自来石上，将自来石慢慢地抬起，与此同时推动墓门，直到自来石竖立在地面上，墓门就可以完全打开了。

　　不过，并不是所有想打开墓门的人都会这样绞尽脑汁想办法去破解自来石的机关。1928年孙殿英在盗掘慈禧定东陵和乾隆帝的裕陵时，也碰到了拦路的自来石。当时匪兵们用尽一切办法都打不开墓门，最后只能用炸药炸开。炸裕陵时，当时石门轰然倒坍，正好砸在因地下水上涨而漂移到墓门处装有乾隆遗体的石棺上。

　　余老大在见到这个墓门的时候，本来也想用开启定陵的办法将之打开的，只是计划赶不上变化。老六在广东的失手和考古队的到来，让他没有时间再去专门定制那种工具了，所以炸药也就成了他的第一选择。

　　在石门距离地面一米高的地方，也正是门口自来石挡门处，已经被余老大凿出一个拳头大，约有二十公分深的圆孔。这是他准备放置炸药的地方。

　　余老大可不敢像孙殿英盗墓那般的肆无忌惮。在距离这里几百米远的地方，可是还有一个班的武警在守护着那块发掘现场。如果动静太大的话，肯定会惊动他们。

　　自来石一般并不是很大，余老大是想用炸药爆炸时所产生的冲击力，将门口的自来石给撞断。他以前盗明清大墓的时候用过这种手段,在距离地面十几米深的地方,动静并不是很大。

石门前的光线有些暗,余老大从背包里掏出两个荧光棒,折弯之后丢到石门两旁,顿时明亮了许多。老八站在门前,从背包里掏出了雷管和炸药还有封胶带,准备将其固定在石门的正中处。

"老八,慢点,咱们的导火索不够长,还是用这个吧……"

余老大突然出言制止了老八,走过去之后,把那些雷管炸药收入到自己的背包里,将手中拿着的一块像橡皮泥似的东西贴在了石门上,并用力往里挤压,使其有很大一部分都渗入到门缝之中。

老八看到余誉手里的东西,也不由向后退了几步。他可是认得这玩意的,全称为 C4 塑胶炸药,简称 C4 或塑胶炸弹。其主要成分是聚异丁烯,用火药混合塑料制成,威力极大。

塑胶炸弹由 TNT、semtex 和白磷等高性能爆炸物质混合而成,可以被碾成粉末状,能随意装在橡皮材料中,然后挤压成任何形状,如果外边附上黏着性材料,就可以安置在非常隐蔽的部位,像口香糖那样牢牢地黏附在上面,因此被称为"残酷口香糖"。

这种塑胶炸弹耐强压、耐揉挤甚至防水,除依特定引信引爆外,纯粹高温或遇火不会让它自动爆炸,并不会像火药炸弹那样,稍微遇到撞击,就很容易伤到自己。

余老大手中的这块塑胶炸弹,是他当年从香港黑市上买到的,可以轻易的躲过 X 光安全检查。他当年带了三块,现在只剩下这一个了。

将炸弹黏贴在门上之后,余老大拿出了一个只有小指甲大小,像手表内电池一般的金属片,将之紧紧地塞进门缝里的塑胶炸弹里面,然后招呼了老八一声,二人飞快向后退去。

一直退到盗墓的下方,余老大才停了下来。戴上了防毒面具之后,他从口袋里掏出了个汽车遥控器,和老八对视了一眼,狠狠地按了下去。

"轰!"的一声闷响传出,余老大脚下的地面微不可查地晃动了几下,动静并不是很大。相信如果不是站在爆点的上方,谁都不会感觉到地面的震动,就连余老大旁边挂着的铜铃,都没有惊响。

"成了!"

余誉兴奋地挥舞了下拳头,眼中露出贪婪的神色。不过他并没有急着上前,而是安静的站在原地,等待墓室里的气体挥发一阵之后,才进入。

…………

地下的余老大不会想到,就在他头顶上方的木屋里外,已经是站满了人。而被他寄予厚望的余老三,这会儿正像个死狗似的,被压在了地上。

此时余老三才记起自家老大的话,喝酒误事啊。其实刚才余老四被擒获的时候,已经晃动了铜铃，余老三也听到了那清脆的铃响声和狗吠声，只是酒后的脑子有些迟钝。余老三没有第一时间拉响铜铃，而是走到门前去观望，被已经潜伏到门口的警察们一拥而上，直接给按倒在地了。

脚下传来的震动，让木屋中的人都愣了一下，而被按倒在地的余老三趁机用力挣脱开来，连身体都没站起，爬到桌子旁边，狠命拉动了连接地下铜铃的绳子。

虽然余老三马上就被制服了，但是信号已经传了出去。

"叮铃铃，叮铃铃……"

清脆的响声在墓道里回荡个不停，已经走到翻板处的余老大和老八二人，顿时面色大变，连忙向后退了回去。

"快，把盗洞的入口找出来……"

陈炙顾不得去审问余老三，连声下着命令。虽然已经形成了瓮中捉鳖的态势，陈炙依然不敢大意。要是犯罪分子感到无路可走，丧心病狂将陵墓破坏掉，那他可没办法向孟教授交代了。

顺着那条连接铜铃的线，灶台下面的盗洞很快就显露了出来。黑黝黝的洞口没有一丝光亮，陈炙等人也不敢贸然下去，因为根据他们所掌握的情况，这个盗墓团伙是持有枪械的。

陈炙从身边一个警察手里抢过扩音器，对着盗洞大声喊道："下面的人听着，你们已经被包围了，放下手中的武……"

话没说完，盗洞下方传出一声枪响。不过这盗洞是呈斜坡形，无法打到上面的人。

"催泪弹！"

陈炙脸上露出一丝忿色，顿时几个武警站在了盗洞上方，向下面连续发射了几枚催泪弹，然后拉着余老三睡觉用的凉席，将盗洞出口给盖住了。

只是让陈炙等人意外的是，过了足足有十多分钟，下面一点声音都没有传上来。这让陈炙心中升起一股不妙的感觉，找了一件防弹衣穿上，右手拿枪，左手抓着一个手电筒，带着防毒面具就钻下了盗洞。

刚钻进盗洞，陈炙就感觉有些不妙。七八颗催泪弹所散发出来的烟雾，足可以让七八十平方米之内，看不见任何东西，不过此时盗洞里的烟雾却是很稀薄。只有两种情况，一是地下空间过于空旷，二就是底下另有玄机了。

到了盗洞出口之后，陈炙关上电筒，头向下猛地钻了出去，落地的时候用手肘在地上撑了一下，头背弯曲，顺势打了个滚，然后屏住呼吸，在黑暗中一动不动，但是意想中的袭击却没有到来。

"把手电全部打开！"

过了大概一分多钟，陈炙耳边并没有传来任何的声音。这时第二波人员也下来了，怕被自己人误伤，陈炙只能打开电筒，这次下来的有五六个人，四五把强光手电顿时将墓道照射的通明一片，只是除了他们几个人之外，再没有外人存在了。

"陈处，是 9mm 的勃朗宁手枪……"

在盗洞下方的地面上，一个队员找到了个弹壳，观察之后给出了结论。

这种口径为 9mm 的勃朗宁手枪，虽然可以称得上是老古董了，也多被人收藏所用，但是 9mm 勃朗宁手枪弹的性能和杀伤力还是不可小觑的，几人都提高了几分警觉。

墓道并不是笔直的，在七八米处就有个弯道，不能排除犯罪分子藏在前面的可能性。陈炙向手下打了个手势，马上有两人突前，顺着墓道向前走去。下来的人全都身着防弹衣，陈炙也从一个队员手里接过钢盔戴在了头上。毕竟刚才的枪声和地上的弹壳已经表明，犯罪分子手上是有武器的。

在进入弯道前面的地面上，摆着一个合金梯子，虽然不明其作用，但是在这诡异的前人坟墓里，谁都不敢大意。一个特警队员将手中的微冲斜挎在胸前，小心地从梯子上爬了过去，两脚和周围地面没有丝毫接触。

第十一章 亡命之徒

"没事了,过来……啊!"

那位特警队员爬到梯子尽头,一只脚踩向地面,回头招呼后面的人过来,谁知道前脚踩出的地方却踏空了。幸好他是面朝梯子的方向,反应很快,连忙用手抓住了梯子,只是脚下传来的剧痛,使其惨呼了出来,而那连环翻板也重重的打在了他的背上。

见到前面出了状况,陈炙等人连忙跑了过去。只是梯子只能一个人通过,陈炙爬过去之后才发现,地面仅有一只手抓住了梯子,整个人都被翻板给盖住了。

陈炙一个人无法掀开翻板并将人救上来,遂向后面喊道:"注意脚下是不是实地,过来个人帮忙……"

知道地面有陷阱之后,后面几人走路都是先伸出右脚虚踩一下,感应到是实地才敢向前。让几人气愤的是,摆放这个合金梯子的周围全部都是实地,没有翻板的存在。

陈炙双手使力,使劲将翻板向上抬了起来,另外两人马上抓住掉下去的队员的衣襟,把他拉了上来。这个队员脚底受了重创,而刚才翻转过来的翻板,又重重地砸在了他的后脑处,此时整个人已经昏迷了。要不是一股执念让他死死抓住梯子,恐怕早被这陷阱给吞没了。

让人触目惊心的是,这个队员所穿的警靴,已经完全被利物给刺穿了,鲜血不住地向下滴淌着。而用手电照向下面的陷阱时,他们还发现,里面的利刃上,还有一些破碎的衣物。很显然,这下面曾经吞噬过前来盗墓的人,只是尸首被人收走了。

"狗屎!"

陈炙爆了个粗口,不用想也知道,这是里面的人故意给他们布下的陷阱。

"不用往前了,回头,仔细检查一下……"

梯子在陷阱的后方,说明余老大等人并没有在里面。陈炙反应极快,一定是后面还有出口。

果然,在盗洞后面一处隐蔽的地方,那巨大的墓道石被撬开了一个洞。搬开挡住洞口的石块之后,黑黢黢的洞口表明,余老大已经从这里逃脱了出去。

"你们两个跟着我,其他人把他送上去,交代上面的人扩大搜索面,分一组人进山搜索,另外一组守住刘家庄的出口,不准一个陌生人出去。"

陈炙带头钻进了这个盗洞,他怎么都没有想到,余老大居然小心至此,在墓道里面还给自己留存了后手,这让他懊悔不已。如果让余老大逃出去,抓捕的难度就会增大很多了。

这个盗洞足有四十多米长,弯弯曲曲像是个老鼠洞一般。等到钻出地面的时候,陈炙发现他们已经出了果园,盗洞旁边的草丛有被踩踏的痕迹。

陈炙拿起了对讲机,喊道:"我是陈炙,各组报告情况。"

"一组没有发现,正在向后山搜索……"

"二组在赶往刘家庄设卡,没有发现……"

"三组已经到位,没有发现情况……"

对讲机里传来的消息,让陈炙有些着急。刚才如果在外围留有人员看守,恐怕余老大此时已经被抓获了。

"带一条警犬过来。"

今儿的夜色太黑,仅凭着手里的电筒,根本无法根据地上的痕迹进行追捕。陈炙有些无奈,他只能寄望于抓捕小组能在余老大逃出刘家庄之前,设卡到位。

…………

在陈炙前往后山果园进行抓捕之前,他们已经搜索过了余老大家,但是并没有什么发现。不过谁都没有想到,余老大没有直接跑出村子,而是又返回到了家里。

从备用的那个盗洞里出来之后,余老大就意识到,恐怕等在村头的老七也是在劫难逃了,当下让老八自行出村。他们之间有特定的联络方式,只要跑出去之后,肯定可以联系上的。

不过余老大必须要回自己家里一趟,原因就在于,那个黑色的手包他并没有随身携带。里面的护照还有其他一些东西,他是一定要拿到手上的。

余老大此时心里并没有太多的慌乱。在这十几年的盗墓生涯中,比今天更加危急的场面,他都遇到过好多次了。在他看来,现在警方的重兵肯定都在陵墓那里了,而自己家里却是最安全的地方。

最让余老大心疼的是,虽然打开了文宗墓,但是他连多看一眼的时间都没有,辛辛苦苦多年的筹划毁于一旦。这让他心里在滴血啊,也让他恨透了那帮子考古队。如果不是他们,自己早就打通了墓葬远走高飞了。

此时想这些都没用了,余老大也没有生出去报复考古队的念头,毕竟自己的小命要紧。

农村没有路灯,一到晚上就变得黑灯瞎火的,也没有什么人走动。余老大贴着墙根,很快就来到自家门外。他没急着进去,而是从地上捡了个土疙瘩,扔到自家院子里。

没有传来狗吠声,也没有人喝问。余老大双手扒住院墙一使力,整个人翻进了院子。

果然如他所料，家里有被翻过的痕迹，但是并没有人留守。余老大不敢耽搁，趴下身体将手包取了出来，然后找了一身衣服把身上的紧身衣换下，将手包里的钱和护照都装在了身上。

想了一下，余老大脱下上衣，将背包里的雷管和炸药都拿了出来，围着胸口缠绕了起来。做贼就要有被抓的觉悟，但是对于余老大而言，如果跑不出去的话，与其被关上几个月再去挨枪子，倒不如多拉几个人陪自己一起上路。

收拾妥当之后，余老大把背包和手包都扔在了房间里，右手插在裤子口袋里，施施然地打开院门走了出去。只是在他右边裤兜的手里，正紧紧抓着那把勃朗宁手枪的枪柄。

"三哥，吃了没啊？"

"如花嫂子，又去长发家里蹭饭呢？"

一路上余老大坦然自若地和村子里的人打着招呼，而这些村民们显然不知道今天对于余老大的抓捕行动。

走到村口的时候，余老大原本很镇定的脸上露出一丝凝重来，他突然停住了脚步，貌似很不经意地转过身体，向来路走了回去。

因为此时的村口，停了两辆警车，并且有一个班荷枪实弹的武警，正拿着照片盘查着进出的人。这会儿来刘长发家喝喜酒的人已经散去了不少，村口只有稀稀拉拉的几个人。如果余老大此时走出去的话，肯定会被抓个正着。

…………

俗话说金榜题名时，洞房花烛夜，这都是人生快事。刘长发这会儿已经有点喝多了，伟哥和老四为了给他挡酒，也被灌得不分东西南北了。

倒是庄睿坐在了孟教授他们那一桌上，并没有多喝。由于庄睿的关系，刘长发亲自上门，把孟教授一行人也请了过来。

这喜酒已经是到了尾声，不过还要把新娘的娘家人送回去。刘长发摇晃着身体站起来，和章蓉一起将娘家人送出了门，庄睿也跟在了后面，他要做司机把这几个人送回县城去。不过今天他是不打算再回来了，到了县城找个招待所住下算了。

"哎，余大哥，你今天去哪里了啊？怎么现在才来，不行，要罚你三杯酒。"

刘长发真是有点儿喝多了，一眼看到迎面走过来的余老大，连忙打起了招呼，一手抓住了余老大的胳膊，就往院子里面拉。

"长发兄弟，今儿不行，一会儿我还要去县城有事情呢。"

"那急啥子啊，回头让我同学送你。老么，等下再走，我和余大哥喝几杯。你不知道啊，我能考上大学，全靠了余老师他们，要不然现在指不定每天在地里干活呢，媳妇，你说是不……"

刘长发像个话痨似的，听得旁边众人都是哭笑不得。庄睿等人无奈，又跟着进了院子，这顺路搭个人不算什么。

余老大正发愁怎么出庄呢，听刘长发这么一说，心里也亮堂了起来，当下没有再推辞,扶着刘长发进到摆酒席的院子里面。

"这大热的天,余大哥你穿那么严实干吗啊?脱了好了,都是老娘们,不怕的。"

刘长发一手拉着余老大,另外一只手扯住了余老大的衣襟。只是他今天喝的实在不少,脚下一个不稳,打了个趔趄,抓住余老大衣襟的手一使劲,将余老大胸前的扣子全都给扯开了。

余老大没有想到刘长发居然会拉自己的衣服,一个躲避不急,胸襟就完全敞开了。

摆酒席的院子四周,拉了不少一百多瓦的大灯泡,将院子里照的灯火通明,而余老大胸前那一排雷管炸药,也顿时显现在众人面前。

"炸药!"

农村人开山取石头,经常要用到雷管和炸药,对这东西要比城里人熟悉多了。不知道是谁喊出了声,一院子人的目光,都集中到了余老大的胸前。

"炸什么药啊?余大哥,来喝酒。"

刘长发摇摇晃晃地站直了身体,不过当他的眼睛看到余老大胸前的那一排炸药和雷管之后,顿时打了个激灵,人也变得清醒了过来。

此时的余老大,心里那叫一个恨啊,眼看着喝个几杯酒,就能跟车混出庄去,却被这醉鬼给揭穿了老底。没等刘长发有什么动作,余老大飞起一脚,踹在新郎官的肚子上,然后右手将勃朗宁从裤兜里掏了出来,黑洞洞的枪口对准了众人。

此刻,余老大再也无法镇定下去了,绷紧的神经在这一刻被刘长发给触动了。踹倒刘长发之后,余老大抓住了章蓉的头发,大声对着院子里面的人喊道:"都给我蹲下,不想死的全部给我蹲下……"

院子里大多都是乡下人,哪里见过这个阵势啊?有的人被吓得愣住了,也有的人哭喊着就往院子外面跑。

"砰!"

清脆的枪声传出,刚才那个向外跑去的人顿时栽倒在地上,大声哀嚎着。这一枪也使得院子里安静了下来,除了那个大腿中枪的人之外没人再敢喊叫了。

枪声也打破了小山村的沉寂。村口设卡和在后山搜索的人都听到了枪声,纷纷赶了过来。不过五六分钟的时间,刘长发家的院子已经被重重包围起来了。

"余訾,放下枪走出来,自首是你的唯一出路。坦白从宽,抗拒从……"

"砰,砰砰!!!"

三声枪响向喊话的方位射去,顿时打断了喊话的声音。

"从他娘的宽,都别过来,老子身上有炸药。哼哼,炸死一群我也赚了。"

余老大疯狂地喊了起来,并从身上抽出一根雷管,点燃了连接雷管的导火索,向着大门外面扔去。

虽然没有炸药,雷管的杀伤力并不大,但是"轰"的一声巨响,也让人震耳欲聋。围在门边的警察纷纷向两边让去。

门外的陈炎皱起了眉头,凶犯手中有枪,有炸药,有人质,更为麻烦的是,孟教授竟然也在里面。这让他熄灭了强攻的念头。万一孟教授受到伤害,他这身警服被扒掉都是小事了。

"狙击手就位没有?"

时间拖的越久,犯罪分子的情绪就会愈加不稳定。那时候会出现什么情况,陈炎也是无法预测的,速战速决才是最好的办法。

"报告,狙击手已经就位,只是目标躲在人群后面,无法锁定。"

对讲机里传来的声音让陈炎一时间也是无计可施,而且余老大也没有给他多少考虑的时间。

余老大刚才过来的时候,就注意到了庄睿的那辆车,听到刘长发的话后,知道车是庄睿的,于是对蹲在距离门口不远的庄睿喊道:"喂,你,就是说你的,外面那辆车是你的吧?把它开到门口来……"

"我?"

庄睿指着自己问道。他直到现在还有些迷惑呢,这参加个婚礼还能碰到枪战。不知道是自己倒霉,还是老三运气不好,结婚遇到这种事情。

"就是你,不要想着跑出去不进来了。你要是不把车开过来,我就打死她!"

余老大手里的人质是老三的老婆,枪口此时正顶在了章蓉的头上。一旁已经清醒过来的刘长发双眼冒火,却是一动也不敢动。

"好,我去开车。"

庄睿站起身来,向外面走去,刚出了院子,就被一个右手持枪的人拉了过去,定睛一看,原来是前天晚上碰到的那个中年人。

"你是警察吧?我现在该怎么办?"

庄睿开门见山地问道,从院子里那人的疯狂举动可以看出,那绝对是个亡命之徒。说老实话,要不是哥们儿几个都还在院子里面,庄睿现在是有多远就躲多远了。

"听他的吩咐,你把车开过去吧。"陈炎现在也没有什么好办法,不过将余老大调离院子,他们才有机会动手。

"为什么是我开过去啊?你们有那么多人呢。"

庄睿不高兴地喊道,自己把车奉献出来,已经很不错了,还要自己去当司机啊?这事他可不干。

"他不会同意我们的人去开车的。现在不能再刺激到他,否则他在绝望之下,会伤害人质的。"

陈炎当然想派有经验的人去开车了,只是余老大绝对不会同意的。

庄睿想了一下,有些无奈,只能悻悻地答应了下来,将大切诺基发动起来之后,稳稳地停在了院子大门处。

"各组狙击手注意,伺机可自行开火,但要保证在场人质的安全。"

陈炙对着对讲机下达了命令,在目标上车这段时间内,是狙击的最好时机。

"你下车把车门打开,然后再回到驾驶位置上去。"

为了防止被狙击手锁定,余老大让院子里的人围在他的身边,慢慢地向门口挪去。

庄睿有些郁闷,这是赖上自己了啊,只能先将车熄火,然后下车打开了后门。

余老大在院子门口站住了,往车里看了一眼,抽出两根带着导火索的雷管点燃之后,向院门旁边的两个死角丢了过去。

"轰!"

趁着爆炸声响起时引来的骚乱,余老大飞快窜上了车子的后座,将枪口顶在了庄睿的后脑勺上,恶狠狠地说道:"开车!"

"砰!"

突然,不知道哪个位置的狙击手开了枪。大切诺基的后车玻璃瞬间粉碎开来,破碎的玻璃片在车内飞溅。余老大的脸颊和庄睿的后脑都被碎玻璃片擦伤了。只是这一枪,擦着余老大的下颌飞了过去,并没有击中。

感觉到顶在脑后的枪口似乎挪了位置,庄睿顾不上后脑处传来的疼痛,一把推开虚掩着的车门,头朝下滚了出去。

余老大此时也清醒了过来,眼看着手里的人质脱离了控制,他马上将枪口对准了地下的庄睿,扣动了扳机。

一道火光从枪口闪过,映亮了余老大那副狰狞中带着无限绝望的脸。他知道自己已经没有机会了,不过就是死,他也要拉上个垫背的。

就在枪声响起的同时,一道白色的身影,闪电般地扑在了庄睿的身上。

"那是什么?!"

余老大瞪大了眼睛,不过他已经没有机会去看清楚了。

因为几乎就在他开枪的同时,刚才失手的狙击手已经将枪口对准了他。子弹射进身体后所产生的巨大惯性,使得余老大的身体重重摔在车后座上,弹起后又撞到车顶,整个人被打得像是筛子一般。

随后,一声震耳欲聋的爆炸声从车内响起,原来是那"神奇"的狙击手开枪击中了余老大胸前的炸药。十多斤黑火药被雷管引爆之后,先是一股气浪将汽车所有的玻璃都震碎了,紧接着形成了一个巨大的火球,把庄睿的大切诺基包裹在内。

这一切都发生在瞬间,倒在地上的庄睿只听到身后传来一声枪响,一个毛绒绒的身体扑在了自己的身上,然后就是巨大的爆炸声传来,不过那爆炸产生的冲击力,都被压在身上的物体给抵挡住了。

"白狮!"

庄睿费力地扭过头来,借着汽车爆炸所产生的火光,看到压在自己身上的白狮那面向汽车的身体,它的毛发已经被炙烤得蜷曲了起来。此刻,白狮前肢处的一个血洞,正往外渗出鲜血。

第十二章 | 有惊无险

听到庄睿的叫喊声,白狮勉强睁开了眼睛,嘴里发出了"呜咽"声,很快又将眼睛闭上了,气息也变得薄弱了起来。

见到白狮还没死,一股狂喜涌上庄睿的心头。他吃力地把身体从白狮身下抽出,紧紧地抱住了白狮的身体,对耳边那持续的爆炸声充耳未闻,眼中的灵气不要命般的向白狮体内涌去。

从一个比巴掌稍大点的幼犬养到现在,庄睿和白狮的感情,已经像是亲人一般了。此时的庄睿已经顾不上掩饰眼中的灵气了,只要能让白狮不死,就算是失去眼中灵气的异能,庄睿也是在所不惜。

陈炙看着处在爆炸边缘的那一人一犬,对手下说道:"拉开他们……"

顿时四五个人上前,把庄睿和白狮抬到了院子里面。他们不知道庄睿是否受伤,只能一起抬进来。而庄睿的眼里只有白狮,根本就无暇顾及其他的事情。

其实白狮的伤势之所以这么严重,并不是枪伤,而是爆炸时那股冲击力震伤了白狮的脏腑,不过在庄睿狂涌而入的灵气滋润下,白狮受伤的部位也在一点点地恢复着。

"拿把尖嘴钳子来……"

庄睿心痛地抚摸着白狮被烧焦的毛发,头都没抬地喊了一句。

"老幺,你要钳子干吗?"

这几分钟之内发生的事情,实在是太过于匪夷所思了,直到庄睿的声音响起,那一院子的客人才如梦初醒。老三刘长发更是搂着自己媳妇,在低声安慰着。

这时候最幸福的两个人,莫过于就是喝醉了的伟哥和老四。那惊天大爆炸都没能将这两个家伙给惊醒,他俩依然还在很有节奏地趴在桌子底下打着呼噜。

"到底有没有啊?快去拿啊!"

庄睿有些不耐烦地吼了起来,把老三给吓了一跳。老三也顾不上安慰怀里的媳妇了,连忙跑进屋子翻找了起来。

陈炙这会儿来到院子里,蹲下身体,有些不好意思地对庄睿说道:"庄先生,那什么,实在是对不……"

"是我们做得不好,平时训练不够,责任在我们……"

当地警方的刑大队也走了过来,刚才开枪的人是他的手下,第一枪没有命中目标人,后来击中之后,却又引发爆炸。对于狙击手而言,这是不可饶恕的失误。不管事情的结果如何,那个狙击手以后都不能再担当这个任务了。

"滚,都滚开……"

庄睿有些歇斯底里地喊道。此刻,灵气虽然是不断输送到白狮的体内,但是白狮的眼睛却始终没有再张开过。庄睿心中害怕,害怕就此失去白狮,那将是他不可承受的。

庄睿自从瞳孔变为紫色之后,从来没有像今天这般消耗过灵气,久违的刺痛感又出现了,并且他随之也感觉到有些眩晕。不过这却不是灵气匮乏所造成的,而是他脑后刚才被玻璃划出了一道伤口,一直都在向外渗着血。

"叫人来给他包扎下。"

陈炙也看到了庄睿脑后的伤口,对身边的人吩咐了一句。这件事情虽然解决得不算圆满,不过好在没有群众伤亡,这也是不幸中的大幸了。至于那条忠义救主的藏獒,却被众人都忽略了。

"老幺,给你,是三哥对不住你。"

老三找到了尖嘴钳子,走过来递给了庄睿,这事发生在他的婚礼上,害得庄睿差点丧命,老三把过错都归咎在了自己身上。

"三哥,没你什么事,去安慰下嫂子吧。"

庄睿勉强回了一句,却没有抬头,他是怕中断了眼中灵气的输送。

一个特警拿着包扎用的纱布走了过来,刚要给庄睿受伤的头部包扎一下,却被庄睿一把将纱布抢了过去。

刚才看白狮的伤口时,庄睿发现了那颗弹头卡在了白狮前肢处,但是骨头并没有断。庄睿也很注意没有使用灵气让伤口愈合,因为那样的话,就没有办法取出子弹了。

直径9mm的子弹,威力的确不小,几乎将白狮肩膀炸出一个血洞来。庄睿把钳子从白狮伤口伸了进去,将卡在骨头处的子弹取了出来。白狮的身体猛地颤抖了一眼,睁开眼睛看到庄睿,又疲惫地闭上了眼睛。

把手中的钳子与子弹都丢到地上,庄睿手忙脚乱地把纱布缠绕在白狮受伤的地方,然后用灵气治愈着伤口。看到伤口在慢慢愈合之后,庄睿才算是放下心来。白狮这条命应该算是救回来了。

精疲力竭的庄睿一屁股坐到了地上,眼睛由于使用灵气过度,刺痛无比,眼泪止不住地顺着脸颊向下流淌。庄睿只能闭上眼睛,等待灵气自行恢复。

突然,白狮在怀里动了一下,庄睿连忙睁开眼睛。白狮正在看着他,那双大眼睛里露出了感激,亲切,不舍等种种眼神。轻轻地抚弄了下白狮的大头,庄睿心中产生一丝感动,紧紧地搂住了白狮。

"什么？跑了一个？马上发通缉令,在全国范围内通缉,请各省警方协同追捕。"

听到在庄内没有找到余老八,陈炎的脸色顿时变得难看了起来。经过刚才对余老三和余老七的突审,他知道,除了已经被当场击毙的余老大之外,也就是那个逃脱了的余老八手中有这个盗墓团伙的全部资料。

因为历年来都是余老八下墓去取陪葬品,所以他对这些物件的数量和流向最为清楚。如果被余老八跑掉的话,这件案子算是办得虎头蛇尾了。

…………

余老八当时进入到刘家庄之后,马上偷了件小孩子的衣服换上,并趁着夜色混上了一辆驶离刘家庄的马车。

就在爆炸声响起的时候,距离刘家庄有三四里地远的地方,坐在马车车尾处的余老八,脸上露出一丝阴霾。他知道,自己这位大哥算是栽在这里了,而国内也没有了自己的容身之所。

余老八并没有从广东偷渡去香港,而是跑到中缅边境,他偷渡出境以后,又想办法去了泰国,和香港的上家联系上之后,重新在国内开辟了一条走私文物的线路。当然,这都是后话了。

…………

白狮这次伤得比较重,即使有庄睿的灵气梳理治疗,仍然是在两天之后,才能下地行走。不过这在别人眼里,已经是个奇迹了。

文宗墓的发掘非常顺利。经过孟教授的初步勘探,可以认定,文宗墓是自武则天和高宗皇帝合葬墓之后,唐朝帝陵保存最为完整的一个。

仅仅是两天的时间,就已经从墓葬中取出一千多件陪葬品,光是国家一级文物就有二十几件之多。这还是仅仅开启了前面两个陪葬坑的所获。到了后面的文宗主墓室之中,想必收获更大。

不过这些善后工作与庄睿并没有多大的关系。现在庄睿的心思也没有放在那上面。话说回来了,里面宝贝再多,那也不是自己的呀,并且经历了这次的事情,庄睿对是否读考古系的研究生也产生了一些想法。

只是在和德叔通电话的时候,他却被德叔教训了一顿。按德叔的说法,那些盗墓贼见到考古队,向来都是躲着走的,这样的事情几乎是百年难遇的。再说他让庄睿读书是去系统地学习历朝历代的风俗以及社会形态,又不是让庄睿去学习野外发掘的。

想想的确也是这个道理,庄睿也就打消了心中的想法。

不过以白狮现在的状况,在陕西举行的国际藏獒交流会,他铁定是无法参加的,就给刘川打了个电话。把这事一说,吓得刘川差点马上让周瑞赶过来,害得庄睿又叮嘱他千万不要告诉自己家人。这事已经够闹心的了,庄睿不想多几个人为他担心。

在刘家庄住到第三天的时候,庄睿就准备返回彭城了。昨天他让伟哥去西安帮他买了辆车,还是大切诺基,庄睿对这个车型比较熟悉,也开顺手了。

至于已经报废了的那辆车,自然有保险公司去处理了,而且经过当地公安部门的施压,赔付款都已经拿到手上了。

告别了孟教授和老三等人,庄睿就驾车往回返了。只是这辆新车没有经过磨合,他开的并不是很快,足足用了两天的时间才到家。算起来,这次整整出去了有十天,不过对于庄睿而言,却像是十年一样漫长,因为他又经历了一次生死历程。

回到自己的新居之后,庄睿发现原本空荡荡的别墅现在已经被装扮一新。而一直显得有些病恹恹的白狮,也变得精神了一些。

可能又和死神打了一回交道,回到家里之后,庄睿的情绪不是很高,并没有通知家人自己已经回来了,闷头整整在家睡了一天。要不是庄敏来收拾房间,恐怕还不知道庄睿已经回来了呢。

知道庄睿回家了,赵国栋接了庄母,晚上也赶到了别墅,并买了很多菜,算是庆祝新居第一次开火吧,原本有些冷清的别墅变得热闹了起来,到处都洋溢着囡囡的欢笑声。

"舅舅,白狮是不是生病了? 今天一直都不陪我玩。"

囡囡眨巴着大眼睛,看着庄睿问道。平时她搂住白狮的时候,白狮总会昂头挺胸做出一副高傲的样子来,但是今天白狮居然顺从地趴下了。这让小家伙很是不习惯。

"什么? 你又去逗白狮啦?"

庄睿闻言吓了一跳,连忙把小家伙抱在腿上,认真地说道:"白狮生病了,囡囡别去打扰它。等白狮好了再陪你玩,行不行啊?"

"好,我去喂白狮大白兔奶糖。妈妈说吃了大白兔,生病就不难受了。"

小家伙兜里的糖块向来都是不舍得给别人的,今天听到白狮生病,居然改了性子。

看着可爱的外甥女和一脸微笑给自己夹菜的老妈,庄睿心头的那丝阴霾消除了不少,一股淡淡的暖意在心间升起,家庭永远都是弥补创伤最好的避风港。

看得出庄睿似乎有心思,早早吃过晚饭后,庄母决定今天都留下来住。这么大的一个房子,只有一个人,显得有点孤零零的。

收拾好碗筷,庄母和女儿还有外孙女,都在客厅里看电视,而庄睿带着白狮,围着池塘缓缓地散着步。庄睿发现,灵气对于腑脏的治疗效果似乎并不是太好。现在的白狮,只要稍微跑快一点,就会气喘不已。

走到一张藤椅处,看到赵国栋正坐在那里抽烟,庄睿开玩笑道:"姐夫,怎么着? 抽烟被赶出来了啊?"

赵国栋丢给庄睿一根烟,说道:"小睿,怎么感觉你今天好像不是很高兴啊。对了,你要的那套小型切石机,货已经到了。你没在家,我就先放在修理厂仓库那边了。"

赵国栋是修车的,来到这里第一眼就看出,庄睿那辆还没挂牌照的车不是原先那一辆。这一趟出去肯定发生了什么事情，只是庄睿向来就特别有主见，不愿意说的话，谁都问不出来。

庄睿闻言在心中苦笑了一下。这一趟陕西之行，毫无收获不说，还差点断送了小命，能高兴起来才怪呢。不过听到姐夫说切石机到货了，庄睿的眼睛不由亮了一下。

在去陕西之前，庄睿就拜托赵国栋订购一套解石的工具。他在广东赌石赚了上亿元的事情并没有瞒着家里，就是带回来的那块红翡毛料，也被赵国栋研究了半天，差点闹了和庄睿当初一样的笑话，拎了把锤子就想给敲开。

"东西花了多少钱？"庄睿随口问道。

"切石机花了四万二，是厦门产的。另外还买了三种型号的打磨机，一共是四万五千块钱。你给我的五万块，还剩了一点。喏，发票和钱都在这里了。"

俗话说亲兄弟明算账。赵国栋今天来，也是想把购买切石机的余款还给庄睿。他做事很有原则，并不是说庄睿成了亿万富翁，这点钱自己就可以吞下不给了。

"姐夫，拿了去给囡囡买点玩具吧。我这做舅舅的，都没给她买过什么东西。"

庄睿把发票接了过来，那五千块钱又扔给了赵国栋。他也是最欣赏自己姐夫身上的这点，不管是富贵贫贱，总能坚守自己的原则。现在这社会，能做到这点的人，已经很少了。

第二天一早，赵国栋也没回修理厂，直接打电话让徒弟将那套切石工具给送到山庄了。他这是想留下来见识一下，这外表平常的石头是怎么能切出价值亿万的翡翠来的。

庄睿对此的态度是无所谓。上亿的翡翠都被他赌到了，这块毛料赌涨也不算什么。哥们儿我就是运气好，谁爱怎么想就怎么想去吧。这种事情，你越是遮遮掩掩的，别人想法就越多，相反大大方方的，别人反而会认为你运气好。

进门的时候遇到一些麻烦，尽职的保安没有让送货的小皮卡车进来，还是庄睿出去交涉了之后，赵国栋徒弟所开的皮卡才停到了别墅车库的旁边。

"怎么样，小睿，这种切石机可是我从南京让人捎带过来的，咱们彭城根本买不到。"

三个人搭手将切石机从皮卡上搬下来之后，赵国栋把说明书递给了庄睿。

"姐夫，这好是好，不过……"

看着面前的切石机，庄睿苦笑了起来。

赵国栋所买的切石机，居然是切板材用的。先进倒是挺先进的，还是全自动的，单臂悬伸式结构，尤其是主轴箱部件采用一对斜齿轮两级变速，并且还具有按预先设置的切割深度，电脑遥控，可以全过程自动切削。

只是这种切石机的齿轮是在单臂的内部通过传输带往里推进石料进行切割的，对于赌石而言，根本就没有办法观察切口的情况。这种切石机虽然操作方便，省心省力，可是在赌石圈子里是没有人使用的。

看了一下那三个手臂粗细的打磨机，庄睿倒是挺满意的。最大的可以更换合金锯齿和金刚石两种齿轮片，几乎相当于一个小型切石机了。

赵国栋发现庄睿看切石机的时候脸色不大好看，出言问道："小睿，这东西不好用？"

"没事，能用，不过麻烦了一点。"

买都买了，庄睿也懒得再折腾退货了。这种切石机对于赌石的行家来说，根本就无法使用，不过对于庄睿没有什么影响。他看得到原石内部的翡翠，在进行切割的时候，只要事先调整好切割的深度，倒是比那种手动的切石机省力不少。

只是这样一来，那块红翡毛料，就不能当着赵国栋等人的面来切割了，否则切开以后，赵国栋肯定会对其切面的精确度产生疑问。

"姐夫，以前用的切石机不是这种型号的。我回头再琢磨琢磨，咱们先把这几块毛料解开吧。"

庄睿找了个借口，没有去动地下的那块红翡毛料，而是拿出了在杨浩摊位上买的那几个黑乌沙皮麻蒙厂的料子。

这几块里面只有两个里面出绿。其中一个就是那块玻璃种帝王绿，另外一个里面有个比拇指甲稍大一点的芙蓉种料子，底色不错，几乎达到阳绿了，也能磨出个小点的戒面，价值在七八万块钱左右。至于其余几块，都是庄睿怕杨浩怀疑，买了搭配的。

第十三章 心想事成

"小睿,翡翠真是这里面出来的?"

不仅是赵国栋满脸疑色,就是他那徒弟,也是拿起一块拳头大小的麻蒙厂料子,翻来覆去地看着,脸上也是写着三个字:不相信。

也难怪赵国栋他们不相信,庄睿第一次见这种麻蒙厂料子的时候,还差点给扔掉呢。抢先把那一块含有帝王绿的毛料拿在手中,庄睿笑呵呵地说道:"呵呵,姐夫,这东西便宜,几百块钱一个。你们也都挑一个去切,过过手瘾。"

那块帝王绿的毛料庄睿可是不敢给他们切。要知道,里面那块有鸡蛋大小的翡翠,最少能切出五个戒面来,价值可是在千万左右,在解石的过程里,可是容不得丝毫的差池。

"别,小睿,你还是自己来吧。听说那东西老贵着呢,我们要是给切坏了怎么办?"

听到庄睿的话后,赵国栋连忙把手上的石头给放下了。他那徒弟也是,而且还是小心轻放。庄睿看了哑然失笑。

"姐夫,行了,别没事吓唬自己,哪有那么多值钱的毛料啊?刚才我都说了,这几块便宜,我就是买回来给大家切着玩的。"

"真的?"赵国栋还有些不相信。

"真的,你切吧……"庄睿顺手把打磨机递了过去。这么丁点儿大的东西,用打磨机就可以了。

"这……这玩意怎么切? 四儿,还是你先来吧。"

赵国栋接过打磨机,有点不知所措,随手又递给了自己的徒弟。

"好,我先切。"

赵国栋的徒弟四儿倒是不怯场,先把打磨机的的插头插到了车库里的电源里,只是拿着那块毛料,不知道怎么放置了,想了想之后,干脆蹲下身子,把毛料踩在脚下,启动打磨机的开关之后,就准备往石头上切。

"哎,别,别,这样容易伤到脚。"

庄睿连忙上前制止了四儿的行为。像他这样切,只要是手稍微晃动一下,很有可能

73

就切到自己脚上了。这打磨机可是连金属都能切割开的,碰到脚还能落好?

"四儿,现在可以切了。"

从四儿皮鞋下面拿出毛料,庄睿将切石机皮带旁边的加固器给打开,把石头放到中间之后,拧动开关使其将毛料紧紧地夹在中间,这才招呼四儿过来解石。

"你小子倒是快点啊,我还等着切呢。"

四儿的神情有些紧张,两手也微微有些颤抖,启动打磨机之后,半天没落到石头上。一旁的赵国栋有些不耐烦了,出言催促道。

"师傅,我这不知道往哪里落啊。要是把里面的翡翠切成两半了咋办?"四儿现在有点狗咬刺猬,无从下口的感觉。

庄睿在一旁鼓励道:"随便切,没事的。切的时候注意观察,要是有绿色,就麻利地停下来。"

打眼看了一下,这小子运气不错。随手挑的这块石头,居然就是那个芙蓉种的,只是这块翡翠实在太小,庄睿不怎么看得上眼,不过还是提醒了四儿一句。

得到了庄睿的鼓励,四儿把手中空转了半天的打磨机向石头凑了过去。随着"咔咔"的响声,地上飘下一层灰绿色的粉末。

这麻蒙厂的毛料,虽然看外表是通体漆黑,不过黑乌砂赌石皮层是由绿泥石粘土矿物构成的,所以碎成粉末之后,颜色就变成灰绿色的了。

毛料体积不大,几分钟之后就被四儿切掉一小块,没有出现什么东西,不过在切面处,呈现出一种暗绿色。庄睿看在眼里,知道这是要出绿的先兆了。

四儿此时也放松了下来,切石不过就是这么一回事,重新将变小了一点加固了一下之后,又拿着打磨机向中间部位切去。赵国栋也瞪大眼睛,紧紧地盯着石屑飞舞的地方。

"停,停,我说你小子,快停啊,没看到有颜色了?"

四儿正切得过瘾的时候,冷不防耳边传来师傅的喝声,吓得他连忙抬起打磨机,飞转的齿轮差点打到自己脸上。

庄睿拉过来洗车的软皮水管,对着毛料冲了一下,将表面的石屑灰尘冲洗干净之后,一抹阳绿呈现在几人的眼前。

赵国栋提醒得很及时,打磨机并没有伤到这块翡翠。虽然露出来的地方只有小指甲般大小,不过绿色很正,和满园中的树木相比,其绿还要深上三分。

虽然种水只能算得上是中档翡翠,不过国人都喜欢绿色的翡翠,这么一丁儿翡翠,找个做工好的师傅打磨抛光一下,镶嵌到戒指上,也能卖个七八万块。

"师傅,还真……真有翡翠啊?"

四儿脸色露出惊喜的神色。虽然这东西不是他的,不过能亲手从这石头蛋子里面解出翡翠来,他已经很满足了。

"废话,当然有翡翠。你小心点,把旁边那些石头都给打磨掉,将翡翠取出来。"

赵国栋浑然忘了刚才自己的表现,开始为人师了。

"哎……"

四儿答应了一声,开始打磨起翡翠旁边的毛料来。由于怕伤到里面的翡翠,他的动作反而比之前慢了不少,过了将近一个小时的时间,才将这块翡翠取了出来。

"真漂亮啊!"

四儿把这块拇指大小、表面还有些丝状绿雾的翡翠托在手心里,对着阳光仔细地看着,口中情不自禁地发出了感慨。

"庄哥,给你……"

在手里把玩了一会儿之后,四儿有些不舍的把翡翠递给了庄睿。这东西虽好,但不是自己的啊。

"呵呵,你拿着吧。四儿,回头去找个正规的珠宝店,让他们那的师傅帮你打个首饰,然后把这个翡翠交给他们,让他们处理一下,镶嵌上去就行了。自己留着玩吧……"

庄睿没有接,这块翡翠虽然值个几万块钱,但已经不放在他的眼里了。姐夫这徒弟人挺不错的,跟着赵国栋一起从原来的单位辞职出来的。上次一起去南京的就是他,也算是自己的员工了,庄睿就当是给他发福利了。

"哎,谢谢庄哥啊。"

四儿高兴地应了一声。翡翠这玩意,不仅是女人喜欢,就是男人也抵挡不住它的诱惑。

"小睿,这块翡翠值多少钱啊?"

一旁的赵国栋出言问道。他知道庄睿的意思,不过给了东西,也要下面的人记住你的好啊,不明不白就给出去,别人未必见得重视。另外,对这东西的价值,赵国栋自己个心里也是比较好奇的。

"呵呵,值个五六万吧,要是镶嵌得好,估计还要贵点。"

庄睿随口答道。戒面打磨很简单,不需要什么手艺,但是镶嵌的好坏,就有些讲究了。像密钉镶,就是钻石镶嵌的常见手法,另外还有夹镶、包边镶诸多讲究,对工艺的要求也比较高。

"五六万?庄哥,这东西我可不能要,这太贵重了吧。"

听到庄睿的话后,四儿连忙把手里的翡翠塞向庄睿。话说他平时看到的翡翠首饰,最贵的也不过千儿八百的。他本来以为这玩意不过值个几百块钱,没想到居然这么贵。

庄睿把四儿的手推了回去,道:"你手气好,自己解开的,就自己留着。不然就给我姐夫去,反正我是不要。"

"师傅,你看这……"

四儿有些为难地看向赵国栋。什么样的师傅带什么样的徒弟,他也不是沾小便宜的人,而且从原单位出来跟着赵国栋干以后,每个月的工资都有四五千,是原来单位的好几倍,另外那个修理厂还有他一点干股,算了下,到年底分红还能拿上个十多万,四儿已经很满足了。

"收起来吧,以后好好干就行了。对了,回头我给健民别的奖励,你小子不要眼红啊。"

赵国栋明白庄睿的意思,摆摆手让四儿把翡翠留下了。现在的私家车越来越多了,修车行业的竞争也变得激烈了起来,手上没有几个体己人是不行的。赵国栋从单位带出来的两个徒弟手艺都不错,前段时间还有人高薪想挖走他们呢。

赵国栋口中的健民,是他带的另外一个徒弟。四儿拿了翡翠,回头肯定要给那个徒弟点别的东西。这一碗水端平才行。

"嘿嘿,哪能呢……"四儿欢天喜地地将手中的翡翠看了半天,才小心翼翼地放回到口袋里。

"看你师傅我的……"

徒弟都解出翡翠来了,赵国栋自然是信心满满,按照刚才庄睿的操作,他把毛料固定好之后,拿着打磨机就"哼哧哼哧"干上了。

"小睿,这块里面怎么没东西啊?"

忙活了半个多小时,拳头大的一块毛料几乎全变成了粉末,也没出现赵国栋想要的翡翠。赵国栋不禁苦起了脸,向庄睿询问道。

庄睿被自家姐夫逗得笑了起来,说道:"姐夫,这要是每块里面都有翡翠,那还叫赌石吗?喏,那边还有两块毛料,你一起解开吧。"

赵国栋有些不服气,徒弟能解出翡翠来,自己这个当师傅的,总不会还不如徒弟吧?于是把剩下的两块毛料都一一解开了,却发现自己的运气似乎真的不是很好,除了地上多了一些碎石,其他什么都没有。

"小睿,你手里的那个解不解啊……"

虽然忙活了半天,什么都没有,赵国栋还是解出瘾头来了,眼睛又看向了庄睿手中的那块毛料。

"姐夫,你也让我过过瘾吧,这块我自己解。"

庄睿可不敢把这块毛料交给赵国栋来解。这里面出的可是玻璃种帝王绿的翡翠,伤到里面玉肉一分,那价值可能就会掉个上百万的。

"还想着解块翡翠出来,给你姐打个首饰呢。"

赵国栋对自己的手气很不满意,用脚踢了踢那散落一地的碎石块。

庄睿闻言心中动了一下,自己脑子里都在想着怎么样才能把这翡翠利益最大化。自从开始赌石,自己也赚了有上亿元了,极品翡翠出来不少,怎么就没想着给家里人打点东西呢?

想到这里,庄睿下了决心,这块帝王绿的翡翠解开之后不卖了,给老妈和老姐母女两个制个挂件。他现在并不差这几个钱,只要家里人喜欢,那比什么都强。

"看看你的运气怎么样,大川那小子给我说过几次了,你这手几乎成黄金手了,出手必中啊。"看到庄睿拿着毛料走向切石机,赵国栋一脸期待的表情。

"哎,都过来吃饭,也不看看这都几点了……"

庄睿正准备解石的时候,庄敏的声音突然传了过来。庄睿看了下手机,可不是,只解了几块毛料,这马上就要到中午十二点了。

"走吧,姐夫,吃完饭咱们再解。"

庄睿把毛料收到车库之后,用遥控器放下了车库的门,这才转身走进房子。

先给白狮打了半盘肉粥之后,庄睿才坐到了饭桌前。午饭很丰盛,庄敏上午专门出去买的菜,还有十几只煮得通红的大闸蟹。

"庄哥,你这别墅真气派……"四儿是第一次进入到别墅里,顿时被惊呆了。

"你小子好好吃饭吧,等你结婚的时候,去乡下买块地,自己建一个,保准比这别墅还气派。"赵国栋笑着给徒弟夹了只大闸蟹。他们在一起处了四五年了,关系好得和哥们儿一样。

"这地方是不错,就是买菜什么的太不方便了,开车来回都要半个小时。"

庄敏是早上把囡囡送到幼儿园回来的时候顺路买的。这山庄给她的感觉是什么都好,就是要买些油盐酱醋什么的,都要跑很远。

庄睿听到这话,心中动了一下,对庄敏说道:"姐,你去买辆车吧,要不然来这里太不方便了。姐夫平时要去修理厂,也不能老是接送你们。"庄睿知道自己老姐这几个月考了驾照,偶尔也开下姐夫的车。

"那可是要花十几万呢,还是算了吧。国栋这修理厂才扩张了业务,等明年吧。"

庄敏闻言也有些心动,不过想想一辆车的价钱,心里那火又熄灭了。

"干嘛等明年啊,回头下午你接上囡囡,和妈一起去车市看车,看中了就买下来。你有个车开,送咱妈过来也方便啊。"

庄睿边说边站起身来,翻找了一阵之后,才把保险公司赔付的那四十多万的银行卡给找出来了。赔付的钱比他买车的价钱少了很多,说是要折旧损耗什么的,庄睿当时也懒得计较,拿了卡就走人了。

"妈,您看……"庄敏也不知道接不接这钱,老弟虽然有钱,但自己已经嫁出去了,拿着这钱有些不合适。

"拿着吧,没有车进出这里的确不怎么方便,下午咱们去看看……"

庄母为人很大气,在姐弟俩小的时候,她也没委屈过姐弟二人,从来没有说是存点钱留着备用什么的。她所赚的那些工资,基本上都花出去了。前段时间听闻庄睿又赚了一亿多,庄母也不过是点点头,没表现出如何吃惊的样子。

听到庄母的话后,庄敏才把银行卡接了过来,不过这顿饭就吃得有点索然无味了,满脑子都在想下午去买什么车。

吃完中饭之后,庄睿先是用灵气帮白狮调理了一下,才去了车库,准备解开那块内含帝王绿翡翠的毛料。

"小睿,把你的车给我,下午国栋要回修理厂。"庄睿刚打开车库门,庄敏母女两个就走了过来。

"这车……不是原先那辆了。原先那辆车在陕西的时候被同学借去,出了点事故。他又赔给我一辆。"庄睿实在不知道怎么解释,说出嘴的话连他自个儿都不信。

"小睿,开车出门要小心,不管是撞到人还是被撞了,双方都会受到伤害的。"

还好庄敏母女都不是那种爱追根问底的人,庄母淡淡地叮嘱了庄睿一句之后,也没有再追问下去。

"小睿,这东西就是赌石?我看和路边的石头没什么两样啊,怎么叫这么个古怪名字?"

庄敏看到那模样有些奇怪的切石机,还有已经被固定好了的毛料,注意力顿时被吸引了过去。

"老姐,这是翡翠原石,赌石只是一种行为的统称。嗯,切开这块石头的行为,可以叫做赌石,里面有翡翠,咱们就赌赢了。要是没有的话,那就是赌输了。"

庄睿对老姐的话有些哭笑不得,只能再给她普及一下赌石的知识。

庄敏知道这几人一上午就围在这里切石头,看着满地的碎石屑,问道:"哦,那你们刚才是赌赢了,还是输了啊?"

"嘿嘿,我赢了,师傅他输了……"

四儿献宝似的从口袋里掏出那块翡翠来,递给了庄敏。

"哇,还真是这石头里面出来的。国栋啊,你真没用,还不如四儿呢……"这块翡翠没有经过打磨抛光,上面还有不少丝状的结晶残留物,很容易就可以辨认出来。

老姐的话,让庄睿嘴角很不自然向上撇动了一下。四儿更是往后缩了下身子,生怕师傅注意到他。

其实庄敏的性格就是那样,说话心直口快,根本就不经过大脑的。

只是这话也太过强悍了一点,很容易惹人遐思的。庄睿偷眼看向自家姐夫的时候,果不其然,那脸色已经变得有些铁青了。庄睿在考虑,为了维护下姐夫的尊严,自己这块毛料,是不是就交给赵国栋去解了?

没等庄睿想好,赵国栋就出言说道:"小睿,最后这块毛料我来解,我还不信了……"

这老实人也有受不了的时候啊。看着赵国栋拿起了打磨机,庄睿连忙走了过去,说道:"姐夫,这块毛料可是花了三万多买的,里面很可能会出翡翠。你小心一点啊,从边上慢慢打磨进去就行了,千万不要直接切。"

只要能在出绿的时候及时的收力,应该不会伤到里面的玉肉。庄睿故意把这块毛料的价格说高一点,这样赵国栋也会小心一点的。

果然,赵国栋听到庄睿的话后,犹豫了一下,不过这次看样子被庄敏刺激得有些深,长吁了一口气,还是决定自己来,这男人没用可不就等于无能嘛,是可忍孰不可忍呀。

庄敏也知道自己说错话了,吐了吐舌头,没敢再说话。

第十四章 心神迷醉

解石其实是个很简单的活，尤其是解小块的毛料，只要你不是近视个五六百度而又没带眼镜的话，基本上在出绿的时候，都能及时停手。当然，色盲除外。

赵国栋刚才解了两块毛料，现在有些轻车熟路。在砂轮和石头摩擦所发出的"咔咔"声中，毛料的表层显露出灰绿色的雾层，并且向里渗透着。

"姐夫，可能要出绿，再慢一点。"

赵国栋自然不懂这灰绿色的雾状晶体是什么东西，不过在算是半个行家的庄睿眼中，那就是赌涨了的表现了。如果这是在平洲赌石会场，就凭着这表现，转手卖个几万块钱不成问题。当然，这是不知道里面翡翠品质的价格。

翡翠赌石的魅力也就在于此，不到最后，谁都不知道会发生什么事情。在这里面，经验是被用来颠覆的，权威是被用来挑战的。没有任何人敢百分之百地去断定一块毛料的表现，即使是半赌的毛料。

赵国栋被庄睿的话说得有些紧张起来，下手愈加小心了。当一抹绿色出现在眼前的时候，他马上用力抬起了手臂。飞速旋转着的齿轮擦着他的额头划了过去，几根头发随之飘落在地上。

"有翡翠，我也解出翡翠来了。呵呵，小睿，你来看看，是不是翡翠啊？"

赵国栋没去在意刚才自己危险的举动，而是像孩子般高兴地叫喊了起来。那只还拿着打磨机的手，就要去拉庄睿。

"姐夫，你小心点，刚才你都差点伤到自己了。"

庄睿从赵国栋手里拿过打磨机，关上电源之后，用水管将擦面冲洗了一下，才凑上去观察了起来。

看着这还没黄豆粒大的一点绿意，庄睿真是佩服自己姐夫的眼力。估计就是他来解这块毛料，恐怕打磨出来的擦面都要比这大。

"姐夫，没错，是翡翠，下面的活我来干吧。"

庄睿向赵国栋竖起了大拇指。赵国栋站在那里嘿嘿地傻笑着，那表情不亚于就是在对庄敏说:"看到没,你老公也解出翡翠来了。"

"傻样,过来我看看伤到没。"

庄敏刚才也被赵国栋吓了一跳,连忙走过来看了下赵国栋的头皮,还好只是掉了几根头发。

庄睿的动作就要娴熟多了。他重新固定了毛料,把剩下几边多余的石头直接给切除掉,然后用砂轮的背面,一点点打磨起来。而那颗足有鸡蛋大小的翡翠,也逐渐呈现在众人面前。

"好美啊!天哪,这是什么翡翠,怎么从来没有见过这样的?"

看着庄睿手心托着的翡翠,庄敏情不自禁地喊出了声。不仅是她,就连赵国栋和四儿,还有向来对这些身外物表现得都很淡然的庄母,此时眼睛都聚焦在庄睿手心之上。

虽然庄睿怕伤到玉肉,在翡翠的外皮还残留有一些丝雾结晶,不过这并不能掩饰帝王绿的风采。近乎透明的玉质呈现出浓郁的绿色,在阳光的照射下,没有一丁儿的瑕疵,向外散发出一种深邃,幽静,让人沉醉的色彩。

庄母最先清醒过来,出言问道:"小睿,这是帝王绿的翡翠吧?"

虽然对从来不佩戴首饰的母亲,认识这块翡翠感觉到有些奇怪,庄睿还是回答道:"是的,而且是玻璃种的帝王绿,就这么大一块,其价值就在千万以上了。"

玻璃种帝王绿之所以珍贵,并不在于它的颜色有多么漂亮,种水有多么透彻,而是在于它的稀少。

玻璃种的翡翠也很少,但是还能经常见到。满绿的翡翠也是一样,有些高绿的翡翠,也能称之为帝王绿的。但是两者结合,就很罕见了。或许平洲赌石会场那数万块毛料里面,只有这么鸡蛋大的一块玻璃种帝王绿的翡翠,用物以稀为贵这句话来形容它,是最合适不过的。

"一……一千万?这……这么贵啊?"

旁边传来四儿那磕磕巴巴的声音,嘴巴张得都能将这块毛料吞下去了。虽然庄睿手心里的那颗翡翠很漂亮,但是四儿怎么都没办法将之和一千万划上等号。

"要做出成品,还要看雕工师傅手艺的好坏,才值那个价。这也是姐夫手气旺啊,换做我来解,说不定就什么都没有呢。"

庄睿笑着恭维了自家姐夫一句,把托在手心上的翡翠递给老妈,让他们传看一下。

四儿他们都不太了解赌石,看到五块石头有两个都解出翡翠,以为是很平常的事情,也就没有多问。不过要是换做宋军或者马胖子在这里,那打死庄睿他都不会现场解石的。

众人小心翼翼地在传看着那块玻璃种帝王绿翡翠,拿到手里的时候,都是一副含在嘴里怕化了,捧在手心怕摔了的表情。

"妈,回头我找个珠宝店,让他们代加工一下,做几个饰品。你和老姐还有囡囡,每人都有份。姐夫你别看我,老爷们没有……"

赵国栋解出一块极品翡翠,这会儿正乐得合不拢嘴呢,猛地听庄睿的话,把他吓了一跳,还以为是自己耳朵听错了呢,马上向庄睿看去。

"小睿,这……这也忒值钱了点吧? 戴着这玩意出去,那还不整天提心吊胆的啊?"

庄敏闻言也是吃了一惊,不过她话虽然这样说,但是紧紧盯着翡翠的眼睛出卖了她。没有哪个女人见到如此美丽的翡翠,还会不动心的。

庄母跟着摇了摇头,说道:"小睿,这翡翠给小敏和囡囡做点物件就行了。妈老了,不戴这些玩意了。"

"那不行,你们每人都要有。妈,你就别管了。"

虽然在庄睿的印象里,母亲从来都不佩戴这些东西,但是并不代表母亲不喜欢啊。从刚才庄母看这块翡翠的眼神中,庄睿就看出来了,一向对这些身外物都很淡然的老妈也是动心了。

"那行,做个佛像的挂件吧,戴在衣服里面,不会那么招摇。"

庄母接下来的话,让庄睿差点跌了个跟头。这刚才还说不要的,现在连做什么都考虑好了。看来这翡翠对于女人的吸引力不是一般地大,而且是不分年龄,老少通杀。

把翡翠揣进兜里,又将车库这一地的碎石收拾了一下,庄睿就开车带着庄母和老姐去接囡囡了。而赵国栋和徒弟也返回了修理厂。这段时间修理厂的生意不错,今天已经耽误了大半天了。

接到囡囡之后,庄睿直接将车开到了位于金山区附近车市最为集中的地方。

"咦? 咱们这也有 4S 店了啊?"

庄睿从路边看到一家车市上面挂着 4S 的牌子,并且三面的外墙都是用落地玻璃修建的,装修得简洁明朗,很是气派,遂把车停了过去。

"先生,您好,欢迎光临大众 4S 店,请问有什么需要帮助的?"刚进门,一位身穿旗袍的女士就迎了上来。

听到她的话后,庄睿吃了一惊。他在南京看到的 4S 店,里面各种车型都有,整个一汽车杂货铺。没想到这才几个月的时间,正规的 4S 店就已经开起来了,看来汽车消费市场已经火爆了起来。

"我们先随便看看,你有什么好的车型,也可以给我们介绍下。"

这个 4S 店搞的像是个休闲馆似的,三五辆样车中间,就摆了一张玻璃茶几和几张椅子,茶几上放着一些资料。今天来看车的人不少,并且和庄睿他们一样,多是三四个人。几个小孩子更是在店里跑来跑去的。

"妈,您休息一下吧,我们去看就行了。"

庄睿知道老妈平时下午都要睡会儿午觉的,于是找了没人的位置,让老妈坐了过去。这时马上有人端上来几杯茶水。

"这位先生,我们这里刚进有最新款的大众帕萨特,属于国内中档汽车里很不错的一款,非常适合做家庭用车。像您这样一家三口,最是合适不过了,而且白色的这款车,也非常适合您太太驾驶。"

这位售车小姐刚才站在门口的时候,看到庄睿开了一辆大切诺基进来的,知道应该是他身边的女士要买车。

只是她的话让庄睿有些哭笑不得,这都哪跟哪啊,苦笑了一下,开口说道:"这是我姐,那是我外甥女,不是一家三口。对了,在你们这里买车,相关手续都是代办的吧?"

那位售车小姐吐了吐舌头,看到庄睿没有真的生气,才小心翼翼地回答道:"先生请放心,在我们这里所购买的车,上牌照之类的事情都由我们代办。除了车管所必须的开销之外,不加收任何的费用。"

庄睿点了点头,看向庄敏,说道:"老姐,你看怎么样? 这白色的帕萨特很适合女人开的,而且也不张扬。"

庄敏拉开车门,坐了上去,感觉倒是挺满意的,只是出来看了一下汽车的相关配置和价钱,马上摇起了头。二十六万多,比她的心理价位要高出很多。

"小睿,咱们去看看捷达吧,听说那车也是不错的。"

"就帕萨特吧,捷达的空间太小,坐着不是很舒服。"

庄睿看得出来,老姐对这车还是很满意的,庄睿就敲定了下来。

"哦,哦,妈妈也有车开喽……"小囡囡兴奋地从庄敏打开的车门钻了进去,说什么都不愿意下来。

"行了,拿购车合同来吧。老姐你和他们签合同,我去交款,回头还有点别的事情呢。"

庄睿漫不经心的态度,让那售车小姐暗自咋舌,连忙又招呼几个同事过来帮忙。这儿平时看车的人不少,但是第一次来就决定要买的人却不多,像庄睿这样年少多金的就更是稀少了。

"对了,我在外地买的车,还没有上牌,你们这里可以代上吗?"

走到交款处,庄睿出言问道。本来这事交给刘川去办最方便,只是那家伙现在在陕西,估计要一个多星期后才能回来。反正自己老姐那车也要上牌,庄睿就想一起给办了。

"可以的,只要您有购车发票以及相关手续,我们可以帮您代为办理,只收取很少一点代办费用就可以了。并且日后的保养,您也可以选择在我们这里做。"

得到满意的答复后,庄睿刷卡付了全款,至于保险什么的,都让老姐去办理了。他回到自己的车内,把购车手续拿了出来,交给这车行,让他们去帮着挂牌。

处理完这些事情之后,提车还要等上一个多小时。庄睿交代老姐回头开车要小心点之后,自己就先离开了。

驱车来到市中心路,庄睿看到靠着路边的一个招牌,眼前顿时一亮,将车停了过去。

店铺门头上挂着"石头斋"的招牌,红底白字,书写采用隶书风格,粗犷沉稳,扎实紧凑,给人带来浓浓的古典韵味,令人有一探究竟的感觉。

这是一家专门经营玉石的店铺,在彭城开了也有好多年了。庄睿以前来逛过,只是那时囊中羞涩,对于那些动辄上千数万的精美饰品,只能是饱饱眼福。

进入店内,迎面就是一个高约一米的展台,在上面摆放了一个完全由玉石雕琢而成的帆船,寓意着一帆风顺。

店里客人不是很多,庄睿在几个柜台边看了一下。这里的翡翠饰品,大多都是中档的料子,以耳钉、戒面、吊坠为主,也有几副镯子,不过价钱可是不便宜。大致浏览了一下,庄睿这才明白,那些珠宝商敢于死命地在翡翠原料上加价,也是有的放矢的。

"先生,您好,请问你是想购买什么样的玉石?我可以帮你介绍一下,我们石头斋的产品以'神秘、美梦、欢喜'为设计主线,可以让您有一个灵性浪漫,返璞归真,回归自然的真实体验!"

邬佳注意这个客人半天了,看他进门之后的表现,有点不怎么像是顾客,因为他在观察这些玉石的时候,眼睛里透出的更多都是品评和不屑的神色。

庄睿闻言回过神来,看到一个长着圆脸,笑容很甜,穿着店服的女孩正看着自己,有些不好意思地说道:"哦,我不是来买玉石的。不过请问你们这里有没有代客加工?我自己有原料,想加工几件饰品。"

在早些年的时候,马路边经常有人摆个摊子,收购并代工金银首饰,只是近些年见不到了,庄睿来这里也是碰碰运气,像这样开了十多年的老店,一般都会有自己的琢玉师傅的。

"代客加工?"

邬佳愣了一下,她从大学毕业之后,就接手了这家店的管理工作,到现在也有三四年了,倒是第一次听到有人提出这样的要求。

"对不起,我们这里只出售成品,并不帮客人加工的。"

邬佳说的是实话。虽然她爷爷有时候也帮别人雕琢一些物件,但那些人或者是朋友,或者是老主顾,她不知道自己是否应该接下这业务,下意识地就拒绝了。

"这样啊,那对不起,打扰了……"庄睿有些失望,转身就要离去。

"哎,您等等,请问您要加工什么样的饰品?能看看您的材料吗?"第一次遇到这样的客人,邬佳心里难免有些好奇。

"有什么区别吗?"

庄睿停下脚步,转头略带疑惑地看向女孩。既然都已经说了不代客加工,那还要看自己的原料干什么?

"啊,是这样的,要是您的材料好的话,或许我会帮你问下我爷爷。这店里的高档玉石饰品,大部分都是我爷爷亲手雕琢的。"

邬佳被庄睿问的有些不好意思,在心里暗自责怪自己多事,只能把自己爷爷搬出来说事了。

不过邬佳已经打定主意了，不管庄睿材料好坏，她都会说材质一般。因为爷爷近些年来年龄大了，尤其是这两年，手抖得厉害，除了打磨些镯子之外，已经很少去雕琢别的比较精细的物件了。

"哦？这店是你家开的啊？"

庄睿闻言转身走了过去。这石头斋在彭城很有名气，却没想到居然是这女孩家里开的。

记得在庄睿上初中的时候，有一个家里非常有钱的同学，曾经就在班里炫耀过，说是自己老爸在石头斋请了个观音，送到庙里请师父去开光了。可见石头斋在彭城的名气之响亮。

庄睿那会儿只能和刘川没事的时候，兜里揣着几块钱进来逛逛。至于这里的东西，他们是买不起的。当年的这层记忆，也是庄睿选择到石头斋来询问的主要原因。

第十五章 石头斋

"这字号是我爷爷创下来的,我只是在这里打工而已……"

邬佳不知道自己为什么会回答这个男人的问题,可能庄睿给人的感觉很亲切吧,像是在和朋友聊天一样,就顺口说出来了。

"嗯,你们这店开了很多年了,小时候我来玩过,只是买不起这里面的东西。"庄睿想起当年和刘川两个小毛头在店里乱逛的情形,不由有些感慨。

"喂,你不是要加工的吗?把玉石材料拿出来吧,我先看看……"

邬佳被庄睿的话说得有些莫名其妙。我和你又不是很熟,跟我说这些干吗,所以语气有些不善,称呼庄睿时的"您"字也变成"你"字了。

庄睿倒是没注意女孩语气中的变化。他刚才很仔细地看了几款挂件的雕工,雕琢得很精细,将人物或者动物的面部表情雕刻得栩栩如生,比自己脖子上戴的那个秦萱冰送给他的挂件,雕工还要好一些。

庄睿通过观察这些物件,对女孩爷爷的手艺已经有几分了解了,于是伸手把那块鸡蛋大小的帝王绿翡翠料子从口袋里掏了出来,小心翼翼地递给了邬佳。

邬佳看到庄睿那小心的模样,嘴里很小声地嘀咕道:"什么材料啊,还这么神秘兮兮的?"

接到手里之后,先是感觉到右手猛地向下一坠,定睛看去,邬佳脑中的第一个想法就是:这东西是个带颜色的有机玻璃。

不要奇怪女孩会产生这种想法,因为现在很多不良商人,就是拿一些有颜色的有机玻璃还有树脂等合成物来仿造翡翠饰品。并且这些人都已经形成了产销一条链,曾经还有人上门给邬佳现场推销过呢。

不过邬佳随之就打消了自己的这个想法,因为入手之后她就感觉到,手中的这块翡翠料子边缘处的丝雾状结晶有些棘手,而且也不像是用胶水粘贴上去的,说明这并不是一个仿造翡翠。

本来还有些漫不经心的邬佳,这下紧张了起来。刚才她是把翡翠托在手心里看的,现在连忙从柜台里拿了个空的首饰盒，将翡翠摆在首饰盒的凹洞里，放到柜台上面，将供客人挑选翡翠所需的强光灯打开，拿出了一个放大镜，对着翡翠仔细地观察了起来。

邬佳越看越是心惊，她从小就跟在爷爷后面看爷爷雕琢玉石，不管是硬玉翡翠类，还是软玉羊脂玉等材料，她几乎上手就可以分辨出真假，而且各种极品的玉石，也是见识过很多。只是眼前的这块翡翠，却让她在震惊之余，深深地沉迷了进去。

近乎透明的玉质，深邃如海般的绿意，像是情人的眼睛一样，使人陶醉。邬佳自谓鉴别过不少的极品玉石，但是相比于眼前的这颗翡翠，那些都是垃圾货色了。两者之间一为帝王，一为草民，根本没有丝毫的可比性。

"这……这……这是玻璃种的帝王绿翡翠？"

邬佳已经忘了自己的初衷了，就算她想起来，也不敢说这块翡翠材质一般。玻璃种帝王绿的料子还是一般的话，那她店里的这些货色都该扔大街上去了。

"这翡翠的材质还行吧？"庄睿出言问道。他看得出女孩前后态度的变化，有意开个玩笑。

"行，不是行，是非常……很好，先生，您等等，我这就给爷爷打电话去。哦……对不起，这块翡翠太珍贵了，还是您自己保管下吧。"

邬佳没有领会庄睿的幽默，而是有些慌乱，说话也变得语无伦次了。别说她从来没有见过，就算是她爷爷，也只是在年轻的时候见过一块玻璃种帝王绿的翡翠料子。但那会儿他资历尚浅，那块料子没有交给他雕琢。邬佳知道自己的爷爷一直都引以为憾。

所以她才如此着急地想要通知爷爷，不过在向店里的电话处跑出几步之后，才发现那块翡翠被自己抓在了手里，遂有些不好意思又递还给了庄睿。

其实庄睿对于翡翠的认知还是有些浅薄。他虽然能估量出这块帝王绿料子的价格，但是他并不知道这块翡翠在玉石圈子里的地位。

所谓玻璃种帝王绿，那是代表着独一无二，名字里透露出的是一种唯我独尊，舍我其谁的霸气。

并不是所有带绿的翡翠都能称之为帝王绿的。像那些绿色和这块差不多的翡翠，因为种水够不上玻璃种，人们一般都将之叫做阳绿高绿或者满绿。只有玻璃种满绿并且没有瑕疵的翡翠，才能称之为帝王绿，这代表着尊贵，是所有翡翠中王者的意思。

别说是常人，就是许多珠宝商，一生都难得见到纯粹的帝王绿翡翠。用这种材质雕琢出来的物件，数年甚至十数年都难得一见，一经流入市场之后，也是马上就会被人买下珍藏起来。

"先生，您请坐，请喝水。请问您贵姓啊？怎么称呼？"

"我姓庄，叫我庄睿好了……"

庄睿看到女孩放下电话之后，兴冲冲地跑了回来，在冷气充足的店里，鼻尖居然冒出了汗，显然是兴奋所致，只是被她这一通请字说得庄睿也有些头晕。

"嗯,庄先生您稍等,我爷爷一会儿就能过来。"

作为这家玉石店的实际经营者,邬佳这会儿已经在心里暗自思量了,是否能从庄睿那里买下一点料子,不用多,有那么小指甲大小,打磨出一个戒面来,就能当做这店里的镇店之宝了。

"叫我庄睿好了,叫先生不习惯……"

庄睿纠正了一下邬佳的喊法,倒不是他和这女孩套近乎,只是一口一个先生的,他听着的确很不舒服。由于要考研究生,最近古文看多了,那里面先生可是老师的意思,庄睿可没有为人师的念头。

"那好,我叫邬佳,咱们现在算是认识一下吧。"

邬佳边说话边向庄睿伸出了手。她正想着怎么样和庄睿套近乎呢。这玻璃种帝王绿的翡翠可是难得一见,要是能买下那么一点,肯定会让石头斋名声大噪的。

庄睿和邬佳握了下手,四周打量了一下,出言问道:"对了,邬佳,我记得以前来你们这,有一个中年人在呀,是不是长辈把接力棒交给你啦?"

倒不是庄睿八卦,主要是像珠宝和古玩行当,是最容易被人找碴算后账的。有些人买了物件回去,经人一掌眼感觉亏了,就会找上门来退货。一般这样的店铺里,都会有个老成持重的人坐堂。这邬佳看起来却不像是能镇得住场面的人。

邬佳听到庄睿的话后愣了一下神,脸上露出了哀伤的神情,过了一会儿才轻声说道:"我爸爸妈妈去年出去旅游的时候,遇到了车祸。这店是爷爷一辈子的心血,不能看着它倒下去,我才来这里的。"

邬佳虽然从小就对玉石耳熏目染,但是早前并没有继承家业的想法,只是父母在车祸去世之后,爷爷倍受打击,根本无暇来管理店铺,所以她才辞去了原来的工作,回到了石头斋。

而邬佳的爷爷,也是经受了白发人送黑发人的痛楚之后,加上年龄也大了,身体一下子垮了下来。现在店里的很多物件都是爷爷带的徒弟雕琢的,老爷子现在都很少到店里来了。

庄睿看着面前眼中含泪的邬佳,也不知道如何是好了,没想到随口一问,居然提到了别人的伤心事。至亲辞世这种事情,用语言来安慰的话,未免太苍白了,所以庄睿颇是有些手足无措。

"小佳,你说的那帝王绿的翡翠在哪儿? 给爷爷看看……"

就在庄睿有些尴尬的时候,一个苍老的声音从店门口传了过来。他转脸看去,一位满头白发,眉宇间有些忧郁的老人,拄着个拐杖走进店里。

"爷爷,您慢点,翡翠在这里呢。"

见到爷爷进来,邬佳连忙擦了下眼睛,迎上去扶住了老爷子。她可不敢在爷爷面前露出对父母的思念,因为那又会让老爷子伤心好几天。

在柜台前的一张椅子上坐下之后,老人戴上副老花镜,这才接过邬佳递过去的翡翠,对着已经打开了的强光灯仔细察看起来。

就在老人拿起翡翠的时候,那种专注的神情使其好像猛然之间年轻了几十岁一般。庄睿离得近,看到老人拿着翡翠的右手微有些颤抖。

"色如山间翠竹,亮如涧中小溪,没有一丝瑕疵。好玉……好玉,难得一见的好玉啊。"

端倪半天之后,老人恋恋不舍地放下了手中的翡翠,连说了三个"好"字。他玩了一辈子的玉石,这也不过是第二次见到玻璃种的帝王绿翡翠,心中不免有些激荡。

"小伙子,这块翡翠是你的吧? 运气真的不错,像我老头子,一辈子可都没能拥有过这么一丁儿的帝王绿翡翠啊。"

老人放下翡翠之后,打量了庄睿一番。他的眼力和经验,可是比孙女要强出许多。刚才在观察这颗翡翠的时候,用手在上面摩擦了几下,从打磨面和触手后的感觉,老人就知道这块翡翠刚从石中解出来不久。

只是看庄睿的衣着打扮却并不像是有钱人,所以老人直言庄睿运气不错。

要说庄睿这个人,购车买房投资一掷千金就很大方,但是从小养成的习惯使他对那些所谓的名牌服饰和专门为成功人士打造的衣服并不是很感冒。

在上海的时候,秦萱冰曾经给他买过几件很有档次的衣服。只是庄睿穿在身上感觉别扭,所以现在穿的不过是一般店铺里几十块钱一件的衣服,那双鞋子更是从陕西穿回来的运动鞋,上面满是灰尘。

庄睿笑了笑,没有否认老人的话,开口说道:"呵呵,是运气不错。老人家,您看这块翡翠能雕琢出几个挂件啊?"

"挂件? 小伙子,你要制成挂件? 这可有点暴珍天物啊。"

老人闻言面色一变。玻璃种帝王绿的翡翠,首推制作镯子,然后就是戒面,就算是耳钉之类的小物件,其价值也要比挂件高上那么一点。并不是说帝王绿的翡翠做挂件不好,主要是因为挂件是佩戴在衣物里面的,用作平安符较多,价值比那些显露在外的饰品,相对要低上一些。

"老人家,就做挂件,这东西我没打算卖,是做给家里人佩戴的。"

庄睿的语气很坚定,虽然这东西价值不菲,不过庄睿现在并不缺钱,而且这样可遇而不可求的物件,卖掉有点可惜了。

"小伙子,进到里面来说吧。唉,要是早上两年,这东西我就帮你雕琢了,只是现在……"

老人听到庄睿坚持要做挂件之后,脸上有些落寞,站起身来,招呼庄睿去店里面的隔间说话。

从柜台里拿出来的饰品,价值一般都在千儿八百块钱左右。再贵重一点的物品,就要进到房间里去品鉴了。

一般上点档次的珠宝玉石店,都会有隔间或者贵宾室的。贵重珠宝和古玩有些相似,讲究的是物不过手。把物件放到桌子上,客人自己拿了去看,这样即使不慎脱手打碎,也能分清楚责任。

石头斋也有一个隔开的房间,面积不大,只有一张茶几和一排沙发,不过在房间的一个角落里,摆放了一个有半人多高的保险柜,想必是用来存放贵重饰品的。庄睿进门后抬眼看了一下,在房顶天花板处,还装有两个摄像头。

"小伙子,坐吧。小佳,去倒杯茶来。"

进到房间之后,老人招呼了庄睿一声,自行在沙发上坐下了。

庄睿坐下后没有客套,开门见山地说道:"老人家,我是彭城人,小时候就到您店里来玩过。您的手艺在彭城,那可是尽人皆知的,所以我还是希望把这块翡翠交由您来雕琢,至于加工的费用,那不是问题,您可以开出个价钱……"

"咳……咳咳……"

听到庄睿的话,老人脸上涌现出一片潮红,刚要开口说话,却被一口痰给堵住了,剧烈地咳嗽起来。

"爷爷,您别激动啊。庄先生,你和我爷爷说什么了?"

端了两杯茶水的邬佳刚好进屋,看到爷爷的样子,连忙把茶水放到茶几上,不住地拍打着老人的后背。

"不关……不关小伙子的事。小佳,你也坐吧。"老人咳嗽了一阵,喝了口水,才慢慢平复了下来。

"年轻人,这块翡翠可是价值不菲啊。按这块头,如果是做那种尺寸小点的戒面,估计能磨出来十四五个来,剩下的还能出一对耳钉,全加起来,应该能卖到一千七八百万的样子。

"可要是雕琢成挂件,最多只能出四、五个,能卖出一千来万就不错了。你为何一定要做挂件呢? 想要送给家人,也可以另外买些物件嘛。"

老人看庄睿的打扮,不像是有钱人,故而心中有些疑问。

"呵呵,老人家,这钱是赚不完的,可这东西错过了,就很难再遇见了。帝王绿的翡翠,我也是第二次得见,所以还是做几个挂件留给家人吧。钱再重要,也没有亲人重要。"

庄睿早就拿定了主意,自然不会被老人几句话给说改变了。

"是我老头子孟浪了,你说的不错。钱再重要,也没有亲人重要啊……"老人被庄睿的话勾起了伤心事,一时间居然是老泪纵横,不能自己。

"爷爷,都过去的事情了,别再想了。您要是不保重身体,剩下小佳一个人怎么办啊?"

邬佳在一旁劝说了几句,却搞得自己也难受起来。这让庄睿有些坐立不安了,自己明知道面前这二人丧子丧父，却还说那些话，不是给别人找难受吗。

过了有七八分钟，这爷孙俩的情绪才算是平复了下来。老人擦了擦眼泪，有些不好意思地对庄睿说道："小伙子，对不住啊，想起些伤心事……"

"没关系，老人家，逝者已逝，咱们活着的人，可还是要好好的活着。"庄睿出言安慰了一句。

"呵呵，大半截身体都进土里的人了，还要你们来劝慰。老啦，真的老了。

"小伙子，这块翡翠，如果是想打磨成戒面，老头子我还能使上劲。这手虽然没以前稳了，不过打磨抛光戒面技术要求不高，应该还是没问题的。

"不过你要是想雕琢成挂件，这活我就不敢接了。要是换做早两年，就是你不拿给我雕琢，我倒贴钱都会帮你来做。只是这两年手抖得厉害，怕是一个不小心，就伤到这块翡翠了。"

老人说话的时候，脸上露出一丝遗憾的神色。他此生琢玉无数，连蓝眼睛羊脂玉之类的极品玉石也亲手雕琢过，但就是没能在帝王绿翡翠上下过刀，现在眼前虽然有这么个机会了，但是老人却已经不复当年勇了。

玩了一辈子的玉，这极品玉石对老人的诱惑，就像是瘾君子见到了大麻。可是由于自身的原因，无法亲手雕琢，老人心里也是极不好受的。

"我倒是有几个徒弟，不过……唉，还是算了……"

这块翡翠料子实在是太过贵重了，雕琢的时候稍微有一点差池，那就是难以弥补的。对于自己带了没几年的那几个徒弟，老人心里实在是有些不放心，早年的徒弟却都已经自立门户了，现在也都不在彭城。

"没事，老人家，我另外再想办法，您多保重身体，我就先告辞了……"

庄睿站起身来，心中未免有些失望。这石头斋可谓是彭城的老字号了，他这里都接不了这活，那别的地方也就不用去了。

老人见庄睿起身要走，连忙出言说道："小伙子，你先等一下。我做不了，不代表我找不到人来做啊。"

第十六章 南北雕工

"哦？老人家请说……"庄睿又重新坐了下去。

"这挂件一般都是十二生肖，或者是观音佛像，最是考究雕琢的工艺。你这要是块冰种的料子，我都敢让徒弟来雕。只是玻璃种帝王绿的料子太过珍贵，万一失手，老头子可是赔不起啊。

"这样吧，我介绍位老朋友帮你来雕琢。他那手艺在我们这行当里，可是独一无二的呀，以我的面子加上你这块料子，想必他不会拒绝的，只是你要跑趟京城，亲自上门才行。"老人说完之后看着庄睿，等他下决定。

"老人家，您说的是哪位大师啊？"见老人言语间对那人很是推崇，庄睿出言问道。

"我知道，爷爷，您说的是古爷爷吧？哼，古爷爷虽然厉害，也未必就比您强。"

没等老人回话，一旁的邹佳就喊了出来，只是她对自己爷爷的话有些不满意。在她心里，爷爷的手艺才是最好的呢。

邹佳说完之后，看到庄睿的面色有些古怪，以为他不相信自己的话，气鼓鼓地说道："你别不信，我说的都是真的。我爷爷以前和古爷爷并称为'南邹北古'，在玉石行的雕刻界里都是大大有名气的。要不是爷爷身体不好，雕出来的东西不会比古爷爷差。"

"不是，不是，我没有那意思。老人家的手艺我当然相信了，不然也不会找上门来。只是……你说的那个古爷爷，是不是国家玉石协会的古天风，古副理事长啊？"

庄睿并没有不相信的意思，但是却感觉到这世界未免有些太……小了，自己和古师伯不过才十多天没见面，现在又要求上门去了。

其实在一开始，庄睿也想过让古师伯出手雕琢这块翡翠。只是一来古师伯远在京城，不是很方便；二来古师伯对自己一向都是照顾有加。自己老是去麻烦别人，庄睿心里有那么一丝不好意思。

再有就是自己手上的好料子实在是出得太多了，要是被古师伯见到这块翡翠的话，还不知道要说什么呢。出于这些原因，庄睿这才想着在彭城找位师傅来雕琢的，却没想到，绕了半天圈子之后，还是要去找那位师伯。

不过听到邬佳的话后，庄睿对面前这位老人也是肃然起敬。能和古老爷子齐名，那在玉石行当的名头，就不是一般的大了。彭城居然还藏着这么一位大家啊！

"啊……你认识古爷爷呀？那这个翡翠你怎么不去找他雕琢呢？"

邬佳看着庄睿奇怪地问道。这古老爷子虽然在玉石行当里有名气，但也没到路人皆知的程度。对这个行当不了解的人，一般是不会知道古老爷子的本名的。

"是啊，没想到你还是圈里人，老头子我倒是走眼了。"

邬佳的爷爷本来以为庄睿是通过别的渠道搞到的这块翡翠，现在看来，却极有可能是这小伙子自己解出来的。

"呵呵，算不上圈里人，只是近年对赌石比较有兴趣，运气还不错。至于古师伯，他和我家里有些渊源……"

庄睿稍微犹豫了一下，把自己与古老爷子的关系简单说了一下。他知道，就算自己不说，面前这老人和古师伯几十年的交情，难道还打听不出来吗？

"想不到啊，你们还有这层关系，那就没问题了。老古肯定会出手帮你雕琢的，有他出手，也不会辱没了你这块极品翡翠了。等见了老古，代我问声好啊。"

老人听完庄睿的话后，也是感到有些惊奇。这事情的确是很凑巧，他虽然身在彭城，也听说过庄睿爷爷的名声，但是却没有过交集，没有想到自己老友居然和面前的这小伙子还有如此渊源。

"谢谢老人家，等我去了京城，一定转达您的话。"事已至此，话也说到了，庄睿就准备告辞了。

老人见到庄睿要走，神色有些犹豫地说道："对了，小伙子，老头子还有个不情之请，希望你能考虑下……"

"老人家，有事您尽管吩咐，我只要能办到，一定会尽力的……"

面对这位和古师伯齐名，但已经是英雄暮年的雕刻大师，庄睿心里非常敬重。如果不是考虑到那些戒指之类的首饰太过招摇，母亲可能不喜欢的话，庄睿都想将这块翡翠交给老人去雕琢了。

其实对于老人手抖的毛病，庄睿不知道自己的灵气是否会对他有帮助，但这事可不同于赌石赌到几块极品翡翠，如果泄露了出去，那恐怕自己就没有好日子过了。

虽然庄睿现在小有身家，但是他知道，这世界上有太多人可以把他连皮带骨头吞得一点儿不剩，所以庄睿把这个想法压了下去。

不过庄睿已经在考虑，自己是否去学点针灸什么的，即使做个样子，日后遇到什么比较紧急的情况，也能掩饰一下灵气的存在。

"小伙子，以古老弟的手艺，你这块翡翠掐头去尾，应该能切出四个挂件的材料来，剩下两端还会留有那么一丁点儿。老头子……我是想，能不能把剩下的那点翡翠卖给我？当然，价钱上我是不会让你吃亏的……"

老人提出这个要求,心里也是有些无奈。这个石头斋全是靠着他的名气支撑起来的,但是近些年来,彭城玉石市场的竞争比较激烈,加上他身体不适,也很少去接老主顾们的生意了。如此一来,石头斋的人气比以往要差了很多。

老人是想用庄睿这块翡翠的下脚料,打磨出一个戒面来,作为店里的镇店之宝,也能稍微缓解一下孙女身上的压力。以他的眼光,对这块翡翠能做出什么样的东西,会剩余多少材料,基本上眨眼就能分辨出来。

庄睿没有直接答应,而是向老人询问道:"老人家,留下来的材料,还能制作出什么物件来呢?"

老人把桌子上的翡翠拿到手里,前后比划了一下,说道:"还能做出两个小指甲大的戒面,或者是两对小点的耳环,再多恐怕就没有办法了。"

"耳环?"

庄睿心中动了一下,他知道老妈扎有耳洞,但是从来没见她佩戴过耳环。除了挂件之外,再做一对耳环送给老妈也是很不错的,以老妈的气质,戴上这么一副耳环,肯定很好看。

"老爷子,不瞒您说,这块翡翠我本来是一点都不打算出售的。不过老人家您既然开口了,这样吧,如果能省下来两个戒面的材料,一个我要打一对耳环,另外一个就给您了,这样行吗?"

庄睿思考了一下之后,把自己的想法说了出来。虽然他很敬重这位老人,但是也不会拿着自己的东西去做人情的。

"行,行,剩下的材料你都拿回来,耳环我来帮你打。我去给老古打电话去,他要是省不下来这点儿材料,哪天我非去北京骂他不可。"

老人听到庄睿的话后,激动地颤颤巍巍地站了起来。这可是一举两得的好事啊,既圆了自己想要雕琢帝王绿翡翠的梦,还能留下一个戒面来撑门面,老人心里已经是非常知足了。

"老爷子,这事……还是我自己个儿去说吧……"

看这老人一副要去打电话的模样,庄睿连忙制止了。如果这电话是老人打给古师伯的,自己肯定会吃排头,有了好物件不先拿给自己人看,免不了一阵数落。

"对,对,你自己去说,至于怎么认识老头子我的嘛,这样……你就说和我孙女是同学,嗯,就这样。你们年轻人多亲近下,哈哈……"

老人活了这么大的岁数,稍微一想就知道了庄睿的意思,心中也在暗赞这小伙子知礼节,通情理。

"亲近?"

庄睿看了一下旁边的女孩,虽然长相不错,笑容也很甜美,但是庄睿可没有招惹她的心思。秦萱冰一天两个电话,还有偶尔苗警官的问候,已经让庄睿很头疼了。

"我回去就给古师伯打电话。对了,老人家,我还想请教您一下,这玉器的雕工师傅在哪里比较多?我另外还有一些料子,想请人给雕琢下。"

庄睿是想到自己那块红翡毛料了,早晚解开之后,还是要请人雕琢。那里面的翡翠可是不少,手镯料子都能掏出十七八个来,总不能再去麻烦古师伯吧。

"呵呵,这天下的琢玉雕工,首推扬州。我就是扬州雕工出来的。如果料子多的话,你可以去扬州请几位师傅过来的。"老人提到自己的传承,脸上满是自豪的神情。

庄睿也听说过扬州雕工,不过他在那里可没有什么朋友,两眼一摸黑地跑去,鬼才会跟他过来呢,于是继续说道:"老爷子,您看到时候能给我介绍一两位大师吗?价钱不是问题,只要他们愿意来。"

"大师?呵呵,现在能称大师的人,都比我小不了几岁的,他们可不会为了钱出来。不过你也别着急,什么时候你料子解出来了,我叫个徒弟过来帮你雕琢。他的手艺比我当年也差不了多少,现在也是扬州雕工中的佼佼者。"

老人给庄睿吃了个定心丸,他在外地的几个徒弟,现在各个珠宝公司里,都是独当一面。只要庄睿出得起价钱,他开这个口,徒弟们想必都会买师傅几分面子的,而且他们年纪都在三四十岁之间,正是出手艺的黄金年龄。

"古师伯也是扬州雕工吗?"庄睿有些好奇。南邬北古,好像这师承是不一样的,做晚辈的对长辈的八卦,总是很热衷的。

"不是,古老弟是北工一派的……"

看到庄睿有些不解,老人接着说道:"自古至今,玉雕都有南北工之分。北方工以北京为中心,又称京作;南方工则以苏州为中心,又称苏作或者是扬州工。而古老弟就是京作的。"

"这两者有什么差别吗?"庄睿对于雕工还真是一窍不通。

"呵呵,差别可大了。南方工艺细腻,重细节部分的逼真精细,特别表现在玉器摆件上。而北方工艺多用简练刀法表现,通常在玉石上留出较大面积,形成'疏可跑马、细不透风'的特点,寥寥几刀,就可以将人物花鸟动物的造型,勾画得淋漓尽致。

"其次就是造型上的差异,给你打个比方吧。"

老人站起身来走到保险柜那里,从里面取出来一个物件,摆在了庄睿的面前。

"这个是清代雕工中有名的'松鼠吃葡萄'。北方通常用一大片叶子为底,突出表面葡萄的形状。而你看这件,是把葡萄整体细致雕出来,并把葡萄底下的玉石掏空了。"

老人把这个精美的玉石雕件翻转过来,指出里面空心的地方给庄睿细看。

"咱们南方工向来'不惜好料',为了一件精品可以牺牲不必要的部分;而北方工多'惜料',尽量保留玉料的完整。像这件'松鼠吃葡萄',重四百五十八克,要是换成京作雕工的话,最少能留下来六百克的重量。

"从艺术上来说,南方工更求极致、完美,但是现在和田玉与翡翠的材料的逐渐减少,大部分收藏的人或者是消费者，都以称重来作为衡量玉雕的标准之一，所以南方工现在也借鉴了许多京作雕工的手法。

"只是现在的玉器市场，南方工占到了80%的分量，而北方工只有不到20%，并且还有越来越萎缩之势。"

"不是吧？差距会有那么大？那为什么古师伯还这么有名气呀？"

庄睿被老人的话吓了一跳，这京作雕工也忒不争气了一点。

老人笑了笑，说道："主要是在清三代的时候，那几个皇帝都认可扬州的雕工，所以到了现在，扬州工的价格就高于北工了。还有就是南方玉雕人才比北方多，后继有人，并且玉雕已经形成了产业化，发展甚好，影响力也广。北方的从业者却是在日益减少，难成规模。

"像我这样水平的，扬州还有不少人，但是现在的京作雕工，古老弟可谓是一树擎天。如果不是他在撑着，呵呵，京作雕工都不会有人提起来了。"

看得出来，老人对自己出身于扬州工很是自豪，但是对古老爷子的手艺也是倍加推崇。

听老人这么一解释，庄睿算是明白了这雕工行当里面的内情。敢情古老爷子是京作的独一份了，怪不得在行业内地位如此之高。

其实庄睿还是把他那位师伯想简单了。古天风不仅在雕刻上极有天赋，识玉鉴玉更是一绝，所以才能数十年来长盛不衰。其在玉石行的地位，就和古玩界那位姓爱新觉罗的大师差不多。

虽然此行的目的没有达到，不过庄睿也是受益匪浅。在告别老人之后，驱车回到家里，庄睿拿起电话却犹豫了起来，自己刚到家没两天，而且白狮还在生病，到底要不要马上去北京呢？

"先打个电话通下气吧……"

这平时不烧香，急来抱佛脚可就有点不讲究了，想了一下之后，庄睿还是拨通了古老爷子的电话。

"舅舅，妈妈不理我了。"

拿着手机进到别墅里，外甥女就冲上来告状了。庄睿一看，老姐正对着她那辆帕萨特的说明书在较劲呢，见到庄睿进来，只是抬头打了个招呼。

"嗯，你也别理她，囡囡乖，去找外婆玩。"

庄睿本来准备哄哄外甥女的，可这时电话却通了，连忙拿着手机走出门外。

"小子，从平洲赚了个钵满盆溢的就跑了，也不知道给你古师伯打个招呼啊，我算是白照顾你小子了……"

古老爷子爽朗的声音从电话里传出，不过话中戏谑的成分居多，却不是真的生气了。

"嘿嘿，师伯，您老人家那会儿不是提前离开了吗？再说那块毛料，也是我和宋哥他们一起拍下来的,可不是我自个儿的啊。"

庄睿和老爷子打过几次交道之后,知道这位师伯不拘小节,所以说话也是比较放松。

"嗯,师伯不是反对你赌石,不过以后要量力而行。赌石赌得家破人亡的不在少数,你还年轻,要懂得细水长流。"

古老爷子对庄睿是真的很爱护,也是把他当做子侄来看待的。换个人他根本不会说这种话的,交浅言深可是会招惹人烦的。

"谢谢师伯的教诲,我会记住的。对了,师伯,您这段时间在京城吗?我正想着去看看您呢。"庄睿摸出纸巾,擦了擦额头的汗,这话说出来,真是有点假。

"来看我?你小子准是有别的事情吧?少给我打马虎眼,有事说事儿……"

古老爷子是什么人,还听不出庄睿这话中的意思,当下在电话里就笑骂了起来。

"那我可直说了啊,师伯,我在平洲还买了一批麻蒙厂的黑乌沙料子。今儿没事切着玩,解出来一块不错的翡翠。我就想给老妈雕琢个挂件,这不是就要麻烦您了啊,别人我信不过呀。"

庄睿说话的时候,动了点儿心眼,没敢说只买了五块黑乌沙的料子,故意说是买了一批。他认准了古老爷子是不会去查这些小事的。

古老爷子在电话那头笑了起来,说道:"你小子少给我戴高帽。我可告诉你,我有一年多没给人琢玉了,说说吧,是什么料子?一般的料子我可是不会出手的。"

"嘿嘿,要是普通货色,我也不敢找您啊,师伯,您猜猜……"庄睿听到老爷子心情不错,居然卖起了关子。

第十七章 初赴京城

"臭小子,还考起师伯来了啊。麻蒙厂乌砂玉黑皮的料子,黑丝黑地白雾,有色的地方种水还是不错的,不过绿很集中,经常听闻那里解出祖母绿来。"

古老爷子说到这里,似乎联想到了什么,声音一下高了八度:"庄睿,你小子不会解出帝王绿来了吧? 快点说,是什么水头的?"

庄睿在电话这头,那是佩服得五体投地,这老爷子什么都没看到,仅凭麻蒙厂三个字,居然就猜出来了,当下也不卖关子了,道:"师伯,我可是服了您了,您猜的没错,是帝王绿,而且是玻璃种的……"

"不过师伯,您怎么就猜到是帝王绿的料子了啊?"没等电话那头回话,庄睿紧接着又问道。

"废话,这些年玻璃种帝王绿的料子出现过四次,都是麻蒙厂的。你小子水平不怎么样,可是眼界高,能被你说是好料子,那估计只有帝王绿了。"

"师伯,怎么样? 这料子值得您老人家出手了吧?"庄睿笑嘻嘻地说道。

"值,当然值了,你小子要是敢给别人去雕,以后就别喊我师伯了。行了,少啰嗦,带好东西去买票,马上进京,我先看看料子……"

老爷子的反应有些出乎庄睿的意料。他本意只是想探探路子,却没想到老爷子直接让他过去了。他可是还没想好呢。

不过老爷子的话也让他有些庆幸,幸亏邹佳的爷爷身体不适,否则这料子要是交给他去雕琢,日后被古老爷子知道的话,那还真是没法解释了。

挂断电话,庄睿这心里可是有些纠结了,这回到家还没两天,又要出门,现在没工作了,好像倒是比以前上班的时候还忙了许多。

"妈,有事吗?"

庄睿转身正要回房间,看到母亲正在站门口望着自己。

"是你有事吧,怎么,又要出去?"

庄母也是越来越看不懂自己这儿子了,从那次在上海遇到抢劫的事情之后,整个人变得沉稳、自信了许多,而且运气好像也不错,小小年龄就置办下这么大的一份家业。

庄睿无奈地点了点头,道:"嗯,找了位雕玉大师,答应帮忙雕琢那块翡翠,不过必须我去北京。今天就要走……"

庄母闻言皱起了眉头,说道:"这东西不急,妈又不急着要,赶那么紧做什么?你过段时间不是要去北京上学吗?到时候顺便办了不就行了。"

"我倒是也想那样,只是……"庄睿苦笑着把和古老爷子结识的经过简单说了下。

听到这人和自己家里还有些渊源,庄母道:"去就去吧,办完事早些回来,京城里鱼龙混杂,不要招惹是非。"

虽然知道儿子不是惹是生非的人,庄母还是交代了一句。

"知道了,妈,您放心吧。"

庄睿答应了一声,回到自己房间里收拾了几件简单的衣服,然后走了出来。

庄睿把正在看说明书的老姐从沙发上拉起来,让她送自己去火车站。庄睿可不想再开车去北京了,连着跑了几次长途,他现在闻到汽油味都快要犯恶心了。

"姐,你每天都要去喂白狮啊,千万不要忘了。"

要说庄睿现在最放心不下的,就是白狮了,可是去北京这地,实在是没法带着它。不过这次去应该时间不长,而白狮现在也恢复的差不多了,不再需要每天都给它灌输灵气了。

"知道了,你放心吧,记住啊,给我打一对耳坠。我不要挂在脖子上的。"

庄敏知道老弟这次去北京的目的,不过她对庄睿所说的挂件不感兴趣,硬是让庄睿给他打一副耳坠子。

…………

彭城是连接南北交通要道的枢纽,过往列车络绎不绝,基本上每隔半个多小时,就有一趟开往北京方向的列车。庄睿问了一下,二十分钟之后,正好有一班上海发往北京的旅游特快,只要五个多小时就能达到北京。

庄睿是第一次去北京,心中未免有些期待。要知道,北京的大栅栏和琉璃厂,那可是全国闻名的古玩市场,加上北京悠久的历史文化传承,那种底蕴,非是彭城上海等地能比的。

北京也是国内古玩爱好者最为集中的地方,拍卖公司多如牛毛,几乎每个月都会有好几场古玩专场拍卖会。而原先的那些老四合院里,更是掏老宅子的好去处,只是水也挺深的,一不留神打眼交学费那也是常事。

在火车上煎熬了四五个小时之后,已经是晚上八点多钟了。火车拉着汽笛,发出巨大的轰鸣声,驶进了北京站。

庄睿刚从空调车里出来,扑面而来的热气,差点没让他窒息过去。这北京比彭城还要热上几分啊,而且是那种燥热,不带一丝水分。

"老幺，老幺，哥哥我在这呢……"

正想掏出手机打给老二，就听到了他的喊声，庄睿循着声音望去，身材有些矮胖的岳经兄正跳着脚向自己挥手呢。

"二哥，麻烦你了啊，这么晚还要你来接我……"

庄睿走过去，和岳经拥抱了一下。他早在上火车的时候，就给老二打了电话，把车号和到达时间告诉了他，庄睿在北京人生地不熟的，总不能让古老爷子来接车吧？

"你小子，要来也不提前说一声，早通知我一下，我就开老爸的车来接你了，能直接开到站台上呢。"

老二用力地在庄睿肩膀上捶了一拳，顺手将庄睿的背包接了过去。他从七点就在这里等着了，热得一身臭汗不说，连晚饭都没吃。

"临时才决定要来的。二哥，咱岳叔叔是什么车啊？能开到站台上来？"

庄睿跟着老二一边出站，一边好奇地问道，在庄睿的印象里，好像只有电视剧里警车抓坏人，或者是迎接什么大人物，那车才能开到站台上。

"车不值钱，主要是牌子值钱。晚上就在我家住吧，说不定我家老爷子今儿在家呢。"两人说着话，来到火车站的停车场，老二拉开一辆车的车门。

"哎呦，二哥，你这都开上宝马了啊？不怕老百姓说你这政府公务员贪污受贿呀？"

庄睿知道老二家里有背景。不过在他想象中，这些官宦子弟在京城里，肯定会注意点儿影响的，没想到岳经兄这么招摇。

"不是我的车，开我姐的，回头我带你去个地方吃饭，这车太次的话，跌份儿。"

庄睿坐到车里一打量，还真是，淡淡的香水味儿和那些毛毛熊吊坠，都说明了这辆车的主人是位女性。

"二哥，随便找个地方对付着吃点就完事了，晚上我还有别的事情，要去拜访个长辈……"

庄睿看了下手机上的时间，现在是八点刚过一刻，九点钟之前上门拜访，老爷子应该还不会睡觉，要是再晚了，那就有些不礼貌了。

"不行，明天再去办事嘛，今儿我好不容易才把这车借出来。还有啊，那地方我也不是经常能去的，今天你说什么都要陪我……"

老二说着话，将车驶上了一个高架桥，庄睿看了一眼高架桥边上的路标牌，上面显示是通往大兴方向的，不由苦笑了起来。可这人都在车上了，总不能跳下去吧。

掏出手机给古老打了个电话，说是明天早上一准能到他家，被古老抱怨了一通之后，庄睿看着老二，问道："你这究竟是要去哪？四九城这么大的地方，难道还找不到个地儿吃饭？"

"那些地方有什么吃的，来来去去不外乎是什么百年老店之类的名号。老幺，现代人吃的品味，有个好环境才能吃的下去，你也是身家不菲的人了，要学会享受生活嘛。"

"环境个屁,你忘了咱们上学的时候,随便哪个路边摊都能糊弄一顿。二哥,你这一个月千把块钱的小官僚,现在也讲起品味了啊?"

庄睿看着老二那一本正经的模样就想发笑,上大学的时候,学校门口每天晚上都有人摆夜市,虽然不远处就有个垃圾堆,但是哥几个不也是吃得挺香嘛。

"此一时彼一时嘛。"

岳经兄嘿嘿笑着,看了看庄睿的打扮,上身一件半截袖的 T 恤,下面穿了条洗得有些发白的牛仔裤,还是从陕西穿回来的那双白色运动鞋,顿时皱起了眉头,说道:"咱们先找个地,把你这身行当拾掇一下,你这打扮整个就是一驴友啊。"

"别,我这样穿习惯了,你要是嫌跌份的话,我就不去了,办完事我还要回彭城呢。"庄睿一口就回绝了老二的建议,不去更好。

"得了,随你吧。不过晚上要是没人看得上你,可别怪哥哥啊。"

岳经兄笑得很是淫荡,让庄睿有些莫名其妙,吃个饭又不是去相亲,有那么神秘吗?

岔开这个话题,岳经兄问起老三结婚的事情,他由于去广东刚请过假,所以就没参加老三的婚事。庄睿挑拣着说了几件,不过却把自己遇险的事情省去了。

"二哥,你这是往哪儿开啊?"

北京的交通不是很好,车堵得厉害,足足过了一个小时,才算是出了市区。不过庄睿看着道路两旁的庄稼地,心里有些疑问,这种地方怎么可能有餐厅啊?

"不远了,马上就到了……"

老二说着话,把车拐进一个岔道里,路不宽,但也是柏油路,并不比刚才的国道差,道路两旁的灯光有些阴暗,又向前开出两百多米,一个大门挡住了车子的去路。门旁边并没有门房,只有孤零零的一个自动刷卡器。

在大门的四周,都是两米多高的铁制栅栏,借着车灯,庄睿看到大门两侧,各有一个摄像头对着入口处。夜色中庄睿也看不清楚里面的情形,根本就不清楚这是个什么地方。

岳经从车里翻出一张卡来,在门前刷了一下,大门无声无息地向两旁打开,在车子进入之后,马上又关闭起来。车子继续向前行驶了一百多米,却是一个岗亭,三个穿着黑西装的人站在那里,笔直的腰板让人感觉,这些人都是经过训练的。

"先生,请出示您的贵宾卡。"

一位"黑西装"走到车前,示意岳经把车窗放下来。

"先生,您持有的是二级 VIP 卡,请去二号贵宾楼……"

岳经把先前那张卡片递了过去,这人接过之后,拿出一个读卡器刷了一下,检查完上面的信息后,又还了回来。

"二哥,你确定咱们是来吃饭的? 不是进入到国家某个秘密基地了吧?"

庄睿从来没见过这样的阵势,不过是吃个饭而已,用得着来回检查吗? 并且这 VIP 卡还分等级,听那"黑西装"的意思,不同等级的卡,只能进入相对应的地方。

"老幺,你进去就知道了,能来这里吃饭,可不是有钱就行的。喏,就拿我这张卡来说,我要是拿出去卖,就能卖出上千万来,你信不信?"

老二一边说话,一边将车停在了一栋占地颇广的三层楼房面前,不过让庄睿有些奇怪的是,从门口到里面,灯光一直都很阴暗,老二也是借着车灯才停好车位的。

在停车的时候,庄睿眼睛往四周打量了一下,这才发现一些不同之处,仅是他目光所看到的几辆车,就没有一辆比老二开的宝马差的,甚至有两辆外形很拉风的车,他都喊不出名字来。

"走吧……"

推开车门,老二轻车熟路地在前面带路,就凭着那萤火虫般的灯光走出停车场,直接来到那三层楼的门前。庄睿说什么都不相信老二不经常来这里。

在门前也站立了两位黑西装,进门处还有个类似于机场安检的仪器,庄睿对这里是愈发好奇了,吃个饭至于折腾出这么大排场嘛。

当那扇有点像是红木制作的大门被拉开之后,灯光顿时倾泻而出,虽然光线并不强烈,但足以让庄睿看清楚里面的情形了。

"这……这,二哥,你确定这里有饭吃?"

入眼处是一个足有三四百平方的大厅,在大厅的周围,摆放了十多个像K歌包房一样的沙发,每排沙发前面还有一个宽大的玻璃茶几,茶几前基本上都坐满了人,在其周围,有不少穿着清凉的女孩子走动着。

大厅中间有一个七八十平方大小的舞台,一位身穿白衣的女孩正在上面弹着钢琴,轻柔的音乐在整个大厅回响着。

只是在打量了一番之后,庄睿并没有看到哪个茶座上有米饭馒头之类的吃食。

"老幺,我说你就一点儿不震惊?"

岳经兄对庄睿的表现很是不满。虽然自己的肚子也饿得咕咕叫,但是来到这里,吃饭不是最主要的。

庄睿没好气的回答道:"震惊个屁,我说二哥,转悠了快两个小时,连顿饭都没吃上。回头看我不告诉伟哥他们,说你小气。"

"我……我和你就没共同语言……"岳经兄被庄睿气得直翻白眼。

"二位先生,请跟我来……"

一个轻柔的女声在庄睿耳边响起,循声望去,一个穿着低胸旗袍的清秀女孩站在了两人面前。那胸前白花花的一大片,让庄睿有些闪眼,而且这女孩的相貌,让庄睿感觉有些面熟。

"走啊,傻站在门口干吗……"

老二拉了庄睿一把,两人跟在女孩的身后,向一个茶座的位置走去。走在前面的女孩那白皙修长的大腿,在高开叉的旗袍下时隐时现,充满了无法抵御的诱惑。

"我想起来了,她是那个演电视剧的,叫……"

庄睿走到沙发前,还没坐下的时候,忽然想起了前面这个服务员的来历,就在他要张嘴喊出来的时候,却被岳经兄一把捂住了嘴巴,只是庄睿的话声还是引来了不少关注,当然,或许说鄙视更加合适一点。

"我说老幺啊,你是我哥成不?咱们声音小一点,给哥哥我留点儿面子啊。"

老二不知道带庄睿来这里是否做错了。原本是想给庄睿个惊喜的,却没想到自己被他给惊吓到了,要是在这地方丢了人,那第二天整个四九城里就都知道了。

"二位请坐,有什么需要请喊我一声。"

女孩似乎没有听到庄睿的话,回头嫣然一笑就离去了,不过这也让庄睿坚定了自己的判断。

"二哥,这女孩是不是拍电视剧的那个明星啊?"

庄睿也感觉站在这里有些招人眼,坐下之后,拉着老二问道。

庄睿刚才的表现,倒不是因为那女孩长得有多么漂亮,只是普通人在现实生活里,距离这些明星实在是太遥远了,眼前突然出现了一个,而且还是以服务员的身份,这让庄睿在震惊之余感到有些不可思议。

"嘿嘿,不过是个三流小明星,看你大惊小怪的。怎么样,哥哥带你来的地方不错吧?"

老二看到庄睿现在的表情,心里很是满足,他千请万求地从老姐手里要来这张卡也不容易啊。

庄睿想起一个名词,开口问道:"这就是那什么俱乐部吧?"

"切,现在谁还去俱乐部。老幺,你落伍了,这叫会所,私人会所,不是有钱就能进得来的。别看你现在是个亿万富翁,我告诉你,外面最少有几十个亿万富翁排着队等着往这里面挤呢。"

岳经兄对庄睿的话嗤之以鼻,这地方他没工作之前倒是经常来。不过工作之后,卡就被家里收回去了,想来的话,只能蹭老姐的卡用了。

"二哥,你还是先叫点饭来吃吧,这看女人也不能看饱啊……"

庄睿在小小的震惊过后,肚子又开始咕咕叫了起来,面前的茶几上虽然摆放了些水果什么的,但是不顶饥啊。

第十八章 心有灵犀

秀色可餐那样的词,全是屁话,要是把你饿个几天,然后和美女关在一起,那倒是很有可能将美女给餐了。庄睿今天东奔西跑了一天,早就饿得难受了,哪里还有心情去猎奇看女人啊。

只是在这种地方,注定是没有大米饭馒头吃的。老二叫了几样点心,就着庄睿叫不出名的红酒吃了下去,这才将快要造反的胃给安抚了一下。

"二哥,这地方是个什么来头,给我说说吧。"

填饱了胃之后,庄睿开始四处打量,发现四处走动的女孩里面,有许多脸熟的角色。虽然庄睿不怎么爱看电视剧,但是现在那辅天盖地的广告什么的,也让他记住了不少明星面孔。

那个在弹钢琴的女孩,居然也是个小有名气的明星,庄睿也只是个二十多岁的年轻人,突然见到这么多以前可望而不可即的女明星们,竟然在这里做起了服务员和钢琴师,心中也是非常好奇。

"这里原先是一个唱摇滚的歌星买下来的庄园,经常在这里召集一些娱乐圈人士搞聚会。后来被别人看上了,就把这地方买了下来,重新修建了一番,搞了这么个会所。"

老二说到这里的时候,压低了嗓子,接着说道:"现在来这里的,大多都是京城里数得上名号的人,你看我拿的这张卡,只能进二号楼。而这里的人,大多和我身份差不多,都是靠着家里长辈的面子,那些能在一号楼玩的,才是真正核心圈子里的人。"

庄睿听到这里算是明白了一点,原来这地方就是为了招待老二这样的二世祖搞的。不过京城这地方啥都缺,就是不缺当官的,而且庄睿对自己这同窗四年的二哥的背景,还真的是不怎么了解。

"二哥,你家里……"

岳经上学的时候,一直对自己家里的情况一概不提,不过现在都带自己到这地方来了,想必是不会再隐瞒了。

果然,老二这次很爽快地说了出来,庄睿却被吓了一跳,换个部门他可能不知道这人是谁,但对于学金融的他而言,多少都会关注一些国家的财政金融政策,对岳经老头子的名字自然是耳熟能详。

"靠,你隐藏的可真是深啊……"

庄睿重重地在老二肩膀上打了一拳。在大学的时候,他们都猜过岳经家里的背景,一致认为老二家里可能也就是个厅级背景,没想到居然背景如此深厚,这要放出去,最少也是个封疆大吏啊。

"你以为我想啊?家里管教严,连上学都不让在京上,做事情说话更是要三思而后行。现在工作了,也是要夹着尾巴做人,我都快要疯了……"

老二满脸无奈地说道,他父亲兄弟二人,但是到了他这一辈,却是有五个姐姐,就他一个男孩,所以从小就注定了要走仕途这条路。或许熬个几十年,他也能熬到父辈现在的高度吧。

官场险恶,这些话是万万不能说的。老二平时也没人倾吐,一股脑地和庄睿这个局外人诉起苦来。

其实在高层圈子里面,对子女的教育问题抓得还是比较严的,倒是那些地方上的一些官员的子女,不知道天高地厚,经常会惹出一些事端。

这个会所也是得到某些人认可的,在固定的圈子里面玩,总比出去瞎胡闹要好吧。

"二哥,这会所里的女明星,都是自愿来的?"

庄睿看着那些打扮得花枝招展的女人,心里还是有些不解。当今社会的娱乐圈,可是要比旧社会的梨园行地位高出了无数倍,这些人的收入也不算低,怎么就甘心在这里去服侍别人啊。

"嘿,你问得多新鲜啊,这事还能强迫,你以为这是什么年代?"

老二斜着眼睛看了庄睿一眼,接着说道:"别看哥哥我没你有钱,不过想捧红个把人,那还是没有问题的,不说我,就这里的人,只要她们能笼络住一个,想大红大紫都不难。

"别说这里了,就是在三号楼那边,随便傍上个有钱人,投资她们拍部戏,也是很简单的事情,要不然你以为她们会心甘情愿地待在这里?

"不过这边大多都是一些不怎么出名的。老幺,告诉你,在一号楼那里,可都是一线明星啊,哥哥我都没去过的……"

"回彭城不能再让囡囡崇拜这些明星了。"

老二的话让庄睿颇为无语,而原本有些神秘的明星形象,在他心中也是轰然倒塌。

其实娱乐圈的男女关系本来就挺混乱的,圈内的潜规则无处不在,在圈外傍个大款,找个后台更是正常。只是庄睿平时接触不到,不知道而已。

老二看着庄睿,不怀好意地说道:"怎么样,老幺,哥哥给你安排一个?只要你出得起价钱,也有愿意做次外卖的。"

二人刚才在吃东西,没要人陪,现在吃饱了,岳经兄就有点蠢蠢欲动了。话说他也很久没来这里了。

"还是算了吧,我对这个兴趣不大。二哥你要是想玩,你自便,回头给我安排个酒店就行了。"

庄睿其实也是有些心动的,不过转念一想,这些女孩子整天在这种地方厮混,不知道被多少人经过手了。庄睿心里的欲望一下就被浇灭了,自己的第一次,怎么着也要找个对等一点的嘛。

"你小子就是没趣,唉,早知道把老四喊来了……"岳经不满地瞪了庄睿一眼,站起身来,准备招呼个女孩过来。

"岳小六?你小子怎么跑这来了,有几年没见你了……"老二刚站起身,就听到有人给自己打招呼,转脸一看,脸上顿时堆满了笑容。

"哦,是四哥啊,嘿嘿,我来了一哥们,带他来见识一下。四哥,您怎么到二号楼来了?这儿可是不常见到您啊。"

听到老二提到自己,庄睿也礼貌地站起身来,向来人看去,顿时愣了一下。

和岳经打招呼的那个人看起来比庄睿大个四五岁,年龄应该是三十出头的样子,身材很高大。在他身边有个身材高挑的女人,挽着他的胳膊。

这女人可谓是大名鼎鼎,庄睿在上世纪九十年代看过不少她拍的影片,尤其是嘴边那两个小酒窝,更是不知道迷倒了多少男人,只是庄睿却没有想到,在这里居然也能碰见她。

但是让庄睿愣神的原因,却并不是因为这个女人,而是他看到岳经嘴里的四哥的时候,竟然有一种很熟悉的感觉,似乎在哪里见过这个男人。不过细想下来却是不可能,自己第一次来京城,与这个圈子根本就没有任何交集。

"咦?小六,你这哥们挺面熟的呀,是不是在哪里见过?"

这个叫四哥的男人看向庄睿的时候,脸色也是变了一下,眉头皱了起来,在心里回忆着是否在哪里见过庄睿。

"四哥,你肯定没见过我这哥们,他叫庄睿,是第一次来京城的。哎?不对啊,我说你们两个长得有那么一点像啊,徐小姐,你说是不是?"

老二看了看那男人,再打量下庄睿,惊叫了起来。仔细看这二人,在眉宇间居然有四五分相似,加上年龄也是相差不多,站在一起的话,倒真像是亲兄弟似的。

庄睿此时也反应了过来,怪不得感觉这人有些熟悉,每天都要照镜子看自己,遇到个和自己长得相像的人,自然会有熟识的感觉了。

"是有点像哦,四哥,您不会还有什么不认识的兄弟吧?"那位姓徐的大明星和这男人应该很是熟络,在一旁开起了玩笑。

"胡扯,我长得又不像我老爸,不过听长辈们说,我和姑姑长得有些像,只是……哎,我和你扯这些干嘛啊。小兄弟,既然来了就好好玩玩。小六,你们今儿的开销回头记在我账上。"

看来那位四哥人面挺广的,在庄睿他们这里还没站上几分钟,纷纷有人过来打招呼,四哥也没和岳经多聊,拍了拍庄睿的肩膀,就带着大明星离开了。

坐下来之后,庄睿向老二打听道:"二哥,这人是谁啊?你和他很熟?"

除了长得有些像之外,这男人也给庄睿一种很亲切的感觉。

"小时候熟,家里的长辈相互都认识,上小学的时候和他在一个学校里,他比我大了三四届,和我姐是同学。那会儿我小不懂事,整天跟在他屁股后本找人干架,后来来往就少了,不过我混的可没有他好。"

老二边说话边招了个女孩过来,这俩大男人坐在那里,反而特别招人眼。

女孩很乖巧,坐下后也不说话,给两人各自倒了一杯酒,剥了个开心果喂到了岳经嘴里,她们这些人的眼睛都毒得很,虽然不会以貌取人对庄睿看不起,但是主客还是分得很清楚。

喝了一口酒,老二接着说道:"他家老头子现在在某部委,几个叔伯也算得上是实权人物。到了他这一辈,家里男丁也多,从政的不少,那势力不是一般的大。

"嘿,他们家里那两位是真能活,听说今年要办九十岁大寿。这从开国到现在,两口子都健在的人可是不多了……"

其实岳经家里原先和那位四哥相比,也是差不了多少的。只是到了他这一辈人丁单薄,再加上岳经的爷爷前年去世了,影响力大减,家中长辈再进一步的可能性也断掉了。

"岳哥,您说的是四哥吧?"

那个长得有点清纯的小明星,一脸崇拜地看着岳经,只是不知道是崇拜岳经,还是他嘴里的四哥。

"哎呦,连你都惦记上啦?喏,对面那位和四哥长得有些像,你要是不介意,也可以当成四哥用用啊。"

岳经的手用力地在小明星的屁股上扭了一把,开起了庄睿的玩笑。

"我哪儿敢啊,有人家徐姐呢,岳哥,您真坏……"小明星不依不饶地打了老二几下,却顺势依偎在了他的身上。

"以前还没觉得,今儿你和欧阳老四站在一起,倒还真是有点儿像啊,要不是你第一次来北京,我还真以为你们有点什么关系呢,对了,这会所就是他搞的……"

老二又打量了庄睿一番,却没发现庄睿的眉头不经意地皱了起来。

"姓欧阳?"

这个复姓虽然不算特别少,但也不是很多,庄睿的母亲就是姓欧阳,只是这两地相隔千里,应该是不会有什么关系。庄睿也只是想到了母亲的姓,稍微走了下神,随之就忘在脑后了。

"老幺,又在想什么呢?既然来了就开开心心地玩吧,我给你叫一个……"

老二看到庄睿不说话了，以为他一个人无聊，伸手叫了个女孩过来，坐到了庄睿身边。

坐过来的这个女孩，庄睿好像在哪个广告里面见过，但是叫不出名字来，想必不是很红吧。庄睿不太习惯这种场合，有一搭没一搭地和女孩说着话。

那女孩火候有点浅，看到庄睿的衣着，也是有点敷衍庄睿的意思。老二在一旁看了出来，张口说道："哎，说你呢，好好伺候庄老板，说不定他一高兴，拿出几千万来给你投资拍个片子，那你可就火了啊。"

这些明星们平时接触的人面很广，知道有些人不喜欢露富，平时穿着也都很朴素，这里来往的人身份都很特殊，他们也不需要用什么名牌服饰来彰显自己的身份，所以像庄睿这种打扮的人，也不是没有，只是她哪知道庄睿是刚下火车，又懒得去买衣服啊。

对于突然变得热情起来的小明星，庄睿自然对其原因心知肚明，这回变成他有些敷衍了："哥们脑袋又没被驴踢，干嘛拿几千万去给你们拍电影？"

老二看到庄睿有些心不在焉，在这又坐了一会儿之后，就带着小明星招呼庄睿离开了，庄睿旁边的那位，自然是一脸怨念地留在那里了，谁让自己刚才态度不端正，没把握住机会啊。

到了停车场庄睿又大开眼界，这女明星的车子，居然比老二借来的还要好。三个人两辆车，老二把庄睿送回城里，安排了一家酒店让他住下之后，带着小明星就告辞了。

第十八章　心有灵犀

第十九章 协会理事

"早知道今天不回来了。"

欧阳军哼着小曲回家的时候,已经是夜里一点多了,路过老头子书房的时候,欧阳军放轻了脚步,因为那房间的灯还亮着,门也是虚掩着的。

"过来,有事给你说……"从书房传出的声音不大,但是充满了威严。欧阳军叹了口气,转身推开门走了进去。

"爸,有什么事非要现在说啊? 这么晚了还不休息,对身体不好。"

站在书房里的欧阳军,此刻可不是在会所里的那个志得意满的四哥了,老实乖巧得像个女孩子。

"行了,你少给我装,整天不干正事,你爷爷 12 月份九十大寿,也是和你奶奶结婚七十周年。这段时间少往那地方跑,免得影响不好。"

欧阳振武揉了揉太阳穴,把一直盯着文件的眼睛,从桌子上挪开了。家里这些晚辈,就自己的儿子不争气,放着安排好的仕途不走,非要去做生意搞什么俱乐部会所。要是像他几个堂哥,在地方上熬个几年,也都能主政一方了。

"爸,您不能这样说啊,我可是在正当做生意赚钱,我那几位哥哥能如此清正廉明,不全靠儿子经济支持,让他们没有后顾之忧吗?"

欧阳军在这家里除了那个爷爷,其实并不怕老爸,先前恭顺只是不想招惹老爸生气而已,这会儿却是争辩了起来。

"你……你小子搞的那些明星什么的,以为我不知道?"

"爸,那都是她们自愿的啊,我又没强迫别人,正常的交际而已,谁去查都不怕……"

欧阳军见到老爸的脸色越来越难看,连忙岔开了话题,道:"今儿在会所倒是碰见一个有趣的人,长的和我特别像,还有人开玩笑说是我兄弟呢。"

"长得像有什么奇怪的,那人姓什么啊? 你小子少给我打岔,最近别惹事。过段时间,你大伯很有可能会上个台阶,要是在你身上出了问题,在老爷子面前我可是保不住你。"

欧阳振武妻子去世得早，自己也疏于管教这个儿子，感觉对他有些愧疚，所以平时只要他不是很出格，向来都是睁一只眼闭一只眼的。

"嘿嘿，我知道，我一向都是奉公守法的，没事我去睡觉啦。对了，长得像我的那人姓庄，看模样要比我小几岁。"欧阳军随口敷衍着老爸，身体向门外溜去。

"哦，姓庄，你去睡觉吧……"

欧阳振武把注意力又放到了文件上，不过陡然心中闪过一个念头，头猛地抬了起来，喝道："你给我回来，你说那人姓什么？"

欧阳军从来没见过一向温文尔雅的老爸有这种神态，顿时被吓了一跳，老老实实地回答道："姓庄，应该是广土庄，怎么写的我没问。"

"那人是什么地方的？"欧阳振武继续问道。

"不知道，不过听口音不像是北京人，是岳家小六的朋友，看样子应该是刚来北京。"

"不会这么巧吧？"

欧阳振武心中翻起了滔天巨浪，外界都知道他们是兄弟四人，但是老辈人都知道，他们还有个妹妹，只是出于某些原因，那个生性倔强的妹妹和这个家断了往来。

"爸，有什么不对吗？您认识那人？"

欧阳军见老爸的脸色有些难看，小心翼翼地问着，心里却在猜度，不会真是老爸在外面欠下的风流债吧？

"不认识……"

欧阳振武摇了摇头，不过随即说道："或许会认识，小军，这样，你约一下这个人，等等……"

欧阳振武看了一下自己的时间安排，接着说道："后天吧，后天中午，你带他来见我。记住，对人要客气些。"

欧阳军被老爸的态度搞迷糊了，答应下来回到房间之后，躺在床上却是怎么都睡不着了。拨打岳经的电话，正颠龙倒凤爽歪歪的岳经兄，自然是早早就关机了。

…………

庄睿住的酒店距离西单很近，第二天早上起来，问过服务员之后，也没打老二的电话，自己转悠着跑到西单去了。他从彭城过来的时候两手空空，就这样登长辈的门，实在是有些不礼貌，所以想去买些礼物。

"小伙子，第一次来北京吧？"

庄睿买了点礼品之后，就打了一辆出租车，把地址告诉了司机。这位四十多岁的中年司机倒是挺健谈的，一口京腔和庄睿聊了起来。

"是啊，来看望长辈的。"

"您这地址一般人还真不知道，那里被拆得差不多了，不过留下来的四合院可是值大钱喽。"

中年司机一脸羡慕地说道，早些年北京人的住房很是紧张，一个四合院里挤着五六户人家，人均住房面积不过几平方米。后来建亚运村的时候，北京人都想着住楼房，政府一说拆迁补偿楼房，都乐得屁颠屁颠的。

但是这胡同四合院是越拆越少，也就受到了重视，近几年作为文化遗产保留下来之后，价格更是突飞猛涨，十几套楼房的价格可能都没有一间四合院值钱了。

有比较精明的旅游公司推出一项特色胡同游，全部都是身穿黄马甲的人力黄包车夫，穿的马甲正面写着"北京胡同游"，背面写着车行名称以及电话号码。黄包车以及他们胡同游的服务，极具地方特色，浩浩荡荡的黄包车队穿梭在北京的大街小巷。

在游玩的行程中，每走到一个胡同，那些黄包车夫还会介绍说这是什么胡同，这里曾经住着什么人，要看哪一家开放的四合院。由此可见，四合院现在已经成为北京的一个旅游景点了。

古老爷子住在宣武门外，距离庄睿所住的酒店并不是很远，没过多大会儿，那司机就把车停到了一个胡同口，这里确实无法再往里开了。

付了车费，拎着东西下了车，庄睿向胡同里走去。狭窄的胡同两边，都是高高的青砖围墙，显得有些破旧，在胡同口还有个牌子，上面写着：非开放单位，谢绝参观。

庄睿来得有些早，还不到九点，胡同里不时有人进出，看着手里拎着东西的庄睿，眼神不禁有些古怪。好在每个宅门前面都有门牌号，庄睿加快了脚步，走过三四家院门之后，总算是找到了古老爷子的住所。

庄睿按下了门铃，过了一分多钟后，那扇厚重的大门打开了，一个四十多岁的中年女人探出头，看了一眼庄睿手上的东西，说道："你找谁？"

"是庄睿吗？快进来吧……"

庄睿还未回话，古老爷子爽朗有力的声音在院子里响了起来。那个中年女人打开半扇门，将庄睿让了进去。

进到大门内，庄睿顿时眼前一亮，这院子里面和外面那稍微有些阴暗的胡同完全不同，阳光透过院子里那一棵大槐树的叶子，像金子般洒落到地上。院子里还有个花圃，种满了丁香、海棠花，阵阵花香扑入到庄睿的鼻端。

在槐树高高的树杈上，还挂了三四个鸟笼子，几只鸟儿在里面叽叽喳喳地叫个不停。

庄睿打量了下四周的房间，发现这是个东西厢房各两间，南房三间的小四合院，卧砖到顶，起脊瓦房。院内铺砖墁甬道，连接各处房门，花圃就穿插在道路两旁，各屋前均有台阶，大门两扇，黑漆油饰，门上有黄铜门钹一对，两侧贴有对联。

在每间屋子的外面，还摆有石榴树、水仙、夹竹桃、金桂、银桂、杜鹃等盆栽花木，在炎炎夏日里，这小四合院却是处处透露出清凉的气息。

古老爷子正坐在树下的一张躺椅上，手里拿着一本书，面前放了一张八角桌，桌子上有一套茶具，还有几样点心。微风徐徐，吹开头顶茂密的枝叶，散碎的阳光洒在老爷子身上，宛若神仙中人。

"小张，给小庄搬把椅子来。"见到真是庄睿，老爷子高兴地站了起来。

"不用，不用，我自己来……"庄睿把手里拎的礼品交给了那中年女人，将花圃旁边的一张椅子搬到了古老的桌子旁边。

"古师伯，又来打扰您的清净了，真是对不住。"庄睿没有坐下，而是对老爷子微微鞠了个躬。

"这是说的什么话，我自己一个人住，平时还嫌太清净了呢。别站着，坐下啊。"

古老爷子放下了手中的书，给庄睿斟起茶来。

"那位是……"

"哦，小张是我请的保姆。儿女都大了，没人愿意待在这四合院里。"

其实并不是像老爷子说的那样，他的几个儿女还是很孝顺的，只是老爷子喜欢清净，把晚辈们都赶出去住了。但是每到周末，儿女们还是会回来聚一下的。

"这里挺好啊，我觉得比住楼房舒服多了。"

庄睿想老爷子说的是心里话，由于住在胡同深处，外面的车水马龙声是一点都听不到，独门独户很安静，虽然没有他在彭城的那个别墅院落大，但却别有一番意境。

"行了，别净说好听的了，把那翡翠拿出来让我瞅瞅吧。"

昨天听闻庄睿又解出一块帝王绿的料子，古老爷子等的可是望眼欲穿。这种极品翡翠向来都是可遇而不可求，他沉浸玉石圈子数十年，见过的次数也是屈指可数。

庄睿从随身手包里拿出一个饰品盒递给了古老，这盒子是在邬佳店里要来的。

古老打开了盒子，将那块翡翠托在掌心，顺手拿起桌子上的老花镜戴上，仔细地观察了起来，过了五六分钟之后，才将翡翠重新放回到盒子里面。

"色正不邪，水如清溪，没有一丝瑕疵，果然是玻璃种帝王绿的料子。不错，真是不错，小庄，你这手气……"

古老爷子叹了口气，待要夸奖庄睿几句的时候，却是找不到话了。自己这世侄的运气那不是一般的好，想了半天老爷子愣是没找出形容他手气好的词来。

"嘿嘿，师伯，那也是您教导得好，我这辨玉的知识，还不都是从您那里学来的。"

庄睿现在是死猪不怕开水烫了，再说他对赌石圈子熟悉之后，知道也不光是自己有这运气，每年缅甸翡翠公盘上，都会出现一些幸运儿。

"你小子要是能静下心来，我倒是可以把琢玉的手艺也教给你，你也能多门吃饭的手艺，不对……就你现在的身价，也不需要靠这行来混饭吃了。"古老知道庄睿的悟性很高，也是有心想将自己琢玉的绝活教给他。

"行，师伯，我明年要到京大读书，到时候就来跟您学好了。"庄睿知道艺多不压身的道理，当即答应了下来。

"说说吧，想雕成什么物件?"古老爷子有段时间没给人琢玉了，现在看到这极品翡翠,手头也开始痒起来。

"师伯,您看能不能切出三个挂件,然后再留出两对耳钉和一个戒面的料子来?"庄睿答应了邬佳的爷爷,自然是不好反悔。

古老闻言拿起翡翠端倪了一会儿,问道:"挂件是男人戴还是女人戴的?"

"给我妈还有我侄女她们的……"

"哦,男戴观音女戴佛,三个挂件没有问题,只是耳钉和戒面的料子,省倒是能省出来,但是不会很大,你确定吗?"

按照老爷子精作雕工的习惯,这一块翡翠切成三个挂件的料子刚好,一点都不会浪费。要是按照庄睿的要求,那挂件的体积就会小上一些。

"师伯,我不敢瞒您,这事……"

庄睿犹豫了一下,把邬佳爷爷要留下一个戒面的事情说了出来。这事要是自己不说,以后传到老爷子耳朵里,肯定会使古老爷子不高兴的。

古老听完庄睿的话后,并没有生气,而是有些感慨地说道:"是邬老哥啊,唉,听说他儿子出了车祸之后,身体就垮下来了,没想到都不能动刀了。我们这辈人,也是越老越少了。"

"行,这活我接了,不过没这么快,明天我就要出门,估计三五天才能回来,做完这活计也要半个月以后了。对了,你等下,有件别的事情要给你说。"

古老站起来走到正屋里,没过多久手里拿着个红面的本子出来了。

"喏,这东西给你的,自己看看……"

庄睿接过那红面的本子才发现,这是一个聘书,用红绸子包裹着。只是打开之后,庄睿顿时傻眼了,指着上面的字,结结巴巴地说道:"老爷子,您……您……您这不是和我在开玩笑吧?"

那聘书上面写着"兹聘请庄睿先生为本协会理事……"几个字样,让庄睿疑似在梦中,再看看下面的钢印红章还有签名,却是玉石协会的章印和古天风三个字。

"古师伯,这我可不敢当啊,万一要是有人说您假公济私,那可全是我的不是了。"

庄睿又仔细地看了一下聘书,没错,是给自己的,连忙出言推辞道。自问自己除了赌涨了几块翡翠,别的就和玉石没什么关联了,古老爷子怎么想起来给他整了这样一个名头,这让庄睿有些惶恐。

"你小子激动个什么劲儿啊,理事又不是理事长,挂个名而已。协会里有三十多个理事呢,宋军那小子都能混到个理事,你怕什么?"老爷子看到庄睿诚惶诚恐的表情,在一旁笑了起来。

"什么?三十多个理事?宋哥也是……"

庄睿愣住了,原本还以为是天上掉下个大馅饼砸到自己了呢,不过这也让他心安了,自己还年轻,担不起太重的担子嘛。

"你也别不拿这个当回事啊。告诉你,玉石协会虽然属于民间机构,但是下属的玉石检测中心,对于玉石的鉴定还是很有权威性的。

"而且你有了这个身份之后,以后再参加国内的各种玉石投标会,就不用专门的邀请函了,就算是几个盛产玉石的国家,这东西也是有点作用的……"

古老爷子给庄睿安了这么个身份,就是想让他以后出入那些赌石场所方便一点。再说他年龄也不小了,过了今年恐怕就要辞去在玉石协会的职务,算是退下来之前再关照庄睿一把吧。

"师伯,谢谢您了……"

庄睿听到老爷子的话,才算是明白了他的意思。有了这东西,日后想要赌石的确方便了很多,而且就算是去缅甸的话,也有了个名目:学术交流。

老爷子摆了摆手,这点事情对于他而言,根本不算什么,提个名而已。

"对了,你这物件要得急吗? 是先回彭城,还是在北京等着啊?"老爷子这一出去就要好几天,是以询问下庄睿。

庄睿也有些踌躇,这大热的天来回折腾,实在是不怎么舒服。不过要是待在北京的话,也懒得出去顶着太阳逛那些名胜古迹,一时间有些拿不定主意。

古老看到庄睿的样子,开口说道:"这样吧,你要是有时间,就跟我出去一趟,三五天就能回来,也能长点儿见识。"

"师伯,您这次要去哪?"

庄睿有点好奇地问道,这大热的天往外跑,就是他这样的年轻人都有些受不了,更别提古老爷子了。

"去新疆,和田……"

这个名字只要是中国人,可能都会听说过,庄睿也不例外。对于羊脂玉的发源地,他也是向往已久。

"行,师伯,我跟您去,早就想见识一下软玉了……"庄睿满口答应了下来,能跟在老爷子的身边,那见识到的物件,自然都是好东西。

"嗯,你昨儿是住在酒店的吧? 去收拾下,晚上在这里住,明儿咱们一早的飞机。对了,我让人给你订张票。"古老交代了庄睿几句,进屋里去打电话了,他的机票可是早几天就订好的,带庄睿去只是一时兴起,不知道还有没有机票。

庄睿也给家里打了个电话,告诉老妈要玩几天回去,庄母在电话里叮嘱了几句,也没多说什么。

刚挂上电话,手机紧接着响了起来,庄睿看了一下,号码很陌生,也没多想,按下了接听键。

"喂,你是庄睿吧? 我是欧阳军……"

"欧阳军?"

电话里的声音很陌生,而且庄睿可以肯定,自己绝对不认识这个叫欧阳军的男人。

第二十章 阴差阳错

"欧阳军？对不起，我不认识你呀，你怎么知道我的电话？"

听到电话里的那人叫出自己的名字，庄睿有些奇怪，他的手机号码，只有极少数人才知道的。

"哎，你先别挂电话，昨天你不是和岳小六在一起的嘛，咱们还说过话的……"

欧阳军有些郁闷，岳小六从昨儿到今天早上，手机一直都没开机，为了自家老子的一句话，他起了个大早，跑到岳小六的单位去堵人，这才要来庄睿的手机号码，没想到别人压根就没记住自己。

"哦，您是……四哥吧？不好意思，刚才没听出来，您找我有事儿？"

庄睿听他提起岳经，又是复姓欧阳，这才想起昨儿那位四哥，当时和欧阳军没说上几句话，再加上现在手机里的声音有些失音，也不怪庄睿没有听出来。

"嗯，是这样的，后天中午你有空吗？有个人想见你一下，我就是个传话的……"

欧阳军没直接说是自己老爸要见庄睿，要是说了，他怕吓到庄睿了。

"什么人要见我？后天我没时间，要下个星期才有空的……"

庄睿有些搞不明白，自己和这个叫欧阳军的毫无关系，只是昨天见了一面而已，他猜不出什么人会让他传话见自己。不过庄睿的确是没空，明儿就要和古老飞新疆了。

"哎，你那事能不能拖后一下啊？要见你的这个人很重要！"

欧阳军加深了一下语气，心中愈加不爽起来，别说自己的老爸，平常就是那些地方上的官员，想见自己都还要预约的。约好了还要看自己心情好坏才决定见不见的，哥们什么时候沦落到要求着见人啊。

"小庄，票订好了，不过没头等舱了，你只能坐经济舱。哦，在打电话啊，你先打……"

正说话间，古老爷子从屋里走了出来，看到庄睿正在通电话，做了个手势让他继续，自己坐到躺椅上去泡茶了。

"四哥，不好意思，我这几天真的有事情，明儿的飞机，现在还有点别的事，等我回来咱们再说好吧……"

虽然岳经说这四哥家里背景深厚，不过庄睿并没有放在心上，自己就是平头老百姓一个，奉公守法，又求不到这些人，他势力再大，和自己也没有一毛钱的关系。看到老爷子在旁边等着，庄睿说完后就挂上了电话。

"喂，喂，喂，我说你小子……"

欧阳军在电话里连喊了几声，那边传来的都是"嘟嘟嘟"的忙音，很显然，对方把电话给挂掉了。

"我靠，挂我的电话！！！"

欧阳军被庄睿给气乐了。在他的记忆中，从会使用电话到现在，除了自家的长辈和亲人之外，还没有人敢在他前面挂电话的，今儿居然被庄睿挂了电话，还真是让他发了半天的呆。

愣了一会儿神，欧阳军才想起要给老爸说一声，拨通了电话却是秘书接的，过了一会儿，欧阳振武的声音才传了过来，欧阳军连忙把庄睿刚才的话复述了一遍。

电话那头沉默了一会儿，说道："等他回来，你再联系他，就说是我要见。难道你老子见不得人？不能报名字？长这么大你连话都不会说了……"

刚被庄睿挂了电话，这气还没理顺呢，转眼又被老爸给训了，欧阳军气得差点将手机给摔出去，这全是无妄之灾啊。

"四哥，什么事这么生气？"

随着话声，一个柔软的身体贴了上来。其实徐大明星的年龄比欧阳军还要大上两岁，不过一个叫得顺溜，一个听得坦然，谁让这年头流行姐弟恋啊。

"没事，刚才电话被人挂掉了，就是昨天你说长得像我的那小子。"欧阳军反手搂过大明星，将她抱在自己的腿上，将脸埋在她那胸前高耸的地方。

"别闹，这大白天的。对了，你刚才打电话给那人干吗？难道还真是你家老头子欠下的风流债？"大明星跟了欧阳军七八年了，要不是家里不同意这婚事，恐怕二人早就结婚了，所以说话也没那么多的顾忌。

"找抽呢你？我妈去世后，我家老头子这么多年都没娶，不可能是那事。只是这小子挺牛的啊，不行，我要去找岳小六再问问去。"

原本欧阳军对老头子要见庄睿只是有那么一点儿好奇，现在却是把兴趣给勾起来了，掏出电话打给岳经，还是不通，干脆站起身又去堵岳小六了。至于会不会影响别人工作，那不是他要考虑的。

岳经兄的手机打不通，是因为他这会儿正忙着给庄睿打电话呢。欧阳军找到自己问庄睿的手机号，也没说什么事情，老二怕庄睿有什么地方得罪了人自己不知道，正打电话询问庄睿呢。

"我说二哥，真的没事，他说有个人要见我，我没时间就给推了。对了，给你说个事，我明天要飞新疆，三五天就能回来，到时候咱们哥俩再聊吧。"老爷子还在旁边等着，连着接几个电话,有些不礼貌,庄睿说完就想把电话挂掉。

"哎,我说,有什么事马上给我打电话啊。"

岳经兄刚喊出这么一句,电话那里就传来忙音声。岳经摇了摇头转身回了办公室,他还不知道,庄睿挂那位四哥电话的时候更是利索。

挂断岳经的电话之后,庄睿又回想起欧阳军的电话来,自己在北京除了古老爷子和岳经之外,并不认识什么人,究竟是谁让欧阳军传话要见自己呢?而且听欧阳军的口气,那人似乎很有身份的样子。

"难道是因为老妈?"

庄睿情不自禁地从欧阳这个姓氏联想开来。记得小时候母亲说话,是带点北京口音的,不过后来就变得一口彭城话了,难道说母亲真的是北京人,和欧阳军家里有某种关系?

想到自己和欧阳军有些相似的相貌,庄睿心里又确定了几分,一时间有些心乱如麻,他不知道等自己从新疆回来之后,是否要答应欧阳军去和邀约自己的人见面。

庄睿怕自己的行径伤害到母亲,因为这二十多年以来,母亲从未提到过自己的娘家,即使庄睿和姐姐询问,得到的也是母亲的训斥。从这一点上看,自己要是贸然去和别人相见,母亲恐怕会不高兴的。

但是在庄睿的心里,对母亲的往事又充满了好奇,当年到底发生了什么事情,让母亲对往事绝口不提,母亲那边究竟还有什么亲人在世?这一切的谜团,使得庄睿对欧阳军的邀约又充满了期待。

坐在一旁的古老爷子发现庄睿接了电话之后,整个人就变得有些心神不定了,于是开口说道:"小庄,发生了什么事情?你要是有事就不用跟我去了,机票是可以退的。"

"师伯,没事的,等我回来再处理。您不会是嫌我累赘,不愿意带我了吧?"

庄睿摇了摇头,把脑中的万千思绪都压了下去,和古老爷子开起了玩笑。他也是想借新疆之行这几天,整理一下思绪。如果欧阳军家里真和母亲有什么关系,自己需要用什么态度去面对,至少现在,庄睿还没有想好,有几天时间缓冲一下并不是坏事。

"臭小子,和老头子开起玩笑来了,回去把酒店房间退了,晚上咱们爷俩好好喝点儿。"一个人看另一个人顺眼,怎么都能包容,古老就是和庄睿对上眼了。

晚上老爷子叫了六必居的酱菜还有全聚德的烤鸭,和庄睿坐在树下小饮了几杯。当然,又给庄睿灌输了一些软玉鉴赏方面的知识,并且老爷子答应了庄睿,等这次新疆之行回来,他就带庄睿到故宫博物院里,去见识一下清代遗留下来的珍贵玉器,古老还是故宫博物院玉器古玩方面的顾问呢。

晚上睡在四合院中,听着院子里蛐蛐的叫声,庄睿心头感到无比的宁静,白天种种浮躁的情绪一扫而空,一觉睡到了天亮。

起来后洗漱了一下,庄睿就跟着古老去赶飞机了,到了中午的时候,两人已经抵达新疆和田机场。

这次前往新疆的原因庄睿也搞清楚了，是古老爷子的私事。他有一位数十年的老友，原先是昆仑山上的采玉人，后来通过采玉发财了之后，就不在亲自上山了，而是从别的采玉人那里收取仔玉，然后倒手销往内地。现在俨然已经成为新疆最大的和田玉原料供应商了。

　　古老的这位朋友，在前段时间收得一块山仔玉的料子，从外皮中露出来的玉肉看，极有可能是羊脂玉，这人有些拿不准，所以才请了古老爷子前来鉴定一下。

　　"老朋友，这次真是很感谢你能前来……"

　　庄睿和古老刚步出机场出口，一位鼻梁高挺，眼睛微微有些发蓝的新疆老人就迎了上来，和古老爷子拥抱了一下。

　　"阿迪拉，这是我的一个晚辈，带他来见识一下玉石大王的风采的。小庄，你叫他田伯就可以了……"古老和来人拥抱过后，拉过身后的庄睿，给来人介绍了一下。

　　庄睿打量了一下对方，这位田伯身材不高，有点消瘦，不过满头黑发，双眼有神，如果不细看脸上的皱纹，乍然看上去，不过五十出头的样子。不过庄睿知道，他比古老爷子还要大上两岁呢。

　　庄睿以晚辈的礼节和田伯聊了几句之后，众人向机场外面走去。

　　到了机场外面，已经停了几辆车在等着了，庄睿和古老爷子是分乘两辆车，他被安排在后面的一辆越野车上。开车的是个四川小伙子，叫张大志，比庄睿还小上两岁，以前就是在新疆当汽车兵的，退伍之后就留在当地开车了，人很健谈，对庄睿的问话是有问必答。

　　在车上庄睿得知，这个叫做阿迪拉的新疆老人，是维吾尔族人，今年六十二岁，这是他的维族身份，他还有个汉名，叫田大军。

　　在新疆玉石界，阿迪拉可谓是人皆众知的传奇式人物，行内的人都尊称他为"玉王爷"，可见其在新疆玉石界的影响力了。

　　上世纪八十年代初期的时候，由于新疆玉石经历了数千年的开采，资源极度萎缩，昆仑山一线的玉石矿纷纷倒闭下马，行业内都称：和田玉矿资源已经枯竭了，引得玉石界一片恐慌。

　　当时的阿迪拉凭借着多年在昆仑山采玉的经验，率先提出"和田玉是按西瓜滕状分布"的地质理论，使和田玉的采矿业峰回路转，绝处逢生，新矿点不断涌现，产量年年攀升。

　　阿迪拉现在以"中国和田宝玉石专家"的身份，出任国家玉石协会常务理事。这个常务可是要比庄睿的那个理事，分量重得多了，而且还兼任着新疆玉石专业委员会副主任等职务，他所领导的公司也是新疆玉石行业的龙头老大。

　　"就是因为这个，你们才称他为'玉王爷'的?"

　　按张大志的说法，距离阿迪拉住的地方，还有一个多小时的车程，庄睿也想多听听阿迪拉的故事。

　　"老爷子可是神人，当地人都传说他是火眼金睛……"

"火眼金睛?!"

庄睿闻言愣了一下,脸色变得有些古怪,话说这词用在他身上还差不多。

"可不是嘛,老爷子手下有十几个采矿队,就在去年的时候,他看好了一个矿点,可是矿坑道往里面掘了六十多米,都不见玉的影踪,很多人都急了,说是个废矿。老爷子力排众议,坚持往深里又挖了两米,嘿,你猜怎么着?"

张大志提起玉王爷的故事,那是眉飞色舞,自问了一句,也没等庄睿回答,接着说道:"就这两米的距离,奇迹出现了,整整采出来四块大玉,最大一块重达十吨。

"还有更神的呢,在还没看见玉的影子之前,老爷子就曾经预言:这窝矿能采六十吨玉。果不其然,采完一算,整整六十一吨。庄哥,你说这不是火眼金睛吗?"

"真有这么神?"

听完张大志的话后,庄睿都在心里怀疑了,这老爷子是不是和自己一样,都能看穿物质的表面,看清里面的实质啊?

"当然了,咱们'玉王爷'十多岁就上昆仑山采玉了,这几十年下来,在新疆这地界上,就没有敢说比他还厉害的人。"

张大志对自家老板很是推崇,又接着说道:"在新疆这地方,对玉石和玉器的鉴别方面,'玉王爷'就是权威。他能一口气说出所见玉器的真假、优劣、产地、价格。

"和田地区的贩子销售仔料,外地和老爷子熟悉的买家,总是会打电话请他到场的。只要老爷子一开口报价,那就是铁板定钉了,卖家不再'漫天要价',买家也不'就地还钱'了。

"知道为啥不? 这一是权威效应,二是诚信程度,三就是人格魅力了。"

张大志这话说的很是顺溜,看样子不止是和庄睿一个人聊过了。说话的时候,脸上满是自豪的表情,仿佛能给"玉王爷"开车,也是一件非常有面子的事情。

"那他还请古老爷子来干吗?"庄睿有些不解,按照张大志的说法,阿迪拉在软玉上面的鉴赏造诣,绝对不会比古老差的。

"不知道,反正古老去年这个时候也来了,应该是找矿队上山,特意邀请古理事长来的吧?"张大志的话和古老所说的有些不同,看来这次来的目的,绝对不只是为了鉴定一块玉石。

"找矿队? 不是采玉队吗?"

"不是,每年这个时候,都会组织几个队伍上山寻找矿脉的,而确定了矿脉之后,才会派出采玉队,分工不同的。不过也有一些采玉人,专门采山流水料子的,那需要满山地跑,很辛苦的。"

张大志给庄睿解释了一下两者的区别。他在新疆待了不少年头了,有时候也跟采玉人上山去碰碰运气,要知道,如果能找到一块好玉料的话,那这一辈子就是吃喝不愁了。

相对而言,寻找矿脉比零散的采玉人要更加辛苦,他们要顶着烈日高原反应,在深山里寻找玉石,有时候往往要进山数月之久,到了冬季才从山里出来。

第二十一章 昆仑采玉

车子穿过和田市,开到了郊外,从一处像是农场的地方开了进去,庄睿发现,在大门旁边有一个岗哨,两个年轻体壮的小伙子站在门边,最让庄睿吃惊的是,他们背后居然背着一把枪。

"大志,门口的那两人,也是部队的?"

庄睿看那两人身上穿的衣服,是一身迷彩服,但是并没有肩章和军衔,只是在光天化日之下敢持枪,应该是执行公务的人吧?

"不是,庄哥,那两人是护矿队的,都是在公安部门登过记,有持枪证的……"

张大志出言给庄睿解答道,和田玉矿附近环境比较复杂,不仅是当地人开采玉矿,还有来自全国各地的淘金者,人多了就难免会良莠不齐,也有些人铤而走险,做些没本钱的勾当。

所以一些大的玉石商人,都会自行组建护矿队,像阿迪拉这样有身份的人,不知道被多少心怀不轨的人在心里惦记着,而且阿迪拉的交易场所,一般都是在他住的地方,这里放置了价值不菲的玉石,所以就安排了一支武装力量在此守卫。当然,这都是在当地公安部门报备并得到了许可的。

车子又向前开了二百多米,在一栋三层小楼前停了下来。庄睿看到,在路两旁摆放了大小不一、形状各异的石头。这些石头基本上都呈黄白色,有些从表面就可以看到白皙的玉肉,想必这些都是和田玉料了。

下车进入到小楼里面,迎面的客厅餐桌上,已经开始往上摆放酒菜了,几个维吾尔族妇女手脚麻利地将饭菜摆好之后,就退了出去。偌大的房间里,就剩下古老爷子、庄睿、阿迪拉还有一个四十多岁的中年人。

饭菜很丰盛,新疆的烤肉、大盘鸡,还有新疆产的伊力特酒。古老和阿迪拉很熟络,不时还用维吾尔族的语言和阿迪拉说上几句话。而那位中年人也没有冷落了庄睿,不住地劝酒,一顿饭吃下来,庄睿已经是有了四五分的醉意。

吃完饭之后,有人带着庄睿和古老爷子去到二楼的房间休息了,酒意上头的庄睿足足睡了四五个小时才醒来。出了房间，庄睿站在二楼就看到古老和阿迪拉正坐在客厅里，面前的地上，摆放了一块足有百十斤重的石头。

"小庄，起来啦？你这一觉睡的时间可是不短啊。"古老听到楼上的响声，一抬头看到庄睿，向他招了招手，示意他下来。

"古师伯，不好意思，睡过头了。"庄睿走下楼来，有点不好意思地挠了挠头。

"没事，年轻人嘛，睡觉沉一点很正常，像我们这些老头子，想多睡一会儿都睡不着呢，来……小伙子，看看这块料子怎么样？"

阿迪拉老人对庄睿也有几分好奇，从老朋友嘴里听到，这个年轻人对玉石有一种很敏锐的感觉，在前段时间的平洲翡翠公盘上，可是收获不小。他让庄睿看这块玉料，也是有点考验庄睿的意思在里面。

"田伯，我对翡翠还有点上手的经验，可是这软玉，见识的可是不多，要我说，那就是纸上谈兵了……"

庄睿虽然有把握看清这料子里面的玉肉，但是对于和田玉的种类和品质，他确实是了解不多。软玉里面他就见过古老曾经送给钱姚斯的那一个羊脂玉的挂件，但是当时也没能细看。

"没事，看懂多少说多少，怕什么啊……"古老在旁边说道，他带庄睿来，本就是让他长见识来的，地上这块料子，倒正好给他来个现场教学。

庄睿闻言之后也没矫情，蹲下身来打量起这块和田玉的料子来。

朋友们都知道，硬玉翡翠原石，全部都有外皮的，并且通过外皮可以判断出里面翡翠的走向与数量品质，可以说外皮是翡翠赌石的关键。

而和田玉自然就是软玉的代表了。与翡翠不同，和田玉的仔料，并不一定都带有外皮，很多和田玉的玉肉，都是裸露在外面的。以前很多采玉人，从河边直接就能捡到高品质的和田玉。

另外一点和翡翠不同的是，翡翠是来自国外，而和田玉则是中国特产，有着悠久的历史和独特的涵义。

我国自古以来就有"玉石之国"的美名，人们把一切美好的东西以玉喻之。古人视玉如宝，作为珍饰佩用，古医书称"玉乃石之美者，味甘性平无毒"，并称玉是人体蓄养元气最充沛的物质。因玉石不仅可作为首饰、摆饰、装饰之用，吮含玉石，还可养生健体。

自古各朝各代帝王嫔妃养生不离玉，而宋徽宗嗜玉成癖，杨贵妃则含玉镇暑。

在中国古代，玉是沟通天地、祭祀鬼神先祖的社稷重器，是权势和地位的物质表现，是死者保尸防腐的殓葬用具，更是士人君子洁身明志、标榜自身、追求美好情操的人格象征。

古老爷子和庄睿在一起的时候，说得比较多的，其实还是软玉，所以庄睿虽然上手不多，但是从理论上而言，他对软玉也算是知之甚深的。

软玉大致分为山料、山流水和仔玉这几种，山料就是产于山上的原生矿，如白玉山料、青白玉山料等，玉王爷他们开采的，主要就是山料。

山流水指的是那些原生矿石经风化崩落，并由河水搬运至河流中上游的大块玉石。山流水的特点是距原生矿近，块度较大，其玉料表面棱角经过长时间的河水冲刷，稍有磨圆。

仔玉又名仔儿玉及仔料，分布于河床及两侧阶地中，玉石裸露在地表或埋于地下。仔玉的特点是块度较小，常为卵形，表面光滑，因为经过几千年来的河水冲刷及筛选，所以仔玉一般质量最好。

在河流下游的仔玉有各种颜色，白玉仔料，青白玉仔料，青玉仔料，墨玉仔料，碧玉仔料，黄玉仔料，但不管是什么颜色的，只要是极品仔料，在现在的玉石市场上，一克就高达数万元。

软玉市场的火热，现在丝毫不逊于翡翠市场。在2002年之前，新疆的玉石商人都是拉着成麻袋的仔料去内地销售，还可以任凭挑选，但是到了现在，只要这些人一露面，闻风而至的玉器商人们即使拿着成百上千万，也只能买到一小箱的料子了。

古老爷子给庄睿说过一件事，新疆的玉石商人到了上海，基本上都是住在天山宾馆的，在那里经常可以看到几个江浙老板合伙，拿着一箱箱的现金，在天山宾馆的楼道里焦灼地敲开一扇扇的门。

新疆的玉石商人以团结著名，而古老先前能断掉许氏珠宝和王辊家族的玉石原料，也是和他与阿迪拉关系良好分不开的，以阿迪拉在玉石界的地位，所有新疆的玉石商人都会给上几分面子的。

…………

古老和阿迪拉之所以让庄睿看这块料子，是因为有些软玉和翡翠一样，也是带有外皮的。庄睿知道，和田玉的外皮，一般分为色皮、糖皮和石皮这三种。

色皮指的是和阗子玉外表分布的一层玉皮，有许多种颜色。玉石界以各种颜色而命名这些玉料，如黑皮子、鹿皮子等等，从色皮可以看出仔玉的质量，如黑皮子、鹿皮子等，多为上等白玉好料。

同种质量的仔玉，如带有秋梨等皮色，价值更高。色皮的厚度和翡翠不同，它是很薄的，一般小于一毫米，而色皮的形态也是各种各样，有的成云朵状，有的为脉状，有的成散点状。

色皮的形成，是由于和田玉中的氧化亚铁在氧化条件下转变成三氧化铁所致，所以它是次生的。经验的拾玉者，到中下游去找带色皮的仔玉，而往上游，找到色皮仔玉的机会就很少。

所谓糖皮，是指和田玉山料外表分布的一层黄褐及酱色玉皮，因颜色似红糖色，故把有糖皮玉石称为糖玉。糖玉的糖皮厚度较大，从几厘米到二三十厘米都有，常将白玉或青玉包围起来,呈过渡关系,糖玉产于矿体裂隙附近。

糖皮的赌性就大了一些,因为里面的玉质很难判断,有可能是极品白玉,也有可能是普通的青玉。有些采玉人采到糖皮的玉石之后,也经常拿出来给别人赌,而他们自己是不解开的。

最后一种是石皮,多指和田玉山料外表包围的围岩,在开采的时侯,同玉一起开采出来,附于玉的表面,这种石包玉的石皮与玉界限清楚,很轻易地就可以将之分离,石皮也是最容易辨认出玉石品质的一种料子。

现在摆在庄睿面前的这块料子,就是一块山流水的糖皮玉料,和翡翠原石的外皮不同,这块料子很光滑,摸上去没有一点儿棘手的感觉。庄睿猜想,这应该是因为曾经被河水冲刷过的。

对于和田玉料,庄睿是没有一丁点儿的经验。在围着这块料子看了一会儿之后,庄睿低下头,眼中灵气顿时渗入到这黄褐色的石头里面,将石料一层层地揭开,玉料中的情形,顿时显露在庄睿的面前。

这块石头的表皮并不是很厚,只有四五厘米的模样,在石头的中间,一整块乳白色的玉肉,出现在了庄睿的视野之中。让庄睿有些意外的是,久未变化的灵气在接触到玉肉之时,居然有了一丝变化。

在看到玉料中间那散发着白色的柔和光芒时,一股带有暖意的气息和庄睿眼中灵气融合在了一起。虽然只有很少的一丝气息融入到眼中,但还是让庄睿舒服异常,就像是用热毛巾敷在了眼睛上,那种热气蒸腾的感觉,让庄睿舒服得差点呻吟出来。

只是这偌大的一块玉肉,能供庄睿灵气吸收得极少,只有那头发丝般的一丝,这也让庄睿喜出望外了,至少他知道,自己眼中的灵气还可以继续增加,而不是像现在这样停滞不前了。

稳定了一下心神,庄睿抬起头来,说道:"古师伯,田伯,这块玉料是山流水的料子,体积较大,外面又包裹了糖皮,不过常说白玉仔多为小料,这块玉料出羊脂玉的可能性不是很大,但是这外皮湿润滑腻,表现还是不错的。要是非让我说的话,我猜里面是青白玉,不过品质应该不错。"

庄睿这番话说得中规中矩,把玉料的来历、外皮以及表现都说了出来。以他的年龄见识,能说出这一通见解,让两位老人连连点头。

"说得不错,和我的想法差不多,出青白玉的可能性比较大。阿迪拉,这么大一块青白玉的料子,不比一般羊脂玉的价格低,你还不满意吗?"

古老爷子在庄睿说完之后,也给出了自己的评价,他和庄睿的看法一样。这块玉料,基本上是不可能出羊脂白玉的,极品玉石要是那么容易见,和氏璧也不至于会流传千古了。

"呵呵,古老弟,你也知道的,叫你来也不是完全为了看这块料子啊。北京夏天那么热,你就在我这里住上一个月好了,这个季节新鲜的哈密瓜和葡萄可是有很多啊。"

阿迪拉对这块玉料,早就是心中有数了。他喊古老爷子来,老朋友相聚一下是一方面,另外就是明天找矿脉的队伍就要上山了,他是想请古老爷子给主持一下仪式。对于采玉人而言,这是需要德高望重的行内前辈来主持的,古天风每年来此,也多是为了此事。

"得了,今年我是没机会在你这里住了,回去还要帮这小子雕琢一块玉,等以后有机会再说吧,明天主持完仪式,就要回北京了。"

新疆的夏天很凉快,古天风以往每年都要在这里住上一段时间,只是今年要给庄睿琢玉,确实是没法多住了。

"师伯,我那物件不急的,您在这住上一段时间吧。再说了,那块翡翠我也带来了,不行您就在这里雕琢好了……"庄睿有些不好意思,因为自己这点儿事,让古老爷子两边跑。

"没错,小庄说的对!古老弟,我这里什么工具都有,你就住下来,咱们老哥俩没事也能聊聊天啊。"

阿迪拉也出言劝道,他和古天风是几十年的老朋友了,每年也不过就见上一两次面,再加上他最近将生意都交给晚辈去打理了,也想有个老朋友聊天做伴。

"在哪里雕琢都不是问题,不过小庄,你能耐住性子在这里等?"

古老爷子闻言也有些意动了,不过这几个挂件要是雕琢出来加上抛光等步骤全部完成,也是要十天半月的,他怕庄睿等不了。

"这事儿简单,明天让小庄跟着采玉队上山好了……"阿迪拉老爷子给出了个主意。

"田伯,您刚才说明天上山的是找矿脉的队伍,怎么还有采玉的啊?"

庄睿不解地问道,他对于软玉的开采也有些好奇,听闻极品羊脂玉大多都是从山上或者河边捡到的,很少有从矿洞里挖出来的。

"呵呵,寻找矿脉和采玉都要找个季节上山的,等天再冷一些的话,就没办法进山待得长久了。怎么样,想不想去见识一下?对了,从山里采到的玉,可都是归属于自己的……"见到庄睿想去,阿迪拉在一旁使劲地鼓动着。

"行!师伯,您就安心住下吧,我跟着采玉队上山看看去……"

其实庄睿对于玉石的归属倒是不怎么在意,但却想去见识一下,这采玉人的传说,可是流传了有数千年之久了。

古老爷子闻言脸上泛起一种很奇怪的表情,对着庄睿问道:"你想好了要去?那可是十天半月都不一定能回来的……"

庄睿点了点头,回答道:"嗯,我跟着去看看,田伯说了,这捡到的玉都是自己的。我运气好,说不定能拾到一块羊脂玉呢。"

在庄睿心里,却是把此次入山之行当做了旅游,这段时间发生了不少事情,他感觉自己很需要在安静的地方思考一下,还有对自己日后的职业进行规划,总不能每天这样东奔西跑瞎混吧？

"好样的,年轻人有冲劲,我这就让人给你准备行囊去。"阿迪拉见到庄睿同意了,高兴地站起身来,走了出去。

"行囊?"庄睿不解地看向古老爷子。

老爷子似笑非笑地看着庄睿,说道:"小子,你以为采玉是旅游啊? 大山里面的环境很复杂的,以前每年都有采玉人进山后就永远地留在了里面。这些年装备好了,危险也就小了很多,不过绝对没你想得那么舒服的,怎么着,还想去吗?"

进山寻找和田玉矿矿脉和采玉的工作是非常艰难和危险的,对随行人员的身体、知识和野外生存素质的要求都非常高。别看庄睿长得人高马大的,但是古老爷子心里还真有那么点不放心。

"去!"

庄睿坚定地点了点头。昆仑山的传说他可是听过不少,现在有机会进山探秘,如果不去的话,以后肯定会后悔的。

"小庄,你明天就跟着大志进山,他去过几次了,很有经验,你们年轻人也能聊得来……"

正说话间,阿迪拉老爷子拉着中午给庄睿开车的那个司机,走了进来,用力地在张大志的肩膀上拍了拍,道:"小庄可是我尊贵的客人,你一定要照顾好了啊。"

"田伯,我可是要比大志还大上两岁呢。"庄睿被阿迪拉的话搞得哭笑不得。

"大山里不比外面,凭的是经验。小庄,你进山后要多听这个小伙子的意见,什么事情不要自作主张,否则的话,你就别去了。"

古老爷子板起脸来,认真地对庄睿说道。

第二十二章 随队进山

"我知道了,师伯,您放心吧……"

庄睿也变得严肃了起来。他没有学过什么野外生存的技能,所能依仗的,不外乎就是自己还算强壮的身体和眼中的灵气了。庄睿知道在野外没有统一的指挥,是很容易出乱子的。

第二天,天刚蒙蒙亮,也就是五点出头的时候,庄睿就被人叫了起来,穿好衣服后走出小楼,发现院子里已经密密麻麻地站满了人,庄睿估量了一下,最少有几百人,不过没有人在这里喧哗,很是安静。

在院中间,摆了一张大方桌,上面供着一个羊头,还有满满当当的一桌子果盘,这是供奉给山神的,保佑进山的采玉人事事平安。

仪式是由古老爷子主持的,很简单,说了几句话之后,向天地敬酒,洒于地下,然后所有准备进山的汉子们都端了一碗酒,一口饮进。庄睿手里也被人塞了一碗酒,不过还好是葡萄酒,否则这一碗下去,恐怕当场就要倒下一半的人了。

仪式完了之后,人群顿时一哄而散,各个进山的队伍都在找着自己的人,还有一些进山汉子的家人来送行的,场面变得喧闹了起来。

"庄哥,来,我给你介绍一下……"

庄睿伸着头找张大志的时候,发现在距离他十几米远的地方,张大志向他挥舞着手,身边还站着三个人。

"庄哥,这是铁子哥,他是王飞,这个憨大个儿叫猛子,别看他个子大,比我还小一岁呢。这次咱们五个人一组,大家都认识一下。庄哥是玉王爷的贵客,特意安排到咱们这一组的。"张大志给几人相互做了介绍。

庄睿在和几人握手的时候,打量了一下:铁哥年龄稍大,有三十四五岁的样子;王飞就要年轻一点,年纪和张大志差不多,两人个头都不高,看起来很精干的模样;而那个猛子却是一身的腱子肉,个头足有一米九多,长得挺憨厚的。听到张大志喊他憨大个儿也不生气,一个劲地呵呵直笑。

铁哥和王飞对庄睿的态度说不上冷淡,但是也谈不上热情,对于带着庄睿这么一个新人,他们心里多少还是有些抵触的,毕竟队伍里有个新人,会影响到采玉的进度的。

另外按照采玉人的规矩,一个小队里的人所采到的玉石,是要大家均分的,像庄睿对于采玉没有丝毫的经验,也是会分摊他们应得的份额,这也是铁哥和王飞心里不爽的原因。不过庄睿加入队伍是玉王爷的吩咐,两人倒是没有摆脸色给庄睿看。

"小庄,还有你们几个,都过来……"

在不远处,古老爷子和阿迪拉站在那里,正对着庄睿等人招手,几人连忙走了过去。

古老爷子指着身边一个足足有一米多高的大背包,对庄睿说道:"这东西是你田伯专门给你准备的。喏,这个登山杖可是你田伯心爱的家伙什啊,也给你用了。"

说话间,老爷子把自己手上拿的一根登山杖也递给了庄睿,说道:"这拐杖把柄上有个小机关,喏,用手指顶住这里,下面就会出现这个爪子,一般拳头大小的石头都能抓起来,省得弯腰去捡了。这爪子可是合金特制的,很坚固,谢谢你田伯吧。"

"呵呵,不用谢我,你要是对玉石一窍不通,我也不会把这物件给你用。不过咱们话先说在前面,这次寻得什么好东西,可是要先卖给老头子我啊。"

阿迪拉摆了摆手,又对张大志等人说道:"你们这心里,是不是在抱怨老头子给你们安排了个新人啊?"

"没有,没有,田伯您说笑呢。"

铁子几人连忙摇头否认,心里纵是有千般不满,也不敢当着玉王爷的面表露出来啊,在新疆玉石界,得罪谁都不敢得罪玉王爷。

"你们别看小庄年轻,他可是国家玉石协会的理事,鉴玉的水平不比我低。有他跟着你们,算是你们几个小子的福气……"

阿迪拉的话让这几人吃惊不已,他们原以为庄睿是古老爷子的子侄,此次跟着凑凑热闹的,现在听到庄睿的身份,顿时被吓了一跳,要知道,玉王爷自己也不过就是玉石协会的理事而已。

"咳咳,田伯,您说笑了,铁子哥他们都是老采玉人,我要像他们多学习才是……"

庄睿很有限度地谦虚了一下,昨儿古老就给他说过这小队的物资分配,不过以庄睿眼睛的特殊性,自然是自信满满,实在没有什么过分谦虚的。

"行了,你们去吃饭吧,卡车都安排好了,再过二十分钟就出发了……"

等田伯说完之后,庄睿上前把那个大背包提了起来,这分量可是不轻,足有五六十斤重,倒不是庄睿背不动,只是背着这东西上山,恐怕也走不出多远了。

"庄哥,我来……"

猛子从庄睿身后站了出来,一只手接过那个背包,很随意地往后一甩,就背到肩膀上去了,宛如无物一般,看得庄睿直咋舌。

在院子一角,摆了几口大锅,里面熬着粥。大锅旁边的桌子上面,还摆着油条包子等早点,几个妇女在那里给众人打粥。另外在她们身后,还有一堆书包般大小的背包,庄睿能看到,在每个背包里,都有个水壶。

庄睿发现,每个人打到粥的同时,都领了一个小背包。等轮到他打粥的时候,果然也被发了一个,手里端着粥,嘴里咬着根油条,庄睿打开背包看了下,里面有一个沉甸甸的军用绿水壶,另外还有用油布包裹起来的风干肉和大饼,这些是他们上山之后的补给。

在吃饭的时候,张大志给庄睿介绍了一下各人的所长。铁子是老采玉人了,从十四五岁就跟着大人上山,对于昆仑山脉以及玉龙喀什河的地形都是相当的熟悉,采玉经验自然是很丰富的。

王飞是张大志的战友,一同上过几次山,枪法很好,这个小队唯一的一把散弹枪,就是由他掌管的;而猛子身体强壮,安营扎寨这些体力活,都是他来做;至于张大志,野外生存能力极强,在去年一次进山采玉中途,他和小队失散了,在没有食物补给的情况下,一个人在山里待了将近二十天,安然走了出来。

从整体而言,庄睿所在的这个采玉小队,算是搭配不错,考虑到了安全等各个方面,想必是为了照顾初次进山的庄睿,是玉王爷有意为之吧。

到了六点钟的时候,一声哨响传来,蹲在各个地方吃饭的人都站了起来,按照以往的规矩,时间到就要马上上车走人,是不会等候迟到的人的。

"快点,都快点上车……"

"你这个猴崽子,往哪里钻啊,快点上车。"

"艾尼瓦尔,还舍不得你们家的水缸子(维语:妻子的意思)啊?要不要带着一起去,晚上还能快活一下啊。"

纷乱嘈杂的声音在院子里响起,各个小队招呼着自己的队友。一个刚刚结婚没多久的维族青年正在和自己的妻子告别,引来一帮子光棍汉起哄。

这个年轻人是要换矿点里面的人下来的,这一去估计就要小半年的时间,他的妻子有些舍不得,低声站在那里"嘤嘤"地抽泣着。

院子外面一共停了六辆车,其中只有一辆中巴车,剩下的全是带篷的大卡车。庄睿等人自然是上了中巴车,坐下之后,张大志高兴地对庄睿说道:"庄哥,这次还是沾了你的光啊,我去年都是坐卡车上山的……"

有了玉王爷刚才的话,铁子和王飞俩人对庄睿也热情了许多,这倒不是二人市侩,只是他们每年都只有一次上山的机会,这一年的收入也都指望这次机会,自然是不愿意带新人的,不过庄睿有鉴玉的专长,那就不一样了。

山上有很多玉石是极难辨认的,而每个人所能携带的重量有限,有庄睿跟着,就可以挑选贵重的玉石携带,一位能辨玉的师傅,对他们的帮助是很大的。

"庄哥,不能回头的,这是规矩。"

又是一阵短促的哨声响过之后,车队缓缓地开动了。庄睿他们坐的小巴车是开在最后面的,听到身后人群里有喊叫声,庄睿正要回头去看,却被张大志给拉住了。

站在前面大卡车上的采玉人,也都是面向前方,这气氛颇有些"风潇潇兮易水寒,壮士一去兮不复还"的悲壮。

和田本就在昆仑山麓脚下,汽车开动一个多小时之后,地势就逐渐变高了起来。

大家应该是从各种神话故事里都听说过昆仑山,西起帕米尔高原,山脉全长2500公里,最高峰就在新疆和青海的交界处,海拔高达6860米。

在众多古书中记载的"瑶池",便是昆仑河源头的黑海。这里海拔4300米,湖水清瀛,鸟禽成群,常有野生动物出没,气象万千,在昆仑河中穿过的野牛沟,有珍贵的野牛沟岩画。

距黑海不远处是传说中的姜太公修炼五行大道四十载之地:玉虚峰和玉珠峰,经年银装素裹,山间云雾缭绕。位于昆仑河北岸的昆仑泉,是昆仑山中最大的不冻泉,发源于格尔木河中游,长期侵蚀千板岩,形成了峡谷绝壁相对,深几十米的一步天险奇观。

由于庄睿他们要深入到昆仑山内部,所以即使是在六月份,依然带了厚厚的棉衣,要知道,在昆仑山脉终年积雪的山峰可是有不少的。

在汽车向大山进发的途中,庄睿发现,一路上所看到的树木,都是矮小的灌木丛,并没有南方那种高大的阔叶树木。刚才在一处山腰,还看到了一个野驴群,庄睿刚拿起相机,汽车发出的轰鸣声就使得野驴群一哄而散。

汽车在环山的公路上又开了三个多小时,远处耸立如云的高峰上面,可以清晰地看到皑皑白雪。

按照张大志的说法,这里海拔已经在三千米之上了,一般人都会多少产生点高原反应,不过经历过西藏之行的庄睿并没有什么难受的感觉,只是心中有些遗憾,白狮没能随行,否则的话,也能感受一下大雪山的魅力了。

"庄哥,快到了,你看见前面那个山口了没有,那里就是进山的中转站。"

张大志他们都来过好几次了,早都习惯了,怕庄睿感到闷,于是给他聊起这地方的传说来。

车过喀喇昆仑山口,隔着潺潺流淌的一条水沟,庄睿清晰地看到前面出现一座山峰。

这就是著名的"老头望山",传说古代一个老人的儿子进昆仑山采玉没有回来,老人便坐在昆仑山的山口守望,日复一日,年复一年。

一代又一代的采玉人从他身边踩着前人留下的脚印进了山,又拖着疲惫的身躯下了山。老人仔细地审视着过往的每个人,却始终没见到自己儿子的踪影。几千年过去了,他就这样一动不动地坐在那里翘盼着、守望着……

除了王母瑶池之外,昆仑山还流传着很多美丽的故事。

只是下了车后,昆仑山给庄睿的感觉,却不是那么美丽了。

下车的地方是一个中转站,不管是进山采玉的人,还是去山里矿点的工人,都要在这里停留一下，在这个足有上千平方米的空旷地上，到处都扔着塑料袋等脏兮兮的垃圾。

说是中转站，就是一栋二层的小楼，在楼旁边有个棚子，里面居然有四五头骆驼，这让庄睿多看了几眼。

进山的车队不止庄睿他们这一支，在中转站那栋小楼前面，已经停放了三辆卡车，闹哄哄的人群都一窝蜂地挤向那个小楼。庄睿不知道怎么回事，一愣神的工夫，发现原本站在自己身边的一百多人，只剩下自己孤零零一个了，就连张大志都不知道跑哪儿去了。

看了看那黑压压的人群，庄睿也没有兴趣往里挤，大约过了四五分钟，人群才散开一点，随之庄睿就看到张大志手里端着两个搪瓷缸子走了过来。

"庄哥，吃吧，这是进山最后一顿热乎饭了，进到山里生火有很多限制，大多数时间里，都只能吃咱们带来的那些食物。"

张大志把手里的一个搪瓷缸子递给了庄睿，里面有两个馒头，下面还有些羊肉汤，从早上到现在过了五六个小时了，庄睿也饿得厉害，接过来就吃了起来。

吃过饭之后，各个采玉小队组合在一起，往大山里面进发了。有些小队只有两个人，庄睿知道，那都是采玉经验极其丰富的人，他们不愿意和那些新手组队，怕的就是平摊掉他们采到的玉石，这样的组合一般都是多年好友或者是自家亲戚。

"庄哥，玉王爷让我先带你去玉矿看一下，然后咱们再进山采玉，你看怎么样？"

"大志你安排吧，我跟着走就行。"庄睿没有忘记来之前古老爷子的交代。

"那咱们走吧……"大志招呼了铁子等人一声，跟在进矿的工人后面，向山里走去。

中转站离矿区还有十多公里，平时人少的时候，是可以骑骆驼上去，可是今天显然不行，人多骆驼少，而且骆驼要运送生产、生活物资，矿工们只得靠两条腿步行。庄睿看了一下，这些工人大多都是维族人。

若在平地上，十多公里路对于任何人来说都算不得什么，但在海拔三四千米的高山上就不同了，严重的缺氧使人胸闷气短，尤其是刚上山没有经验的新工人，头痛得像是戴了紧箍咒，每走一步都心跳、气喘、腿发抖。

最前面是几头背着物资的骆驼，这些工人们紧跟其后，虽然不是很习惯，但他们也都在咬牙坚持着。

庄睿感觉还好，不过身上那个小背包，明显要比以往重了许多，看着前面埋头赶路的猛子，庄睿不禁有些汗颜。

山溪潺潺地流淌，叮叮咚咚的欢唱声在空明的峡谷里回响。

山谷里生长着红柳、野枸杞、骆驼刺、芦苇，几棵胡杨树像黄豆芽一样，孤零零地立在山脚下，满沟的鹅卵石里可以寻觅到玉的踪迹，有些已被过往的玉工们拾起放在"路"边的石头上，以便运玉人带走。

中国有关采玉的历史，可以追溯到七千多年以前，听张大志所说，那满沟圆滑的卵石并非全是被水流冲刷的结果，很大程度是被采玉人脚板摩擦所致。悠悠的驼铃声在山谷里摇曳了两万万多个岁月,人们已习惯了这种艰难的历程。

"这里的玉不捡?"

庄睿指着路边一块拳头大小的玉石向张大志问道,虽然露出来的玉肉显示,这不过是一块品质一般的料子,不过那也是玉啊。

张大志摇了摇头,说道:"好玉都已经被捡走了,放在路边的都是准备用车拉走的。"

庄睿他们都不会想到,因为玉价大涨的缘故,就这两年的时间,二十多万人蜂拥而入,别说这路边的玉石了,就连这谷底都将被刨地三尺。

正说话间,一辆拖拉机从山上驶了下来,山路虽然不是很陡,但却不太平,那拖拉机像是过山车一般,前面高高的翘起,到下一刻就沉沉地落入坑里,庄睿看着都心惊,偏偏那车后斗上面还坐着两个人。

"小伙子们,上去好好干啊,哈哈……"

路过庄睿他们身边的时候,开拖拉机的那人喊了一嗓子,只是这人的样子多少有些滑稽,颠簸的路面使他的屁股根本就沾不到座椅上,像是抽风般地跳着摇摆舞,看得众人一阵哈哈大笑。

等拖拉机开过去之后,庄睿看到,在拖拉机后面还跟着一个人,不住地把路边那些玉石扔到车斗里面,这山路上拖拉机比人走路的速度也快不了多少,后面那人倒也跟得上。

两个多小时之后,终于到了矿区,几只狼狗"汪汪"叫着扑了上来,被跟在后面迎接的人给喝斥开了。

第二十三章 死亡山谷

"庄哥,咱们去矿洞里看下吧,看完之后就要离开了。"

虽然是玉王爷的吩咐,但是张大志几个人也不愿意在这里耽误工夫,毕竟这些年来进山的人越来越多,你迟到一步,可能好玉就会被别人捡走了。

张大志已经和这个矿点的人说好了,听到是玉王爷安排人来看矿洞,那个叫老于的中年人也不敢怠慢,带着庄睿等人拐过一条山道,来到了矿洞的上方。

出现在庄睿面前的,是一个高达数十米的巨大山壁,只是整个山体都被采石工人开凿过了,洁白的剖面正好面对着下午的阳光,像是反光的镜子一般,刺得庄睿睁不开眼睛。

常言说:玉埋于石,难为人识。但那温润的玉气会在温煦的阳光下升腾在空中,那神奇的白色营造着一种美玉生烟、扑朔迷离的错觉,令庄睿一时间恍然若失,仿佛自己也已化身其中。

《诗经·小雅》曰:他山之石,可以攻玉。开采山石料在古代叫攻玉,也指开采山玉,即开采原生玉矿。庄睿在老于的带领下,钻进了那个据说有八十三米的矿坑里。

这个矿洞高宽都只一米多点,庄睿只能跟在老于后面,一寸一寸匍匐着爬进洞中,没进洞之前,庄睿想象玉石矿一定是连成一片的,洞里肯定是四壁皆玉,光可鉴人,可是一直爬到洞底,他也没看到一丁点玉的痕迹。

吃了一嘴灰的庄睿从矿洞中爬出来之后,向老于问道:"于师傅,这是玉矿吗? 这么窄就算是有玉,那也采不出来啊。"

"老弟,这是在找矿脉的,只有先确定矿脉,才能进行挖掘,先期是不能大肆开采的,否则毁掉矿脉,那连哭都来不及了……"

听完老于的解释,庄睿才算是明白,敢情这采玉和开采翡翠不同,讲的还是个技术活儿。

在来玉矿之前,庄睿总认为采玉可能和开采大理石一样,一采一大片,直到这时才知道自己的想法是多么无知可笑,首先玉矿不像别的矿石连片,而是断断续续地藏在石岩芯里,矿脉真的如古诗所云如烟似雾、飘忽不定,偶尔露出的矿脉又被厚厚的岩石层包裹,每取一块玉必须去掉大量的包在玉外的坚硬岩石。

这就决定采玉人不但要付出十分艰辛的劳动,同时,还要有一双识玉的慧眼,识别玉和石的不同。与玉相连的岩石叫玉石根,看来像玉却是石,最难区分,取得不好,玉石俱碎,前功尽弃,而那句成语玉石俱焚,也就是出自采玉的典故。

"庄哥,咱们走吧,这眼瞅着天就快黑了,再不走咱们晚上过不去死亡谷了。"

看到庄睿灰头土脸地从矿洞里爬了出来,一旁的张大志催促道,从这里到他们的目的地已经是绕了一些路了。

"死亡谷?"这个词让庄睿听得有些心惊肉跳。

"到了那个地方你就知道了。"张大志没有多解释。不过看他的脸色,那肯定不是个好地方。

告别老于之后,五人小队继续往山里走去,没有了矿工队,山里寂静了许多。这里的山体基本上是石头组成的,一路上河谷纵横、山峦起伏,在走了四五个小时之后,几个人身上全都是湿漉漉的,那都是穿越溪流时被打湿的。

不过庄睿的表现还算不错,至少这四五个小时走下来,他都能跟得上队伍,并没有拖后腿的现象,这让铁子等人对他也有些刮目相看了。

走到一处溪流的旁边,张大志停下了脚步,看了看天色,说道:"先吃点东西吧,铁子哥,晚上一定能过死亡谷?"

"能,不过要抓紧时间了。"提到死亡谷,铁子脸上也露出一丝紧张的神色来。

"那快点烧水吧。"

张大志一声吩咐,猛子放下了那个大背包,从里面居然取出了一口小钢锅。王飞手脚麻利地用石头垒起了一个灶台。铁子则去拾了一些干枯的树枝,只有庄睿在一旁有些不知所措。

其实也不需要庄睿做什么,不过三五分钟的时间,火已经烧了起来。大志从包里拿出风干的肉块,扔到了里面,几人围着石头灶台坐了下来。

"大志,你们为什么选择采玉,而不去找矿脉啊?"

庄睿先前在和老于聊天的时候,知道这山上的矿脉都是无主之物,只要谁能找到,那开采出来的玉石,就归属于那人。按理说,这找到一个矿脉,就等于是一夜暴富啊,比上山采玉要强多了。

"庄哥,别说这玉矿脉已经被开采得差不多了,就算是找到矿脉,我们也没钱去开采啊,先期的投入,最少是要上千万的。"

张大志等人脸上的表情有些无奈,即使是那些寻找矿脉的队伍能找到矿脉,他们也只能占到很小的一点儿股份,大头还是被那些出资开矿的人拿去了。

锅里的水很快滚开了,浓郁的肉香味散发了出来,几人就着肉汤,吃了几张大饼之后,在旁边的溪流中洗刷了一下,就将火种熄灭了。这昆仑山中虽然很少见高大树木,但是这些灌木丛要是烧起来，也够给众人判上几年了。

收拾好东西后，庄睿拿出手机看了一下，已经快六点钟了，再看手机的信号，却是一格都没有了。把手机塞回裤袋里，庄睿问道："大志，咱们这次去什么地方？怎么这一路都没遇到人？"

此次同行的人，加上在中转站遇到的采玉人，足有一千多人，分流到这昆仑大山后，就像是石入大海，连个浪花都没有翻起来，几人赶了一下午路，都没遇到一个人影。

张大志把清洗干净了的钢锅塞进猛子的背包里，随口答道："呵呵，庄哥，昆仑山大着呢。一般人都去玉龙喀什河挖玉了，只是那里现在都在用挖掘机采玉，咱们去了也抢不到的，还不如去野牛沟闯一闯呢……"

"野牛沟？"

"对，就是野牛沟，那里出产的白玉、青白玉、青玉，质地细润、品种丰富、块头大，属上等好料，与和田玉基本相同，有不少甚至能达到羊脂白玉的标准，特别是其翠绿色、烟灰色、灰紫色品种在和田玉中都极为罕见……"

一旁的铁子接过话来，这次决定去野牛沟，也是他建议的。只是野牛沟的地形很复杂，海拔四千五百多米，对于采玉人而言，那里是一个充满了致命诱惑和未知危机的地方。

王飞也笑着说道："在前年的时候，曾经有一个浙江人在野牛沟开矿采玉，一夜发迹，恐怕现在的身家，都要有几亿了。"

王飞的话让铁子等人眼里都冒出了精光，他们不求能遇到矿脉，只要从野牛沟里淘到一些高品质的玉石就满足了。玉王爷收购玉石的价格很公道，每年都有很多人进山之后赚个几十万，带着钱就回内地买房子结婚了，这也是张大志等人的心愿。

"走吧，到野牛沟还有两天的路程，今天一定要绕过死亡谷……"

一行五人重新又开始了上路，昆仑山的傍晚并不炎热，微微凉风吹在身上很是舒服，正是赶路的好时候。在天边最后一丝夕阳将整座大山映照的满山红光的时候，众人来到一处山谷之下。

"这……这就是死亡谷？"

已经不需要别人提示，仅凭眼前所见，庄睿也知道现在到了他们所说的死亡谷了。

凭借着天边最后一丝霞辉，庄睿可以清楚地看到，在距离山谷入口处十多米的山谷中，茂密的野草丛生，在草丛四处，布满了狼的皮毛、熊的骨骸、猎人的钢枪及荒丘孤坟。

一具没有骨架的头颅，空着一双眼洞，仿佛在诉说着自己的凄惨遭遇。天空中不时传来的苍鹰鸣叫，无不在向世人渲染着一种阴森吓人的死亡气息。

"是的，这里也被称为昆仑山的'地狱之门'，千百年来，里面不知道埋葬了多少尸骨……"

张大志的声音有些低沉，看着那谷中的累累白骨，他眼中闪过一丝惧色。

"庄哥，咱们走吧，这地方牧草繁盛，但是在昆仑山生活的牧羊人，宁愿因没有肥草吃使牛羊饿死在戈壁滩上,也不敢进入这个古老而沉寂的深谷……"

王飞在说话的时候,抓着枪的手,又加了点力气,好像这幽幽深谷里,会有魔鬼出来将他们吞噬一般,正好这时落日的余晖完全消失掉了,王飞的声音回荡在谷中,空洞而深远,令几人都有些毛骨悚然的感觉。

"没有科考队伍对这里进行科考?"

庄睿看了一眼那犹如怪兽大嘴般的谷口,跟上了王飞的脚步,从谷口旁边的一条小路,向上爬去。

这会天已经完全黑了下来,队伍里最为熟悉路况的铁子走在最前面,头上戴了个矿工灯,手里拿着把有点像镰刀似的弯刀,将挡在前面的枯草和低矮树枝砍断开路。

"有过一次科考,不过也没完全搞清楚原因……"

离开了那个死亡之谷,张大志的谈性上来了,给庄睿讲了这些年来发生在这谷里的事情。

在上个世纪八十年代的时候,有一群牧场的马因贪吃谷中的肥草而误入死亡谷,要知道,对于牧民来说,这马可是他们的命根子,一位牧民冒险进入谷地寻马。几天过去后,人没有出现,而马群却出现了。

后来那位牧民的尸体在一座小山上被发现,衣服破碎,光着双脚,怒目圆睁,嘴巴张大,猎枪还握在手中,一副死不瞑目的样子。让人不解的是,他的身上没有发现任何的伤痕或被袭击的痕迹。

这起惨祸发生不久后,在附近工作的地质队也遭到了死亡谷的袭击。那时也是这个月份,外面正是酷热难当的时候,死亡谷附近却突然下起了暴风雪。一声雷吼伴随着暴风雪突如其来,炊事员当场晕倒过去。

后来根据炊事员回忆,他当时一听到雷响,顿时感到全身麻木,两眼发黑,接着就丧失了意识。第二天队员们出外工作时,惊诧地发现原来的黄土已变成黑土,如同灰烬,动植物已全部被"击毙"。

当时地质队迅速组织起来考察谷地,考察后发现该地区的磁异常极为明显,而且分布范围很广,越深入谷地,磁异常值越高。在电磁效应作用下,云层中的电荷和谷地的磁场作用,导致电荷放电,使这里成为多雷区,而雷往往以奔跑的动物作为袭击的对象。这种推测是对连续发生的几个事件的最好解释。

不过究竟是什么原因使得这里的磁场值超高,地质队却没有一个明确的结论。而发生了这几件事情之后,附近的牧民却是再也不敢靠近死亡谷一步了,幸好今天这个队伍之中没有维吾尔族人,否则的话,打死他们也不敢从死亡之谷的边缘绕路的。

听完张大志的讲诉,庄睿下意识地回头看了一眼那已经看不到的谷口,后背直冒冷汗,估计是这里人迹罕至的原因,要不然的话,恐怕也会和百慕大那些地方齐名了。

几人乘着夜色,一直翻越了两个山峦才停下脚步,这里距离死亡之谷足足有三四十里了,也是一个大峡谷,铁子对这里很熟悉,借着头上的矿工灯,直接在靠近岩壁的地方,找到一个很隐蔽的山洞。

"铁子哥,你记忆真好,咱们好像前年走过这里一趟,你居然还记得。"

张大志从地上捡了一个石头,用力地扔到了山洞里,他是怕有什么动物藏在里面,要知道,在昆仑山中,野狼和棕熊可是很常见的,每年都会传出牧民被袭击的事件。

等了一会儿,洞中没有传出声响,几人才走了进去,山洞并不深,只有十来米的样子,布满了灰尘,他们几人这一路赶下来,早已是疲惫不堪了,也懒得去管脏不脏,直接就在略带潮湿的地方坐了下来。

"庄哥,咱们在山里宿营,晚上睡觉要有人值夜的,你就排在第一个吧,到十二点钟喊我,猛子第三个,王飞第四个,铁子哥比较辛苦,今天就不安排你值夜了。"

猛子坐下之后就打开背包,从里面拿出了五个折叠起来的睡袋,一一递给了众人,而张大志开始分配各人的值夜时间。

安排庄睿第一个,实际上是照顾他了,守到十二点就能一觉睡到天亮,远比半夜爬起来两三个小时再睡下去强多了,至于铁子负责开路,体力消耗比较大,所以张大志才不安排他的。

众人对张大志的安排都没有异议,王飞大致地给庄睿讲解了一下手中散弹枪的使用方法,就钻进睡袋里去了。多一点休息的时间,明天才能多一分精神。

还好,这一夜除了远处传来几声狼嚎之外,并没有什么事情发生,安然度过了。

第二天天刚擦亮,众人都开始上路了,昆仑山中早晚的温差比较大,清凉的早晨赶路最是舒服,到中午炎热的时候,可以多休息一会儿。

到了第三天上午十点多的时候,一行五人才赶到了野牛沟,这里已经是海拔四千五百米的高度了。虽然每个人的脸上都显露出兴奋的神色,不过张大志还是找了一块地方,让众人先休息半天,等到下午再去沟底寻找玉石。

"轰!"

几人刚坐下,远处突然传来一阵爆炸声。庄睿感觉屁股下面的地面都震动了起来,连忙站起身来,向传来爆炸声的方向看去。

"庄哥,别看了,那是浙江人的玉石矿,他们都采了一年多了。"

张大志对这样的情况早就习以为常了。在昆仑山中,只要有玉矿的地方,几乎整天都能听到爆破声的。

只是在几人脸上,都露出了羡慕的神色。对于他们而言,只要能发现玉石矿脉,即使没有钱开采,把消息卖出去都能大赚一笔的。

不过这矿脉一般都深藏地下,没有探测的工具,几乎是不可能被他们发现的。

野牛沟已经深入昆仑山脉,由于生长着大批的野牛群而得名,当然,那是指的数十年以前,现在早就难见野牛的踪迹了,这里虽然称之为沟,其实纵深达二十多公里,里面青草肥美,很适宜动物生存。

　　在野牛沟的两侧,都是山顶终年积雪不化的雪山,但是每到夏季,半山腰处的雪水融化之后,就会带着山石流入到野牛沟中。千百年下来,在野牛沟内,形成了一条不算很宽,但两边却堆满了山石的河道。

　　铁子等人的目的地,就是这条河道,由于这里海拔已经高达四千多米,并且大型机械很难运进来,加上一般体质不佳的人,很难在这里采玉,所以这条河道并没有像玉龙喀什河那样,被从上流截流,然后大肆挖掘,基本上还保留着天然状态。

　　不过也有不少人已经盯在了这里,在庄睿他们到达野牛沟之后没多久,一个三人的小队和他们碰面了,虽然并不熟识,大家还是打了个招呼。

　　由于河边的玉石都是从山上冲下来的,所以在河道山脚入口的地方,相对好的玉石会多一点,庄睿他们是先到的,所以那几个人很自觉地向下游走去。

第二十四章 五色美玉

在众人休息的时候，铁子给庄睿讲了一下他多年来采玉的技巧。不过庄睿在归类之后发现，这采玉与赌石有着异曲同工之处，那就是，想采到好玉，很大程度上都要归功于运气好。

就在今年年初的时候，来自温州的一个大老板，雇用了几十台挖掘推土机和大量人手，在玉龙喀什河截流的七八公里长的一段河道，大肆开采了起来。

用现代化机械找玉，是近几年的一大发展。推土机把河道里的土石推到一边，等在一旁的民工拥上来用铁锨翻找土里的玉石。

不过历经了一个多月的时间，耗资达到上千万，玉石倒是采到不少，但都是一些普通的玉料，根本无法抵消他庞大的开支。无奈之下，那个商人只能结束了这次采玉行动，以亏本告终。

只是那温州商人心有不甘，收工之后又跑到开采现场，却看到有一个当地的维吾尔族民工，抽完烟后站起身来，很随意地把脚下的一块石头给踢开，却从底下捡到一个拳头大的玉料来。经过鉴定，为上品羊脂玉，价值上千万，这让那温州商人气得差点吐血，连夜离开了新疆。

在休息了三个多小时之后，庄睿等人也开始了采玉，猛子从背包里面拿出四个扁扁的折叠在一起的筐篓来。这是用很坚韧的丝线编织的，折叠处用的是合金钢条，后面缝制了背带，展开之后可以背到身上，将采到的玉扔在里面。

几人都背了这么一个筐篓，走向了那被阳光照射的有些刺眼的河道。张大志等人的脸上全都充满了冀望的神色。对于他们而言，一块好的玉石，就有可能改变他们的一生。

所谓采玉，就要在这河道两旁数以千万计的大小石头里，找出玉来，说是大浪淘沙也不为过。在中国古代的时候，采玉是在河道两旁拉上大网，从里面筛选玉石，但有时候一天下来，都找不到一丁点儿的玉料。

经过千百年雪山水的冲刷，河道两旁大大小小的石头，都变得很光滑。众人干脆脱了鞋子，赤着脚走在那被阳光晒得有些发烫的鹅卵石上，耳边传来潺潺流水声，倒也别有一番韵味。

　　这里虽然地处大山深处，不过千百年来，也有成千上万的采玉人来过这里。想从河道边捡到玉料，并不是那么容易的事情，几人顺着河道走出四五百米之后，都是一无所获。

　　庄睿本来还想试着自己分辨一下河边的石头，只是没过三五分钟，那密密麻麻遍布整个河道两旁的鹅卵石，就让庄睿觉得头晕眼花了。

　　从表面上看，根本就无法分辨出这些石头有什么不同，不管是大小、形状还有颜色，几乎是一模一样的，如果不俯下身体去仔细察看，是很难辨认出来的。可能你刚看了一块，转过头再来看，就会找不到刚才所看的石头了。

　　抬头看向铁子他们，庄睿发现，这几个人几乎是蹲在地上，一步一步地向前挪动的，就连猛子那么高的个子，也是如此。庄睿试着向他们那样在地上蹲了一会儿，不过还没有十分钟，腰腿的酸痛就让他受不了了，只能站起身来。

　　庄睿现在手持着田伯所送的登山杖站在河道上，多少显得有点突兀。

　　"大志，你说玉王爷会不会骗咱们啊？这人大模大样地站在那里采玉，能辨认得出来吗？"铁子和张大志靠得不远，小声地交谈着，倒不是他不信田伯的话，只是庄睿的表现实在是不怎么靠谱。

　　"别瞎说，玉王爷什么时候看走眼过啊。庄哥对于采玉不熟悉，但是能辨玉呀，也省得咱们带一些垃圾回去了。"

　　大志是从机场把庄睿和古老爷子接回去的，知道玉王爷对于他们很看重，自然也是高看庄睿一眼。再加上玉王爷的交代，他这一路上对庄睿都是照顾有加。

　　庄睿距离他们有三四十米远，自然是听不到大志等人的谈话，他现在正用眼中灵气，如同用犁头锄地一般，一点点地向前筛选着。

　　由于白天光线很亮，加上这些石头近半都是在水里，到处都反射着刺眼的光芒，庄睿使用灵气也第一次遇到了问题，有好几次看到石头里的颜色，但是用登山杖将之抓起来之后，却发现不过是太阳的反光罢了。

　　"有了，我捡到一块玉，铁子哥，快来帮我看看……"

　　就在庄睿有些头疼的时候，在他身后的猛子喊了起来，庄睿回头一看，这小子扑到了河水里，身上的衣服全部都湿透了，双手抱着一块石头，正往河道上面爬呢。

　　六月正是雪山上的坚冰逐渐融化的时候，这条河道虽然不是很宽，但是水流特别急，猛子即使抱着块大石头，身体还是在河水中被冲向下游七八米远，正好冲到庄睿不远的地方。

　　庄睿看到猛子还是死死地将那块石头抱在怀里，根本就空不出手往岸上爬，连忙出言说道："猛子，怎么掉水里去了，把石头扔掉，你快爬上来。"

　　猛子没有回话，很困难地在水里站直了身体，双手用力把那块石头抛在河道上，正好落在庄睿脚边。他这才伸手抓住庄睿伸过去的登山杖，往岸上爬。

庄睿连拉带扯地把猛子拽了上来，这天气虽然是在六月，不过由于海拔过高，早晚温差很大，到了晚上的时候，温度都会下降到十度左右，猛子虽然身体很强壮，但保不准也会生病的。

"猛子，把衣服脱了放地上，快去换一身干的衣服去……"

张大志和铁子还有王飞闻声也跑了过来，看到猛子这浑身湿漉漉的样子，张大志皱起了眉头。这大个子要是生病了的话，谁也背不动他啊。

"没事，铁子哥，你快点来看看，这块石头是有玉的吧？"

猛子咧开嘴傻笑了下，根本不当回事，一把将铁子拉到他扔上来的那块石头旁边。

"猛子，先去换衣服，我慢慢看……"铁子瞪了猛子一眼，他是老采玉人，知道在山里生病，缺医少药会非常麻烦的。

"行，我这就去换。"

猛子三两下就把身上的衣服扒光了，光着屁股跑到放背包的地方，拿出衣服套了上去，急不可耐地又跑了回来。

这块石头呈扁平状，有脸盆大小，厚度大概有二三十公分左右，整块石头都是淡黄色的，颜色略微有些发白，是一块糖包皮的山流水。

铁子试着抱了一下，估计有四五十斤重，也难为猛子能把它给扔上岸来。在石头的一面，露出了巴掌大一块儿乳白色的玉肉，可以断定，这是一块玉料，而且品质还不算低。

"铁子哥，怎么样？"平时显得有些木讷的猛子，这会激动得满脸通红。

"这块料子嘛，让庄先生先看看吧，我怕说不好。"

铁子看到这块玉料，已经猜得八九不离十了，心中也很高兴，毕竟这收获算是大家的。不过他还想试探下庄睿，到底是真有料到，还是徒有虚名。

"猛子，你是怎么发现这块料子的？"

庄睿随口问道，这块玉料就在脚下，他也没推让，蹲下身体看了起来，从露出的玉肉来看，这是块白玉料子，而且品质不低，就这巴掌大小，也能卖出四五万块钱了。

猛子听到庄睿的话后，有些不好意思地挠了挠头，说道："刚才我看到河里有条鱼，就想着拿筐箩把它给兜上来，谁知道没有站稳，就掉下去了，摔下去的时候，眼睛正好看到这块石头，我就给捞上来了……"

猛子的话让众人面面相觑，均是无言以对。这众人扒找了半天，拇指大的玉都没见到一个，猛子摔进河里，居然就捡上来一块玉料，这运气让众人都有些汗颜。

"庄大哥，你还没说这是不是玉料呢。"

猛子回答完后，向庄睿追问道。他是个实诚人，只有一把死力气，对于识玉辨玉基本上是一窍不通，刚才要不是正好看到露在外面的玉肉，恐怕也不知道这是块玉料。

猛子心眼实在，跟着铁子他们进山，知道自己只能帮着搬点东西，作用不是很大，所以在找到这块玉料之后，兴奋异常，感到自己也能为队伍作出点贡献来了。

"是玉料,你看这玉肉颜色洁白,质地纯净、细腻,并且光泽滋润,能称得上是和田玉中的优质品种了,这巴掌大一块,最少能值四五万块钱……"

庄睿指着露在外面的玉肉,给猛子讲解了一下,他现在并没有动用灵气去看其内部,而是从这块玉料的外在表现做出的判断。

"啊!真的?太好了!大志哥,铁子哥,咱们赚到钱啦……"

听到庄睿的话后,猛子像个孩子般的跳了起来。他前几年要进山的时候,总是有人嫌他脑子一根筋,不愿意带他,所以这次能找到这么一块毛料,猛子也证明了自己的价值了。

"庄先生说的不错,这块玉料品质不错,虽然玉肉不太可能渗进去太深,但是就凭这一块料子,咱们这趟山就没白进……"

铁子脸上也露出了笑容,这块玉的好坏,有经验的人一眼就可以看出来。他和庄睿的判断差不多,只是糖皮的料子,玉肉一般都会在中间,这块表皮就出现了玉肉,恐怕料子不会很大,估计也就是眼前所见到的这么大了。

"不是没白进山,而是大家发了笔小财。按照我的经验,这块玉肉最少还能往里渗进去十五公分,并且玉面也要比这大上一倍。"

铁子话声刚落,庄睿就补充了一句,他所谓的经验,自然是在刚才铁子说话的时候,动用了眼中的灵气。

通过灵气,庄睿看到,露出的这块玉肉,向左右两边延伸出去四五厘米,而向下渗入进去十多厘米,算得上是一块大料了。只是这块玉料,并没有能像那块羊脂玉一般,带来蕴养眼中灵气的效果。

按照现在软玉市场的行情,这块白玉料应该价值在百万左右了,一百万再分成五份,对于庄睿而言,似乎只能算得上是笔小财了。

"庄哥,你说的小财,是多少钱啊?"

猛子挠着头,他对庄睿所说的玉料的表现什么的,基本上是听不太懂,不过"发财"两个字,他还知道是什么意思的。

"庄兄弟,你……你……说的可是真的?"

铁子出言打断了猛子的问话,原本一直称呼庄睿为先生的,现在也喊出了兄弟两个字,他那张有些黝黑的脸上,居然现出了红光,可见其激动的程度了。

铁子不比猛子那浑人,他在新疆待了快二十年,上山采玉的历史也有十多年了,对于玉料市场的价格非常了解,他知道如果真是被庄睿说中了,那这块玉料就能卖出个天价了。

庄睿嘴里的发个小财,在铁子等人的心目中,那可就是天价,这也是由二人的经济基础所决定的,也不怪铁子那么激动,就是张大志和王飞,脸上也是喜不自禁,只有猛子迷迷糊糊地看着庄睿,等着他解答呢。

"应该不会错,猛子,你把那个打磨机拿过来。"

庄睿肯定地点了点头,他在进山之前,特意让古老爷子帮他找了一个带有压缩蓄电池的袖珍打磨机,张大志等人对他带这东西,本来还有些异议,不过现在正好派上了用场。

"庄兄弟,你能确定吗?"

见到打磨机上的砂轮已经转动了起来,铁子一把拉住庄睿的胳膊。这次倒不是他信不过庄睿,而是这块玉料对于他们几个人而言,实在是太贵重了。

要知道,软玉要比翡翠脆弱很多,稍有不慎,就可能将里面的玉肉给破坏掉,前面也说过了玉石俱焚的故事,铁子他们是怕庄睿将这块料子给废掉了。

采玉人对于玉料的完整性,是非常重视的。在古代的时候,从山里捡到比较大的玉料后,为防止玉石损坏,必须杀一头驴,用驴皮将玉石包裹起来,外面捆上多道绳子,然后运到京城。

由于采用的是新鲜的驴皮来包裹玉石,上面的血迹会沿着玉石的缝隙浸到里面去,在京城负责采购玉石的官员只要看到浸有血色的玉石,就认定为玉石完好无损。

不过在这之后,许多玉石玩家也往往将玉石包裹在被宰杀的狗皮里面。有些还将其埋在地中数年,让血色更好地浸入其内,这也是血玉作假的由来。

"放心吧,不会错的,如果损坏了里面的玉肉,这块玉值多少钱,我赔给大家。"

庄睿自信地笑了笑,开什么玩笑啊,上亿的翡翠他都解开过,不用说这么一小块玉料了。庄睿心底还真没怎么把它当回事。

铁子被庄睿的话说得有些不好意思,连忙把手给松开了,有些不好意思地说道:"那行,庄兄弟,你来吧,也别说赔不赔的,我相信你……"

袖珍打磨机上的齿轮有些小,无法将玉从中间段切开的,庄睿就沿着出玉肉的地方,把那层糖皮给打磨开了,左右露出的白玉面积,和庄睿所说的丝毫不差。张大志和铁子等人,脸上全都露出了喜色。

横向擦开之后,庄睿又用打磨机一点点地往纵深切去。这块玉料不是很大,半个多小时之后,一块重约十多斤的白玉,出现在了众人面前。

这块玉料呈四方形,上下宽度都差不多,整块玉精光内蕴,即使在阳光的照射下,依然给人一种质厚温润的感觉,如果不是色泽微微泛了一点青,几乎可以称得上是极品白玉了。

"庄兄弟,我铁子服了……"

见到庄睿如此完整地取出玉料,并且玉料的体积、重量还有成色,都和庄睿先前所说并无二致,铁子也向庄睿竖起了大拇指。

虽然这块玉带回去一样能解开,但是带一块十来斤重的玉料和一块四五十斤种的毛料,那可是完全不一样的,现在这块玉料,一个人就可以携带,如果没解开的话,那就需要两个人抬着走了。

"猛子,你别找玉了,把这块料子装背包里面,你就在这里看着吧。"

张大志说话也带了点颤音了,那是激动所导致的。这么一块玉料,拿回去卖掉,每人至少可以分到二十万,对于他们而言,这可是以前无法想象的。

"嗯!"

猛子重重地点了点头,拿出一张毛毯来,严严实实地将玉料包裹了几圈之后,放到背包里,死死地将之抱在怀里,一刻都不愿意松手了。

张大志等人都站起身来,准备再去找玉,只是铁子突然对庄睿说道:"庄哥,你也别去找玉了,和猛子坐这聊聊天吧。"

张大志和王飞也点了点头。庄睿的作用,刚才已经证实了的,而且他之前的表现,的确是不怎么会采玉,所以铁子才会说出让庄睿休息的话。

"好吧,你们要是看到拿不准的石头,就喊我一声。"

庄睿想了下,点头答应了下来。这白天在河边反光太厉害,他无法通过灵气来甄别石头中是否有玉石,倒不如休息一下,等到晚上再慢慢去寻找了。

有了猛子采玉这个插曲,铁子等人心情都变得很轻松了。这一块玉,就可以使他们今后的生活发生巨大的改变,所以再也没有来之前那种患得患失的心情了,很是愉快地在河道边筛选着玉石。王飞更是时不时地唱上几句新疆的民歌。

只是他们三个人的运气,显然不如猛子,在忙活了三四个小时之后,几个人背后的筐篓里还是空空如也,只有铁子手里拿了一块拳头大小的青玉,玉质很是一般,最多值个千儿八百块钱。

张大志和王飞都是有过几次采玉经验的,对这种情况早就有了心理准备,加上有了猛子采到的这块玉,并没有什么沮丧的表情。王飞更是露了一手枪法,打到了一只野山羊,将之剥皮洗净之后,升起了篝火,晚上吃了一顿美美的烤全羊。

在这个峡谷里过夜,篝火是不能熄灭的,吃过晚饭之后,天色已经完全暗了下来,现在已经是六月底了,虽然夜色很好,但是天上的弯月像个细细的钩子一般,峡谷里的能见度并不是很高。

"大志,你们这是?"

庄睿拿起筐篓和登山杖,准备到河边去的时候,却发现张大志等人也是全副武装,一副准备去采玉的模样。

见到庄睿那副奇怪的表情,张大志笑着说道:"庄哥,玉石在晚上的时候,被月光照过,会有一种淡淡的光芒的,我们也是去碰碰运气的……"

第二十五章 ｜ 惊现玉矿

在新疆这地方，很多人都是在黎明前或者黄昏后去采玉的，这也是千百年来传下的习俗，至于有没有人在晚上采到玉，那就不知道了。

几人拉开了一百多米的距离，都没有开手电筒，借着月色踩在河道边的鹅卵石上，眼睛盯着地面，只是这种方法也不知道被前人用过多少次了，一直走出三四公里，都没有发现一块玉石。

庄睿是走在最前面的，他将眼中的灵气散发开来，覆盖住自己视力所能及的地方，虽然也发现了几处闪烁着微光的玉石，只是这几块玉石品质太差，庄睿都没有兴趣去拾取。

"庄哥，今天到这里吧，咱们回去了。"

采玉是一件很枯燥的事情，而对于庄睿来说，拥有了作弊器，但是却没有作弊材料，那就更加无趣了。当耳边传来张大志的喊声之后，庄睿在回去的路上，干脆让灵气遁入地下，往深处看去。

"咦？"

庄睿的这个无意间的举动，让他马上就感到了惊喜，因为他发现地面上一块大石下面，居然闪烁出七彩光芒，而且从里面散发出的灵气表明，这块玉石的品质应该不差。

对于玉石，庄睿也算是见多识广了，他还从来没有听说过七色玉石，当下走到那块大石头旁边，估量了一下，感觉自己能掀动，就没有招呼张大志等人，用力将大石给推开了。

出现在庄睿面前的这块石头，有足球大小，即使不用眼中灵气，在夜色里也能看出淡淡的荧光。庄睿将之抱了起来，发现这石头外面，有一层薄薄的色皮，最让庄睿感到古怪的是，这些色皮的颜色非常之杂，和他先前看到的一样，各种颜色都有。

前面张大志又在招呼庄睿了，还没有细看，庄睿就把这块玉料放进筐篓里，继续向前走去。这次有了经验，他再使用灵气的时候，都会往地下看深几米。果不其然，又被他发现了几块埋得不深的玉料，品质都算可以。

等庄睿回到篝火旁的时候，他身后的筐篓里，多出来十三块玉石，有两块都是足球大小,已经是将筐篓装满了。

"庄哥,这……这都是你捡到的?"

当庄睿把一筐篓的玉料倒在地上的时候,铁子等人都惊呆了,他们忙活了大半天,也没能捡到一块玉料,却没有想到庄睿不声不响地找出这么多的玉来。

"是啊,我开始在一块石头下面发现了这个玉石,后面就专门扒开石头来找,就找出了这么多。大家来看看,这些玉的质量还算是不错的……"

其实在地下远不止这十多块玉石,只是有些埋得太深,庄睿根本无法将之取出来,还有一些品质较差,庄睿懒得捡。现在这十多块,都是品质不错的,和猛子那块比自然是有所不及,不过十多块加起来,也能值个五六十万块钱了。

"哎呦,咱们真笨,怎么就不想着扒开一些石头来找呢?"铁子听完庄睿的话后,使劲地在自己头上拍了一下。

作为一个老采玉人,铁子知道,像这样在山口处的河道,都是经历了数千上万年山水冲刷的,下面不知道堆积了多少从山上冲下来的石头,而河道两旁,自然也是如此。在表层的玉石,可能被人捡走了,但是下面说不准还会留有一些好东西的。

"大志,王飞,走,咱们回去……"

想通了这个事情,铁子从地上跳了起来,抓过筐篓,拔脚就往河道边跑,竟然一刻都不愿意耽误。张大志和王飞相互看了一眼,也站起身跟在铁子后面,向河道边走去。

其实这三个人心里都有些不太好意思。这次进山五个人,猛子就不用说了,如果不是携带的物资过多的话,肯定不会带上他的,而庄睿是玉石鉴定专家,并不会采玉,但就是这两个对采玉外行的人,现在采到的玉石,已经将近价值两百万了。

这也让自诩为老采玉人的铁子和张大志等人,感觉有些面目无光,如此一来,不干活白拿钱的人,反而变成了他们三个了。

庄睿看出了这几个人的心思,也没多说什么。他对这百十万并不是很在意,这次进山也是想感受采玉的乐趣,这一路上的见闻,庄睿已经是感觉此次行动非常值得了。

左右无事,庄睿拿起刚才那个没有细看的七彩玉石,仔细地观察了起来。这块玉料的外皮非常薄,只有几毫米厚,里面全部都是玉肉。

玉肉的品质倒是不错,里面蕴含着灵气,仅比庄睿见到的那块羊脂白玉差了一点,只是这些玉肉颜色不一,深浅也不同,还纠缠交织在一起,很难将之分解开来。

不过这是庄睿亲手所拾到的第一块玉,他想自己留下来,到时候给古老爷子看看,能雕琢出个什么摆件来。只是这会儿他们几个人都去采玉了,庄睿要等他们回来商量一下才能决定,毕竟是之前说好了所有采到的玉石均分的。

看了眼在篝火旁边呼呼大睡的猛子,庄睿却是毫无睡意,坐在地上感觉有些冷,庄睿干脆站起身来,向河道的入山口走去。

山上的积雪融化成的河水，冲到山下的时候，已经变得非常急了，将河道两旁，像是用利斧硬生生劈成一条宽七八米的沟堑，溪水冲流而下，溅起滴滴如珠玉般的水雾。

庄睿站在河道口，用灵气想再找几块玉石，却是一无所获。

无意间向有如守山大门一般的岩壁看去，庄睿顿时愣住了，因为他看到，在岩壁五六米深的地方，一块块像是岩浆层般的石头里面，包裹着好几块巨大的玉石。

"玉脉？"

一个名词涌上庄睿的心头。

"玉脉？"

庄睿有些不敢相信自己的眼睛，上前紧走了几步，几乎把脸都贴到了岩壁上，全力催动眼中灵气向岩壁看去。顿时，大量的灵气从岩壁内蜂拥而出。

岩壁被灵气一层层地剥离开来，纵深十米之内的情形，完全出现在了庄睿眼前，那一块块包裹在由岩浆形成的花岗透闪石岩内的玉石，清晰地映入庄睿的眼帘。

就在这十米深的地方，大如磨盘的玉石就有五块，其重量应该都在一吨以上，而且通过观察这透闪石岩，庄睿可以断定，这石岩是往里延伸的，也就是说，这的确是一处玉石矿脉。

昆仑山有玉脉，这是几千年前就早已经被证实了的，在靠近和田的昆仑山中，存在着大大小小百十个玉矿，这些矿点，都是玉脉所在。

不过要说出玉脉分布的规律来，那就算是玉王爷也不敢断言的。他只能通过实地勘测，并根据周围出玉的情况，大致地做出判断。

昆仑山中的玉脉，毫无规律可循，有些深入到山石内数百米，有些却浮于地面，往下挖个三五米就能看到，这才催生了不少采玉富翁。像现在野牛沟里的那个矿点，就是在半山腰一处不深的岩壁里，被那浙江人无意中发现的。

而庄睿现在所看到的这个岩壁，也是玉脉所在，并且位置更好，很易于开采。像那些处在山上的玉脉，因为要携带机械上山非常麻烦，开采起来难度也大，每年都有不少采玉矿工丧命在矿洞里。

庄睿只能看到岩壁十米之内的情形，不过在这十米之中，玉石的含量就有五六吨之多，从这点来看，这个玉脉应该是个大矿，保守地估计一下，应该也在百吨以上的。

从所能看到的玉石品质，是比白玉稍次一点的青白玉，也是软玉饰品市场上的主力。近些年来，青白玉的雕摆件大行其道，很多人购买了收藏在家中。

要知道，现在软玉的价格，也是节节攀升，虽然没有翡翠那么离谱，但总销量大，绝对是占据着玉石市场龙头老大的位置。百吨玉矿，那就意味着数十亿计的金钱，这个诱惑对于庄睿而言，也是很难抵挡住的。

"怎么办？"

庄睿心中有些惶恐,先前发现玉脉的兴奋已经逐渐地退去,现在,他开始有些不知所措了。让他放弃这个玉脉,庄睿绝对是心有不甘,在昆仑采玉的浪潮一浪高过一浪的时候,这个玉脉早晚也会被别人发现的,自己不采,也是平白便宜了别人。

但以庄睿现在的情形,要独立开采这个玉矿,难度也是很大的。

资金倒是不成问题,关键是他在新疆没有任何的人脉,这个玉矿的消息一旦泄露出去,想必会有很多势力介入,到时候恐怕带给庄睿的不是金钱,而是灾难了。

"玉王爷!"

这个名字浮现在了庄睿脑海里,其实一早庄睿就想到了他,不过要做一个与人平分数十亿计金钱的决定,并不是那么容易的。庄睿算是性格比较恬淡的,都纠结了半天才下了和玉王爷合作的决定。

庄睿还算是明智,知道有钱赚、没命花的教训,如果让他独立开采的话,恐怕就是新疆这些大大小小的势力,他都应付不过来,但是和玉王爷合作,这些事情就不在话下了,玉王爷本身就是新疆玉石界最大的一股势力。

庄睿蹲到河道边,用清凉的溪水冲洗了一把脸,用力地甩了甩头,恋恋不舍地看了一眼那个岩壁,返身向篝火处走了回去。现在他所要考虑的,就是要以什么方式与玉王爷合作,并且还要找一个自己发现玉脉的借口。

合作方式倒是好谈,庄睿既然已经下了分出一半利益的决定,想必玉王爷也会投桃报李,到时候大家各出一半的资金,开采出来的玉石利益,也各占一半就行了。只是这借口不好找,总不能直接说是自己能看穿岩壁发现玉脉吧?

"庄哥,你去哪了?我们刚要去找你呢……"

一个声音打断了庄睿的思绪,抬起头来庄睿才发现,原来采玉去了的张大志几人,都已经回来了,再看下手表上的时间,庄睿吓了一跳,自己不知不觉地在那里居然待了将近两个小时了。

"没事,我睡不着觉,就往上游走了一下,你们收获怎么样啊?"

庄睿岔开了话题,这个玉脉矿,庄睿肯定不会告诉眼前这几个人的,以他们的能力,根本就无法保证这个玉脉能属于自己,反而会将消息泄露出去。话再说回来了,大家合伙进山是采玉的,而不是来寻矿的,庄睿不说,也是无可厚非的。

"嘿,庄哥,你那办法真好使,我们也拾到一些玉,虽然品质不怎么样,但还是能卖出点钱的。"

听到庄睿的话后,张大志几人都兴奋了起来,把面前的筐篓放倒,将里面的玉石倒了出来,三个人大大小小的采了有二十多块,有些还是裸玉,在篝火的映照下,显露出温润的光泽。

庄睿翻看了一下,心中不禁苦笑了起来,这二十多块玉,最少有十几块都是他先前看不上没有捡的,没想到居然还是被几人拾了回来,还要费力给背出山去。

只是庄睿也不想想,这十几块玉虽然品质一般,但也能卖出个万把块钱,对于张大志等人而言,那是往常一年的收入啊。

"啊,铁子哥,你们又捡到这么多玉啊?不行,明天我要接着去捡玉去……"

张大志的声音把睡得正香的猛子给惊醒了,揉着迷迷糊糊的眼睛,猛子一眼看到地上的那堆玉石,眼睛顿时瞪大了。他可不清楚,这一堆玉石的价值,都顶不上他从河里拾到那块玉的一小块。

"猛子,你明天看着这些玉就行了,这任务可是很重要的啊,要是丢了或者被别人抢了,咱们可就白来了啊。"

张大志半真半假地对猛子说道,这些玉的价值已经在百万以上了,没有猛子这样人高马大的家伙来看守,他还真的是不怎么放心。

"放心吧,张哥,有我猛子在,没人能抢走咱们的玉。"听到张大志的话后,猛子把胸脯捶得震天响。

"庄哥,你困不?要是不困的话,咱们来把玉归下类吧……"

看着地上五颜六色的玉石,猛子也没了睡意,围在了那堆玉石的旁边。

"对了,铁子哥,你看看这块玉,怎么颜色这么花俏啊?"

庄睿想起了那块品质不错,但是颜色有些怪异的玉石,蹲下身子将那块玉挑拣了出来,递给了铁子。

"这块玉的色皮倒是不错,玉的品质应该不会太差,不过这色有点太杂了,雕刻的时候很难搭配。如果能搭配好,就是个精品,否则的话,就会被废掉的……"

铁子不愧是玩了十几年玉的人,一眼就看出了这块玉的优劣来。新疆玩玉的人,最看重的首先是羊脂白玉,其次是白玉,然后是极品墨玉或者高品质的单色玉,对于庄睿这块有多种颜色的玉石,倒是不怎么在意。

"这样啊?铁子哥、大志、王飞,你们看这样行不,这块玉我很喜欢,拿回去找人雕琢下。不过咱们说好的,采到的玉大家均分,这块玉我要了,剩下的那些,就由你们来分吧,我那份算是大家的了。"

庄睿沉吟了片刻,说出了上面这番话,其实在他心里,还是认为自己占了几人的便宜了。毕竟这块玉是色皮没有解开,铁子并不知道,这块玉的玉肉,比猛子拾到的那块白玉品质,还要高上一些的。

对于软玉,很多人都会认为羊脂白玉是最好的,其实不然,有些极品的墨玉和碧玉,价格都和羊脂白玉差不多,而最为稀少的是极品黄玉。由于黄玉为"皇"的谐音,其价值都能高出羊脂玉数十倍以上。

不过铁子他们就算知道这块玉品质不错,也不会怎么在意的,他们根深蒂固的观念,就是白玉最好,这杂色的玉,是很难出手的。

"不行,庄哥!那块玉你留着,但是份子钱也必须要!"

"没错,大志说的对,庄兄弟,你既然喜欢这块玉,就留着好了,不用算在咱们合伙采到的玉里面。不过你那份子还是要拿的,不然我们回去没办法向玉王爷交代,而且也会被人指着脊梁骨骂的。"

对于铁子和张大志的话,王飞和猛子在一旁都是连连点头,就凭现在地上的玉石,要是论贡献的话,猛子绝对排在第一,他那一块玉石就值上百万了,而其次就是庄睿了,那十来块玉料,也能值个五六十万。

至于铁子他们采到的玉料,其价值不过几万块钱而已,如果就因为庄睿拿了一块无关轻重的玉料,而不给他份子钱的话,那回去之后,肯定会被别人鄙视的,估计以后再也不会有人与他们合伙采玉了。

第二十六章 玉王爷

　　"这些以后再说,大家先休息吧,我的意思是明天咱们再去河边看看,要是收获不大的话,就出山吧……"

　　庄睿此次跟着进山,原本就是想见识一下采玉,现在目的达到了,还发现了一个玉脉,实在是没有必要再待在山里了。

　　"要不要再找一找,晚几天再回去啊?咱们带的食物还能撑半个月呀。"

　　张大志有些犹豫,来到第一天就有这么大的收获,他想着是不是还能再找到一些高品质的玉料来,他刚才还和王飞商量着,回去卖掉这些玉之后,就一起回四川,也许这次是他们最后一次采玉了。

　　一旁的铁子听到张大志的话后,摇了摇头,道:"我同意庄兄弟的话,这采玉靠的是机缘,像我进山十多次了,也不过赚了有七八万块钱,并不是说在山里待的时间长,就能找到玉的。"

　　铁子是老采玉人,他说出的话很有分量。张大志和王飞想了一下,也点头同意下来,毕竟这次的收获,足以让他们回到家乡盖个大房子娶个老婆的了。

　　第二天天还没有亮的时候,铁子和张大志等人就爬了起来,摸黑去到河边开始找玉了。庄睿和猛子则看守着拾到的玉,并捡了一些干枯的树枝,接了河水,烧开之后把风干肉和大饼都泡在里面,做起了早饭。

　　庄睿对于采玉的兴趣不是很大,吃过早饭之后,又转悠到了河道的入口处,看着从高耸的雪山上奔流而下的溪水,还有那犹如是鬼斧天工一般开凿出来的沟壑,不禁皱起了眉头。

　　这玉脉是发现了,但是必须要找个说辞才行,这玉脉是隐于山体之内,而不是露天的,仅凭庄睿空口白话,玉王爷也不会相信啊。

　　"那是什么?"

　　看着面前激流而下的溪水,庄睿突然被山体岩壁旁边的一块石头吸引住了,那是块花岗闪长岩体,和岩壁内包裹住玉石的石岩是一样的。

只不过这块岩体里面并没有玉石，可能以前也有采玉人来过，岩体明显的有被开凿的痕迹，往内挖下去一米多深，估计那些人没有发现玉石之后，认为这块石岩也是被从山上冲下来的，并没有对石岩旁边的岩壁进行勘测。

要知道，除了炸药之外，携带开山的设备进入到这里，是很困难的一件事情，而这块岩壁是千百年来山洪冲刷，被溪流从中间硬生生地分成了两半，从那断面也可以看到，并不是像有玉的样子，所以也没有人敢冒大不韪去用炸药炸开这个山口河道。

软玉的形成，是由花岗闪长岩体与白云岩接触产生一系列接触变质岩系，白云岩变为白云石大理岩，岩浆晚期热液沿白云石大理岩构造裂隙通道，发生交代作用之后才会形成软玉。

也就是说，一般存在花岗闪长岩或者是白云岩的时候，往往就会有玉脉的存在，那块岩壁旁边的花岗闪长岩之所以被人开凿过，也是出于这个原因，而后面来此采玉的人，见到开凿的痕迹之后，对这里的关注也就变得小了。

"回去就说自己是根据那块花岗岩，判断出这地下曾经有岩浆流动，形成了玉脉。"

庄睿给自己发现玉脉找到了一个理由，虽然有些牵强，但是等到挖开那个岩壁之后，相信别人只会认为自己眼力高明，而不会有别的什么想法了。

拿出相机，庄睿把河道两边的地形，还有那块被开凿过的花岗岩都拍了下来，等回去之后，这些照片就是说服玉王爷的凭证。就算是他还不相信的话，庄睿就准备由自己出资，找人开采，等开出玉石之后，再与玉王爷谈合作，只是那样，庄睿所要占的股份，就不会是一半了。

铁子他们只当庄睿是城里人，进山来图个新鲜，对他四处拍照的行为没怎么在意。一天很快就过去了，只是众人的收获，却并不怎么理想，只找到三五块品质很差的青玉，连铁子这样的老采玉人都看不上眼。

几人晚上商议了一下，决定第二天早上出山。

出山的时候走的是另外一条道，不用绕过死亡谷，但是路程多了半天，等回到了那个中转站，已经是三天之后了。

中转站有两辆中巴车，是专门用来运送山上下来的采玉人回和田的，不过和城市拉客的私人中巴一样，人不坐满他们是不会开车的。

庄睿等得有些不耐烦，干脆和车主谈了价钱，包了一辆车回和田。铁子等人也没异议，毕竟身上带着价值上百万的玉石，早点回到自己的地盘，心里才能安稳下来。

经过五六个小时的颠簸之后，庄睿终于回到了玉王爷的庄园，此刻距离他进山整整过去了一个星期。

…………

阿迪拉看着面前胡子拉渣、头发脏乱、身上的牛仔裤更是被磨出了几个洞的庄睿，脸色凝重地问道："小庄，这可不是在开玩笑，你能确定吗？"

阿迪拉刚才正和古天风品着去年刚酿造出来的葡萄酒的时候，被庄睿急冲冲地找上来，告诉他发现了一条玉脉。

对于庄睿的话，阿迪拉心里没怎么当回事。要知道，昆仑出玉的地方，阿迪拉几乎都走遍了，他不相信庄睿第一次进山，居然就能找到玉脉。

"小庄，这可不是小事，你根据什么说那是条玉脉啊？"

古老看着庄睿现在的狼狈模样，递过去一杯红葡萄酒。

"师伯，没把握我会乱说吗，你们看……"

庄睿把数码相机拿了出来，将自己所拍的那块岩壁指给二人看了一下。

"呵呵，你说的是这里啊，小庄，那不是玉脉，而且那块石头也是从山上被冲下来的……"

看到照片，阿迪拉表情轻松了不少，不以为然地笑了起来。野牛沟他不知道去过多少次了，一眼就看出照片上景色的位置所在，那条河道里的确出过不少玉，但都是从山上冲下来的山流水和仔料，应该不会有玉脉的存在。

"田伯，我说的是这里……"庄睿把手指向相机中岩壁的位置。

"我怀疑这条玉脉就在这岩壁往里面纵深的地方，因为在河道出口那里的山岩，有点像白云岩，也就是说地壳变动之前，这里是地下岩浆的流经之处，存在玉脉的可能性很大。"

庄睿的话让阿迪拉的神色又重新变得凝重了起来，那条河道他虽然专门去考察过，但是对于河道口的关注并不是很多，这也是出于灯下黑的缘故，越是显眼的地方，越容易被忽视。

"这倒是也有可能，距离这里不远的玛卡峰上已经出现了玉脉，现在正被人开采，这里形成玉脉倒也说的过去，只是……"

阿迪拉看着相机上的照片，眉头皱了起来。

"田伯，怎么了？咱们可以先从岩壁这里开进去，看看里面岩石的结构啊。"

"小庄，现在是夏季，正好是山洪爆发的季节，现在这只是个溪流，再过上一段时间，恐怕那条峡谷，有一半都会变成河道的，开采起来难度很大。除非在山脚下截流，另外炸开一个河道出口。"

阿迪拉对那里的地形很熟悉，对昆仑山的气候季节变化更是了如指掌，夏天多雨，只要一场暴雨，就能引得山洪下泄，到时候根本就无法在那里进行开采的。

庄睿以为阿迪拉是怕出钱出力再找不到玉脉，于是说道："田伯，那就炸开一个河道出口好了，这钱我来出。"

阿迪拉看到庄睿的样子，笑了起来，道："你这小家伙信心很足啊！这前期的准备可是不少花钱的，光是人力和设备上的开销，就要几百万，你不怕打水漂啦？"

"他可是个财主，几百万对他来说也不算什么。阿迪拉老哥，你看有谱吗？"古老爷子也笑了起来，他对于玉石开采经验不多，不敢妄下结论。

"很难说，不过只要从这里开出个二三十米的坑道，看一下里面的岩石层就知道了。"

阿迪拉回答完古老爷子的话后，把脸转向了庄睿，道："小家伙，这样吧，我也不占你便宜，我出设备，你出人工钱，咱们在这里先开个坑道看看。如果真有玉脉的话，截流改道的事情我来做，需要投资多少钱，咱们各出一半，股份各占百分之五十，你看怎么样？"

庄睿想了一下，说道："行，就按田伯说的办。不过玉石开采出来之后的销售，我是不管的，我这股份就当是风险投资，田伯你每年给我红利就行了。"

阿迪拉闻言大声笑了起来，万一有玉脉，他还真怕庄睿这个小年轻到时候在里面指手画脚的，于是说道："行，就这么着吧，你小子去休息下，明儿一早咱们就进山。"

阿迪拉能在新疆玉石界纵横数十年，也是个敢作敢为的性子，既然已经下了决定，马上就站起身来，去召集人手作准备了。

庄睿离开后，并没有去休息，而是找到了张大志等人，这几个人正在玉王爷庄园里的玉石回购中心里，等着专业人员鉴定自己所采的玉石呢。

进山采玉的人，所采到的玉，都是归属于自己的，可以卖给玉王爷，也可以留着到市集上出手，不过玉王爷收购玉石的价格一向都很公道，所以采玉的人们也乐意把玉卖给他。每年从新疆流出去的和田玉原料，玉王爷能占到百分之八十的份额，可见其实力之雄厚了。

"庄哥，你来啦，正好，马上就鉴定完了……"

见到庄睿走过来，几人纷纷打起了招呼，脸上都带着抑制不住的喜色。

刚才已经鉴定完了最好的三块玉，对方已经开出了一百七十万的价格来，大厅里还有一些别的采玉人，均是用羡慕的眼光看着张大志等人。

"我要给你们说点别的事情，算了，等下再说吧……"

庄睿本来想给几人说下自己明天要进山寻找玉脉的事情，不过看到这几个家伙眼神不离桌子上的玉石，即使在和自己打招呼，也是漫不经心的。

"铁子，你们这次采到玉，品质很不错啊，一共二十七块玉料，其中上品白玉两块，重十八点六公斤，中品白玉六块，重三十九点四公斤，其余都是普通青白玉，总共价格是一百九十八万。老刘我做主了，算做两百万，你们看怎么样？"

坐在桌子前的那个老人，在鉴定完最后一块玉料之后，拿下鼻梁上架着的老花镜，擦了擦，然后才慢条斯理地对铁子等人开出了价格。

鉴定师看到铁子几人不说话，还以为他们对自己开出的价格不满意呢，不由得从鼻子里哼出声来："怎么着？不乐意啊？铁子，你和我老刘打交道不是一天两天了，我开出的价格是最公道的，就是玉王爷来了，那也就是这价……"

"刘伯，不……公道，不是……不是，是……很不公道。哎，你看我臭嘴，大志，还是你来说吧。"

听到两百万的价格时，三十多岁的铁子，说话都变得不利索起来，一句话没说完，已经把桌子对面的刘老头气得脸色发黑了，就差站起来要往外面轰人了。

"这……这，庄哥，还……还是你来说吧。"看张大志那种激动的脸庞，也是连整话都说不出来一句了。

"刘伯，他们是太高兴了，您别见怪，这价格公道，就按您说的办。"

庄睿笑了笑，转过脸对那老人说道，刘伯听到庄睿的话后，原本有些生气的脸上，也露出了笑意。他也看出来了，这几个小子完本是被两百万这价格给吓坏了。

这也难怪铁子他们激动，要知道，就在一个星期之前，他们都还是些三无人员，无钱，无房子，无老婆，这乍然听到两百万的巨款，激动一下也是正常的。

进山一趟，就收入数十万，让人从一贫如洗到身价百万，这也是近些年来数十万人涌入新疆采玉的重要原因之一。就像是十九世纪美国淘金热一样，国家对于玉石开采没有明文规定，现在就是谁采到算谁的，不过这种现象到明年就不复存在了，相关管理条令已经在制定之中了。

"行了，铁子你小子也算是熬出来了，你们谁是队长，这钱怎么分配？要现金还是打到账户里面？"

刘伯跟着玉王爷工作几十年了，每年都能见到这样的场面。说老实话，采到两百万的玉石虽然不多见，但也不是没有，比这更多的他也见过。

张大志醒过神来，连声说道："我，我是队长，我们五个人，每人四十万，还是把钱打账户里面吧。"

一直没有说话的猛子，忽然瓮声瓮气地说道："大志哥，我没银行账户啊，这怎么办？"

"我也没有银行账户……"

猛子身边的王飞也是一脸的不好意思，他和张大志一样，都是给玉王爷打工赚点小钱，每月到手的千把块钱，给家里寄去几百，剩下的根本就不够花的，哪里还会存银行啊。

庄睿看到这般景象，开口说道："大志，铁子，我看你们都去银行办一个账号吧，正好我也有点事要和你们说。"

"行，咱们一起去银行。刘伯，你开个收据吧，回头我们再过来领钱。"

拿到刘伯开的收据之后，几人走了出去，张大志把车开了出来，几人来到和田的一家银行里，分别用自己的身份证开了个账户。

庄睿在路上把自己明天要进山寻找玉脉的事情，跟几人说了一下，他们心里也没怎么在意，话说只是怀疑有玉脉，是否存在还是两说呢。

那四十万庄睿还是给推辞掉了，张大志等四人每人平分了十万，也算是心满意足了。张大志和王飞等钱打进账户里之后，已经决定要向玉王爷辞职，返回四川老家了。而铁子则是准备在和田买套房子，把和他相好了几年的那个寡妇给娶进门。只有猛子在拿到这笔钱之后，有点不知所措，他是个孤儿，从小就吃百家饭长大的，这猛然有了一大笔钱，不知道如何处理了。庄睿挺喜欢这个心眼实诚性格质朴的大个子,干脆让他明儿跟自己一起进山,猛子也答应了下来。

处理完这些事情之后,庄睿背着那个装有色皮玉石的料子,回到了自己所住的房间。

顾不上满身的灰尘,庄睿第一件事就把手机充电器找了出来,准备给家里报个平安。进山的当天手机就没有信号了,到了第四天的时候更是连电都没了,虽然之前给老妈交代过了,不过连着一星期没通电话,庄睿也怕家里人担心。

电话接通之后,庄母倒是没说什么,只是叮嘱庄睿多注意安全。庄睿几次想问关于京城欧阳家的事情,不过话到嘴边,还是忍住了。

将手机丢到桌子上,庄睿就钻进了浴室,出山这几天没有洗澡,他这穿的衣服都能挤出汗碱来了,身上更是散发着一股怪味。

就在庄睿洗澡的时候,桌子上的手机响了起来,庄睿虽然听到了,也懒得去接,这会儿正和身上那厚厚的一层污垢较劲呢。虽然明天还要进山,今儿也要收拾利索一点。

过了十几分钟,庄睿走出浴室,发现手机依然在响个不停,心中有些奇怪:是谁这么锲而不舍的啊。

第二十七章 开山采玉

"喂,是二哥啊,不好意思,这几天进到山里,手机没信号,担心小弟来着吧?"

看到是岳经的电话,庄睿有些不好意思,本以为三五天的就会回北京,进山的时候忘记给他说了,恐怕找不到自己,让老二担心了。

"我担心你个屁,老幺啊,你和欧阳家的老四到底怎么了? 他现在每天来单位堵我,我还要不要上班啊?"

敢情庄睿是自作多情了,岳经兄不是来关心他的,而是来兴师问罪的。从庄睿电话打不通的那天开始,欧阳军就整天待在他的办公室,放出话来,找到庄睿就没事,不然他就缠上你岳小六了。

"我和他没什么关系,二哥,在跟你认识他之前,我连他名字都没听说过。这事你别赖在我身上,要怪就怪你自己,谁让你带我去那地儿的……"

庄睿一听是这事,不由笑了起来,在电话里和岳经开起玩笑来,他这几天在山里过得很辛苦,但是也很充实,早把欧阳军的事给抛到九霄云外去了。

"你小子没良心啊,哥哥我可是顶着老虎凳辣椒水,都没把你的底细招出去,你居然这样编排我……"老二在电话那头用一副很幽怨的腔调说道,听得庄睿身上直起鸡皮疙瘩。

不过岳经兄对于欧阳四哥关于庄睿的一些问题,倒真是帮着庄睿掩饰了下,只是说庄睿出生在普通家庭,刚从上海辞职没多久,岳经说的那些等于没说,因为欧阳军自己都能查得到。至于庄睿身价上亿这些事儿,他就给隐瞒了下来。

虽然看欧阳军找庄睿未必是要不利于他,但是没经过庄睿同意,岳经兄还是做到了拒腐蚀永不沾。话说欧阳军可是找了个二线明星来诱引他的,当然,糖衣岳小六吃下了,炮弹就还给了欧阳四哥。

其实岳经兄还巴不得庄睿晚点回来呢,虽然徐大明星没有他的份,但是欧阳军手里可是还攥着几位一线女明星呢。当然,有些事是不能强迫的,但是可以介绍认识一下,然后再深入沟通嘛。

"行了，二哥，我现在累的像孙子似的，不和你扯淡了，估计还要十几天才能回北京，到时候咱们哥俩再说吧。"

擦干头发躺倒在床上，一股倦意不由自主地涌了上来，庄睿懒得和老二再聊了，说完就直接挂掉了电话。

"靠，你小子挂我电话！"

电话一端的老二听着"嘟嘟"声，很不爽地骂了一句，不过眼睛滴溜溜地转了一圈之后，转手又拨出去一个号码。

岳小六自然是给欧阳军打的电话，虽然说原则问题不能丢，不过通报一下庄睿的手机开机了，这好像无关紧要吧。话说回来，欧阳军自己也能打通电话，这个人情不做白不做，这几天欧阳军很是不耐烦，颇有些要暴走的迹象，岳小六也不想触这个霉头，多少也安抚他一下吧。

欧阳军不仅是要暴走，简直是快被庄睿给气疯了，说好的三五天就回北京，这一等就是一个多星期，没回来不说，手机还关机。四哥平生最恨的就是打手机关机的人，你玩不起就别充那大头嘛。

更让欧阳军气愤的是，自家老头子给了他一句"嘴上无毛办事不牢"的评语。这绝对是冤枉啊，要不是徐大明星嫌他胡子扎人，每天亲手给他刮胡子，怎么着欧阳军也不能落得这个评价啊。

不过欧阳军在查了庄睿的家庭关系之后，发现了欧阳婉这个名字，他虽然不知道姑母的本名，但是多少也猜到了一点东西。但是谈小姑母这个话题在家里就是禁忌，他也不敢去问自家老头子，更是不敢去问家里的那位老爷子。

…………

庄睿这几天可是累得不轻，虽然有灵气可以恢复下双腿的酸麻，但有几条山路，下面都是深渊悬崖，那精神必须要绷得紧紧的，这会回到住所之后，一股倦意就涌了上来。

草草地用吹风机吹了下头发，庄睿躺倒在床上，没几分钟就进入到了梦乡，在梦中他看到秦萱冰竟然来到了新疆，并且和他一起进入到昆仑山中。搂着秦萱冰的细腰，游览着昆仑山的风景，美景佳人，庄睿不禁深深地陶醉了。

庄睿可以发誓，他在梦里只是想一吻芳泽，绝对没有把手伸到秦萱冰衣服里面去，不过是刚有了这个想法，就被一阵电话铃声给吵醒了。

"哥们以前没机会，总不能做梦也不给机会啊？"

庄睿现在后悔干嘛充电不关机了，迷迷糊糊地从床头拿起电话，眼睛都没睁开，保持点念想，说不定等会还能梦到呢。

"喂，哪位？"心中虽然有怨气，不过庄睿还不至于发泄到手机上去。

"哪位？我是欧阳军，你接电话不看来电显示的？"

手机里面的声音像是吃了枪药一般，突突突地就窜了出来，震得庄睿连忙把手机从耳朵旁拿开,心中有了股子怨意,为啥生气?自然是这机关枪般的声音,将庄睿完全从睡梦中拉出来了啊。

"对不起,你打错电话了……"

庄睿说完这句话,马上就把手机给挂断了,然后关机。

经过这段时间的思考,庄睿也基本上已经确定了,母亲和欧阳家族肯定有关系,说不定就是母亲的娘家。不过这几十年都没有来往,其中一定发生了什么不愉快的事情,看到每年春节母亲都伤心垂泪的模样,庄睿自然是将过错归于欧阳家了。

庄睿一不求权势滔天,二不求富贵逼人。嗯,第二点也不用要求,庄睿已经坐拥亿万身家了,虽然比不上一些高门大阀,但是总能称得上是个年轻有为的成功人士吧。

俗话说:无欲则刚。我既然求不到你们什么,那干吗还要把你们当盘菜啊,所以才有了庄睿挂欧阳军电话的举动,找了个打错电话的借口,那是庄睿懒得和欧阳军磨叽,耽误自己睡觉。

"打错了?哦,对不起啊……"

听到对方说自己打错电话了,欧阳军习惯性地道了个歉。不过转眼就回过神来,这人的声音很熟悉嘛,再翻看了一下电话号码,没错,是庄睿的手机号码。

欧阳军重新又拨打了一遍,却发现对方已经关机了。他怕自己弄错了电话号码,又打给岳小六核实了一下,心中终于断定,自己被庄睿给耍了,那小子就是故意挂自个儿电话的。

欧阳军这次没有暴怒,而是有些不解了,按说对方知道他的身份,怎么会对他这种态度啊?从小到大,还没有人这样对待过自己。

"四哥,又怎么了?大晚上的发什么呆啊?"

一阵香风传来,随之房间的灯光也变得昏暗了起来,刚从浴室出来的徐大明星调低了灯光,伸出软如无骨的双臂,盘在欧阳军的身上。

"明儿带你去旅游,把手上的戏推后几天吧……"

一向最喜欢这个情调的欧阳公子,今儿却没什么心思,站起身来打了个电话,订了两张明天飞往新疆的机票。他倒要看看,等自己出现在庄睿面前的时候,那小子是否还会这么厉害。

…………

庄睿这一觉可谓是睡得香甜,一个多星期没在床上睡觉了,整整睡了十个小时,要不是被人叫起来,恐怕他都能睡上一天。

"小庄,马上就要出发,快点过来吃早点。"

走出房间,古老爷子和阿迪拉正坐在客厅里吃着东西,见到庄睿出来,阿迪拉向他打了个招呼。

"师伯,您也要去?"

庄睿坐到桌前,问向古老爷子。他可是知道那段路的难行,古老爷子虽然看起来身体硬朗,但绝对不如经常进山的玉王爷的。

　　"我不去,早起习惯了,正好送送你们。对了,等你这次回来,那几个挂件差不多都能做好了,剩下的料子也够出两个耳坠的,到时候你交给邬老哥就行了。"

　　古老爷子的话让庄睿又想起件事来,吞下一个包子,就了口稀饭咽了下去,庄睿站起身来,匆匆跑回房间,再出来的时候,手里拎着个破背包。

　　"师伯,您看看这块玉适合做什么? 这是我从山里捡到的,采玉的钱我没要,就要了这块玉。"庄睿把背包里的那块色皮玉料拿了出来,放到了桌子上面。

　　外面天色还没大亮,借着客厅里的灯光,古老爷子大致地看了下玉料,面色不禁有些动容,对着庄睿说道:"五花皮? 你从哪捡到的这个宝贝啊?"

　　"这东西叫五花皮? 就是在野牛沟里捡到的。为了这块料子,我可是少拿了四十万啊。"庄睿继续吃着自己的早餐,随口答道。

　　"四十万? 你小子又赚了啊,虽然不知道里面玉肉的品质怎么样,不过就凭着这几种颜色,也值两百万了。"

　　古老爷子的双手在色皮料子上不住摩擦着,一副爱不释手的样子。

　　庄睿不解地问道:"师伯,不是杂色料子价格不高吗?"

　　"小庄,那是要看料子的大小和色彩的多寡,要是料子小了,色彩不多,做不出摆件来,价格自然不高,但是像这块料子,能出一个大摆件,经过古老弟的手雕琢出来,卖上个千儿八百万的也不是没可能……"

　　一旁的阿迪拉给庄睿解了惑。敢情自己不经意留下块料子,居然还是最值钱的,不过庄睿没有再把几人找回来澄清的意思,这先前可是都已经说好的,自己当时也不明白这块玉料的价值。

　　玉石这东西不同于古玩,并不是越老的玉,价格越贵,新玉只要品质好,其价值往往都是老玉的数十倍以上,其中翡翠尤为突出,软玉也是如此,不过价格相差没有那么大。

　　近些年,玉石摆件大行其道,像古老爷子在上世纪九十年代雕琢的一个白玉白菜的摆件,在前年拍出了一千四百八十万的天价,可见玉石摆件在市场上的抢手程度。

　　"行了,这料子我回头先解开看看再说,你跟阿迪拉老哥进山吧。"

　　古老爷子说完之后,早饭也不吃了,抱着这块玉料就去到阿迪拉给他准备的琢玉工作室里,准备好好地研究一下。在一旁看的庄睿和阿迪拉面面相觑,没想到他居然会如此性急。

　　其实这也不难理解,好玉需要好工,但是好师傅见到好玉,心里也会痒痒的。

　　要知道,对于古老爷子这种琢玉大师而言,一件稀世珍品从自己手上出世,那种满足感是外人难以理解的。这块色皮料子可塑性极强,如果玉肉品质不错的话,琢出来的物件,甚至比那块玻璃种帝王绿的价值还要高。

阿迪拉看了身旁这好运的小子一眼，说道："快吃吧，这就要出发了，别理那玉疯子了。"

"玉疯子？"庄睿偷笑了起来，原来古老爷子还有这么一个绰号。

吃过早饭之后，天色已经麻麻亮了，十来个身体精壮的小伙子已经等在了院子里，猛子也在其中。

这次进山的只有两辆车，前面是坐人的中巴车，而后面的那辆卡车上，装的全部都是开山凿石的设备。

卡车上还带有一个小型的柴油发电机，虽然说是小型，体积不算大，不过也有上百公斤重。庄睿看了之后，心里直纳闷，这玩意可怎么搬上山去啊。

经过五六个小时的颠簸，庄睿又重新回到了昆仑山脉入口处的中转站，由于雨季即将到来，山路将更加难行，进山的人比昨天见到的又少了一些。

但是在中转站却多了二十几头毛驴，这让庄睿感觉有些新鲜。从小看连环画，就知道阿凡提骑毛驴的故事，难不成自己也要骑驴上山？

庄睿的想法成了现实，这二十六头毛驴，有二十头是用作驮运物资的，剩下的六头，就是给人乘坐的。将卡车上的物资卸下来放到毛驴身上之后，长长的队伍进入到了昆仑山之中。

在看动画片的时候，庄睿感觉阿凡提骑驴很是轻松，还有张果老倒骑毛驴，似乎比骑马要简单许多，在玉王爷分配给他一头毛驴之后，庄睿跃跃欲试地骑了上去。

毛驴的体型比马要小了很多，身高大约在八十五公分左右，胸部稍窄，四肢瘦弱，躯干较短，因而体高和身长大体相等，不过蹄小坚实，毛驴队伍踩在山石路上，不断发出"啪啪"的声响。

就全国而言，毛驴的分布和使用率新疆是最高的。很多处于山区的新疆人，在日常生活中都离不开毛驴，像毛驴皮熬制的阿胶虽然贵重，但在新疆，却远不如山东的出名，这也是新疆人多把毛驴视为伙伴和朋友的原因。

骑到毛驴的背上之后，庄睿就感觉到了别扭，因为毛驴脊背比较窄，肉又少，坐上去很是不舒服，走起路来上下左右那么一颠簸，就更加难受了。骑上去没有五分钟，庄睿就败退了，不过看着前面的阿迪拉安逸地坐在毛驴背上，身体随着毛驴行走而上下浮动，庄睿心中佩服不已。

"前面的人注意了，一直往前走，不要回头，过去山道也不要喊。"

在通往野牛沟的路上，要经过好几个极为狭窄的山道，山道下面就是数十米高的悬崖，对于庄睿一行人而言，是个比较难过的坎，有经验丰富的队员，在前安排起了队伍。

这山道对于人来说，还是可以通过的，但是对于毛驴而言，就显得有些狭窄了，不时有石子被毛驴踢下山道，发出阵阵清脆的响声。

"啊，小心！"

"卡买提,不要回头,继续往前走,往前走啊!"

突然,在前面传来一阵喧哗声,随之庄睿就看到,一头驮着物资的毛驴,口中发出凄惨的叫声翻滚下了悬崖。站在上面可以清晰地听到毛驴身体撞击到地面的声音,那血肉模糊的样子,让庄睿都不忍再看第二眼。

"管好自己的毛驴,不要往下看,快速通过。"

由于领队比较有经验,前面的队伍并没有发生骚乱,在十几分钟之后,整个队伍通过了这条死亡小径,所有人背后都出了一身的冷汗。

要知道,刚才的情形真的很危急,如果领队没能及时地调整控制好队伍,使别的毛驴失控的话,那所有走在前面的人,很可能都会葬送在这个山谷之内了。

经过这次险情,队伍前进的速度又放缓了许多,一直走了将近四天,才来到了野牛沟。

…………

为了防止突发的山洪,队伍并没有在河道口扎营,而是去到距离河道口约一里远的一个地势比较高的地方安营扎寨。在休息了几个小时之后,阿迪拉带着两个人,和庄睿来到了河道口。

"田伯,就是这里了,您看,这块石岩根部在土里,肯定不是从山上冲下来的……"

庄睿放下了手中的铁锹,呼吸有些急促,他刚才把那块石岩下面的硬土给清理掉了,这活可是不轻松。

阿迪拉蹲下身体,很仔细地观察了一会儿这块岩石,站起身来,点了点头,道:"嗯,我以前没有注意,咱们再往上走一走。"

其实山脚处有块石头,那是太正常不过的事情了,除了庄睿之外,恐怕换成谁来也不会在意的。

野牛沟的山峰,多为岩石少土,也只有低矮的灌木丛可以生存,高大的岩石随处可见。几人沿着河道边缘,往上游走去,一路上阿迪拉都在观察着显露在外面的山体岩石,往上走了大概四五十米,阿迪拉停住了脚步。

"有点像是地壳变动后,岩浆溢流形成的石灰岩……"

一辈子和玉石打交道,阿迪拉可以算得上是个没有文凭的地质专家了,在看了这一路的山体之后,下了结论。

由于长时间的风化,这些岩石早就改变了形状和颜色,不仔细观察的话,还真的很难看出来。

这次进山是由庄睿建议的,所以阿迪拉看向庄睿,问道:"小庄,按你的看法,咱们应该从哪里勘测啊?"

"从河道口的岩壁开始,往山体里面打进去个十来米先看看……"

庄睿想都没想,随口就说了出来,说完之后才发现有些不妥,不过看到阿迪拉点头的样子,这才知道他和自己的看法差不多。

"我看可以。赵工,召集小伙子们干活吧……"

玉王爷行事很果断,定下了基调之后,马上就准备开工了。

要知道,现在昆仑山上的玉脉,大多都已经在开采之中了,而新的玉脉却是越来越少,如果这次真能发现玉脉,对于阿迪拉而言,这玉王爷的名头,将会进一步得到巩固。

柴油发动机所发出的轰鸣声,在河道峡谷里回荡着,一米多高的钻石机不停的从岩壁平面,凿开一块块山石。而阿迪拉站在钻石机的旁边,认真观察着岩壁内的情况,通常靠近玉脉的岩石,都很容易分辨出来的。

两个多小时过去了,巨大的岩壁下方,出现了一个人形的洞口。

庄睿站在不远处,看着岩壁逐渐被掏出一个洞来,心里也变得紧张起来,再有一米多深,就可以看到一块重达一顿多的玉石山料,而这个玉脉也将显现于世了。

"慢着,停下来,快停下来。"

突然,阿迪拉大声喊了起来,叫停了钻石机,从那个平面有一米多高两米多深的洞里钻了进去,再出来的时候,手里拿着一块巴掌大的石头。

这块石头不像是山石,因为整块石头都呈白色结晶状,有点像是粗盐一般,在阳光的照射下,反出耀眼的光芒。

第二十八章 天降横财

"有玉,真的有玉,再上一个钻石机,把洞口开大一点……"

老爷子捧着那块石头喃喃自语了几句之后,马上大声吩咐了起来,岩壁开凿的进度顿时加快了几分。

"田伯,这石头有什么说头?"

庄睿凑了过去,看到老爷子捧着块石头,像是看宝贝一般在打量着。

"这就是白云岩,也是玉石的伴生矿,出现白云岩,基本上就可以确定附近有玉脉的存在。小庄,你的看法是准确的,这里一定会有玉脉。"

阿迪拉笑得很开心,脸上的皱纹也舒展开了,整个人像是年轻了十几岁。对于一辈子都在寻玉采玉的阿迪拉而言,能找到一个玉脉,就像是古老爷子有机会雕琢一块绝世宝玉一般,那种满足感是无法言喻的。

随着洞口的变大,两台钻石机同时向纵深处钻进,一米多深的距离很快就被打通了,开凿石岩的工人很有经验,在矿工灯找到玉石的时候,马上就关上了钻石机,连滚带爬地从洞里钻了出来,大声向阿迪拉喊道:"王爷,出玉了,出玉了啊!"

围在洞口的人群顿时骚动了起来,他们都是靠着玉石吃饭的,明白发现一个玉脉的意义有多么重大,脸上都透露着兴奋之情,就是阿迪拉老爷子,也举起右臂,狠狠地挥舞了一下拳头。

当那块重达千余斤的玉石料子从洞中被开采出来之后,人群更是发出一阵欢呼声。在场的人除了庄睿和猛子,都是跟随了玉王爷十多年的老采玉人,开采出一条新的玉脉,对于他们而言,也将会获利颇丰的。

阿迪拉围着这块玉石转了几圈之后,高兴地说道:"不错,很不错,这条玉脉,不会比塔勒克苏矿差,玉质还要更好一些……"

"田伯,这不过是普通的青白玉,材质只能算是一般吧?我可是听说塔勒克苏矿采到过羊脂白玉的。"

庄睿知道塔勒克苏矿就是那个开出了六十多吨玉石的矿脉,他相信这条玉脉在产量上一定能超过塔勒克苏矿,但是对于老爷子所说的玉质好,他就不怎么理解了。

"你小子懂什么,这里不过是玉脉的边缘,往里面挖,好玉才会出现的……"

阿迪拉瞪了庄睿一眼,不过脸色全是笑意。他有种预感,这个矿点,将会成为新疆最大的一个玉石矿。

…………

"四哥,咱们来了都五六天了,什么时候回北京啊?"

坐在一处对游客开放的葡萄庄园里,徐大明星幽怨地对欧阳军说道,要知道,这里景色虽然好,气候也很凉爽,但是在北京可是有两个剧组都在等着她回去开工的。

"我怎么知道,等不到那小子出山,我还就住在这里了。"

欧阳军恶狠狠地塞了一颗葡萄在嘴里,却忘了吐皮,连皮带核吞到了肚子里。

欧阳军到底没能等来庄睿,在新疆待了十天之后,终于返回了北京。因为他还开着一个影视投资公司,最近出了几部主旋律的大戏,平时事物不少,再加上徐大明星急着回去拍戏,只能是打道回府了。

庄睿可不知道在山外还有人等着他,他这段时间过得很是逍遥。开矿自然是用不到他来干活,每天闲暇无事,看到护矿队都带有枪,庄睿白天就拉着猛子上山打猎,这昆仑山中的野山羊可是被他祸害了不少。

玉脉的开采进行的很顺利,五天的时间,矿洞已经打进去十多米了,开出的玉石将近二十吨,阿迪拉老爷子说的不错,越是往纵深处,玉石的品质越高。最近采玉得来的几块玉石,品质都能达到中上,价值不菲。

不过昨天下了一场大雨,使得河道口的水位上涨了不少,虽然还没有到岩壁矿洞的高度,但也距离不远了,现在开矿队面临着将溪流改道的问题。这两天阿迪拉都带着赵工观察地形,准备用炸药将这个河道口堵死,另外再开辟出一条溪流出口来。

只是这条溪流平时看着水不是很深,只到人腰际,但是到了山洪季节,都能蔓延到河道上面足有三四米的深度,所以要截流改道,也不是一件简单的事情。

在考察了山腰几处地方之后,阿迪拉决定用炸药将河道口上面的山体炸掉一部分,让那些碎石滚下来,将这个河道口堵死掉,然后再另外挖掘出一条沟渠来,用于导引山洪。

…………

"开山放炮,闲人远离,开山放炮了,闲人远离……"

在距离河道口四五百米远,都能听到那大喇叭内传出的声音,赵工带着人在河道口上方三十米处的地方,打了二十多个爆破点,同时引爆的话,那些山石足以将河道口给堵塞住。

虽然这样做很有可能将矿洞的入口都堵住,但那也是没办法的事情,山脚下地势低,再有一场暴雨,恐怕矿洞就要变成水帘洞了,到时候根本就无法开采。

"小庄,给你,等会儿可有好东西看。"

站在庄睿旁边的阿迪拉老爷子，随手递过去一个高倍军用望远镜。

"要这东西干吗，这么近能看清楚。"

庄睿有些不解，四五百米的距离，加上天气晴朗，能见度很高，他可以清晰地看到几个正在炸点安放雷管炸药的人。

"等会儿你就知道了……"老爷子笑而不语。

过了半个多小时，急促的哨声响起，安放炸药的人马上从山上向营地这边跑来。

"时间到，引爆！！！"

看到工人们都已经安全地跑了回来，阿迪拉大声地喊道。赵工听到命令之后，拿着遥控器的手，重重地按了下去。

"轰！轰！！轰！！！"

随着一声声很有节奏的巨大的爆炸声，庄睿只感觉大地都在晃动，数百米处远的山体，像是被拦腰斩断一般，无数的山石向下倾泻而去，大大小小的石头四处飞溅，有几块甚至落到离庄睿等人几十米处，这距离要是稍微再近些，恐怕就是头破血流的下场。

炸点是逐个引爆的，爆炸声还在不断地传来，庄睿连忙拿起手上的望远镜放到眼睛前，这下看得更加直观了，那些坚硬的岩石，在炸药的威力下，像是豆腐一般脆弱，分解成一块块大小不一的石头，全部堵塞到了河道口处。

"一声，两声，三声……二十声，二十一声……赵工，爆点全部引爆，没有哑炮。"旁边有人在数着爆炸的声响，当爆炸声消失之后，那人也松了一口气，马上向负责此次截流的赵工汇报。

用炸药开山可不是一件开玩笑的事情，由于种种原因，稍有不慎就会出现哑炮的故障，而这也是最难排除的。遇到这样的事情，就要派人去查看，但是在查看的过程中，哑炮却常常会引爆，而查看故障的人的下场，自然就不用多说了。

在一些靠山吃山为生的地方，用炸药是习以为常的事情，而每年死于哑炮上的人，也不在少数。

听到炸点全部引爆，赵工也松了一大口气。这排除哑炮的活儿，可是没有谁愿意干的，等于是拎着脑袋在干活。

此时那原本低洼的河道口，像是瞬间垒砌成一个大坝，将从山上流淌下来的水全部拦截住了。不过庄睿有些不解，这可是饮鸩止渴啊，等到山上的水位变高之后，漫过那些山石，不是一样还会流淌下来吗？

不过这种状况显然在阿迪拉的预料之中，就在第一轮爆炸声刚刚停歇了三四分钟之后，赵工又按下了左手一个遥控器的按钮，顿时，震耳欲聋的爆炸声又传了出来，这次炸点的位置，却是呈一条长龙状，从山脚往上五六十米一条线地向下爆炸开来。

望远镜中的情形和刚才有所不同，这次炸点埋得相对要浅一些，庄睿只看到炸点经过的地方，土地像是被犁过一般，纷纷向两旁翻开，一条深深的鸿沟出现在了视线里。

"小庄,看上面。"旁边传来阿迪拉老爷子的话。

"上面?"

庄睿有些不明所以地抬高了望远镜,这一看之下,整个人都惊呆了。

在庄睿等人扎营的地方,已经是地处三千多米的高度了,而前方的那座高峰,更是有海拔五千米以上的高度,山顶终年积雪不化,即使是在夏季,也仅仅是半山腰的皑皑白雪在慢慢消融,流淌至野牛沟内。

"雪崩?!"

庄睿在望远镜内看到,几乎高耸入云的半山腰上,那些冻得坚如硬铁一般的冰雪,出现了一条裂缝。

庄睿耳边似乎都能听到冰层断裂所发出的"咔嚓"声响,紧接着,巨大的雪体开始滑动,雪体在向下滑动的过程中,迅速获得了速度,于是,雪崩体变成一条几乎是直泻而下的白色雪龙,腾云驾雾,呼啸着声势凌厉地向山下冲去。

雪层断裂,白白的、层层叠叠的雪块、雪板应声而起——好像山神突然发动内力震掉了身上的一件白袍;又好像一条白色雪龙腾云驾雾,顺着山势呼啸而下;像是个白色的巨兽一般,吞噬着庄睿眼中所有能看到的东西。

"野山羊?"

庄睿的视线里,突然看到一群正在夺命狂奔的野山羊,只是它们的速度远不及积雪,在短短的数秒钟之后,那十几只野山羊就消失在了庄睿的眼中。

雪崩一直持续了半个多小时,直到山势变缓之后,积雪向下倾泻的速度才缓和了下来,不过原本半山腰处的灌木丛,都已经消失不见了,全部被厚厚的积雪所覆盖,相信在几天之后,这些积雪全部都会化为雪水流淌下来。

雪崩的原理庄睿知道一点,在雪山上,一直都进行着一种较量:重力一定要将雪向下拉,而积雪的内聚力却希望能把雪留在原地,当这种较量达到高潮的时候,哪怕是一点点外界的力量,比如动物的奔跑、滚落的石块、刮风、轻微的震动,甚至在山谷中大喊一声,只要压力超过了将雪粒凝结成团的内聚力,就足以引发一场灾难性雪崩。

例如刮风,风不仅会造成雪的大量堆积,还会引起雪粒凝结,形成硬而脆的雪层,致使上面的雪层可以沿着下面的雪层滑动,发生雪崩。

而这次雪崩,显然就是人祸了。巨大的爆炸声远远超过了雪粒的内聚力,使得山上的经年积雪承受不住了压力,发生的这次雪崩。

大自然的威力,让庄睿在目瞪口呆之余,也深深地感觉到一种无力。人类在这种自然威力面前,显得是那样的渺小;生命在这里,显得是那样的无助。

"干活了,把矿洞口处的石头清理一下,你们几个,随我上山。"

一个小时之后,再也没有碎石落下来了,赵工组织人开山忙碌了起来。这次爆炸很成功,原先的河道口,已经被完全堵塞住了,而在右侧十多米远的地方,又出现一个豁口,山上已经开始溶解了的雪水变成溪流，从这奔流而下。

溪流中的水变得更加凉了，庄睿伸手放在水里，居然感到一股刺骨的寒意，不时还有磨盘大小的冰块，从新的河道口冲下来。

原先的矿洞口，现在已经全被碎石堵住了，不过清理这些石头，要比开凿矿洞轻松多了，到了第二天中午的时候，矿洞外面就被清理干净了，而震耳欲聋的钻石机声，又开始回荡在峡谷之中。

今天是准备往回返的日子。庄睿等人在山里已经待了半个月了，玉脉已经确定并且进行了开采，阿迪拉决定先将开采出来的玉石带回去，另外再派遣一些人手过来，毕竟现在干活的人只有七八个，开矿的进度太慢。

除了运送玉石的毛驴，其余所有的工具和物资都留了下来，作为这个矿点的总负责人，赵工也留在了这里，而庄睿则是跟随玉王爷出山了。

留守的人员，除了七八个开采工人之外，还有五个实枪核弹的护矿队员。

在新疆这地界上，从来都没有太平过。再加上新疆地广人稀，治安一直都不怎么好，像和田地区鱼龙混杂，什么样的人物都有，而玉矿这样一块肥肉，也经常会被一些有心人盯上，所以护矿队的存在，是非常必要的。

有些出乎庄睿意料的是，猛子居然不愿意出山，而是选择加入了护矿队，用他的话来说，山外太复杂，老是被人算计，还不如留在这里打打猎喝个酒快活。

由于少了那些重型开山机械，而玉石都是切开后很均匀地放在二十几头毛驴背上，出山的时候要顺当了许多，也没有意外发生。四天之后，一行人浩浩荡荡地来到了中转站。

玉王爷开来的车，一直都是在这里等着的，众人也没耽搁，直接上车返回了和田。玉矿只是刚刚开采出冰山一角，后面要做的事情还有很多，召集采矿工人，加强护卫力量，千头万绪，所以阿迪拉回到庄园的时候，虽然已经是傍晚了，但还是忙得连轴转，连古老爷子都来不及见上一面。

庄睿自然是帮不上什么忙，这半个多月虽然什么都没干，也是累得不轻，干脆回到房间洗了个澡，呼呼大睡了一觉。

这一觉睡的时间不短，醒来的时候已经是第二天的中午了，庄睿拿起充好电的手机，给家人和秦萱冰打了电话报声平安之后，才走出房间来找古老爷子。

"你小子还记得师伯啊？"

坐在阿迪拉的葡萄园里品着自种自酿的葡萄酒，老爷子一副惬意的表情，但是说出来的话却不怎么好听。

"师伯，我这一起来，不就来看您啦。"

庄睿不知道老爷子发的哪门子邪火，小心地陪着不是。

"昨儿我就坐在客厅里，看着你小子进房间，招呼都不和我打一个，眼里还有我这个师伯吗?"

"啊?那会关着灯,客厅里好像没人吧?"

庄睿闻言有些傻眼,他昨天也是累得很了,直接爬到二楼去睡觉了,根本没注意古老爷子黑灯瞎火地坐在客厅里呢。

"行了,看看我琢的这几个物件吧。"老爷子本来就是在逗庄睿玩呢,这段时间老朋友也不在,他除了琢玉之外没什么事干,这也是闲的。

"做好了?"庄睿惊喜地问道。

古天风没有答话,而是递过去一个巴掌大的盒子,庄睿接过来打开一看,三块通体碧绿的弥勒佛挂件,出现在了眼前。

宽大的额头,大肚如鼓,笑口常开,双腿盘膝端坐,衣服上的皱褶清晰可见,眯成一条缝的眼睛让庄睿感觉到,这弥勒佛似乎正在对着自己笑呢。

更为神奇的是,三个挂件居然是三种形态和表情,有笑颜对人的,有眯眼小憩的,还有慵懒展腰的,都是惟妙惟肖,像是活物一般,看得庄睿爱不释手。

在三个翡翠弥勒佛旁边,还有两副耳环,式样很独特,呈叶子状,长约三厘米,宽约一点五厘米,中间镂空,将树叶的纹线雕琢的像是真物一般,在耳环一角,还用白金镶嵌了耳钉,已然是成品了。

最后一块小拇指大的翡翠,没有经过任何的雕琢,那是古老爷子留给自己老朋友的,还可以打磨成一个戒面。

"怎么样,小子,满意吗?"古老在旁边戏谑地问道。

第二十九章 不对路

"满意,当然满意了,您老人家的手艺没得说,那些扬州匠人都比不上您……"

漂亮话又不要钱,庄睿可劲地把老爷子夸奖了一通。庄睿知道,这也就是自己,要是换个人拿着材料来找老爷子,那估计最少要收他个几十万的琢玉费用。

庄睿这番话到也不全是恭维老爷子,这几个挂件的工艺的确是很高明,用刀不多,但是却将人物表情完全勾勒出来了,相比秦萱冰送给自己的那个观音挂件,在刀法上要强出了很多。

老爷子指着桌子上一个用红布盖起来的物件,对庄睿说道:"这个东西要几个月的时间才能雕琢出来,等回北京了我慢慢研究一下再动刀。"

"这是什么啊?"

庄睿有些奇怪地掀开红布,一看之下也明白了,是自己带来的那块色皮料子,只是色皮现在已经被老爷子去掉了,整块玉肉都露了出来。

"你小子就是运气好,单单这块料子,就能值这个数……"古老向庄睿竖起了一根手指。

"一百万? 不会这么便宜吧,古师伯,这玉料的品质可是不差啊。"

庄睿皱起了眉头,是不是这料子杂色太多,使其价值下降了啊?

"你小子就不能往大了猜啊,告诉你,就这块玉料,即使不雕琢,一千万也能卖出去。"古老的话让庄睿吃惊地张大了嘴巴,要说三五百万他还相信,一千万是不是有点过了。

庄睿自然不会怀疑老爷子的话,把那块翡翠抱到眼睛前仔细打量了起来。

"师伯,这颜色也太乱了吧,能琢出个什么东西?"

要说这块翡翠还真是个大杂烩,中间有两块拳头大小的地方是粉红色的,有点像石榴石,围绕在那粉红色周围,紫色、绿色、黄色、黑色、白色、橙色,几乎都有,看得庄睿是眼花缭乱,他有些搞不懂,这玩意儿凭啥就能值一千万?

"你那眼光自然看不出来。别问了,等做好之后你来拿,以后只要是不缺钱花,这东西可不准卖啊。"

古天风对这块玉料的重视，还远在那玻璃种帝王绿之上，让庄睿心中充满了好奇，只是再怎么问，老爷子都不肯往下说了。

"你这臭小子，居然跑到这里来了，让我好找啊。"

阿迪拉的声音从葡萄园中传了过来，随之三个人穿过犹如迷宫一般的葡萄棚子，来到庄睿面前。

"田伯？找我干什么？我可是帮不上什么忙啊，咱们先前都说好了嘛。"

庄睿有些莫名其妙，再看向阿迪拉的身后，还跟着两个穿着制服的人，他更是糊涂了。

"找你小子要钱啊。"

阿迪拉毫不客气地把庄睿从椅子上扯起来，自己坐了上去，其实这地方椅子还多，阿迪拉是看不惯庄睿这悠闲的样子，凭什么这么多事都要他老头子去做啊。

"喏，你先看看，没问题就签字，再把公证书签一下。"

阿迪拉扔给庄睿一份文件，然后招呼身后的两人坐下，一个维族妇女马上端来了茶水。

庄睿打开那份文件，才发现是一份股权书，上面注明了那个玉矿的大概蕴含量以及总价值，各人所占的股份及应缴资金。

按玉王爷的估算，那个玉脉所能开采出来的玉石，总含量应该在百吨以上，而其价值也在十亿至十五亿元，先期投资为两千万，后面陆续还要追加三千万的资金，庄睿占百分之五十的股份，就要先拿出一千万的资金来，并且后面还要追加投资一千五百万。

其实后面追加的钱，只是个形式而已，玉矿现在就已经在盈利了，到时候完全可以从利润中支出。

阿迪拉这份股权书做得很详尽，没有什么可以挑剔的。庄睿仔细看了一遍之后，就签下了自己的名字，随后当着公证人的面，开出一张一千万的支票交给阿迪拉。

公证人在宣读了公证词之后，三方都在公证书上签字，各自保存一份，前后不过半个小时的时间，整个手续就算是办完了。庄睿也不得不佩服玉王爷在和田的人脉，居然能将公证员请到家里来。

等公证员离开之后，古天风对着阿迪拉说道："老哥，我在你这住了一个多月，也该告辞了，明儿就回北京。"

"行，等我忙完这阵子，去北京小住几天。小庄，你还去矿上吗？"

有新的玉矿要开采，阿迪拉也没再挽留老朋友，而是看向了庄睿。

"不去了，我在那纯粹是添乱，我和师伯一起走吧，以后的事情就拜托田伯您了。"庄睿摇了摇头，这次出门的时间可是不短，加上目的也已经达到，他想返回彭城了。

"和我回北京？"古老侧过脸来，问了庄睿一句。

"是先回北京，还是直接回彭城？"

说老实话，庄睿心里还没想好，他从岳经的电话里，知道了欧阳军追到新疆的事情，也想把这件事做个了断,了解一下当年所发生的事情,看能不能解开母亲的心结,总归不能让母亲一直都不开心吧。

"师伯,我和您一起先回北京,正好还有点事要处理。"想着母亲逢年过节偷偷垂泪的情形,庄睿拿定了注意。

七月底北京的天气愈加热了起来,庄睿下飞机的时候是中午,刚好下了场雷阵雨。只是夏天的气候变化无常,暴雨刚歇,太阳就出来了,将地上的雨水很快蒸发开来,给人一种喘不过来气的窒息感觉。

古老爷子那小院子也是闷热难当,除了老爷子的主卧室之外,别的几个屋子居然都没有装空调,在里面待了一会儿,那汗水不要钱似的从额头上往下滴。

原本有些凉爽的院子,因为地上的水分被蒸发,也不能待人,总不能和老爷子睡一个房间吧,庄睿给老爷子打了个招呼,还是搬回到酒店去了。

"老幺,到北京了? 你在哪,我去接你,晚上一起吃饭……"

岳经兄一直对庄睿的行踪倍加留意,庄睿刚在酒店里面安顿下来,他电话就打过来了。

告诉了老二酒店名字之后,庄睿就想睡一会儿,这个把月可是累得不轻,山里待了将近一个月的时间,前天才回到新疆,今儿又赶到北京,铁人也能给折腾散架了。

只是等庄睿冲完凉出来之后,头发还没擦干,手机却又响了起来。看了下号码,是本地的座机,庄睿猜想可能又是欧阳军打的,当下按了接听键。

"喂,庄睿,你失踪了啊? 怎么一个月都找不到你? 再打不通你的电话,本警官就要去报警了。"

机关枪一般清脆的声音从手机里传出,不过话中却是有股关心的味道。庄睿听到不是欧阳军,心里莫名轻松不少。

"苗警官,您要查我还用报警嘛,自个儿不就是警察啊。"

面对苗菲菲,庄睿的心情总是很轻松,或许这漂亮女警的性格很适合做朋友吧。和她在一起,不会有一丝拘束的感觉。

以前隔个三五天的,庄睿都会和苗菲菲通个电话,相互打趣几句,只是在新疆这段时间,实在是没有条件,所以联系中断了整整一个多月。

"哼,别以为我不知道你这段时间干什么了,你上个月先去了西安,然后和一桩盗掘唐朝帝王墓的案子扯上了关系,然后到北京来。对了,你这家伙来北京,居然敢不给我打电话……"

苗菲菲在电话里的声音提高了不少,显然对庄睿来北京没告诉她很不满意。

"苗警官,我可是来办正事啊,话说在北京没呆一天就离开了,也没时间呀。对了,你怎么知道西安的那个盗墓案子的?"

由于怕家人担心,庄睿对于在西安所发生的事情,没有向外人提过一个字,苗菲菲虽然也是公安系统的人，但是不可能知道远在西安的这么一个小案子吧。

"阳伟告诉我的。"

苗警官丝毫没有帮线人掩饰一下的意思，要是被伟哥听到这话，肯定会扇自己几个大耳光，怪自己多嘴。不过之后美女要是再打听什么消息，伟哥依然是会多嘴的。

"这凡事都怕有内奸啊……"庄睿在电话里嘿嘿笑道。

"你还没交代呢，去新疆干什么了？为什么一个月都没开手机啊？"

苗菲菲在电话中追问道，她可是费了不少劲才查到了庄睿的登机记录，知道庄睿从北京飞往新疆的。

"你怎么知道我去新疆了啊？"

庄睿有些奇怪了，他去新疆可是没告诉伟哥，而且苗菲菲似乎也不认识岳经兄吧，怎么就对他的行踪了如指掌呢？

"我查了你的登机记录。"

"你怎么能这样啊？这是侵犯个人隐私的行为！"

庄睿知道苗菲菲很有背景，不过自己的行踪被别人掌握，心中有些不爽，说话的声音不由提高了一点。

"还不是你一个月没消息，别人担心你出事情啊，真是狗咬吕洞宾，不识好人心。"苗菲菲也生气了，"姐们儿这是关心你，才去打听的消息，换个人告诉我去哪，我还不稀罕知道呢。"

"得，算我不对，您大人大量好了吧。晚上我请您吃饭，能赏光吗？"

庄睿从小家里就有两个女人，他这二十多年来掌握了一个真理，那就是不要和女人较真讲道理，啥事低低头就过去了，家和万事兴嘛。不过庄睿同学却忘记了，苗菲菲和他不是一家人。

电话那头沉默了一下，庄睿还以为苗菲菲没空呢，正想说话的时候，苗警官的声音传了过来："有空，晚上在什么地方？"

"你先来我住的酒店吧，到时候咱们一起出去。"

庄睿在电话里说出酒店名字，他哪知道老二请他去哪里吃饭啊，不过想来多带一个人，还是位美女，岳经兄一定很乐意的。

"老幺，你确定自己去的是新疆，不是非洲？"

躺下没两个小时，老二就砸开了庄睿的房间门，一看到庄睿那副模样，差点都没敢认。

"我还去了百慕大见到海怪了呢，你信吗？"

庄睿没好气地回了一句，走到洗手间照了下镜子，自己也有些不敢认了，头发长得已经盖住了耳朵，胡子更是遮住了半张脸，嗯，眼睛还是自己的，不会认错。

这形象是寒碜了点，要是被苗菲菲看到，指定也会大惊小怪的。庄睿连忙用酒店的刮胡刀刮起了胡子，只是那玩意儿不知道是从哪里批发来的地摊货，在脸上留下几道口子之后,才算是将胡子刮清爽了。

知道一会儿苗菲菲要来,庄睿也不敢穿个三角裤待在房间里,只是在找衣服穿的时候又有些挠头了,今儿穿的衣服上全是汗味,肯定是不能再穿了,可是那件在某大超市花了三十九块钱买的牛仔裤,由于爬山,双膝的地方硬生生地给磨出了两个洞,穿这身出去吃饭,好像有点不大礼貌吧?

"庄睿,我在酒店了,你住哪个房间啊?"

正准备让老二帮他买几件衣服去的时候,苗警官的电话打了过来,庄睿干脆就套上了那条破牛仔裤,上身穿了件大红T恤,配上他那半长不长的头发,倒是有点像上世纪八十年代的文艺青年。

"岳小六?你怎么在这?"

"苗菲菲?!你来干什么?"

听说来了位美女,自告奋勇去开房门的岳经兄打开房门之后,只传来两声惊呼。

"啧啧,难得啊,苗警官还会穿裙子?"

"找死啊你,是不是小时候挨揍没挨够?"

门边的对话充满了火药味,这两人似乎不怎么对路啊。

庄睿拿起了手包,感觉和自己这身装扮不太搭配,干脆将钱夹塞到屁股口袋里,空手拿着手机走了过去。

"咦,苗警官,您这身打扮,来的时候,估计路上有不少人撞到电线杆子上去了吧?"

庄睿看到苗菲菲也感觉有些惊艳,一向都是制服装的她,今天穿了一身白色连衣裙,配上她白皙的皮肤,精致的面孔,让庄睿眼前一亮。

"真的很好看?"苗菲菲难得的脸红了一下,神态有些扭捏,这让在一旁看的岳小六吃惊不已,什么时候见过苗大小姐这副样子啊。

"嗯,和穿制服比,各有千秋。对了,你们认识?"庄睿随口答道,话说只要是男人,多少都有那么一点制服情结的。

"岳小胖嘛,打小就认识。"

老二的绰号还真不少,庄睿从苗菲菲口中又得知一个。

"疯丫头,叫六哥。"听岳经的话,这两人还是满熟的。

"行了,都认识也不用我介绍了。二哥,去哪里吃饭?走吧,中午在飞机上没吃饱。"庄睿招呼了一声正在向岳经瞪眼的苗菲菲,率先走出了房间。

"老幺,你怎么认识这丫头的?别看她长得斯文秀气,她可不是善茬啊……"出门的时候,岳经在庄睿耳边小声嘀咕着。

"岳小胖,再说我坏话,我让你三天下不来床。"

苗警官向来都是直来直去,反正打了也白打,一老爷们被女人打得爬不起来,那也不好意思到处炫耀不是。

"我哪儿敢啊。对了,老幺,今天吃饭可不是我请客……"岳经兄打了个寒战,马上改变了话题。

庄睿的眉头不经意地往上挑了下,淡淡地问道:"欧阳军?"

"是他,我说老幺,你和他到底啥关系? 他前阵子都追到新疆去了。"

岳经兄这圈子,最不缺的就是谈资,最缺少的也是谈资。

"没什么,他有些事情想问我。"事关自己的家事,庄睿不想多说。

"欧阳军? 你怎么连那个花心大萝卜都认识?"苗菲菲看向庄睿的眼光有些不善。

"我不认识他,是二哥的朋友。"庄睿连忙撇清了关系。

"吃个饭嘛,有什么呀,你去不去?"岳经被苗菲菲看得有些恼羞成怒了。

"去,干嘛不去,你们要是敢干些什么腌臜事,我把你们都带到局子里去。"苗警官回北京后,又干上了刑侦,那说话的口气不是一般地大。

欧阳军请吃饭的地方,还是在他的会所,只是这次待遇比上次提高了,庄睿等人直接进入到一号楼之中。

欧阳军开的这个会所,算是比较正规和低调的,并没有那些乌七八糟的东西。它的存在,只是给四九城里一个固定的圈子提供了一个消遣休闲的场所而已,在会场后面,还有一个六洞的小型高尔夫球场。

只是这个圈子比较小,小到这世上绝大多数人都不知道京城还有这么个地方存在。

来这里的不仅有男性,就是女宾也有不少,顶级会所里的美容师,可是外面难得一见的,就算是那些大明星们的御用造型师,这里也请得来,所以有很多名媛也喜欢来此做发型,苗菲菲也曾经来过,对这里并不陌生。

只不过苗警官一向正义感比较强,而且眼力见儿似乎也不怎么够,在见义勇为地拆散了几次你情我愿的正常社交活动之后,就变得不太受这里欢迎了,当然,苗警官本身也不稀罕来这里。

第三十章 自取其辱

一号楼这会儿的人不是很多,平时都是晚上十点以后,这里才开始热闹起来,现在只有六七个人分坐在两个地方聊着天。

来这里的人都是为了消遣的,大热的天也没有穿西装革履的人,不过就算是款式很简单的休闲服,也是价格不菲,看上去很有档次。庄睿几人进来之后,马上把众人的目光都吸引了过去。

岳经和苗菲菲的打扮都很得体,只是庄睿穿得有些扎眼,那条牛仔裤上的两个破洞边缘,露出毛绒绒的丝线,一看就知道,那真是磨破的,绝对不是赶时髦自己剪的,再加上庄睿一个多月没有修剪的头发,都让众人侧目不已。

不过来这里的人眼界高,见识也多,虽然对庄睿的穿着有些不以为然,倒是没有人去挑衅,再说了,苗家的小丫头大多数人也认识,何必去自找没趣呢?听说去年某公子就在这被她海扁了一顿,脸上挂不住,不得已出京去了其他地方。

"哎呦,这不是苗妹妹吗,我可是听说你前段时间去了上海工作,怎么又回来啦?是不是在那里又把谁给打了呀?"

男人不愿意招惹苗菲菲,不代表女人也怕她。就在庄睿三人刚踏进一号楼,正准备找欧阳军的时候,一个女人端着杯红酒走了过来,虽然是在和苗菲菲打招呼,不过话里的火药味,谁都能听得出来。

苗菲菲今天很少见的没穿警服,张芯瑜打量了好几眼才认出来她,积压了一年多的怨气,顿时涌上心头。

张芯瑜的爷爷也是从战争年代走过来的,不过没能熬过去那动乱的十年。在改革开放之后,家族就转政从商,有以前遗留下来的一些关系,在商界混得也算是如鱼得水。张芯瑜很小就崭露了自己的商业天赋,开了数家顶级美容院,是四九城的名媛,再加上长辈遗留下来的关系,自然有资格进入一号楼。

只是张芯瑜来这会所的目的,和那些女明星自然是不同的,做生意需要人脉,这里是最好的交际场所。当然,若有看着顺眼的,钓个凯子也没什么,这年头没谁是贞妇洁女,来这儿的男人更没一个是柳下惠,大家都是逢场作戏罢了。

不过在去年的时候,张芯瑜却是被苗菲菲实实在在地羞辱了一番,那次张芯瑜刚和一位新调入京的某部长公子认识,正准备进一步了解沟通的时候,碰上了苗菲菲。

那位部长公子初来京城,还不知道这水深水浅,说话稍有点不注意,就被苗菲菲痛扁了一顿,连带着将张芯瑜也数落了一番,就差没说她是高级交际花了。

一向好面子的张芯瑜哪能咽下这口气,只是苗警官随后就调离了京城,让她是有力无处使,总不能去找苗警官的长辈论理去吧,她还没有那个资格。话说她也是知道苗菲菲从来不依仗家里长辈的人,否则张芯瑜也没这个胆子来找苗菲菲的麻烦。

"我去哪里,你管的着吗?"

苗菲菲看了一眼张芯瑜,脸上露出不屑的神色。面前这身上就前后贴着几个布片的女人,说好听点是名媛,说不好听那就是名妓,苗菲菲最看不起这种女人。

"姐姐我不是关心你嘛,女孩子要温柔一点,不然很容易将男人吓跑的。哎,我说菲菲,你还真是有品位,你这位朋友很有性格嘛。"

张芯瑜不敢过分地刺激苗菲菲,这女孩可是个泼辣性子,惹急了她说不准就敢带人去砸自己的店。一转眼看到了庄睿,她不禁眼睛转了一下,伸出手去说道:"你好,我叫张芯瑜,请问您怎么称呼啊?"

张芯瑜对于时尚近乎痴迷,一眼就看出,庄睿身上的穿着,除了那双运动鞋值个三五百块,其他没有一件是品牌货,心里就存了鄙夷的心思。不过看到庄睿走在三人中间,并不像是苗菲菲和岳小六的跟班,在商界打滚的她也不会把鄙夷显露在脸上,而是先套一下庄睿的底细。

"二哥,这请吃饭也太没诚意吧?咱们都来了,主人还不露面……"

庄睿像是没看到张芯瑜伸过来的手,而是扭过头去和岳经说起话来,苗菲菲是自己的姐们儿,庄睿自然是向着她了。至于面前这女人,长得虽然不错,但看那穿着,估计其私生活和公共汽车也差不多,最多是档次高一点的奔驰大巴而已。

"我给他打个电话,他应该已经到了吧。"

岳经兄对张芯瑜也很是不满,不就是一做生意的吗,祖辈都不行了,一个女人也敢这么张扬。最重要的是,岳经兄家里的长辈怎么都还在位子上,刚才居然就被无视了,这是最让他难以忍受的,所以岳小六也自顾自地和庄睿说着话,完全将张芯瑜当成了空气。

"你……你们……"

张芯瑜伸出去的手顿在了半空中,有点不敢相信自己的眼睛,她没想到自己居然被眼前这个男人给无视了。身体由于生气变得颤抖了起来,脸上涂抹的那层顶级的增白霜,也没能掩饰住因为羞愧而发红的面庞。

岳小六对她无礼,张芯瑜还能接受,毕竟他有这个底气,但在众目睽睽之下被庄睿无视,这让张芯瑜恼羞欲狂。她可以断定,京城里绝对没有庄睿这号人物,张芯瑜的脸上由白变红,胸前那高耸的地方,也因为激动而不住地颤动起来。

　　"冷静,要冷静……"

　　张芯瑜不住地告诫自己,别人摆明了无视她,不管她做出什么样的回应,今天这个面子都是丢掉了,只是这气实在是太难平了,张芯瑜还是忍不住指着庄睿说道:"你这种人怎么能进到这里来的? 一点教养都没有,是不是吃软饭的啊?"

　　"你说什么?"

　　庄睿猛地抬起头来,原先被头发遮挡住的一双眼睛,死死地盯住了张芯瑜。

　　说庄睿吃软饭,庄睿或许会一笑了之,但是说他没教养,这可是就骂了庄母了。这是庄睿无论如何都不能忍受的。

　　"道歉!"

　　庄睿的眼中冒出了寒光,身体向前跨出了一步,眼睛依然盯住张芯瑜。

　　"保安,保安呢,你们怎么回事? 什么人都放进来,你看看,这人还要打我呢。"

　　张芯瑜被庄睿的眼神吓得向后退了一步,她没想到这个外表普通的男人,眼神会如此犀利,好像要穿透自己的身体一般,当然,不是剥光衣服的那种穿透。

　　随着张芯瑜的喊声,门外马上走过来两个穿着黑西装的男人。

　　"先生,请不要在这里闹事。"

　　两个黑西装迅速插入到庄睿和张芯瑜之间,将二人给隔开了。他们不认识庄睿,但是对这里的常客张芯瑜很熟识,说话也是有点偏向对方。

　　庄睿看了面前的两人一眼,沉声说道:"让她道歉……"

　　"怎么着,还想动手啊?"

　　苗菲菲怕庄睿吃亏,也走了过来,只是今儿这高跟鞋和连衣裙,有点不大适合动手。

　　看到苗菲菲那跃跃欲试的样子,庄睿反倒笑了起来,继而感觉有些索然无味,转过身对岳经说道:"二哥,走吧,这饭不吃也罢,你们挑个地方,我来请客吧。"

　　"穷鬼,这里也不是你能消费的起的,回去吃路边摊去吧。"

　　见到两个保安站到身边,张芯瑜心中大定,忍不住又出言讽刺了庄睿几句。

　　"你……"

　　苗菲菲气得正要回头,却被庄睿给拉住了,说道:"夏天苍蝇多,别和她一般见识。走吧,找地方填饱肚子才是正事。"声音不大,却传到了场内每一个人的耳中。

　　"告诉欧阳军,我来过了,想要见我自己来找我吧。"

　　庄睿随即提高了声音,对那两个黑西装说道,他对这种地方厌烦透了,人人都戴着一副面具,还偏偏装出高人一等的样子。

庄睿的话,让正要追过去再理论一番的张芯瑜停住了脚步。她是这里的常客,自然知道欧阳军是这里的老板,其背景和能量,不是她这个有点小资源小姿色的商人能得罪得起的。

"欧阳军的客人?"

场内的人心中都冒出了这个疑问,这人认识欧阳军,别人不奇怪,谁家还没有三五个混得不如意的亲戚啊,只是听庄睿说话的口气,好像是欧阳军上赶着要找他的,这就让人有些好奇了。

能进一号楼的人,其背景都不比欧阳军低,就现在这六七个人里面,有两个甚至是圈子里的子弟,这会儿看向庄睿的眼神里,都带着几分好奇,在心里猜测着庄睿的来历。

有的朋友要说了,这张芯瑜的家族在政界并没有多大的影响力,又是个商人,怎么她能进一号楼? 这也不奇怪,长辈留有人脉,自己有钱,人又漂亮,能混进这个圈子也很正常,这年头,女人有特权啊。

张芯瑜就不必说了,很尴尬地站在那里。她今天来这么早,就是有些事情想求欧阳军,没想到这正主还没见到,就把他的客人给得罪了,话说欧阳军并不是个好说话的人。

那两个黑西装保安,此刻也有些不知所措。老板的朋友被自己赶走了,那还能有好果子吃啊,一时间不知道是不是要喊住庄睿。他们看向张芯瑜的眼光也变得有些不善起来,要不是这女人,他们怎么可能会得罪庄睿啊?

"岳小六,怎么了? 你们要去哪?"

岳经刚拉开大门准备走出去的时候,欧阳军迎面走了进来,看到岳经面色有些不善,奇怪地出言问道。

"四哥,您这儿水太深了,我们换个地去吃饭。"

岳小六今天也是憋了一肚子气,哥们儿为人低调,那是哥们儿做人本分,被张芯瑜这交际花一样的女人给无视,这让岳经兄感到很没有面子,所以对欧阳军说话也不怎么客气了。

"怎么回事啊这是? 庄睿,你先别走……"

欧阳军随之又看到岳经身后的庄睿,顾不上打招呼,招手把场内的那两个黑西装叫了过来。

还没等欧阳军询问事情的经过,苗菲菲就从庄睿身后跳了出来,丝毫不留情面指着欧阳军说道:"欧阳克,你这地方真没意思,来的人真没素质。"

得,看到苗菲菲,欧阳军再看了一眼站在场内面色不愉的张芯瑜,哪里还会不明白发生了什么事情。

"小姑奶奶,我叫欧阳军,不是欧阳克。给点面子,别闹了啊,赶明儿四哥送你辆好车。"

欧阳军对苗菲菲也很头疼,两家长辈的关系十分好,他还真不敢得罪这小丫头片子。

上次出那事,他就被老头子召去臭骂了一顿。

只是他怎么都想不通,这丫头怎么会和庄睿搅和在一起,看了眼岳小六,他只能认为是跟着岳小六一起来的了。

"又没得罪我,要我的面子干什么啊?那女人可是说庄睿没教养。哦,对不起,庄睿,不是我说的啊,我复述一遍。"

苗菲菲不好意思地向庄睿吐了吐舌头,然后就没再搭理欧阳军了,而是拉住他身后的徐大明星,说道:"徐姐,你的皮肤怎么越来越好啊,真白呀。"光说还不够,苗菲菲的手还在大明星的脸上扭了一把。

"找个男人多滋润你一下,皮肤自然就好了。"徐大明星是什么角色,一句话就将苗菲菲说得一脸红晕,两个女人打打闹闹地到一边去说悄悄话了。

"四哥,有事以后说,我们先走了啊。苗警官,咱们走吧,还真想留在这吃饭呀?"

庄睿见到欧阳军,也不冷不热地打了个招呼,在他看来,欧阳军肯定会维护那个女人的面子的。

"别,要走也不是你走啊。张芯瑜,庄先生是我朋友,我想今天这里不太适合你待了,你还是请先回去吧。"

欧阳军的表现让在场的人都是大跌眼镜,原本以为欧阳军会顺水推舟,先让那几人离去,化解一下场内的尴尬,谁知道欧阳军上来就表明了立场,这好像不是一贯很油滑的欧阳公子的风格啊。

其实欧阳军说出上面那番话,已经是给张芯瑜留了面子了。刚才从苗菲菲口中听到的话,让欧阳军也是怒火中烧,庄睿没家教,那不是也骂到欧阳家的脸上了吗,这要不是在自己的会所,欧阳军都能上去抽她了。

昨天欧阳军壮着胆子问了自家老头子,按照老头子的说法,如果不出意外的话,庄睿就是欧阳军的表弟,而庄睿的母亲,就是他的小姑。具体发生了什么事,欧阳振武却没有说,不过这个答案,也足以让欧阳军对庄睿的怨气变得烟消云散了。

"今儿是我不对,有得罪的地方,改天再向四哥道歉了……"

张芯瑜也没想到,欧阳军明着就护着庄睿,当下脸色惨白地交代了一句,见到欧阳军很不在意地对自己挥了挥手,眼圈一红,低头走了出去。

欧阳军根本就没把张芯瑜放在心上,虽然庄睿并不知道他和自己的关系,但那也不是张芯瑜这样的人可以轻辱的。

"庄睿,进去吧,咱们先吃饭,回头有事和你说……"欧阳军拍了拍庄睿的肩膀,带头走了进去。

庄睿站在门口想了想,也转身跟了进去,不管怎么说,欧阳军今儿给足了自己面子,要是再坚持走的话,那可是就有点太不给欧阳军面子了。

"四儿,我也没吃饭呢,晚上一起?"

房间里一个戴着眼镜的中年人,坐在那里大模大样地和欧阳军打了个招呼,不过估计吃饭是假,对庄睿身份有些好奇才是真的。

"吴哥,今儿有点私事,改天,改天请哥儿几个一起。"

欧阳军笑呵呵地婉拒了对方。他现在心里还好奇呢,刚才看庄睿和苗菲菲之间的对话,显然这两人也是惯熟的,不过以庄睿的身份,应该接触不到苗菲菲这个层面的人吧?

几人离开大厅,进入到二楼的一个包厢里,包厢的地上铺着红地毯,正中是一张直径在两米以上的大圆桌,有些拼盘冷菜已经摆上了,欧阳军招呼着几人坐下,看到苗菲菲没有挨着大明星坐,而是坐到了庄睿身旁,这让他对自己这个小表弟愈加好奇了起来。

欧阳军低声和徐大明星耳语了几句,大明星站起身来,去坐到了苗菲菲的旁边的一张椅子上。她这是得到欧阳军授意,去打探下苗菲菲究竟是怎么和庄睿结识的。

这顿饭吃得是波澜不惊,虽然很多菜都是庄睿没吃过的,但是此刻他的心思却没在这上面,因为有苗菲菲和岳小六在,欧阳军有些话也不好说,就连苗菲菲都看出有点不对劲来,半个小时之后,这顿酒席就结束了。

见众人都不动筷子了,欧阳军站起身来,招呼了大明星一句:"带小六和菲菲去下面玩吧,我和庄睿有些话要说……"

"走吧,去我办公室聊。"

庄睿点了点头,两人上到了三楼,欧阳军打开了一间房门。

"四哥,你还喜欢玩这物件?"

庄睿刚进房间,眼睛就被房间正中摆着的一个大屏风给吸引住了。

这是件十二扇开门的红木屏风,高有两米左右,每扇屏风中间,都镶嵌着一条长约五十公分左右的金銮玉凤,虽然是青白玉所雕,但是十二个玉凤全部都是整料雕刻而成的,也是价值不菲的,更何况仅是这些大叶檀,价值就要上千万了。

"别人看我这办公室有些空旷,送我做摆设的,我对这玩意一窍不通……"

欧阳军很谦逊地摆了摆手,不过却是一脸得意的神色。这套屏风是清末一位驻扎在云南的官员打造了准备敬献给慈禧太后的。但是这东西做工很耗时,历经数年做好之后,慈禧太后她老人家早就晏驾归天了。后来历经军阀混乱,这套屏风就流落到了民间,正好收藏了这屏风的人有事求到了欧阳军,就拿这物件当做了敲门砖。

"东西不错,就年代近了点,用料一般,不过这么大的物件,也能值个三五千万的。"庄睿前后打量了一番,随口作出了评价。

"你对这个也有研究?对了,忘记你在典当行工作过了。过几天我介绍个小子给你认识,他手上可是攒着不少好玩意呢。"

欧阳军对庄睿明面上的经历早就打听得清清楚楚了,只是庄睿后来那些际遇他就不知道了,他想不到面前的这个小表弟,身价不见得就比他少。

"行了,四哥,到底是谁要见我,你就直说吧……"

房间里就他们俩人,庄睿也不想兜圈子了,话题一转,开门见山地问道。

"是我父亲,他说你母亲,可能是我小姑,所以他想见见你……"

看到庄睿要开口说话,欧阳军摆了摆手,继续说道:"你也别问我是怎么回事,我是一丁点儿都不知道。老辈们从来都不提这事情,你要是想知道原因,明天就去见见我家老头子吧,我就是一传话的……"

欧阳军说完之后,看着庄睿,他也想知道以前发生了什么事情。

"好,我去!"

庄睿沉默了一会儿,重重地点了点头,他也想知道,究竟是什么原因,让母亲数十年都不和娘家往来。

第三十一章 | 血浓于水

"庄……老弟,听四哥一句话,长辈们有什么矛盾,或者有什么难处,那和咱们小辈无关,你妈妈要是我的姑妈,你就是我表弟,咱们以后要多走动一下,别搞得那么生分。"

见到庄睿点头答应去见老爸,欧阳军很高兴,倒不是说完成任务了,而是在他这一辈人里面,他年龄是最小的一个,眼下多出来个弟弟,以后家族聚会,再也不用被人喊老幺了。

"嗯,我知道了。四哥,不过有些事情,我还是要征求一下母亲的意见……"

庄睿看到欧阳军的态度很真诚,而且见这两次面,感觉到他身上也没有那些纨绔子弟的习性,言语间也变得亲热了不少。从小家里就三口人,眼下多出个表兄来,庄睿心里也是很高兴的。

欧阳军点了头,说道:"那是应该的,我现在要筹拍几部戏,这段时间没空,要不然就和你一起回彭城去看姑姑了。对了,老弟,我有部戏马上开拍了,制片人还没选好,你来干怎么样啊?"

"制片人? 我来干?"

庄睿被欧阳军天马行空的想法给搞迷糊了,他一年都难得进一次电影院,对于影视圈那一套根本就是一窍不通,让他当制片人,这不是开玩笑嘛。

"四哥,这个我可干不了。不行,不行……"庄睿愣了一下,连忙出言推辞。

欧阳军闻言撇了撇嘴,满不在乎地说道:"有什么干不了的啊,你是学金融出身的,管好投资方的钱就行了。这投资方就是我,算是帮我管钱呗。

"老弟,我告诉你,这制片人权力大着呢,导演都要听你的,别说那些演员了。你让他们往东他们不敢往西,你让他们那啥……总之这活儿可是很抢手的。"

欧阳军很暧昧地向庄睿挤了挤眼睛,他看小表弟青涩得很,到了摄制组肯定会大受女明星们青睐的。

其实制片人的工作,没有欧阳军说得那么简单,制片人必须懂得电影艺术创作,了解观众心理和市场信息,善于筹集资金,熟悉经营管理。

现在的影片大多都是商业电影,制片人就是一部片子的主宰,有权决定拍摄影片的一切事务,包括投拍什么样的剧本,聘请导演、摄影师、演员和派出影片监制代表他管理摄制资金,审核拍摄经费并控制拍片的全过程。影片完成后,制片人还要进行影片的洗印,向市场进行宣传和推销,所以一部影片的制片人,已经提前决定了这部影片的好坏成败。

在商业电影发达的地区,许多经验老到的成功制片人,可以决定电影的风格走向,甚至凌驾导演成为电影内容的主导者,是拍片过程中权力最大的人。

欧阳军之所以让庄睿来当制片人,其实很大程度上是想照顾一下自己这个小表弟,看庄睿的穿着和他简历上的经历,家境应该说不上好。只要当上这个制片人,一部影片拍下来,七七八八也能收入个几十万的。

至于制片人所需要履行的责任,大不了找一个有经验的副制片人好了。

"算了,四哥,您就饶了我吧,我不会也没兴趣干那行。您要是想帮我,等有空了把送您这屏风的人介绍我认识一下就行了。"

庄睿也知道欧阳军是一番好意,只是他对那行实在是没有兴趣,话再说回来了,他也看不上那几个钱。有那闲工夫,找个熟人带着去琉璃厂转悠一圈,说不定赚得都比那个要多呢。

"随你吧,你在京里还能待几天?"

欧阳军也没勉强,反正认了这个表弟以后,总归是不会让他吃亏的,以后有什么赚钱的事,拉他一把就是了。

欧阳军站起身从大班桌里摸出一条烟来,拆开后拿出一根递给庄睿,想了想之后,把拆开的一包都塞到了庄睿手里。

"下次来再说吧,这几天就要回彭城了。四哥,这是什么烟啊?"

庄睿接过那烟看了一眼,好家伙,这烟的过滤嘴都占了三分之二,上面还有个熊猫的标志,再看烟盒上的包装,白皮,什么图样都没有,拿出打火机点上抽了一口,那味道是有点不一般,淡淡的让人精神为之一振。

"不错吧? 大熊猫。"

这条烟还是他从老头子手里硬缠来的。欧阳军感觉自己在这小表弟面前一直都没什么优越感,现在一根烟就把他震住了,不由得有点小得意。

庄睿看这表哥的样子,心中不觉有些好笑,干脆站起身来,把那条烟拿在手上,说道:"四哥,这烟就送给我吧,回去还能显摆下。"

"那个不行,最多……最多给你一半,算了,给你六包。"

欧阳军没想到庄睿要把他的存货都拿走,连忙一把抢了过来,很心疼地从里面分出来四包,想了一下之后,又拿出一包放在了桌子上。

"呵呵,那就六包吧,回头有机会,我也送个好玩意给你。"

庄睿笑了笑,深处下去,他感觉这表哥人还是不错的,一点架子都没有。其实这也是看人的,换了下面那些来托情办事的,欧阳大少的谱,那就不是一般的大了。

"老弟,你等下,我给老头子打个电话,要是老头子回家了的话,咱们现在就过去吧。"

欧阳军可是不敢让庄睿再待在这里了,他屋子里的好东西不少,要是那瓶1916年的拉菲再被庄睿看中,那他可就真是欲哭无泪了。

欧阳军当着庄睿的面打了电话,在电话里简单地把事情说了一下,"嗯嗯"了几声就挂断了电话。看了下手机的时间之后,欧阳军对庄睿说:"老头子马上就要回家,咱们也过去吧,差不多一个小时到家。"

"好吧,今儿要是能解决完这事情,我明天就回彭城了。"

庄睿点了点头,四处看了一下,找了个空的礼品盒子,把那几包烟装了进去,庄睿表现得很自然,就像是在自己家里一样,看得欧阳军眼角直抽搐,这小表弟还……真是不拿自己当外人啊。

"走吧,别让老头子等了。"

欧阳军抢先一步拉开了房门,他怕庄睿再待下去,不知道又会看中房间里的什么东西,这可都是他花了很大力气收集来的,早早把他请出去才能安心。

找到正和大明星聊天的苗菲菲,庄睿有些不好意思地说道:"苗警官,今天没时间陪你了,我要去办点事……"

"没事,我改天再约你吧。"

苗菲菲很通情理,拉了一把岳小六,示意让他送自己回家,可怜岳经兄难得来一号楼,正和那个以清纯著称的女明星聊得火热呢,此时只能很是郁闷地和庄睿等人一起向一楼大厅走去。

这会儿已经是晚上十点左右了,一楼的人也多了起来,几人刚下楼,就见到七八个人围在一起,在大声聊着什么。

只是庄睿刚一下楼,那围着的人群突然出现一个豁口,一道金色的影子向庄睿扑了过来。

"金狮,回来……"

一个熟悉的声音响了起来,不过那金色身影并没有听从主人的吩咐,而是径直扑到庄睿身上,伸出舌头和庄睿亲热着。

"吓死我了,还以为这家伙发疯了呢。"

随着声音,宋军分开人群,手里拿着个狗链走了过来,看到正和金狮嬉闹的庄睿,不由松了一口长气,要是金狮在这里咬了人,就以他的背景,那是很难摆平的。

"臭小子,你怎么转悠到这里来啦?"宋军给金狮套上狗链拉在身边之后,才想起庄睿怎么会出现在这。

"宋哥,你……你们也认识?"

欧阳军发觉自己的脑子越来越不够用了,这庄睿的人脉未免也太广了点吧?

庄睿和岳小六是同学也就不说了,和苗菲菲在上海认识那也能理解,但是宋军和这两人可不一样。对于宋军,欧阳军很熟悉,他出道比自己早了十多年,在商界的影响力可不是自己能比拟的,并且家里老爷子还在,在政界也是不容小觑。

宋军看了一眼欧阳军,说道:"嗯,庄睿是你的客人?四儿,这可是我的小老弟,不准欺负他啊。"

"我哪儿敢啊,宋哥,回头我找你喝茶,咱们好好聊聊,今儿还有事,就不陪你了。"

欧阳军苦笑了一声,自己今天是被庄睿吃得死死的,还不知道是谁欺负谁呢。他心里对庄睿的好奇心也是越来越大了,准备明天就找宋军问问,自己这小表弟究竟还有什么来头。

"你去忙吧,庄老弟留下来玩会儿。我给你们说啊,我这藏獒就是庄老弟从西藏找来的,他那里还有不少纯种藏獒,今年就可以下幼犬,有需要的先预定啊。"

宋军很随意地对欧阳军摆了摆手,却拉住了庄睿,给他的獒园作起了宣传。

欧阳军虽然对庄睿还开了个獒园有些好奇,不过现在可不是听故事的时候,连忙说道:"宋哥,这事回头再说,庄睿还要跟我去办点事情。"

宋军把脸转向庄睿,出言问道:"这都几点了,还去办事?"

庄睿点了点头,道:"宋哥,是有点事,我这段时间会经常跑北京的,咱们以后有的是时间聊。"

庄睿说完话后拉了宋军一把,往边上走了几步,小声说道:"宋哥,小弟可不大喜欢和这些人打交道,回头我让大川来趟北京,这事交给他吧。对了,我赌石的事情,别和这些人讲啊。"

庄睿是真的不怎么喜欢这圈子,再说这些人见识都很广,要是有人从自己发迹的过程里看出点什么,惦记上自己,那可是够烦的。

"你小子,做事情那么低调,都不像是个二十多岁的年轻人。行了,我知道了,你去忙吧。"

宋军点了点头,也没问庄睿要去干什么,在这圈子里混得久了,自然知道什么事情该打听,什么事情不该打听的。

··············

"老弟,你怎么还玩起藏獒来了?对了,前阵子忘了听谁说起的,有人养了只雪獒,价值四五千万呢。"

欧阳军开着车,随口向庄睿问道,看宋军对待庄睿的态度,他觉得庄睿怎么都不应该是现在这一贫二穷的样子啊,宋老板手指缝露点东西出来,都能够让庄睿赚个盆满钵溢了。

"和同学一起搞的,我不管事的,占一点儿股份而已。"

庄睿笑了笑，自然是没说那条雪獒是自己的，不过听欧阳军提起来，他倒真是想白狮了。

虽然这几天庄睿都让庄敏把电话放到白狮耳边说几句话，但是这半年多来，白狮都是和他形影不离的，这一个多月都没见了，还真有些不习惯。

"有纯种的獒犬，可要给我留一只啊，钱不是问题。"

欧阳军刚才看到宋军的那只藏獒，心里也很羡慕，在会所那里养上一只，也是不错的。

"嗯，今年年底就能交配了，明年会有獒犬，到时候我给你留一只。"

庄睿昨天还接到刘川的电话，说是在山西藏獒交流会上，仁青措姆带去的金毛狮王大放异彩，不仅夺得了獒王称号，还签下了十几份配种合同。

刘川那小子也是狮子大开口，一次配种最低收费二十万，就这样还有许多獒园迫不及待地要安排配种，这还没生出来幼獒，獒园已经是盈利数百万了。

"对了，给你说下我们家的情况，我爷爷和奶奶，也就是你外公外婆，都还健在，只是老爷子身体不怎么好，还有几个月，就要过九十大寿了，不知道能不能熬到那时候。

"我还有两个伯父，现在都在外地任职，另外还有三个堂哥，也都是走的仕途，都没在京。对了，你还有两个表姐，不过都嫁人七八年了，很少来京。"欧阳军感觉自己很有必要给庄睿说下家里的结构。

"你爷爷叫欧阳罡？"

庄睿沉声问道，他有种感觉，自己母亲这些年来的遭遇，和这个如雷贯耳的名字是分不开的，虽然他是自己外公，也是受人敬仰的将领，庄睿还是直呼其名。

"是的。"欧阳军答应了一声，若有所思地看了庄睿一眼。

两人说着话，车子已经开进了市区，又开了半个多小时，车子驶进一个小区入口，门口的守卫是两个武警，在很仔细地检查了欧阳军和庄睿的证件之后，才将其放行。

"这里面住了二十多个高级官员，所以检查比较仔细，喏，这栋就是苗丫头他爸住的，不过听说那丫头并不住在这里。"

这个小区都是一栋栋的单体别墅，里面绿树成荫，房子虽然有些老旧，但是环境很好，特别安静。

欧阳军在一栋小楼前将车子停了下来，看到里面房间有灯光，他也没把车停进车库，直接下车带着庄睿走进了楼里。

进门就是客厅，灯光很亮，一位年龄在五十多岁的老人坐在沙发上，正戴着副眼镜看文件，在他对面端坐着一个三十多岁的男人，看到欧阳军进来，向他点了点头。

"王哥，你也在啊，吃饭了没有？"

欧阳军和那人打了个招呼，声音有点大，使得正专心看文件的欧阳振武抬起头来，看到欧阳军身后的庄睿时，马上把手里的文件扔到了茶几上，人也随之站了起来。

"小王，今天就这样，你先回去吧。"

185

欧阳振武没有和庄睿说话,而是先打发走了自己的秘书,这家事也不好让外人知道的。

"好的,明天我准时来接您。"

王宇答应了一声,站起身走了出去,在出门的时候打量了庄睿一眼,心里有些奇怪,自己老板是最反感欧阳军往家里带人的,一般欧阳军有什么事情要办,可都是先通过自己的,今儿没给自己打招呼就带人回家了,这事有点反常啊。

且不提王秘书心情如何,欧阳振武等他出门之后,向前紧走了几步,打量了庄睿好一会儿,喃喃自语道:"像,真像小妹……"

"爸,先让人坐下嘛,有事慢慢说。"欧阳军很少见到老头子失态,连忙打着圆场。

"嗯,孩子,来,跟我来书房。小军,倒两杯茶进来。"

欧阳振武恢复了平静,对庄睿摆了摆手,转身向书房走去。

"坐吧,随便点,就当这里是自己家。"

进到书房之后,欧阳振武看到庄睿有些拘束,还以为是自己的官威吓到他了呢,神色变得愈加和蔼了起来。

"嗯。"

庄睿点了下头,坐到了欧阳振武的对面,他倒不是拘束,而是对于即将揭晓的那段有关于母亲的历史,感到有些激动。

"小军,茶放这就行了,你出去吧。"看到庄睿坐下后,欧阳振武对端茶进来的欧阳军说道。

第三十二章 | 往事如烟

"什么？我出去？老爸，你这可是过河拆桥啊！"

欧阳军好不容易把庄睿给请到了家里来，这老头子还不让他旁听，顿时就急眼了，大声嚷嚷了起来。

"出去，你这性子，还要好好磨磨……"

欧阳振武声音虽然不大，但却是充满了威严。欧阳军打了个哆嗦，老老实实地退了出去。

"你叫庄睿，你母亲叫欧阳婉对吗？可能你母亲没有给你提到过，你还有我这么个舅舅。唉，当年也是我们兄弟几个没敢坚持，才让你们受了这么多年的苦。"

欧阳振武没有和庄睿兜圈子，直接点明了自己的身份，他看到庄睿的这身打扮，心里有些苦涩，看来小妹这一家的生活，过得并不是很好。

"欧阳……伯父，您还是说一下当年发生了什么事情吧。我们过得也不苦，除了母亲有时候心情不好之外，其他时间都是很开心的。"

庄睿犹豫了一下，还是没能叫出舅舅这两个字来，毕竟这二十多年来，他已经习惯了和母亲与姐姐相依为命生活，突然多出这么个长辈，庄睿心里有点难以接受。

"这事怪你外公太固执，偏偏小妹的性格还最随他，要不然也不至于此。那是三十多年前，你母亲刚刚满十九岁的时候……"

随着欧阳振武的回忆，欧阳家族的一段秘辛，在尘封了三十多年之后，也重新揭开了。

故事很老套，当时欧阳罡被下放到彭城的一个农村参加劳动改造，而庄睿的外婆也是个妇女干部，被下放到了福建一处地方，由于那会京城太混乱，老伴和几个儿子也都去了外地，于是欧阳罡坚持把最疼爱的小女儿带在了身边。

很巧的是，庄睿的爷爷作为臭老九，也被下放到那个农村，待遇比欧阳罡还要差，直接关进了牛棚，这二人算是同命相怜，一来二去交上了朋友。

庄睿的父亲虽然也受到了牵连，不过处境要好一些，经常偷偷跑去乡下看望自己被关牛棚的老爸，并带去一些吃的，次数多了之后，就和欧阳婉交上了朋友。

后来欧阳罡感觉农村环境太辛苦，不太适合女孩子生活，就让欧阳婉去庄睿家在市里面的老宅子借住，但是他没有想到，自己的这个决定，却让欧阳婉和庄睿的父亲暗生情愫，偷偷地在一起了。

庄睿的爷爷没能熬过那段日子，在关进牛棚的第三年就去世了，而欧阳罡在农村待了五年之后，被重新召回了北京。就在他要带女儿离开的时候，却发现自己最疼爱的女儿，已经偷偷的和庄睿的父亲结婚了。

这让欧阳罡大发雷霆，要知道，他从小就把女儿许配给自己一位老战友的儿子了。如果那位老战友还在世的话，这事情倒也好办，一顿酒喝下来，最多自己低个头认个错就算了。

只是欧阳罡的这位老战友在前年就过世了，后辈们的生活也不是很好，现在悔婚的话，会被别人认为是落井下石的。这对于一言九鼎戎马一生的欧阳罡来说，是绝对无法忍受的。

当时庄睿的姐姐还没有出生，怒火攻心的欧阳罡就让女儿跟自己回北京，偏偏欧阳婉的性格是外柔内刚，认准了的事情任谁都无法改变，并在老父亲说出了不回京城就不认你这个女儿的话后，欧阳婉依然留在了彭城。

回到北京之后的欧阳罡，一开始也没有被安排工作，一直等到上世纪的七十年代末期，才重新开始工作，而他的三个儿子，也陆续都回到了北京，知道了这件事情。

欧阳振武的大哥，也就是庄睿的大舅，和欧阳婉的关系最好，当时忍不住跑到彭城去看妹妹，却发现妹妹已经有了两个孩子，最小的庄睿还在吃奶，当时就把身上所有的钱都留给了妹妹，回到北京准备找老爷子理论一下。

谁知道刚在老爷子面前提起这件事情，欧阳罡就大发雷霆，连老伴的面子也不给，拿拐杖打完儿子之后，气得当场昏厥过去，差点没有抢救过来。

欧阳罡清醒之后对众人说道，路是自己选择的，后果就要自己去承担，家里任何人都不能再和欧阳婉联系，否则就逐出家门。在选择妹妹还是老爸的难题下，兄弟几人屈服了。

只是庄睿的大舅在后来知道庄睿父亲去世的消息后，又偷偷地去了一趟彭城。消息灵通的老爷子知道后，又气得住进了医院，而且把老大发配去了青海工作。从那以后，家里人为了老爷子的身体，再也没敢和欧阳婉联系。

庄睿的母亲也是个倔强性格，虽然欧阳振武几兄弟都通过各种渠道想要帮助一下小妹，但是都被欧阳婉拒绝了，她一人把儿女给拉扯大，并且包括庄睿姐弟在内，她没有向任何人说起过自己的家世。

"唉，小妹的性格太倔强了，要是能低下头，老爷子早就把你们接到北京来了。

"小睿，这几年，你外公外婆年龄都大了，身体也很不好，我曾经联系过一次小妹，让她到北京来，可是被她拒绝了。还有几个月就是你外公的九十大寿，我想让你说服下你妈,来参加吧,要不然以后都不知道还有没有机会了。"

欧阳振武的话让庄睿陷入了沉思,在那个特殊的年代,很难去说谁对谁错,老爷子的脾气,母亲的倔强,都是导致双方没有往来的原因之一,外公现在心里是怎么想的庄睿不知道,但是庄睿知道,在自己母亲心里,一直都是牵挂着她的父母的。

而且在这件事情上,几个舅舅也很无奈,他们不是没有想着要帮助一下母亲,只是被倔强的母亲给拒绝了,舅舅们在这件事情上并没有什么过错。

想到这里,庄睿开口说道:"舅舅,我明天就回彭城,劝母亲来北京……"

当天庄睿就在欧阳振武这里住下了。对于他而言,找到亲人的感觉很奇妙,欧阳振武有些笨拙地亲自给他换上从没用过的被单枕头,躺在崭新的床单上,看着房中陌生的摆设,庄睿心里感觉到无比的温馨。

在幼年时,庄睿常常羡慕别人家里亲戚多,每到过年的时候,同龄的孩子们都能拿到好多张崭新的压岁钱,有好多件可以换着穿的衣服,现如今,他也感受到被长辈关怀的温暖,那种感觉,真的很好。

"小舅,这……这怎么好意思啊。"

庄睿一夜睡得都很踏实,第二天一早就被欧阳振武敲门叫醒了,看到外面的餐桌上已经摆好了油条豆浆,庄睿感到有些不好意思了,怎么能让长辈去给自己买早点。

"你这孩子,都说像在自己家里一样了,客气什么啊,昨天睡得还好吗?快吃吧,我一会儿就要去上班,让小军送你去机场。小军,能订到上午的机票吗?"

欧阳振武很欣慰地笑了笑,虽然昨天和庄睿谈话的时间并不长,他也能感觉出来,这是个听话懂事的好孩子,最起码要比自己那儿子强得多。

"爸,您放心吧,在您心里,我连这点小事都做不了?"

刚从楼上下来的欧阳军很是不爽地说道,昨天被自己老子赶出书房让他感到很受伤,这会儿脸色还不怎么好看呢。

"你这臭小子,做事情一点都不靠谱,以后多和小睿来往,别整天出去瞎混。"欧阳振武一点儿都没给儿子留面子。

正说话间,门铃响了起来,庄睿连忙放下手里的油条,抢先走过去把房门打开,是王秘书来接欧阳振武了。门外的小车上,还有一位司机,不过这会儿两人都睁大眼睛看着庄睿,他们都没想到在老板的家里,居然还住着外人。

"小军,你负责把人给我送到啊。小睿,下次再来北京,就到家里来住啊。我先去上班了,唉,要不是这段时间太忙,我就自己去一趟了……"

欧阳振武一口喝光碗里的豆浆,拿过纸巾擦了擦嘴,起身向外面走去,王秘书从桌子上拿起他的公文包,紧跟着走了出去,还不忘向庄睿点了点头打了个招呼。他再笨也看出这年轻人和老板的关系不浅,与其处好关系是没有坏处的。

"十二点五十分的机票,还早呢,咱们晚点再出门,这天热得像蒸笼似的。"

见到老爸走了，欧阳军也放松了下来，原本端坐的身体，马上像没有了骨头一般，靠在了椅子上。

北京的夏天是燥热的，要不是待在空调房里，恐怕在外面站上一会儿，衣服就能挤出水来了。

欧阳军对桌上的早点不怎么感兴趣，凑到庄睿身边问道："老弟，昨儿我家老头子到底和你说什么了？"

这事关系到长辈们的矛盾，庄睿没法细说，当下含糊地说道："也没什么，我妈和外公以前有些误会，小舅让我回去劝下我妈，来参加外公的九十大寿。"

"姑妈和老爷子的矛盾？肯定是老爷子不对。你不知道，那可是个老顽固啊，当年我不愿意进入政府部门工作，那老爷子差点拿枪毙了我，幸亏他收藏的那些老古董都没子弹了。"

欧阳军没事很少往老爷子那里跑，去了就是挨训，反正这老爷子怎么看自己都不舒服，当年那事儿，吓得他跑到南方大伯那里躲了半年多才敢回北京。

"不说这个了，老人家的事情，咱们管不了，只能在中间化解一下。对了，四哥，你等下先送我回酒店，我还有东西在那里，等退了房间之后，还要麻烦你带我找家珠宝店，我想去买点东西。"

庄睿那几件玻璃种帝王绿的挂件，可还都放在酒店房间的保险箱里，另外他想买几个首饰盒，把那几个挂件给分开装起来。虽然是送给自己老妈和老姐的，但是也不能太随便了。

"行，送你回酒店之后，咱们去接上徐晴，去哪里买珠宝，那还是要问她……"

欧阳军很痛快地答应了下来，他以为庄睿是要给小姑带点礼物回去，心中早就拿定了主意，回头这购买珠宝的钱，一定要自己来掏，主要是他怕庄睿买的东西太不上档次了。

等庄睿吃过早点之后，两人就出门了，家里那摊子自然有专门安排的保姆去收拾。到了酒店，欧阳军没有上去，而是在车里等庄睿拿东西退房间。

在去接大明星的路上，庄睿给古老爷子、宋军和岳经还有苗菲菲都打了电话，告诉他们晚几天再来北京。古老爷子倒没多说什么，他知道庄睿出来的时间不短了，倒是宋军和苗菲菲在电话里恐吓了庄睿几句，让他下次来北京，一定要通知到二人。

这几个电话听得欧阳军侧目不已，自己这小表弟虽然没钱，但是这人脉处得还真是不错啊，他和宋军之间称兄道弟的熟络关系，让欧阳军都有些羡慕。

"喏，这是我表弟，以后有什么新入道的好女孩，帮着介绍下啊。"

接到徐大明星之后，欧阳军很随意地给她介绍了下，却把庄睿闹得满脸通红。话说面前的这位大明星，也是庄睿以前所仰慕的对象啊。

大明星没给欧阳军面子，用昨天苗菲菲挤兑他的话回答道："四哥，你以为人人都是欧阳克啊？"

这明星外面看起来风光，实际也挺累的，庄睿面前的这大明星脸上带了一副宽大的墨镜，头上的遮阳帽更是将脸挡住了半边，很有点庄睿当年看《甲方乙方》那部电影里大明星出场的喜剧效果。

　　"咳……咳咳……"

　　庄睿有点受不了这两人的打情骂俏，连着咳嗽了几下，自己还是没有过女人的纯情处男，这事让庄睿一想起来就内心纠结。

　　"呃，别扯废话了，我老弟想买点珠宝，你看哪家店比较合适？"

　　欧阳军抬手看了下时间，马上九点了，买了东西再赶去机场，时间刚好差不多，也就没有废话，发动了车子。

　　"我不是要买珠……"

　　"去秦瑞麟吧，那里档次比较高，人也少一点……"

　　庄睿话没说完，就被徐晴给打断了，也怪他事先没说清楚，去珠宝店不买珠宝，那去了干嘛呢，难不成是去打劫的？

　　欧阳军驱车直接来到位于西单闹市区的秦瑞麟珠宝店，停好车进去之后，里面果然没有几个人，足足有几百平方米的店里，除了店员和保安，连一个客人都没有。

　　这家珠宝店的店员素质很高，在大明星拿下墨镜之后，也没有大惊小怪的，而是很尽职地给几人介绍起店里的压轴珠宝来。在她们心里，以大明星的身份，自然是要买最好的。

　　庄睿看看时间还够，不耐烦去听那些人介绍，干脆离开欧阳军和大明星，自己在店里转了起来。

　　"这是秦萱冰家开的？"

　　门口一个挂在墙上的金色牌匾上，有秦瑞麟珠宝店的详细简介，庄睿看到这家珠宝店总部是在香港，心里就明白了几分，这还真是巧了。

　　"老弟，你要买珠宝，跑门口干嘛去啊？过来，我看中了一款，很适合姑姑戴，给小妹也选了一个项链，你来看看。"

　　庄睿正走神呢，耳边传来欧阳军的喊声，连忙走了过去。

　　欧阳军给庄母选的是一副翡翠手镯，水头倒是不错，能达到冰种了，里面带着细碎的绿翠飘花，是一只冰种飘花镯子，在灯光下很是耀眼漂亮，再看了下价格，标明的是一百一十八万。

　　这让庄睿有些咋舌，倒不是买不起，这种料子他可是曾经论公斤卖过的，只是这价格比他预计中的要高出了三十多万，看来这门面大名气响，宰人的刀子也磨得快啊。

　　再看向欧阳军给自己老姐选的首饰，却是一对镂空珍珠状的耳环，也是翡翠制品，外面是用白金镶嵌起来的，是冰种高绿的料子，看下旁边的标价，三十八万。这么丁点儿东西，恐怕当时庄睿切石的时候，浪费的料子都要比这多出好几倍来。

庄睿看到欧阳军一副只要你点头我就掏钱的模样,挠了挠头,有些无奈地说道:"四哥,我都说了,我不是来买珠宝的,我就是想买几个空的首饰盒子,我自己有几个物件要包装一下的。"

"你自己有珠宝?能比这里的还好?行了,别跟四哥客气,就选这两款吧,当我送给姑姑和小妹的礼物。"欧阳军对庄睿的话不大相信,这里随便一个物件都要十万以上的,肯定比庄睿自己的东西要贵重。

"是啊,先生,我们这里配套的首饰盒都是专门定制的,不单独出售,而且也不一定适合您自己首饰的规格和大小。"

旁边的店员听到庄睿要买首饰盒,脸上有点不以为然,不过她们都是经过专业培训的,说出来的话,倒是很有礼貌。

第三十三章 买椟目瞪口呆

"可是……我真的不需要你们的珠宝啊……"

庄睿有些无奈，哥们只是想买几个大小差不多的首饰盒子而已，我要是连那上百万的翡翠一起买下来，那不是买椟还珠吗，傻子才干那事呢。

"行了，老弟，别说了，我这当侄子的还不能给姑姑买东西了吗？小姐，就要这两款，帮我收好……"

欧阳军以为庄睿是不好意思，说话的同时拿出卡来，准备去刷卡付账了。

"四哥，别，你等等……"

庄睿这下着急了，这里的翡翠在他眼里只是中高档货色，换句话说，就是庄睿根本就看不上，而且价格还死贵的那种，花钱买这玩意，作为一个翡翠行的业内人士，说出去都丢人。

"小姐，您来一下，帮我把这个首饰……盒子拿出来看一下。"

庄睿制止了欧阳军的买单行为之后，走到旁边出售挂件的柜台，指着其中的一款翡翠挂件，伸手把店员招了过来。

"不是这个，我都说了要看盒子……"

那店员不知道是有意还是无意，只是将那挂件取了出来，庄睿有些恼火，这不是逼着哥们拿出东西来吗？

到时候丢人也是你们自己找的。

庄睿把身后的背包放到了柜台上，从里面拿出古老爷子给的那个盒子，取出来一个弥勒佛挂件和一副耳环，对着那店员说道："都说了我自己有翡翠，只是想挑选几个包装用的盒子，你们要是不单卖，我可以去别的珠宝店。"

"哎呦，老弟，你还真的自己有东西啊，得，那咱们就买盒子。"

欧阳军看到庄睿拿出那个挂件之后，才知道自己这小老弟不是开玩笑的，转头对那店员说道："你们店里的服务宗旨，就是满足顾客一切合理的要求吧？去看看那挂件的尺寸，找几个盒子出来。"

"好的,先生,您稍等……"

先不说欧阳军本身就带有一种上位者的气势,单是看到徐大明星都偎依在欧阳军的身旁,那个店员还能没有一点眼力见儿? 当下也不提什么不单独出售首饰盒子了,马上伸手去接庄睿手里的翡翠,准备测量下尺寸,好选择对应的盒子。

"你小心点,可别摔了啊。"

庄睿有些不放心地把挂件放在了柜台上,这挂件还没系绳子,要是不小心打碎,钱自己损失得起,可是去哪再找玻璃种帝王绿的料子啊。

上午珠宝店里本来就没什么人,旁边几个营业员也纷纷凑了过来,想看看庄睿拿出的翡翠是什么品级的。

对于这些年轻的女孩子们而言,每天面对着不属于自己的极品珠宝首饰,也未尝不是一种悲哀,就像是那些造币厂的工人们,钱是看得见也摸得着,可就是带不走。不过整天和珠宝打交道,这些女孩子们眼力还是有的。

一个圆圆脸的女孩用手摸了一下庄睿的那个挂件之后,脸上现出一副鄙夷的神色,小声地对刚才接待庄睿的女孩说道:"霞姐,这……这也太假了吧? 哪儿有这样的翡翠呀?"

"不要乱说话,不懂就别说……"

那位霞姐转头训斥了一句,只是她也有点拿不准这个翡翠的真假,反正她本人是从来没有见过种色都如此纯正的翡翠,种水近乎透明不说,那股绿意,更是浓郁得让人看在眼睛里就化解不开了。

霞姐在这店里干了三年了,从营业员升为主管,经手卖出的翡翠不计其数,但是也没能见识过这般散发着妖艳魅力的翡翠饰品。

"老弟,你这玩意不会是玻璃的吧?"

欧阳军也走了过来,一把将那弥勒佛挂件抓在手里,仔细打量了半天,冒出这么一句让庄睿哭笑不得的话来。

欧阳军虽然也经常陪同女人来购买珠宝,只是他对这专业性的知识了解太少,看到这纯净的不带一丝瑕疵的挂件,脑海中第一印象就是想到了玻璃。

"你这人就是爱乱说话,小庄拿出来的东西,怎么可能是玻璃的……"

大明星接过欧阳军手里的物件,看了一会儿之后,脸上也是惊疑不定,这东西如果真是翡翠制成的,那要是什么等级的呀? 自己可是从来没有见到过。

"小赵,去叫下吴店长来……"

那位霞姐转头低声吩咐了一下,然后继续给庄睿挑起包装挂件的盒子来。

"是玻璃的,不过加个种,玻璃种就对了。"

庄睿有些无奈地挠了挠头,顶级的玻璃种帝王绿被人说成是玻璃,虽然只有一字之差,可其价值就天差地远了。

"玻璃种？是什么玩意儿？"

欧阳军皱起了眉头，不是玩儿这个的，还真不怎么清楚这行当里的名词，不过一旁的那位霞姐就不同了，嘴巴张的老大，吃惊地看着庄睿。

"先生，您……您先把东西收好……"

霞姐也顾不上那个挂件是在大明星的手里了，近乎于抢一般的从大明星手上拿过来，和耳环一起，摆放到了柜台上面，这东西可是经她的手传出去的，万一真如庄睿而言是玻璃种的翡翠，要是打碎了的话，把她卖了也赔不起啊。

"玻璃种很值钱？"欧阳军看到这店员的模样，转头小声向大明星问道。

"听说玻璃种是翡翠中品质最好的，我也有一只玻璃种的手镯，不过颜色没有这个好看。"大明星倒是对翡翠料子颇为了解，以前她经常代言一些珠宝，听得多了自然也懂一些，只是让她去鉴别的话，那火候就不够了。

"能值多少钱？"欧阳军的声音更低了。

"我那副镯子三百万买的，颜色和这个比差远了。"

大明星的话让欧阳军那张嘴巴也合不拢了，敢情自己这小表弟不是没钱，而是深藏不露啊。按照徐晴的说法，那这几个饰件，怎么着也能值上几百万。

"这是我们吴店长……"

这时一位四十多岁的中年男人走了过来，霞姐给庄睿等人介绍了下，那中年人很有礼貌地对几人点了点头，目光就被柜台上的那个挂件和耳环吸引住了，这让大明星感觉有些没面子，话说以前不管走在哪里，男人的目光肯定是先放在自己身上的。

"小张，这是怎么回事？这位先生是来出售的？"

吴店长眼中露出一抹喜色，他的见识远非这个主管能比的，在拿起挂件看了一分多钟之后，就基本上确定了这个挂件的用料。

"不是，这位先生想来买几个盒子，包装一下这两件翡翠饰品。"

霞姐的话让吴店长脸上露出了失望的神色，他看得出手上的这个翡翠饰品，不但是顶级的料子，就连刀工应该也是出自大师之手，刚才吴店长还以为庄睿是要来出售的，心里已经是打定了主意，无论如何都要将之买下来。

"不是两件，是五件，弥勒佛挂件有三个，另外有两副耳环，麻烦你们准备五个首饰盒。"庄睿在一旁插口说道。

"这位先生，请来里面先坐一下，我让人去帮您挑选合用的盒子。"

听闻庄睿手里这物件还有好几个，吴店长的眼睛又亮了起来，这事似乎还可以商量嘛。

进到珠宝店的贵宾室之后，很快有人送来的茶水，吴店长踌躇了一下，对庄睿说道："先生，能把您另外几个饰品也拿出来看一下吗？"

庄睿点了点头，从背包里拿出那个盒子递了过去。

"极品,极品啊,我在国外也没有见过成色这么好的翡翠,这应该是一块翡翠料子切开之后雕琢出来的吧?"

吴店长把玩着那几个挂件,一副爱不释手的样子,在很小心地将手里的挂件放回到盒子里之后,吴店长抬起头,道:"这位先生,不知道您是否能转让一个挂件或者耳环给我们? 价钱随便您来开……"

"随便开? 一个挂件我开五百万你也买?"欧阳军在旁边开起了玩笑。

吴店长闻言眼睛一亮,说道:"五百万,我可以做主买下来。"

欧阳军顿时眼睛直了起来,他没想到自己随便说的一句话,居然被人接了下去,这玩意儿可不是他的。

"对不起,这几个物件我都是要送给家里人的,而且这挂件是古天风大师亲手雕琢的,五百万,呵呵……"

庄睿摇了摇头,婉言拒绝了吴店长的报价,就凭现在翡翠市场飞涨的行情,这雕工配上料子,五百万还真是买不到。

"价钱咱们可以再商……"

"吴店长,就不用再谈了,我和贵公司的秦萱冰小姐认识。如果不是要送给家人的话,卖给你们一件倒也无妨,以后有机会再说吧。"

没等吴店长的话说完,庄睿就将其打断掉了,看看时间赶去机场也差不多了,他不想再磨蹭下去了。

"您认识大小姐?"

吴店长是香港人,自然知道秦萱冰,当下不由重新打量起庄睿来,心中感叹不已。这大陆的富豪,还真是低调啊,香港人要都是这样,绑匪都不知道要去绑架谁了。

"嗯,我和秦小姐是很好的朋友,一直有联系,她还在英国呢,对了,我叫庄睿。"

庄睿的话让吴店长打消了心中的疑虑,他是香港公司总部派驻在北京的,自然对现在公司的设计总监秦大小姐很熟悉,也知道她正在为英国皇室设计一批珠宝。

"行了,这几个盒子正合适。吴店长,您看需要多少钱,我就买这几个了。"

几人说话间,那位霞姐已经挑选了五个合适的首饰盒,送到了贵宾间里,庄睿一一将几个挂件和耳环放了进去。

"这东西都是批量做的,不值什么钱,庄先生就不用客气了。小张,再去拿几根挂绳来,庄先生,我们这的挂绳都是特制的,很坚韧并且不会掉色……"

听庄睿的口吻知道他和秦萱冰很熟悉,吴店长不介意送个人情给对方,反正这京城分店他最大,这点小东西还是能做主的。

"谢谢吴店长,那我就不客气了,以后有机会的话,或许咱们还能有些合作。这是我的名片,我还要赶飞机,就先告辞了……"

庄睿对这位很绅士的店长蛮欣赏的,随手送出的东西虽然不怎么起眼,但正好是自己所需要的,之前就连自己都没想到,这挂件没挂绳,根本就没法佩戴嘛。

至于庄睿拿出来的名片,却是古老爷子给他的,再怎么说现在庄睿也是玉石协会的理事,大小也算是个能拿得出手的名头。

"好的,欢迎庄先生下次光临本店……"

别人那物件摆明了是不卖的,吴店长也没多做纠缠,双手递给庄睿一张名片之后,将几人送出了珠宝店。

"哎,我说老弟,把你那名片给我一张啊……"

刚坐上车,欧阳军就嚷嚷开了,不过在接过庄睿递过去的名片之后,他对庄睿这个人愈发好奇起来,玉石协会的理事虽然不见得有多了不起,但就凭庄睿这个年龄,似乎与这个位置并不怎么相符,也不知道他怎么混进去的。

欧阳军正打量着名片的时候,突然感觉到腰际一痛。扭脸瞪了坐在身旁的大明星一眼后,欧阳军对着庄睿说道:"我说老弟,咱家里就姑妈和小妹,你那几个物件,能不能匀一个给我啊?四哥不白拿你的,该多少钱就是多少钱。"

庄睿对刚才坐在前面的那俩人的举动看得一清二楚,听到欧阳军的话后,庄睿似笑非笑地说道:"耳环我妈和我姐一人一副,另外一个挂件,那是给我外甥女的,怎么着四哥,你连小家伙的东西也惦记上了?"

欧阳军被庄睿说得有些不好意思,顿时老脸一红,又拿眼睛瞪了大明星一眼,家里那么多首饰都不见你戴,偏让我去开这个口,丢人了不是?

"呵呵,四哥,放心吧,我在新疆和别人合伙开了个玉矿,等过段时间,我给你寻摸个好东西……"

庄睿看到欧阳军吃瘪的样子,不由笑了起来,玉矿这些事情以后欧阳军都能打听到的,庄睿干脆就自己说出来了。

"你在新疆还有玉矿?"

欧阳军闻言眼睛顿时睁大了,国家对于和田玉的开采现在还没有明文规定,也就是说,开出来的玉全部都归属于私人,这可是个会下金蛋的生意啊。

在欧阳军他们的圈子里,也有人对新疆那边的玉矿垂涎已久,只不过他们根本没有办法插进手去。却没想到自己这小表弟能在其中分到一杯羹,现在他算是知道庄睿为什么急着去新疆了,换成是他,那也是赶早不赶晚啊。

不过他这倒是冤枉庄睿了,在去新疆之前,庄睿哪里会想到能白捡个玉矿啊?话又说回来了,要不是自己能掏得出一千万的现金,还有古老爷子和玉王爷之间的交情,即使自己发现了那个玉矿,也从里面得不到一丝好处的。

"嗯,我就占点干股拿分红的,具体经营我不参与的……"

庄睿这段时间在新疆被折腾得不轻,早就拿定了主意,没事绝对不往那里跑。

"嘿,我说你小子,给我的惊喜可真够多的。你这身家可是比我还肥啊,就不能买几身好点的衣服,把自己拾掇利索点,也好找媳妇啊。"

　　欧阳军的话中带有那么一丝羡慕,他可是知道的,这稀有矿藏是最赚钱的,别看自己也有那么几个亿的身家,但基本上都是在各个公司的干股或者是不动产,真论起身家,他肯定不如面前这个不显山不露水的小表弟。

　　庄睿笑了笑没有说话,有钱那是自己的事情,用得着满世界宣扬去吗? 至于穿着,庄睿认为只要是干净得体,自己穿得舒服就可以了。比尔·盖茨所穿的衣服也是从网上购买的普通休闲服,难道你能说他没钱吗? 不是说非要名牌服饰才能穿出品位来的。

第三十四章 | 解开心结

"四哥,你这位表弟很不简单啊,年少多金,为人还不张扬,是不是你们家那几个老头子暗地里照顾过他?"

在将庄睿送上飞机之后,大明星若有所思地对欧阳军说道。她十多岁就学习电影表演,对看人还是很有自信的,不过对于庄睿,她也是看走了眼。

"不可能,我父亲或许知道他的存在,但是绝对没有出手帮过他。"

欧阳军断然否定了徐大明星的猜想,因为自家老头子的私事,一般都是交代王秘书去办理的,而王秘书昨天晚上和今天早上的表现,显然说明他并不认识庄睿这个人。

想到庄睿所表现出来的成就,欧阳大少心里微微有些自惭。他这份身家可是早几年倒卖批文积累起来的,就是现在的会所,那也是依仗着家族里的势力,否则早就被人连肉带骨头啃得一丝不剩了,而庄睿在没有任何背景的情况下能如此成就,欧阳军心里还是很佩服的。

不提欧阳军和大明星对庄睿的猜想,此刻坐在飞机上的庄睿,也是思绪万千。他在想着回家之后怎么去说服母亲,庄睿对母亲很了解,一旦她决定了的事情,是很难被别人说服的,纵然暗自伤心,那也是独自面对。

"算了,到时候先和老姐商量一下吧。"

庄睿想了半天也没有什么好办法,反正距离那位外公大寿还有四个多月的时间,看哪天母亲心情好的时候,再出言试探一下吧。

北京距离彭城很近,庄睿只是感觉飞机起飞没有多久,就降落在了彭城机场,在上飞机之前庄睿已经给老妈打了电话,晚上她们都会去别墅,出了机场之后,庄睿就打了个的士直奔云龙山庄。

"白狮!"

在距离自家别墅还有五六十米的时候,庄睿就看到一道白色的影子从大门处窜了出来,飞快地向自己跑来,跑到近处,白狮猛地向前一扑,把庄睿压倒在地,用大头不住顶着庄睿的胸口。

"好伙计,身体全好了吧?"

庄睿捧起白狮的大头,眼中灵气遁入到它的身体之中,白狮舒服地呻吟了起来,一人一犬躺在草地上,无比和谐。

"小睿,我就知道是你回来了,快点回家,在外面干什么?"

母亲的声音从大门处传了过来,庄睿连忙跳起身来,拎起了背包,拍了拍白狮的大头,向自己家里走去。

"你这孩子,一出去就是一个多月,是不是不想回家啦?"看着比出去之前黑瘦了不少的儿子,庄母有些心疼。

"去新疆进山待了几天,耽误了点时间。妈,我不累,我自己拿。"庄母要帮庄睿拎东西,被庄睿闪开了。

"白狮可是每天都在院子门口等你啊,东西吃得也少,下次再出去,要把白狮带上。"

庄母对儿子抱怨了句,话说这白狮也是她从小看着长大的,整天可怜兮兮地趴在门口等庄睿,就是她看着也心疼。

"嗯,我知道了。妈,您放心吧,我要再出去,把你们都带上。"

今后几年的时间,可能都要混在北京,庄睿已经在心里打算好了,下次再去北京的时候,就买个四合院,要独门独户的那种,把白狮养在里面应该没多大问题。

"你这小子,净瞎说,妈就在彭城了,哪儿都不去,哪儿也不想去了。"

庄母轻轻拍打了一下儿子,只是在说话的时候,眼睛有些迷离。

"妈,看看我给您打的弥勒佛挂件,这可是古师伯亲手雕琢的呀。来,我给您戴上。"

看到母亲情绪不对,庄睿连忙岔开了话题,庄敏此时也从别墅里迎了出来,囡囡更是大喊大叫地抢着庄睿手里的翡翠,原本有些冷清的院子,顿时变得热闹了起来。

庄睿本来是想给秦萱冰留个挂件的,只是原本说只要耳环的老姐看到多出一个挂件来,自然是当仁不让给抢走了,庄睿也没在意,自己那还藏着块极品红翡呢,那料子也不见得就比帝王绿差。

"姐,等会儿再洗碗,我有事给你说。"吃过晚饭之后,庄睿拉住了老姐。

"小睿,你来一下,妈也有事问你。"

原本想和庄敏先沟通下情况的,却没料这还没来得及说,庄睿就被老妈叫进了书房里。

"妈,找我干什么? 对了,我跟您说,这次去新疆的时候,在山里面遇到一个死亡谷,那叫一个恐怖啊,山谷里外全部都是尸骨,还有……"

庄睿有点拿不准母亲的心思,再加上自己有些心虚,进到房间里就和老妈谈起在昆仑山采玉的事情来,庄母只是静静地听着,脸上不时露出笑意。

"说累了吧! 给,喝口水,说说有什么事情瞒着我吧?"

庄母给儿子倒了杯水,笑眯眯地说道。这儿子虽然不惹事,但是从小心眼就多,不过庄睿有一个毛病,那就是做错事的时候,说话不敢直视自己的眼睛,所以庄母才会问了这么一句。

"妈,能有什么事情啊,我都没在北京待多久。"

庄睿话出口才感觉有些不对,眼睛躲躲闪闪地不敢看自己老妈。

"唉,你这孩子,骗得了别人,还能骗得了我吗?是不是见到欧阳家的人了?"

庄母既然同意让庄睿去北京上学,心里也多少能预料到,只是她没有想到,庄睿第一次去北京,居然就能碰到自己的娘家人。

"妈,我遇到了……小舅,您,您千万别生气啊,是他们把我找去的。"

庄睿鼓起了勇气,说完之后抬起头来,却发现母亲眼中含着泪,神情也有些恍惚。这下把庄睿吓坏了,连忙走过去准备用灵气帮老妈梳理下。

"没事,没事,傻儿子,坐那吧,妈没事。"

庄母推开儿子在给自己敲背的手,指了指面前的椅子,示意庄睿坐下说话。

"妈,您真没事?可别吓我啊,最多我以后不再理他们了不就行了。"

庄睿从小最见不得的就是母亲伤心,小时候再顽皮捣蛋,只要庄母一流泪,那庄睿保证老老实实地去写检查了。

"妈真的没事,小哥他……还好吧?"

庄母拍了拍儿子的手,近乎自言自语地说道,眼中满是回忆的神色。

欧阳罡一共儿女四人,前面三个都是儿子,所以生下女儿之后倍加宠溺,加上还有三个哥哥,她小时候的生活就像是公主一般,被人捧在手里怕摔了,含在嘴里怕化了,童年和少年时期,都是无忧无虑的。

但是当那场史无前例席卷了整个国家的运动开始之后,一切都改变了,疼爱她的母亲被紧急疏散到了福建,几个哥哥也都分散在各个地方,只有爸爸还在身边,当时还很天真的欧阳婉,一直用积极地态度去对待。

在那个时候,庄睿的父亲庄天宇出现了,他是一个外表瘦弱但是内心很坚强的人。那时候讲究的是老子英雄儿好汉,作为臭老九儿子的庄天宇,白天要进行十几个小时的高强度劳动,但是晚上他经常步行数十里路,去看望被关了牛棚的父亲。

欧阳婉也是那时候认识庄天宇的,情窦初开的她被这个男人的坚强和乐观深深地吸引住了,后来借助在他们家的老宅子里,两人的接触就更多了,五六年的时间,足以让二人相知相爱了。

欧阳婉知道父亲给自己定过亲事,不过她把那事情当成父亲酒后和老战友开的玩笑了,在欧阳婉以前所生活的圈子里,可以接触到很多在当时被誉为"毒草"的文学名著,追求自己的爱情这个信念,理所当然在女孩心中扎了根。

父亲的震怒是她所没有想到的,她不明白一直都很疼爱自己的父亲,为何会变得这样霸道,这样不讲道理,而促使她与父亲翻脸的原因,却欧阳罡对庄天宇所说的一番话。

欧阳罡和女儿交涉未果之后，找到了庄睿的父亲，当时质问他：你有什么能力养活我的女儿，你能带给她好的生活吗？如果你是一个男人的话，就不要拦着我女儿跟我回北京。

　　欧阳罡并不知道，自己的这番话被女儿偷偷地在门外听到了，这才有了后来欧阳罡让她选择是回京还是留在彭城。欧阳婉直接就选择了后者，并且说了一些比较绝情的话，让欧阳罡大动肝火，导致父女之间的矛盾愈加激烈起来。

　　其实当时欧阳婉心中有些后悔对父亲说了那些绝情的话。在大哥第一次找到她的时候，她已经在想找个机会向父亲认个错，不过后来发生的一些事情，却是让她记恨了欧阳罡数十年之久。

　　庄睿的父亲是个好强的人，原本是他父亲那所大学的助教，但是在动乱结束时，很多人都没能得到安置，庄天宇因为老丈人的那句话，没有让欧阳婉受一点委屈，自己在外面拼命的干活，拉煤球、装卸货物什么都干。

　　但是庄天宇的身体本来就很虚弱，在那个动乱的年代里还受过一些暗伤，这一劳累之下，就一病不起了，两年之后在庄睿四五岁的时候就撒手人寰。这让欧阳婉伤心欲绝，连带着对当年刺激过庄天宇的父亲记恨了起来，这也是当大哥第二次找到欧阳婉并且要帮助她，被欧阳婉断然拒绝的主要原因。

　　其实在这件事情上，双方都有一些误会，欧阳罡原本觉得女儿会回心转意，来向自己认个错，自己也就顺水推舟地承认下这门亲事了，毕竟庄天宇的父亲也是和自己同患难过的。

　　谁知道他派去的人没有听到欧阳婉道歉的话，而是把话说得更绝了，这让他大发雷霆，也是爱之深恨之切。欧阳罡并没有想到，自己当年所说的一番气话，却是刺激到了女婿，也让女儿一直不能原谅他。

　　当然，这其中的误会，当事人是没有办法知道的，不过几十年下来，欧阳婉对父亲的记恨，逐渐转变成对母亲和哥哥们的思念。他们并没有做错什么，而自己拒绝他们的帮助，其实只是在向父亲示威，我不需要任何人的帮助，同样能生活得很好。

　　不过每到逢年过节的时候，欧阳婉还是会想起自己的亲人，却又无法向儿女们倾诉，尤其是在前几年的时候，她偶尔能在电视上捕捉到父亲那苍老的面孔，心中也就愈发思念起来，那股恨意，也逐渐地消散了。

　　"妈，小舅他很好，只是特别地想您。妈，您在听我说话吗？"

　　庄睿的声音让欧阳婉从回忆中清醒了过来，脸上已经满是泪痕。

　　"我在听，小睿，你……外公外婆的身体还好吗？"

　　欧阳婉鼓足了勇气才问出了这句话，她已经好几年没有听到关于父母的消息的了，生怕他们已经不在了，心中忐忑地看着庄睿。

　　"外公和外婆都还健在，只是身体不是很好。今年是他们的九十大寿，但是小舅说外婆不知道能不能熬到那个时候。"

庄睿把欧阳振武的话复述了一遍，他也不想让母亲留有遗憾，最好能在大寿之前去见上一面。

欧阳婉闻言脸色变得愈加苍白起来，整个人像是老了好几岁，坐在椅子上的身体也有些摇晃，吓得庄睿连忙扶住了母亲，说道："妈，您别着急，咱们明儿就进京，保证两位老人见了您，病马上就好了。"

庄睿的话让欧阳婉的眼睛亮了起来，不过随之就黯淡了下去，说道："你外公那人的脾气很倔强，从来都是说一不二的，我去了，他也不会见我的。"

庄睿闻言苦笑了起来，这都哪跟哪了，还说这些话，于是安慰道："妈，外公他都后悔了，经常念叨您呢，主要是您不肯接受大舅他们的帮助，他以为您还在生气呢。"

庄睿这话全是胡扯的，为的就是先把母亲哄到北京再说，只是他也没想到，自己说的话，和欧阳婉的想法并没有差很多。

"好，好，咱们去北京……"

听到父母身体不好的消息，儿时父母疼爱自己的场面在眼前一幕幕地闪过，欧阳婉的心早就乱了，一把抓住了庄睿，迫不及待地站起身来。

"妈，不急这一天两天的，等我安排一下咱们再去，要不然外公外婆猛一见到你，心情激动之下，再出现个什么好歹来，那可就不好了。"

听到庄睿的话后，欧阳婉也冷静了下来，说道："行，咱们下个星期去北京，把小敏和囡囡都带上，让国栋也一起去。"

"好的，妈，您放心吧。我先去北京安排一下，然后你们再去。"

庄睿其实是想自己先去见一下外公外婆，然后用灵气梳理一下二老的身体，否则真有可能像他说的那样，好事变成坏事了。

"行了，小睿，你去休息吧。今天坐飞机也累了，妈也需要安静一下。"

欧阳婉恢复了以往的模样，想必心结已经解开了，这也让庄睿放心不少。送母亲回房间之后，庄睿又把老姐叫了过去。

"你说的是真的？"

庄敏睁大了眼睛，一副不可思议的样子，她可是看过不少肥皂剧，没想到这荧幕上的情节，居然在自己家里真实发生着。

"我骗你干嘛啊，明……不，后天我就再去北京，等安排好之后，你和妈一起来。"庄睿本来想说明天的，不过想起还要给邬老爷子送那块翡翠，就把日期拖后了一天。

"嘿，老姐，骗你干吗啊，我闲得没事往自己头上安几个舅舅？"

看到老姐那吃惊的样子，庄睿笑了起来。他在接到欧阳军邀请的时候，心情何尝不是这样，只是那时还有猜测的成分在里面，现在却是已经被证实了的。

"小睿，我是觉得……觉得现在生活挺好的，你看国栋那个修理厂也开始赚钱了，咱们没有必要去北京吧?"

庄敏的话让庄睿哈哈笑了起来,原来老姐不单是惊讶,还怕将家搬到北京去啊。直到庄敏被庄睿笑得有些恼怒了,庄睿才说道:"老姐,咱们只是去京里走下亲戚,看望一下老人,还是会回彭城生活的,最多以后常跑跑,多来往一下而已,你操的哪门子心啊……"

庄睿在北京待了几天,对那里的生活也有些不适应,天气太燥热,而且交通堵塞很厉害,当然,这也是各大城市的通病,虽然有地铁分流了很大一部分人,但是改善交通状况,依然是城市所要面临的重大问题。

庄睿读研这几年,肯定是大部分时间都要留住北京,现在心里也在想着置办房产的事情了,总不能住在舅舅或者外公家里吧? 至于德叔说的住在孟教授家里的事,庄睿更是一点都没考虑就否定掉了。

听到老弟的话后,庄敏才放下心来,她不是一个有野心的女孩子,现在女儿和老公还有母亲,这才是她心目中最重要的人,至于那什么舅舅外公之类的,虽然是身居高位,但是你能指望脑中从来没有这个概念的庄敏,对他们有多深的感情吗?

"对了,老姐,这几天不要让囡囡去幼儿园了。你们都住在别墅这边,多陪陪老妈,去到北京最多四五天就能有消息回来。"

庄睿想了一下,又交代了庄敏一番,这几天母亲的情绪肯定会很焦急,让外孙女陪在她身边,也可以缓解一下,不至于整天胡思乱想的。

第三十五章 琢玉师傅

姐弟两人正说话间，房门被推开了，囡囡抱着白狮的脖子，几乎是被拖拽了进来，小丫头死活就是不肯松手，搞得满身都是灰尘，庄敏训斥了囡囡几句，把她抱出去洗澡了。

白狮走到庄睿身边，用大头在庄睿身上蹭了蹭，似乎知道庄睿又要出去，眼中居然流露出一种不舍的神色，看得庄睿心中很是不忍，用手顺着白狮头上的长毛帮它梳理着，说道："放心吧，这次出去我一定带着你。"

白狮似乎听懂了庄睿的话，高兴地用舌头舔了舔庄睿的手。只是庄睿许下这个承诺，麻烦也就多了起来，不单是要开车进京那么简单，到了京城里怎么安置白狮，那才是最主要的。想了一下之后，庄睿拿起了电话。

"喂，宋哥，我是庄睿。"庄睿拨通了宋军的电话。

"回到彭城了吧？我这段时间没空过去了，你什么时候来北京？"宋军的声音从电话里传了出来。

"宋哥，我后天就去北京，不过有个事想问下您，您把金狮带到京里去，需要办什么证件吗？"

"当然要办了，而且我住的地方离市区比较远，一般也不带它出去，怎么着，你要把白狮带过来？嘿，你那个大家伙一来，保准能把京里的这帮孙子镇住。"

宋军有些兴奋，他的金狮虽然纯正，不过年龄太小，个头也有些小，那天被一个人带来的藏獒给比下去了，宋军心里还是有些不服气的。

"对，你也知道藏獒恋主，我明年要去北京上学，总归是要带上它的。这证件不知道好不好办，宋哥你有啥门路没？"以庄睿和宋军的关系，有话直说就好了。

宋军一听是这事，在电话里笑了起来，说道："这点事儿容易，不过我要办还需要个三五天的时间，你不是认识苗丫头吗，让她去给你办，当天就能拿，那丫头关系硬着呢。"

"哦，那我回头给她电话。还有个事，宋哥，北京现在的四合院能买到吗？我这去了也要有个地方住呀。"

"这事你也别找我，去找欧阳四儿，他前几年就倒腾这个呢，手上应该还有几套。我说你不如跑远点买个庄子,清净不说,地方也大。"

合着庄睿求他办的事,宋军是一个没给办,不过倒是给指出路子来了。

庄睿可不想以后每天开几个小时的汽车,想了一下还是决定买套四合院,在电话里和宋军又聊了一会儿,就把电话挂断了。

接着庄睿又给苗菲菲和欧阳军打了电话,苗菲菲听到庄睿后天就要再来北京,很是高兴,给白狮办证件的事情一口就答应了下来,保证庄睿进京的当天就能拿到证,这让庄睿放心了不少。

至于四合院的事情,欧阳军手上的都已经卖了出去,不过他想想办法还是能找出来几套,只是这买房子的事情必须要自己亲自去看的,庄睿现在也没办法定下来,只能等自己进京之后看了再说了。

看了下时间,庄睿又翻出了邬佳的电话,和她约好明天上午见面。庄睿不光是为了给她送翡翠,另外还有一些事情要麻烦邬老爷子的。

…………

"老人家,只剩下这么一点料子了,您看还行吗?"

坐在"石头斋"的贵宾室里,庄睿把那指甲大小的翡翠拿了出来,他心里有点不好意思,原本说是把耳环也交给老人打磨的,谁知道古师伯一口气都给做了出来。

"不少啦,这足够做出一个戒面的了。小庄,谢谢你了,这点料子我出一百八十万,你看行不行?"

邬老戴着老花镜,双手颤巍巍地仔细打量了一会儿这块料子,脸上很是高兴。这种品级的翡翠是可遇而不可求的,用它打磨一个戒面出来,然后镶嵌在戒指上,那就可以作为"石头斋"的镇店之宝了。

"邬老,一百万就行了,不用那么多的……"

"那可不行,小庄我给你说实话,这戒面打磨之后,我卖出去不会低于三百万的,一百八十万已经是赚了你不少了,你就不要再推辞了。"

没等庄睿话说完,邬老爷子就打断了他,这东西是有价无市,遇到财大气粗的主顾,说不定五百万都能卖出去呢,像这般物件,摆在店里一般是不会标价去卖的。

"邬老,您等我把话说完,我这可还有事要拜托您呢。"

"哦? 你说说看,要是雕琢物件,那老头子我现在可是使不上什么劲了……"

老爷子的话中,透露出一股子英雄暮年的凄凉,他现在除了一些简单的小玩意还能亲手制作之外,像是挂件都无法动手雕琢了。

"是这样的,邬老,我那里还有一块料子,想打磨几副镯子,您上次说能请到以前的徒弟来帮忙,不知道现在还行不行?"

庄睿手上的那块红翡,边缘处的料子一般,不过雕成镯子,勉强也称得上是血玉镯子了,只是品级要比里面的红翡差了许多。庄睿是想,好的差的都打磨出几副来,到时候给母亲拿了送人,这物件拿出去,应该不会显得寒酸。

"你说的是这个事情啊?不知道你要做什么物件,需要多长时间?我也好给徒弟说一下。"邬老也没打听庄睿是什么料子,反正自己雕琢不了,问了也是让自己难受。

"先做七八副镯子吧,我也不知道这物件做起来需要多久?邬老您给估算一下吧。"

有个七八副手镯,应该够母亲送人的了,要知道,这血玉手镯可不是大白菜,庄睿准备只拿出一副好的来,其余的都用那些差点的料子。

"镯子做起来比较简单,就是抛光费点时间,七八副镯子有个二十天足够了。你等着,我去打个电话。"

承了庄睿这么大一个人情,老爷子心里也不落实,说完之后就出屋给自己徒弟打电话去了,而庄睿则把那块翡翠料子交给了邬佳,办理了一下转账手续。这八十万可不是白大方的,邬老介绍来的人,琢出一副镯子,那可都是上千万的啊。

"小庄,成了!有个以前跟了我十多年的徒弟,答应接这活儿了。他能从现在工作的珠宝公司请到一个月的假,不过他要的工钱可不低,一个月二十万,你看成不成?"

庄睿这边事情办完,老爷子拄着拐杖也进了屋子。

"二十万?"庄睿沉吟了一下。

"你的料子要是一般,这价就高了,不过要是好料子,这价不算高。我那徒弟人很本分,不会泄露客户的资料,保准你用起来放心。"邬老出言给庄睿解释了一下,他对自己的徒弟很了解,现在也是扬州雕工里比较出名的雕刻师了。

"行,就二十万,邬老,十五天之后,您让他来彭城,吃住的地方我都提供。"

庄睿计算了一下,有十五天的时间,自己应该能处理完北京的事情,返回彭城了。

雕琢玉器还需要像轮磨机一些设备,庄睿问了下型号,找了纸笔抄记了下来,这些东西回头交给姐夫去购买就可以了,十五天的时间,应该能赶上趟。

离开"石头斋"之后,庄睿驱车直奔獒园,他这个獒园的二老板自始至终都没有操心过一丁点儿的事情,早就被刘川在电话里骚扰得不轻,今天反正没什么事,正好来看看,另外还有些事情要和刘川商量下。

原先的荒地,现在已经建起了高高的围墙,在通往獒园的小路上,还插着几个"闲人勿进"的牌子,庄睿一直将车开到獒园的入口。按了几下喇叭,顿时从獒园内传来几声低沉的怒吼声,声音虽然不是很响,但是却给人一种心悸的感觉。

"流氓,这还是獒园吗?怎么给我感觉像是到了监狱似的?你小子是不是在里面干什么坏事啦?"

门口保安亭的门窗,都是用粗大的钢筋焊接起来的,让庄睿看得瞠目不已,笑着出来迎接他的刘川一听此话,立即翻了脸:

"滚一边去,这里的藏獒连我都咬,不把防备工作做好,我整天往医院跑啊?"

刘川也有点郁闷,这獒园是建起来了,不过管理工作十分困难。因为现在獒园里的藏獒,全部都是从西藏拉过来的,野性未训,根本就不能完全圈养,必须给他们一个活动的空间。

这样问题也就来了,这些藏獒在没有主人的情况下,一般是很难掌控的。在开始的两三个月里面,发生过两起藏獒伤人的事件,有一次就连刘川都差点被咬了,所以也就加大了对这里工作人员的安全防护,并且专门建了一个放养区。

"怎么不把仁青措姆大哥留下来呢?他在这里的话,这些藏獒应该会听话的……"

庄睿怕车声引起里面藏獒的骚动,就把车就停在了大门口,和刘川步行走进了獒园,从门口到办公区都是很安全的,獒园的放养区已经被隔离开了。

"仁青措姆大哥太留恋草原了,在这里住了一个多星期就回去了。不过这样也好,仁青措姆以后每年在快入冬的时候,都会帮咱们去牧区找几只好的獒犬。真正的配种藏獒,必须要有野性的,不然两三代下来,那藏獒都变成哈巴狗了……"

刘川站在自己一手创办的獒园里,还是很有成就感的,尤其是这次去山西参加国际藏獒交流会,彭城獒园更是大放异彩,抢了许多知名獒园的风头。现在刘川在饲养藏獒的这个圈子里,也算是小有名声了。

"周哥呢?听我姐说,他现在都住在这里了。"

昨天和庄敏聊天的时候,庄睿得知自家楼上那套房子,现在是周瑞的父母还有一个妹妹在住的,而周瑞搬到獒园里面来了。

"没办法啊,你还记得那只金毛狮王吗?"

见到庄睿点头之后,刘川接着说道:"那条狮王只卖周瑞几分面子,换个人都不成,而且这里所有的藏獒都听它的,从周瑞住过来之后,倒是没发生过藏獒咬人的事情了。"

两人正说话间,在他们右侧大约三十多米远的放养区里,突然传来一声吼叫,随之一条金色的身影,从两米多高的墙头上跳了下来,庄睿一眼就看出,是那条金毛狮王。

"周哥,周哥,快来啊,金毛又发疯了。"

刘川养藏獒时间长了,很了解藏獒的习性,这玩意要是发起狂来,能把人给撕成碎片的,虽然这只金毛也认识他,不过这会儿难保心情不好,给他来上那么一口。

周瑞听到刘川的声音,连忙从小楼办公室里跑了出来,看到金毛狮王正向庄睿二人窜去,也是吓得不轻,口中一边吆喝着,一边快速向两人跑去。

但是让周瑞惊讶的是,那头金毛狮王跑到庄睿身边之后,只是用大头往庄睿身上蹭了蹭,这是藏獒表示亲热的举动,然后它还恶作剧般的向旁边的刘川吼了一声,吓得刘川退后了好几步,这金毛狮王才高昂着头,晃晃悠悠地往放养区跑去,对于迎面而来的周瑞更是不屑一顾,神情骄傲无比。

"靠,这金毛只有见了仁青措姆大哥才会有这动作。木头,你小子是不是给它吃什么药啦?怎么对你这么亲热?"

刘川的话中带有一丝酸气,自己每天大鱼大肉伺候着,还时不时地被金毛吓唬一番,这庄睿只是在草原上和它见过一面，都大半年过去了，居然还能记得。

"这叫缘分，懂吗你？哥们儿人品比你好。"

庄睿大言不惭地奚落着刘川，向周瑞迎了过去，三人说说笑笑地走回到办公室。

"木头，周哥一家人都过来了，我那套房子已经送给他了，你小子是不是也表示下啊。"三人坐下之后，刘川将了庄睿一军，他整天在这里累死累活的，而庄睿在外面逍遥自在，这心里不平衡啊。

"大川，别开玩笑，现在就不错了，哪能再麻烦你们啊。"

周瑞黝黑的脸上现出急色，连连摆手说道，他妹妹现在彭城读高中，弟弟们上大学的钱也都不成问题，自己手上还有辆车开，没事都能往家里跑，相比父母在陕西住着窑洞的生活，那已经是一个天上一个地下了。

庄睿没有马上说话，低头想了一下，开口说道："这样吧，周哥，我以后估计是没有多少时间来这里的，大川结婚后，应该也是时间不多。这樊园就要你多费点心思了，我转给你百分之十九的股份吧。"

庄睿的话让刘川都吓了一跳，要知道，庄睿本身也就只有百分之三十的股份，这要是再给周瑞百分之十九，那他自己手上可就没多少股份了。

樊园最初的股份分配，刘川占百分之四十，庄睿占了百分之三十，仁青措姆占百分之二十五，而周瑞占了百分之五，现在庄睿要是转给周瑞百分之十九的话，那周瑞马上就会成为樊园的第三大股东。

要知道，现在樊园可是今非昔比了，不说这些固定资产，就是另外一些很有实力的樊园也想往刘川的樊园里面注资拿些股份。

庄睿让出百分之十九，等于就是说送了五百万给了周瑞，这种手笔刘川是拿不出来的。

"木头，我是和你开玩笑的，要不然咱们各拿出百分之五给周哥吧。"

刘川还以为庄睿是被自己挤兑得生气了呢，不过看庄睿的脸色，倒不像是生气的模样。

"周哥，你先别说话，听我说完再决定吧。"

见到周瑞要说话，庄睿摆摆手，接着说道："周哥，大川以后要去跑客户，估计也是很少来这里，你股份占多一点，管理起来也是名正言顺的。不过我这股份也不是白送给你的，当时我出了三百万现金，拿到百分之三十的股份，现在转给你百分之十九，你要拿出两百万来买，怎么样？"

"庄睿，你别开周哥玩笑了，别说这百分之十九的股份不止值两百万，就算是两百万，我也掏不出来啊。"

周瑞苦笑了起来，这半年多，他杂七杂八的也赚了有十来万，只是把家人从陕西迁来，再加上弟妹上学还有刘川那房子的过户钱，也花得七七八八了，哪里能掏得出两百万来，两百块倒还差不多。

"周哥，这钱也不是让你现在掏的。两年，两年之后你给我这两百万，怎么样，有没有信心？"

"庄睿，你说的是真的？"

周瑞当然有信心了，要知道，再过几个月，几只母獒就可以怀崽子了，他和刘川没事的时候经常估算，明年可以盈利在千万以上的。

"呵呵，当然是真的，你把这的工作交代一下，咱们去市里办手续吧。对了，两百万的欠条你要打给我啊。"

其实庄睿当初办这个獒园，很大程度上也是为了帮刘川一把，现在他在新疆有玉矿这个会下金蛋的产业，实在是不想分心在獒园上了，要不是怕刘川不同意，他连这百分之十一的股份都不想留。

"周哥，你去交代一下，咱们回头就去市里，按木头说的办吧。"

刘川也是个爽快性子，见到庄睿执意如此，也就由着他了，反正自己是没一点损失，还能紧紧地将周瑞绑在獒园上。

等周瑞出去之后，庄睿对刘川说道："大川，那百分之十一的股份，给你算了，我以后真的是没时间管这里的事情。"

"得了吧，你留着就行了，咱们哥俩的股份加起来超过百分之五十就可以了。"

敢情刘川也看出庄睿的心思来了，之所以留了百分之十一，就是为了控股用的。

见到刘川不同意，庄睿也没勉强，说道："我明天去北京，你跟我一起去吧。有几个人可能想买藏獒，这推销的事情我可不管啊。"

第三十六章 扬眉吐气

为了让那些有意购买藏獒的人,能更直观地感受到彭城獒园的实力,庄睿特意让刘川把黑狮也带上了,其实带上那只金毛狮王更有说服力,只是在獒园这边要是少了狮王的坐镇,恐怕周瑞也镇不住场面。

庄睿和刘川各自开了一辆车,早上从彭城出发,到第二天晚上九点多的时候,才来到京城,由于提前和欧阳军打了招呼,庄睿直接驱车来到了那家会所,门口的保安已经接到了通知,两辆车很顺利地开了进去。

从停车场出来之后,白狮和黑狮马上吸引住了门口那几个黑西装的眼神,尤其是白狮,浑身毛发蓬松,体型硕大,看起来真像一头狮子一般,走起路来头颅高高地昂起,犹如国王在视察自己的领地。

"木头,你怎么能摸到这里来?这地方档次不低啊。"

看着周围的环境和那些穿着黑西装的保安,刘川知道这应该是一家私人会所,比他以前去过的要好很多,尤其是停车场里的那些动辄数百万的名车,更加彰显出这里的不凡。

"朋友的会所,回头想办法给你办张卡……"

庄睿没有多说,他不想把自己和欧阳家的关系搞得众人皆知。

"牛,太牛了,呵呵,还有雪茄馆?"

从停车场走过去,一路上就听到刘川在啧啧赞叹了,庄睿对这里也不怎么熟,他根本不知道,一、二、三号楼只是纯粹用于交际的,另外还有餐厅、游泳池、高尔夫球场、马场、酒吧和新兴的雪茄馆,基本上可以满足任何一个人的爱好和需要。

"大川,在这里可不能耍流氓啊。"庄睿笑呵呵地提醒他一句。

"靠,哥哥我在社会上混了多少年了,还用你说?"刘川很鄙视地看了庄睿一眼。

庄睿对刘川还是比较放心的,论为人处世,刘川要比自己强多了,而且是贫富不论,要不然怎么能结交到宋军那样的人物?

"小睿,这只就是你的藏獒?乖乖,让他离我远点啊。"

欧阳军这次是等在一号楼门口的,看到庄睿过来,远远地就迎了过去,没想到还没走近,就看到了威风凛凛的白狮,连忙往后退了几步。

"没事,白狮一般不咬人的。"

"别,还是离我远点吧。"白狮这体型让欧阳军心里有些发憷。

"我说老弟,前段时间别人说的那只值四千多万的雪獒,不会就是你这只吧?"

平时经常有人带名贵藏獒来会所,欧阳军还算是有点眼力见儿,看着白狮这一身雪白的皮毛,马上就想到几个月之前的那个传闻。

"是这只,山西一老板开的价,不过我没卖,白狮,回来……"

庄睿把白狮叫到身后,然后对着欧阳军说道:"四哥,给你介绍下,这是我发小,刘川,回头你给他办张这里的卡啊。"

庄睿这人的脾性和宋军差不多,只要和你对胃口了,说话从来都不拐弯抹角的,当然,你要是求他办事,那肯定也是全力以赴。他对欧阳军这便宜表哥印象不错,所以张嘴就要起卡来。

"行,你这是第一次让四哥帮忙,我还能不给这面子嘛。刘川是吧,回头把身份证拿给我。"

欧阳军对刘川并没有表现得很热情,他这是给自己表弟面子,要不然他认识刘川是谁啊。

"那谢谢四哥了……"

刘川笑着向欧阳军点了点头,他知道面前这人来头不小,也知道这些衙内们就是这种做派,倒是没有被冷落的感觉,只是对庄睿如何认识的这个人,心里有些好奇。

"你们晚饭还没吃吧? 我叫人准备好了,先去吃晚饭,宋哥他们都在一号楼等你们呢。"欧阳军没带庄睿进一号楼,而是走到旁边的一栋楼里,进去之后庄睿才发现,这居然是个餐厅。

"四哥,岳经上次来不是说没餐厅吗?"

庄睿有些不解,上次跟岳经来,只吃了点瓜果,然后欧阳军请吃饭,也是在一号楼,干嘛不在这餐厅里呢。

"岳小六? 那小子来这里是勾搭女人的,你还指望他带你来这里?"

欧阳军撇了撇嘴,这餐厅里没什么人吃饭,也没去包间,直接在大厅里坐下了。说是大厅,其实不过三四张桌子,餐厅里像是早就准备好了,几人刚落座,冷盘熟菜一起上了桌。

庄睿有些无语,记得上次岳经来到这里时也是饿得不轻,看来是宁要美女不管肚子的。

庄睿和刘川也不是什么金枝玉叶,吃饭很简单也很随便,匆匆扒了两碗饭之后,菜都没怎么动,就跟着欧阳军回到了一号楼,那里可还是有一圈人在等着呢。话说宋军早就放出话来了,今儿好几个人都带着藏獒来的,准备比较一番。

"啊,好大的家伙。"这女声听起来很容易让男人产生遐想。

"嘘,乖乖,不得了。"

"云老二,你那藏獒不行啊。"

"哪来的这大家伙,像头狮子似的。"

大门一推开,厅里二十多双眼睛,齐刷刷地集中到庄睿……旁边的白狮身上,顿时,吸气声响彻整个房间,震惊之后,众人纷纷议论了起来。

在这厅里,除了刘川的黑狮之外,另外还有三只藏獒,宋军的金狮见到白狮和自己的兄弟之后,马上凑了过去,用大头蹭着白狮的脖子以示亲热,而白狮还是爱答不理的,紧跟在庄睿身后。

至于另外两只藏獒的表现可就不怎么样了,在白狮刚进来的时候,那两只还冲上去,对着白狮龇了下牙,只是白狮眼睛一瞪,一声低吼,就吓得那两条品种不怎么纯的藏獒夹着尾巴躲到主人的身后去了,引来一阵嘲笑声。

"庄睿,刘川,过来,给你们介绍几个朋友……"

宋军的声音从人群里传了出来,刚才嘲笑那云老二的话也是他说出来的。庄睿今天能带白狮来,可是给他长了不少面子。

"宋哥,庄睿等会儿下来,我还有些事要和他谈……"欧阳军拉了庄睿一把,示意他跟自己去二楼。

"去吧,早点儿下来。诸位,怎么样,相信了吧,我这只,只是幼獒,要是成年了,就和那只雪獒差不多大了。"

身后传来宋军的吹嘘声,旁边几人也纷纷和刘川攀谈起来,这地方门槛高讲身份是不假,不过你要是有能耐,那也是会受到欢迎的。

…………

庄睿和欧阳军来到一间隔音很好的房间里,白狮趴在庄睿脚边,让欧阳军看得羡慕不已,带着这大家伙在会场里面,肯定能抢了所有女明星的风头。

"四哥,那事您和小舅说了吗？我妈那边我劝好了,只要外公同意,随时都可以来北京的……"坐下之后,庄睿开门见山地问道。

"老爷子最近身体一直都不太好,基本上是下不了床了,我爸怕小姑来刺激到他,没敢提这事,不过奶奶知道小姑要来,那叫一高兴啊,昨儿整整念叨了半天……"

欧阳军昨天回老爷子住的地方去了,这事虽然还没给欧阳罡提起来,不过庄睿的外婆却是已经知道了。

庄睿闻言低头沉吟了一会儿,开口说道:"四哥,能安排我见下外公外婆吗？如果他们肯接受我这做外孙的,想必就是原谅我母亲了,否则的话,那我妈也不用来北京了……"

庄睿这话只是一个借口,在看到母亲伤心的样子时,他就下了决心,一定要促成母亲和父母相见。他要见外公外婆,不外乎是想用灵气帮两位老人家梳理一下身体,算是帮母亲尽一点孝道吧。

"这个没有问题,奶奶昨天知道你要来,高兴坏了。这样吧,明天晚上,咱们一起去,唉,要不是陪你,我还真不敢见老爷子,虽然现在摸不动拐杖打人了,不过一瞪眼还是挺吓人的……"

欧阳军从小跟着爷爷长大,没少被老爷子教训,这心里都有阴影了,这也是他不愿意入仕的原因之一,当官就要整天绷着个脸,那多累啊。

"行,我明儿白天去买点礼物去,外公外婆都喜欢什么东西啊?"

"啥都别买,老爷子喜欢枪,你买得到吗?"欧阳军说的也是,老爷子生病,这看望的人可不少,应该什么都不会缺的。

"那……等下,我接个电话。"

庄睿正要说话,电话铃声响了起来,是苗菲菲到了。当然,北京市的养犬证她也带来了,虽然说北京是不准养大型犬的,不过这也是看人的。

"叫她上来吧。"

欧阳军在旁边说了一句,正事谈完了,后面要说的事情,不怕别人听到了。

"喏,这是你要找的四合院,我把照片都给带来了,你先看看,明儿要是有空,我再带你去几个地方转悠下。"

趁着苗菲菲上来的这会儿工夫,欧阳军拿出一个文件袋丢给了庄睿。在 2004 年这会儿,虽然说四合院已经紧俏起来,不过欧阳军开口想要,那还是找得到的。

"这么快就找到房子了?"

昨天才在电话里说起的这事,今天居然就办好了,庄睿显然还没有认识到这些混在北京的衙内们的能量,有些惊愕地接过文件袋,打开翻看了起来。

北京城里的四合院,说多真不是很多,连年的拆迁使其数量大减,但是说少,也还留存了许多,在前几年的时候,政府将四九城里的四合院,划分出四十多个历史文化保护区,都作为文化遗产保留了下来。

其中有三十个保护区都位于内城,也就是古时候王侯将相们住的地方,都围绕在紫禁城四周,地段算是比较好的,这些四合院都受到政策的保护,在没有极为特殊的情况下,一般是不会被拆迁的。

四十多个胡同片区,留下来的老宅子实在也不能算少,再加上有欧阳军这样的坐地虎在,庄睿想买套四合院,并不是多困难的事情。

不过庄睿之前也查询过京城四合院的情况,他的要求比较高,像古老爷子那样的只有一个院子的小四合院,庄睿是看不上的,他要的是前后有几个院子组成的复合型的四合院,也就是在以前富贵人家所住的。

普通的小四合院,包括一个面北的正房,加上东西厢房合围起来,形成这么一个院子,比较简单,也是现在最为常见的四合院,就像是古老爷子住的。

另外还有中四合院,以院墙相隔,弯弯的月亮门联通前后两个院子,中四合院的正房与厢房比小四合院自然要多出一倍,在古代的时候,一般都是家底比较殷实的人所住的。

而庄睿要买的,却是那种大四合院,一般都是复合型四合院,即由多个四合院向纵深相连而成。

大型四合院的院落极多,有前院、后院、东院、西院、正院、偏院、跨院、书房院、围房院、马号、一进、二进、三进,等等,院内均有抄手游廊连接各处,占地面积极大。

比如像《大宅门》那部电视剧里白老七住的地方,有假山有花园的豪门大宅。庄睿要的就是这样的地方,他这几年想让母亲在北京常住,地方大一点可以养花种草,鸟雀池鱼,要比买个高层电梯楼房或者是郊区的别墅划算多了。

庄睿这人对于吃穿要求不是很高,但是对于住所的环境很挑剔。以前是没条件,甚至在上海窝棚区里几平方米的出租屋里也挤过,但是现在有钱了,他最先考虑的,就是住房,这其实也是一种变相的投资。

半年前庄睿花了一百万在上海买的那套房子,现在已经涨到了一百八十万,而且房价还在不断上涨,所以把钱花在房子上,一来住得舒心,二来还能增值,所以庄睿对于购房,那绝对是舍得花钱的。

只不过这四合院大小不同,价格也是天差地远,中小型四合院一般都是 1～2 万一平方米,有个几百万就能吃下来一套,但是大型四合院,价格就要贵出许多了,并且数量极少,要知道,喜欢这种建筑的有钱人,可是不在少数的。

庄睿仔细地看了一下,欧阳军拿来的资料里,一共有八处四合院,资料里的四合院格局,位置,甚至连平面简图都有,很是细致。

其中最大的一个四合院,价格高得惊人,需要两亿,以庄睿现在的身家,确实无法将其拿下。

"这价格也忒贵了一点,看中了也要有钱买才行啊。"庄睿苦笑不已。

"嗯? 你还差钱,那玉矿不就是个金蛋吗?"

"四哥,那矿才开采了没几天,哪儿有这么快见到钱啊……"

庄睿直接跳过那套大院子,继续往下看去。

"庄睿,我来了。哇,白狮,好久没见了……"

正在看资料的庄睿,听到了苗菲菲的声音,抬头一看,苗警官已经是跑到了白狮的身边,用手梳理着白狮身上的毛发。白狮睁开眼睛看到是熟人,懒洋洋地趴在地上,眯起眼睛很舒服地享受起来。

苗菲菲的举动让欧阳军看得羡慕不已,对着庄睿说道:"老弟,你给它说一声,让我也摸摸成不成?"

只是还没等庄睿回话,白狮就睁开眼睛,对着欧阳军发出一声低吼,吓得欧阳军连连摆手,口中喊道:"得、得,我不摸了还不行……"

"庄睿,给你,我这可是第一次求人办私事啊。"苗菲菲边说边从包里拿出一个绿皮证件,丢给了庄睿,却被坐得近的欧阳军一把抢了过去。

第三十七章 大宅门

"城市养犬证？"

欧阳军看到了证件的名字，眼光再看向庄睿和苗菲菲的时候，就变得有些古怪了。他可是知道，这外表温柔可人的苗菲菲，内里却是一头女暴龙，而且为人正义感过剩，还从来没听说过她给私人办过事情呢。

"奸情，一定有奸情。"

看到苗菲菲和庄睿说话的语气，欧阳军对庄睿也是佩服不已，自己这小老弟真是深藏不露啊，居然能将这小辣椒给摆平。

不过庄睿的心思这会儿都在手中的资料上，头也没抬地说了一句："菲菲，回头请你吃大餐。"

"不要你请吃饭，后天我休息，要不然你陪我去逛潘家园吧？再能淘到个宝贝，咱们就赚了。"

苗菲菲对于逛街买衣服什么的不是很感兴趣，不过对于上次在上海逛古玩市场的经历，却是印象很深。

"后天？"

庄睿看了一眼手里的资料，转脸向欧阳军问道："四哥，我看中两处院子，明儿白天能看房去吗？"

"哪两处？"

欧阳军看到庄睿所指的照片，点头说道："行，这一个是宣武区的房子，以前用作街道办的，还有一个是主人出国，挂在拍卖公司的，明天一早我开车带着你，咱们去看看。"

"嗯，菲菲，后天有时间，不过你可不能穿警服去逛啊。"

像古玩市场这种地方，其货物的来历五花八门，倒斗出来的物件也是不少，所以不管是开店铺的还是摆地摊的，对警察都很是忌讳。

"庄睿，你又要买房子？明天我也要去……"

苗菲菲放开白狮坐到庄睿身旁，很不客气地从他手里拿过那叠资料翻看起来，她的举动让欧阳军愈发认为二人有事儿,心里思量着是不是回去给老头子说一声,这两家要是能联姻,那可是一件大好事。

庄睿听到苗菲菲也要去,有些奇怪地问道:"你明天不是还要上班吗?刑警队这么闲?对了,你不还是个副大队长吗?"

苗菲菲从上海调回北京之后,就进入 XX 区分局刑警大队任副大队长了,由于四九城是直辖市,级别要比省会城市还高出一些,所以现在已经是副处了,要是放到地级城市,那都能当个分局局长了。

庄睿的话不知道触动了苗菲菲什么霉头,苗警官眼睛一瞪,凶巴巴地说道:"你管我忙不忙啊,不要我跟去就算了。"

其实庄睿并不明白苗警官现在的处境,虽然下去镀过金后,级别提了上来,不过现在还在镀金阶段,公安系统升职最快的就要数刑警队了,在分局再呆个两年,就可以名正言顺地提为正处,到时候发展的空间就更大了。

但是苗菲菲家里也不可能让她整天跟一帮子大老爷们去蹲点拿人,于是苗菲菲这个副大队长的职权,就是负责后勤保障和档案管理,而这些工作原本都有专人负责的,所以她现在上班基本上没多少事情做。

"行,那明儿就一起去吧。四哥,晚上我还是去你家住吧……"

庄睿看了眼脚下的白狮,想把这大家伙带进酒店,估计是不大可能了,晚上还是去小舅家里住算了。

"庄睿,你们两个到底是什么关系啊?"

听到庄睿要住到欧阳军家里,苗警官脸上露出一丝狐疑来。

"庄睿是我表弟,我小姑的孩子。"

没等庄睿说话,欧阳军突然插了一句,庄睿有些奇怪地看了他一眼,也没多说什么。这是事实,没必要刻意去掩饰,说出来就说出来了。

"你还有个姑姑啊?"

苗菲菲吃惊地张开了小嘴,像欧阳家所处的地位,基本上家庭成员早就被别人打听得一清二楚了,苗菲菲只知道他们家老爷子有三个儿子,没想到还有女儿,竟然是庄睿的母亲。

"嗯,小姑一直在外地生活的。行了,咱们下去吧。"

欧阳军这次倒是没有多说。事关别人家族的隐私,苗菲菲也没再追问下去。

下到大厅之后,庄睿看到,刘川正在那里吐沫星子四溅地吹嘘着去西藏历险的事情,围在他身边的一帮子人居然被他给镇住了。这些人虽然也经常去玩个打猎探险什么的,不过哪里和野生狼群遭遇过啊,看向刘川的眼睛里也露出羡慕的神色,恨不得他故事里的主人公就是自己。

"对了,能不能安排个地方给我这朋友住啊?"

庄睿问了下身边的欧阳军,刘川带着只藏獒,显然也不适合去住酒店的。

"就在会所住吧,这里的客房不比五星级的差,而且……"

欧阳军看了一眼苗菲菲,没有接着往下说,庄睿心里自然明白,欧阳军想说的是,要是刘川有本事,说不定还能勾搭上个女明星暖床。

"四哥,干脆我也在这里住吧,给我安排个和刘川相邻的房间……"

庄睿开了一天的车,也有些累了,更重要的是,他想看着刘川,省得这小子精虫上脑,真去勾搭个小明星,那自己可就对不住老同学了。

"行,今天老头子可能也没空,你是玩会儿再去休息? 还是现在就去?"

欧阳军一口答应了下来,要是庄睿回家去住的话,他也要跟回去,家里哪里有在会所逍遥自在啊。

"我先去休息吧,今儿有点累了,四哥,你找个人把菲菲送回家吧。"

庄睿对那闹哄哄的人群不怎么感兴趣,这样的场合交给刘川就行了,他骨子里和母亲一样,都是喜欢安静。

"不用了,我开车来的。庄睿,明天一早给我电话啊。"苗菲菲扬了扬手中的车钥匙,和庄睿打了个招呼后,自行离开了。

"老弟,看不出来啊,你能把这小辣椒给降服了,厉害,真是厉害。"

等到苗菲菲走出门之后,欧阳军一脸笑意地向庄睿翘起了大拇指。要说这苗菲菲的相貌家世,在这四九城里论起来都是数一数二的,想和苗家攀亲的不在少数,只是苗菲菲性格出了名的强硬,也被家里安排过几次相亲,她都看不上,倒是没有人敢勉强她的。

"四哥,这话可不能乱说,我倒没什么,可是苗警官人不错,传出去对人名声不好。"庄睿听到欧阳军的话后,连忙出言否认。

"还不承认? 那丫头看你的眼神都不对,加把劲把她给拿下吧,哥哥我支持你……"欧阳军嘿嘿笑着,一副你知我知的表情。

"别乱说啊,四哥。我可是有女朋友的,您忙去吧,我冲个凉睡觉了……"

庄睿进到房间之后,就把欧阳军给推了出去,要是让这便宜表哥继续说下去,还不知道会有什么难听的话呢。

"我说你……得,我走还不成嘛,我搂大明星睡觉去。"

欧阳军还想再说几句,可是看到拦在门口的白狮,心中就怯了几分。不过临走还不忘刺激庄睿一句,这大热天的,人很容易上火啊。

庄睿的确也是被刺激到了,欧阳军的那位禁脔可是下到小朋友,上到中老年人的梦中情人啊,虽然论起姿色,秦萱冰比之毫不逊色,不过这举止间的风情,秦萱冰就差得远了,庄睿愣是跑到洗手间冲了个凉水澡,才把心头的燥热给消除下去。

"年前萱冰再回不来,我就去英国……"

庄睿躺在床上打定了主意,虽然每天都通电话,而且秦萱冰比以前也放得开了,经常会在电话里亲个嘴什么的,不过这远水解不了近渴啊。

…………

第二天庄睿起得很早,跑去餐厅吃了个早点后,便带着白狮散了会儿步。留宿在这里的人并不多,餐厅里除了工作人员之外,就庄睿一人。

吃完饭后,庄睿把刘川给叫了起来,这家伙可能昨天睡得很晚,顶着两个黑眼圈来开的门。

"昨天收获怎么样啊?"

庄睿从房间冰箱里拿出一瓶饮料来,眼睛在房间里打量了一圈,还好,似乎没有女人留下来的痕迹。

"嘿,木头,咱们发财啦,你知不知道昨天有多少人订了咱们的幼獒吗?"

本来正在洗手间刷牙的刘川,听到庄睿的话后,兴奋得带着一嘴泡沫跑了出来。

"滚蛋,离我远点……"看着刘川嘴里飞溅出来的泡沫星子,庄睿一脚端在他的屁股上。

"你听我说啊,昨天接到两个配种的生意,配一次三十万,另外有八个人订了明年的幼獒,到时候看血统纯不纯,只要是能和我这只黑狮差不多,每只就能卖到三百万,怎么样,木头,发财了吧!"

刘川跑回洗手间,匆匆漱了下口,又连忙跑回来,献宝似的给庄睿说了起来。

"靠,真的假的啊?有这么多?"

庄睿也被刘川的话吓了一跳,这笔生意满打满算加起来有两千多万了,不比他赌石赚得少啊。

"怎么着,后悔了吧,谁让你小子充大方,把股份都让给周哥了,要不然就这笔生意的分红,就有六百多万了,要不然我的股份让给你点?"

刘川知道庄睿把股份转让给周瑞,很大程度上是想把周瑞拴在獒园里,不过对于庄睿而言,这损失就大了,所以刘川想给他找补一点回来。

"算了吧。赚到钱之后,把我的百分之十一分红打到账上就行了。"

庄睿摆了摆手,这六百多万虽然不少,不过相比新疆的玉矿,那就差远了。昨天庄睿还和玉王爷通了个电话,玉矿的开采十分顺利,现在已经开采出五十多吨玉石了,品质还都不错,价值在三亿左右。

而且这个玉矿的含量,似乎比预计的还要多出不少,老爷子估计还能开采两年的时间,只是到后面速度就没那么快了,并且还要追加投资来添置一些开矿设备。如果玉石市场能保持在现阶段的价格,这个玉矿的总利润,应该在十五亿以上。

不过这钱可没那么快到手,这么大一批玉石原料,是要慢慢地投放到市场里的,否则会对玉石原料市场形成很大的冲击,那是玉王爷绝对不希望看到的。

相比即将到手的一亿五千万,庄睿对獒园的一千万也不是那么在意了,以周瑞的人品和庄睿与他的交情,这点股份庄睿还是给得心甘情愿的。

两人正聊天的时候,欧阳军的电话打了过来,刘川左右也没什么事情,干脆跟着庄睿一起去看房子了。

…………

那套大的四合院,庄睿暂时买不起,他看中的是一套两千多平方米的大型复式四合院,位于宣武区的一个历史文化保护区里,距离琉璃厂很近,走路几分钟就能晃悠过去。

这套院子是由五个小型四合院组合而成,在古代的时候,绝对称得上是大宅门。

从平面图上看,这座四合院包括五个院子,两个花园,占地就达到了五百多平方米,假山、鱼池、凉亭等一应俱全,几个院子之间有抄手回廊相连接,设计很是巧妙,至于里面还有什么设施,那就要实地去看过才知道了。

至于其余几套院子,庄睿嫌地理位置不好,而且也有点小,所以就决定先看这一家,如果满意的话就定下来,毕竟不是说买了就能住进去,肯定还是要装修一下的。

下楼之后,三人坐到一辆车上,欧阳军先是去把苗菲菲给接上,这才奔着宣武区而去,到了地头的时候,还没下车,庄睿就喜欢上了这里。

从外围过来,一路上尽是些两层的小楼,大多都是茶楼和小酒馆,还有些规划得很整齐的店铺,卖的多是一些纪念品,基本上没有汽车从这里经过。欧阳军开车路过的时候,引来不少好奇的目光。

进到保护区之后,庄睿发现,这地方比古老爷子住的那四合院还要安静,到处都是胡同巷子、青砖黄瓦,宅院门口的上马石,巷子里裂开的缝隙中那鲜绿色的青苔,处处透露出一种岁月沧桑的感觉。

走在这里,庄睿似乎回到了童年住过的老宅子,神情不禁有些恍惚。

"走啊,愣什么神?"

刘川在后面推了庄睿一把,才使得庄睿醒过神来。看向前面,欧阳军正和一个中年人说着话,在旁边还站着一个三十岁左右的男人,庄睿连忙走了过去。

"庄睿,这是郑主任,这套院子就是他们区里的,让郑主任给你介绍一下吧。郑主任,这可是我弟弟啊……"

欧阳军说话的时候,眼睛很飘忽,根本没有看着那位郑主任,至于郑主任旁边的人,他连介绍都没介绍,架子摆得十足。

"不敢,不敢,庄先生叫我小郑就可以了……"

庄睿不知道郑主任是什么来头,不过在欧阳军面前,显然有点直不起腰来,听到欧阳军的话后,连忙伸出双手,紧紧地和庄睿握了一下,又递上了自己的名片。

"办公室主任?"

敢情面前这位,还是个正处级干部啊,再上一步就是厅级干部了,要不是这名片,庄睿还以为他就是个跑腿打杂的呢,都说不到北京不知道自己官小,这句话是一点儿没错。

"郑主任,还要麻烦你给我们介绍一下……"

庄睿说着话递过去一根烟,旁边欧阳军眼尖,一眼就看出是从自己那里搜刮走的大熊猫,不禁郁闷了起来,拿哥们儿的东西做人情,这表弟忒不厚道了。

"庄先生太客气了,这是咱们这保护区的小李,具体情况他比较了解,咱们还是边看边说吧……"郑主任一边说话,一边用和他身形很不相符的敏捷步伐,走到了众人前面。

"庄先生,这围墙里面,都是属于这套四合院的,大门在前面,请跟我来……"

小李事先就被交代过了,知道这几人来头很大,神情很是恭敬,一边伸手在前面引着路,一边介绍道:"根据记载,这里的宅子建于清朝康熙年间,所住的都是六部尚书以上官职的大员,而且都经过历代的翻修,保存得尚算完好……"

说话间,一行人已经走到了宅门前面,庄睿抬头向大门看去,心中微微有些激荡,这可是真……真气派啊。

在那部叫做《大宅门》的电视剧里,庄睿看见过这种四合院的大门,不过现在身处其境,才真实地感受到这古代建筑所带给自己的震撼。

对开的两扇大门,宽高均超过了三米,就像一道围墙似的,门楼、门槛、门框、门钉、门枕、抹头、兽面门钹等,还有两侧的门联,可谓是一样不缺,庄睿可以想象到,古代官员出行从这大门内走出时那前呼后拥的威风情形。

大门四周是砖砌的墙,上面涂抹了颜色,在梁柱门窗及檐口椽头还有油漆彩画,只是可能很长时间没有人住了,颜色已经脱落变淡了,看起来稍微显得有些破旧。

"欧阳老板,庄先生,请进来看吧……"

郑主任拿着一把像是通条一般的钥匙,费了半天劲才把那都能算得上是文物的大锁打开,很吃力地推开半边厚重的实木门,将众人让了进去。

第三十八章 一掷千金

进到大门里面，迎面是一个小院子，而通过院子进入里面的中门，是个制作得很精致的垂花门，造型玲珑，相当华丽，在垂花门后面檐柱处，还设有一处门扇，称屏门，也称作是中门，作用类同仪门，平时关闭，人由门前左右廊道绕入，遇大事或贵客莅临才开启。

这屏门檐口椽头椽子油成蓝绿色，望木油成红色，圆椽头油成蓝白黑相套如晕圈之宝珠图案，方椽头则是蓝底子金万字绞或菱花图案。前檐正面中心锦纹、花卉、博古等，两边倒垂的垂莲柱头根据所雕花纹更是油漆得五彩缤纷。

虽然经过时间的侵蚀，这些门上的色彩稍微有些褪色，不过依稀可见当年胜景，这里也见证了一个朝代的兴衰起落。

刚一进门，白狮和黑狮就钻到了院子里面，一晃眼不见了踪影，庄睿也不担心，这院子很明显是被闲置了，大门都是锁起来的，里面应该不会有人。

紧跟在庄睿身后的那个小李，开口说道："庄先生，这是中门，一般是不会开的，其实就是应个景而已。在古代的时候，有圣旨传来或者贵客临门，所谓的大开中门，就是打开这个门，更多的是作为一种礼节……"

"在四合院里，所有连通各院的门，都是垂花门，这做法也是仿造牌楼子的形状，很华丽也很实用。"

小李一边在前面带路，一边给众人解释着，此时的小李，有点不像是政府工作人员，倒像是个导游。对于这套四合院了如指掌，大到院子的风水格局，小到垂花门上的一个不起眼的装饰，都能引经据典，娓娓道来，让庄睿等人听得津津有味。

穿过制作精致的垂花门和门房之后，就是前院了，很普通的小型四合院的格局，正房，东西厢房，东边一道垂花门直通中院，进入中院之后，是一个占地很大的花园，只不过长期无人打理，已经荒废了。

过了中院还有后院，这三个院子，都是给人居住的地方，一般是下人住在前院，晚辈住在中院，而辈分最长的住在后院，有些厢房更是被改成书房、客厅还有厨房，古时候的大家族都是各房单独开伙的，所以厨房都有好几个。

庄睿一路走来,大致地算了一下,这能用作住人的房间,足足有二十多个,开个小型旅馆都够了,而这些房间只是整个四合院的一半,在前后还各有一个花园,里面有池塘亭榭,可见古代那些官吏的生活是如何的奢侈了。

　　"庄先生,您看这院子怎么样? 这两年有不少人想买,区里都没卖,不过庄先生要是看中了的话,咱们一定优先考虑……"

　　其实这郑主任并不是很清楚庄睿的来头,但是区里的老大昨天专门把他叫过去交代了一番,让他好好接待:如果对方真是看中这套院子,只要条件不是很过分,就可以答应下来。

　　郑主任知道,这套院子可是那位老大的心头肉啊。虽然闲置了好几年,但是一直都没舍得卖,现在这态度居然来了个一百八十度的大拐弯,还让自己亲自接待。话说办公室主任可是很忙的,领导的吃喝拉撒睡,郑主任都要关照到的。

　　今天这一来,郑主任先是看到了欧阳军,这心里可就闹腾起来了,这四九城可大了,一般人还真不认识欧阳军,不过郑主任刚巧和他打过交道。当然,是那种他记住欧阳军,但是欧阳军没记住他的那种交道,再看到欧阳军对庄睿的态度,这郑主任和庄睿说话的时候,更是赔了三分小心。

　　"院子还不错,很安静,不过很长时间没人住了吧?"

　　庄睿看到,这满园的荒草,有些顺着石板路甚至延伸到了房屋的门口,不禁皱了下眉头,这要是买下来,一时半会儿估计是住不进去了。

　　"庄先生,这地方从区办公大楼建好之后,就空了下来。您看这么大一块地方,打理起来太费事,而且这经费也比较紧张,就搁置下来了……"

　　郑主任也是实话实说,这么大的一个院子,要是每年都修缮的话,最少需要搭进去几万块钱,话说这钱虽然不多,但要补贴到这么一个闲置的院子里,还不如过年的时候,机关里给每人发个几百块钱奖金呢。

　　苗菲菲从进来之后,就一直东摸摸西碰碰的,神色很是兴奋,眼下听到庄睿似乎有些不满意,连忙说道:"庄睿,这地方不错,我小时候就是住在四合院的,不过后来搬到新世华园去了,那别墅住得一点都没四合院舒服……"

　　"新世华园?"

　　这郑主任听得又是一愣,那可是部长楼的所在地啊,住在里面的没有低于部长级的高官,敢情这穿着普通的女孩,来头也是很大的。

　　"庄先生,您放心,您要是决定要买的话,我们会派人来清理打扫干净的,保证让您有焕然一新的感觉。"

　　这套四合院不知道有多少人想买,只是区里一直不点头。不过现在这情况反过来了,似乎是郑主任求着庄睿在买,这也好理解,只要庄睿买下这院子,那就是结了个善缘,这文化保护区还是归属于区里管辖的,日后自然有打交道的时候。

"嗯,我再看看,白狮,回来……"

庄睿不置可否地点了点头,却没有说买还是不买。随着他的喊声,白狮从一道垂花门里窜了出来,跑到庄睿面前,大头不住地在庄睿身上蹭着,显然对这里的环境很满意。

庄睿心里稍稍有些犹豫,这大宅子长时间没人住,显得有些破败,也缺少了点人气,尤其是在夏天雨水多的时候,荒草丛生,看得庄睿有些不舒服,而且所有的房间都是空荡荡的,刚才庄睿特意进去一间看了下,那屋顶貌似还有些漏水,这要翻修起来,可不是一个小工程。

"四哥,你说的那个院子怎么样?"

庄睿想了一下,"还是多看看,货比三家吧。"

"行,咱们去看看去。"欧阳军无所谓,他今儿就是给庄睿撑腰来的。

"庄先生,你们说的是哪地方的院子?"郑主任看到庄睿等人要走,连忙问了一句。

"西城的一套院子,比你这个小点。"庄睿一边往外走,一边随口答道。

"嘿,庄先生您说的是那套啊,那边的还不如这里,那里面的几户人家住了十多年了,一直不愿意搬走,西城区也没办法收回。闹了好几次了,那房子就是买下来,恐怕您也住不进去……"

"什么?郑主任,这是真事?"

庄睿听到郑主任的话后,站住了脚步,他可不愿意扯到那些纠纷里面去。

"庄先生,这事我能骗您吗,一打听都知道。"郑主任信誓旦旦地说道。

"四哥?"庄睿看向欧阳军,估计这事他也不知道。

"我给你问问……"

欧阳军走到一边打起了电话,没几分钟脸上出现怒色,嘴里还骂了几句,挂了电话之后走了过来,说道:"老郑说的没错,那孙子居然没给我说,回头我再收拾他。"

庄睿一听这话,又掉头走进了院子里,他也通过宋军打听了,现在的大型四合院的确不是很多,自己要不买的话,恐怕过了这村就没这店了。

在站住那里沉吟了一会儿之后,庄睿下了决心,说道:"郑主任,这地我要了,不过这价钱……"

在给庄睿的那份资料上,有这套房产的售价,一平方是四万元,合计是两千一百平方米,总价为八千四百万。这钱一掏出去,再加上修缮所要花的钱,等于庄睿几乎又要变得一穷二白了,这也是庄睿犹豫的原因之一。

"庄先生,这套房子失修已久,您买下来也算是帮区里解决了一个难题,我们自然是会给您最优惠的价格,这样吧,您看三万五一平方怎么样?"

"三万五?"

庄睿有些没反应过来,这郑主任也太好说话了吧?一张嘴就给便宜了一千多万啊。

"庄先生,实话说,这房子卖出去,我们对方方面面也要有个交代,不过您别急,我和刘书记再沟通一下,几位稍等……"

见到庄睿不置可否的样子,郑主任也操起手机,躲到一旁打起电话来,庄睿这时才反应过来,哥们儿我什么都没说啊,只是重复了一下你的价格而已。

过了有五六分钟的时候,郑主任走了过来,说道:"这套房子积压在区里也不是个办法,刚才刘书记作了指示,三万一平方。庄先生,您看这价格能接受吗?"

"就是六千三百万?四哥,你觉得怎么样?"

庄睿把脸扭向欧阳军,他没想到这几句话下来,整整比开始的报价居然低出了两千多万,不过看这房子破败的样子,估计装修没个千把万是搞不定的,算下来自己手上也剩不了多少钱了。

庄睿现在才感觉到,自己银行里剩的那一亿多,似乎也不怎么够用啊。

"老弟,这价格算是比较实在的了,怎么样,钱凑手不?要不要四哥支援你点?"

欧阳军对这事情里面的猫腻,是心知肚明。这刘书记是他家族那一派系的,这点小事,当然会给足自己面子的,反正这钱又不需要他自个儿口袋里掏一分出来。

"六千三百万……四哥,您看看这房子装修,大概需要花多少钱?"

庄睿在心里计算了一下,历次赌石加上几次古玩捡漏,所获总计一亿一千六百多万,其他零零碎碎地出售了那个戒面一百万,姐夫前段时间打到自己账上还有几十万,这些都可以忽略不计了。

不过在彭城购置别墅花去了一千六百万,然后在新疆投资玉矿又转给玉王爷一千万,现在大致算下,账面上应该还有九千多万的现金,买下这套房子是绰绰有余了。

只是这房子必须要大修,庄睿不太清楚现在市场的装修价格,他想知道,如果自己把这套四合院整个翻新一下,需要花费多少钱?

"这个你别问我,我又不是包工头……"

欧阳军向庄睿翻了个白眼,哥哥只是给你撑腰来的,还真以为我是万事通了啊。

"庄先生,我们区有几家装修公司,还是不错的,我可以给您介绍一下。费用上肯定会按最优惠的价格给您的……"

装修这样的事情,郑主任这大管家可是操持了不少次,区办公大楼的装修都是他找的装修公司,对这行当倒是不陌生。当然,以前帮着装修公司揽活是有好处的,这要是介绍给庄睿,他还真不敢耍什么猫腻。

文化保护区的小李这会儿一直都没说话,直到郑主任要介绍装修公司,他才开口说道:"郑主任,这活儿恐怕那些装修公司干不了。"

"乱说,咱们区大楼都能装修,还装修不了这套房子吗?"

郑主任有些不快地看着小李,书呆子就是书呆子,关键时刻居然拆自己的台。

小李也意识到自己刚才说话有些太直接了,连忙解释道:"郑主任,我不是那个意思,您介绍的公司,肯定是质量过硬的。不过,一般装修公司,都会分为工装和家装两种,而这种四合院,必须要依照仿古修缮的程序来装修,才能保持住这四合院的原汁原味。要不然的话,恐怕装修完了,这四合院就变成四不像了。"

小李还是有点书呆子的习性,话说着说着就变味了,也没注意到郑主任的脸色越来越难看。

"李哥,那这房子需要什么样的人来装修啊?"

这几千万的事情,不问清楚,庄睿是不会掏钱的,要是买来装修完,真成了个四不像,那都没地儿说理去。

小李听到庄睿的话后,用手推了推鼻梁上的眼睛,说道:"一般像这些的建筑,都必须要有古建筑保护专业的人来做设计图和全程监工才行,否则的话,装修完了之后,很容易走味。

"这保护区里就有个外国人买了套四合院,装修完之后整个一四不像,不过那老外倒是看不出来什么。庄先生要是自己住,我觉得还是要请专业修缮古建筑的人士才行,只是,古建筑修复这个专业,一向都是比较冷门的,很多装修公司,都没有这种专业人才……"

庄睿一想,也的确是这么回事,他本身也是大学毕业的,知道各个学科的专业分得很细,现在家装和工装市场火热,像小李说的那种古建筑修复的专业,恐怕也真的是吃不开。话说除了那些山上的寺庙,城市里哪里还留有几栋古代建筑啊。

"四哥,您看这事?"

庄睿把脸扭向欧阳军,他在北京人生地不熟,去哪里找古建专业的专家啊。

"老弟,真要买?"欧阳军问了一句。

"买!"

庄睿肯定地点了点头,这几年房子涨价很快,更何况这是逐渐减少的四合院,买了绝对不会吃亏的。

"那好,这事回头给王秘书说一声,你就是想要国内最顶级的古建筑修复专家,都能给请来。"

欧阳军的话让庄睿想起了小舅的职位,还真是这么一回事,不过庄睿想了一下,还是摇了摇头,说道:"四哥,这不合适,我看还是从高校找点学这专业的人吧。"

庄睿做人很自律,他不想因为这点小事去麻烦小舅,要是被母亲知道的话,自己肯定是要挨训的。

"行,这事我给你办了,回头给你找几个高校的教授来,花的钱算你的啊……"

欧阳军想想,这点小事麻烦王大秘书,的确有点不合适。不过以他的路子,找几个这个专业的老师,那是不成问题的,最多给点钱而已,话说现在的教授,有几个不出来赚外快的啊。

"四哥……随便你了,能给我找到出图纸和建工的人就行。"

庄睿本意是找几个高校的学生，没想到欧阳军定位更高。不过只要是能用钱解决的，庄睿就不怎么在乎，花点钱总比欠下人情账好。

后面的事情就比较繁琐了，苗菲菲下午要上班，就先离开了，欧阳军也不耐烦跟着庄睿跑这些事情，把庄睿交给郑主任之后，也驾车离开了。庄睿干脆让刘川带着白狮回会所了，今天要跑的这些地方，恐怕都不适合带着白狮。

庄睿先是跟着郑主任来到区里签订购房合同，然后再去房管局办理过户手续，这税钱交得庄睿有些心疼，双方都要交的印花税倒是没有多少，0.005%算下来只要三万多，不过买方要缴纳的百分之三的契税和一些别的杂税，加起来可足足有两百多万了。

"庄先生，要不然在评估的时候，我让人把面积算小一点，另外咱们重新签订份合同，把价格压低一点吧？"

郑主任倒是跟着庄睿跑前跑后，要不是他，庄睿连房管局的大门都摸不到。不说庄睿，就连郑主任看着这税钱，也是有点心惊肉跳，要知道，两百多万即使在北京，现在也能买套不错的房子了。

"算了，就按照实际面积算吧……"

庄睿想了一下，还是别玩那些猫腻了，这评估和测量的面积，是要写在房产证上的，现在算小点的话，日后要是想出手这套房子，肯定还会有麻烦。

第三十九章 血脉亲情

刷卡交钱之后,庄睿查了下自己银行的余额,还剩下二千多万,心中不禁苦笑起来,这装修还不知道要花多少钱。自己是不是让邬老的徒弟多打几副极品的血玉手镯,拍出去回笼点资金再说?

有郑主任跟着,手续办理得非常顺利,一般房管局的测量人员都是在十五天之内去测绘房屋面积,不过那位局长已经说了,明天就派人上门,争取在一个星期之内,把土地证和房产证都交到庄睿的手上。

这倒是正合了庄睿的心意,他也想在回彭城之前解决这些问题,等明天陪完苗菲菲,庄睿就准备找装修公司进驻,争取在下次来北京之前可以住进去。

…………

"庄先生,您看,您帮区里解决了这么个难题,要不晚上我做东,咱们去吃个饭吧。"

事情办完之后,郑主任向庄睿发出了邀请。在他看来,能和庄睿攀上交情,以后自然会再和欧阳军有交集的,人情关系不都是这么处下来的嘛。

庄睿抬手看了看表,已经快五点了,当下摇了摇头,说道:"郑主任,今天不行,约了长辈吃饭,改天,等我新居装修好了,一定请您来。"

"行,庄先生,您要去哪,我送您?"

庄睿今天没有开车,说好了办完事给欧阳军打电话,他过来接的。

"不用了,四哥一会儿来接我。对了,郑主任,还要麻烦您件事,那套院子您找人拾掇一下,把杂草清理下,另外房子里面的东西,都给搬空,您看我一个人也忙不过来……"

庄睿的意思是,那套房子除了主体建筑和整个格局不变之外,剩下的东西全部都给清理走。昨天他看的时候,里面还留有一些残破的家具,那些家具都是上世纪六七十年代的,要是古董的话,庄睿就留下了。

"成,庄先生,您放心吧!明儿我就带人去,一准儿给您收拾利索了。"

郑主任一听是这事,满口答应了下来,这办公室是干嘛的?不就是打杂的嘛!当然,郑主任是不会亲自动手的,里面闲人多的是,实在不行请几个保洁公司的人,那也花费不了几个钱。

等郑主任走后，庄睿给欧阳军打了电话，自己就站在房管局门口等着，过了半个多小时，一辆红旗车缓缓地停到了庄睿的身旁。

"小睿，上车……"

车窗放下来之后，庄睿看到欧阳振武坐在车后座上，向他招着手，见过一面的那个王秘书从副驾驶的位置上走下来，给庄睿打开了后面的车门。

"谢谢，我自己来就行。"

庄睿给王秘书打了个招呼，钻进了车里，看向欧阳振武道："小舅，您怎么来了？"

庄睿看到欧阳振武有些不好意思，自己昨天就进京了，却一直没有去看望小舅，眼下还是小舅来接自己。

"我上班的地方离这里不远，接到小军的电话，就顺路过来了，走吧……"

欧阳振武看到王秘书上车之后，示意前面的司机可以开车了，汽车缓缓地驶入到下班的车流之中。

"小睿，我听小军说你买了套房子，要找人装修是吧？"

欧阳振武说话的时候也没避着秘书和司机，庄睿刚才那声小舅，早就表明了二人的关系。

"装修倒是好办，一般的装修公司都能干，只是我买的这四合院，是清朝遗留下来的建筑，有些地方我怕装修公司给干成四不像，所以想找个懂得古建筑修复的人做监理。军哥给您说这些干嘛？"

庄睿之前就给欧阳军说了，这事不用小舅帮忙，没想到欧阳军还是告诉了他爸爸。

"怎么着？ 不找小舅，是不是怕小舅滥用职权啊？"

欧阳振武看出庄睿的心思，笑呵呵地说道："这事我私人给办了。我有个老朋友在京大教书，就是教建筑学的，并且也是古建筑修复的专家，咱们故宫博物院每年的修缮工作，都是由他来主持的。

"不过周教授年龄大了，到时候只能给你把把关，提点建议，具体施工他可能无法到场监理。嗯，回头我再问下他，让他给你找个学生去做工程监理吧。"

坐在小车前排的王秘书和司机听到欧阳振武的话后，都是一愣，他们从来没见过老板私下里去求过人，为了这个外甥区区一套房子的事情，居然会开口求人。

欧阳振武的话也让庄睿心中一暖，小舅连这些细微的东西都考虑到了，他能感受得到欧阳振武对自己的那种发自内心的爱护，自己要是不接受，就太矫情了。庄睿于是说道："小舅，那就谢谢您了，到时候我会给他们一些补贴的……"

"好，明天我就给周教授打电话，小舅也只能帮你这么多，要钱可是没有啊。"

欧阳振武和庄睿开起了玩笑，他对于外甥的情况要比欧阳军了解得多，知道他的钱赚得光明正大，也不怕有什么人说闲话。到了他这种级别，已经不是一些风言风语可以撼动的了。

庄睿对北京不怎么熟悉,感觉到车子在开出闹市区之后,驶入一条不是很宽敞的道路上,这条路车子很少,司机提高了车速,过了将近四十分钟,车子来到一座六峰连缀、逶迤南北的山脚之下。

"你外婆喜欢玉泉山的清净,所以他们每年大部分时间都是住在这里的。"欧阳振武随口给庄睿解释了一下。

玉泉山位于颐和园西五六里处,由于它倚山面水,而且距北京城不远,所以在历朝历代,都被统治者看中。历代皇帝在这里均建有行宫,只是多经战乱,很多园林都被毁去了,在建国之后,才重新修缮用于居住。

车子经过一条环山道之后,前面出现了一个大门,在大门两旁,笔直地站立着一个武警战士,看到有车子过来,拦停之后先是检查通行证,然后再对车内的每一个人都进行了身份证验证。这种检查力度,要比欧阳军那会所严格多了。

检查完之后,一个武警走回岗亭,和里面通了电话,这才将车子放行。

驶过大门,在两旁的路上都是郁郁苍苍的树木,向前又开了一百多米后,一栋栋独立的小楼呈现在庄睿面前。这些小楼大多都是两层,之间的距离隔开得很远,欧阳振武的司机对这里很熟悉,直接将车停在了一栋小楼的院子外面。

"小王,你们出去先吃点东西,两个小时之后来接我,小睿,下车吧……"

欧阳振武先是交代了王秘书一声,然后从身旁拎了点东西,招呼庄睿推开车门走了下去,车子随即调头开了出去。

"小叔,您来啦,东西给我……"

两人刚下车,院门口就走过来一个四十岁左右身穿军装的中年人,这人身材魁梧,长得一双浓眉大眼,腰杆挺得笔直。不过最吸引庄睿眼球的是,这人的肩膀上,挂的竟然是少将军衔。

在战争年代,三十多岁的少将有不少,但是在和平年代就比较困难了,很多人都是等到五十岁之后才得以晋升的,像庄睿眼前的这么年轻的将军,在共和国不说是绝无仅有,那也是凤毛麟角。

"小磊,你怎么会在这? 我昨天打电话的时候大哥都没说起你要来?"

欧阳振武看到这个将军,脸上露出一丝惊奇的神色,显然对他出现在这里感到有些意外。

"小叔,我今天进京开个会,明天一早就要走。本来是没有时间过来的,不过我爸说小姑家的弟弟要来,让我说什么都要见上一面。小叔,这就是庄睿吧?"

欧阳磊一边说话一边将右手里的东西交到左手上,对庄睿伸出了右手。

"小睿,我给你介绍下,这是欧阳磊,你大舅家的老大,年纪轻轻的就是将军了,你外公最喜欢的人就数他了……"

欧阳振武说话的时候，看向欧阳磊的眼光也是露出不加掩饰的欣赏之色。欧阳罡是从战场上拼杀出来的，欧阳家族的立根之本也是在军队里。

只是欧阳振武几兄弟全部都没有从军，虽然在地方和中央都做到了一方大员，不过对于军队的掌控力，就比老爷子在位的时候弱了许多，直到欧阳磊从军队中脱颖而出之后，欧阳家在部队里才又重新有了话语权。

不过这样也带出一个问题，就是欧阳家族过于强势了。现在老爷子还在世，没有人敢说什么。不过要是等欧阳罡过世，恐怕欧阳家族的势力，就会被大幅度地削减了，别的不说，这玉泉山的房子肯定是没资格留用了。

欧阳振武几兄弟也认识到这个问题，所以对于子女一向管教得很严，另外也是趁着老爷子在世的时候，让庄睿的大舅能进入中枢，这样等欧阳磊成长起来之后，就可以舍弃掉一些资源，保证能在军队里有自己的声音，那样欧阳家族依然可以长盛不衰。

"我经常听父亲提起小姑，只是……唉，不说了，都是过去的事情了，进来说话吧……"欧阳磊紧紧地握了一下庄睿的手，转身推开院门走了进去。

"奶奶，您怎么在这里？"

走在欧阳磊身后的庄睿，刚进院子，就听到了欧阳磊的喊声，不过被他的身体挡住了视线。庄睿连忙往侧右走了一步，才看到在院子中间，一个白衣护士推着的坐着轮椅上一位白发苍苍的老人。

老太太的满头白发梳理得很整齐，坐在那里腰杆挺得很直，脸色也很红润，只是眼睛好像有点问题。听到欧阳磊的话后，一双手伸了出来，嘴里还喊着："婉儿，婉儿呢，这狠心的死妮子，这么多年都不来看妈一眼，妈想看都看不到你了……"

"妈，小妹还没来，她过几天就来看您，不过您的外孙来了……"

欧阳振武向前走了几步，抓住老太太的手，一边在她耳边说着话，一边给庄睿示意，让他走过来。

"磊哥，外婆她这是？"庄睿没有立即上前，而是看向身边的欧阳磊。

"奶奶从去年眼睛就看不清东西了，是白内障，虽然只是小毛病，医生也建议开刀，不过奶奶不知道怎么回事，就是不同意，说是……说是……"欧阳磊似乎有什么难言之隐，话没有说下去。

"我不愿意看到那老头子！婉儿的孩子呢？我的外孙呢？来，让外婆摸摸……"

老太太除了眼睛不太好使，耳朵倒是很灵光，对欧阳磊的话听得是一清二楚，大声接了下去，松开被儿子握住的手，颤颤巍巍地要站起来。

庄睿连忙迎了过去，蹲在老人的轮椅前，喊了一声："外婆！"

不知道为什么，庄睿在喊出这两个字之后，鼻子一酸，眼泪忍不住顺着脸颊流淌了下来。

"好孩子，不哭，不哭，都怪那死老头子……"

老太太抚摸着庄睿的面孔，那双浑浊的眼睛里，也向外流出了泪水。

"妈，医生都说了，您的眼睛不能流眼泪，快擦一下……"

见到老太太伤心的样子，欧阳振武连忙上前劝说着，老太太身后的护士，拿了个手帕，小心地帮老太太将泪水擦干。

"好，不哭，不哭，我要做手术，我要看看自己的外孙……"

老太太止住了眼泪，说出这么一句话来，却是让欧阳振武高兴坏了。要知道，这白内障手术越早做就越好，只是老太太不听人劝，谁来说都没用，可是这刚一见到外孙，就改变了主意，让一直都很担心母亲眼睛的欧阳振武高兴不已。

"小金护士，麻烦你把这事情往上报一下，就说老太太要做眼睛手术了，让人尽快安排……"

趁着老太太和庄睿说话的时候，欧阳振武走到推着轮椅的护士身边，小声对她说道，顺便自己站到了轮椅背后，示意她赶紧去汇报，省得老太太到时候再反悔。

"孩子，你和你妈这些年过得还好吗？这狠心的死丫头，再不来看我，就见不到我喽……"

老太太说着说着话，又伤心起来，因为这事，不知道和老头子闹了多少次矛盾，要不是老头子身体不好，老太太不敢过于气他的话，早就让人把欧阳婉接到北京来了。庄睿的大舅以前去看欧阳婉，其实也是出于老太太的授意。

"外婆，我们过得很好，妈过几天就会来看您，您要保重好身体啊……"

庄睿擦干了泪水，在低头的时候，从眼中溢出一丝灵气，渗入到了老太太的双腿之中，这丝灵气数量不多，可能由于老太太的身体生理机能退化得厉害，并没有很明显的感觉。

"妈，爸呢？"

站在老太太身后的欧阳振武，俯下身体在老太太耳边问了一句。

"老头子在床上呢。没事，他耳朵不好，听不到。孩子，快起来，你还没吃饭吧？饿了吗？咱们去吃饭去……"

老太太对女儿的思念，在这一刻都化为对外孙的疼爱，紧紧地拉着庄睿的手不放，让后面推轮椅的欧阳振武有些无奈，老太太你拉着个人，我还怎么推啊。

"妈，您先松开小睿，咱们好过去啊。"

"不行，我要和外孙子一起去……"

老太太挺固执的，抓住庄睿的手就是不放，同时脚下一使劲，用力地站了起来。

"妈，您小心点。"

老太太的腿年轻的时候受过伤，虽然说平时也能站起来走走，但是走不了几步路就会感觉疼痛，所以看到老太太站起来，欧阳振武和欧阳磊都紧张起来。欧阳振武更是推开轮椅，上前一步，准备搭把手上去。

"不用你们扶,我还走得动……"

老太太甩开儿子的手,居然蹭蹭蹭地走了起来,从院子里一直走进了屋子,不过右手还是紧紧地抓着庄睿,因为她看不到啊。

欧阳振武和欧阳磊对视了一眼,眼中都现出不可思议的目光来。要知道,原先老太太走不出三五步,腿上的老伤就会疼得受不了,可是刚才……欧阳振武揉了揉眼睛,自己没有看错啊。

"外婆,您先坐下,我不走,我就坐在您旁边。"

等欧阳振武和欧阳磊冲进房间的时候,庄睿正扶着老太太坐在饭桌旁,而老太太的脸色很正常,并不像是装出来的,那老伤腿应该是真的不疼。

他们哪里知道,就在老太太起身的时候,庄睿怕她摔倒,又往老太太膝盖处,往里输入了一股灵气,这道灵气的数量是先前的好几倍。虽然说不能治愈老太太的伤腿,但是缓解一下疼痛,那是绝对没有问题的。

第四十章 灵气妙用

"妈,您的腿还痛不痛? 要不要叫医生来检查一下?"

欧阳振武还是有些不放心,走到老太太身边小心地问了一句。

"没有疼啊,咦? 奇怪,今儿走路好像轻便了很多……"

听到儿子这么一说,老太太也有些奇怪,用手拍了拍自己的大腿,马上就感觉到了。要是在以前,只有用力拧,才会有一点感觉。

"奶奶,真的没事?"欧阳磊也凑了过来。

老太太坐的是正位,过来两人这空间就有些挤,庄睿站起身想往旁边让一下,谁知道老太太把手一挥,说道:"你们两个坐边上去,我要好好看看我的外孙子。"

欧阳振武和欧阳磊苦笑着退了下去,您老这眼神连路都看不清楚,怎么去看人啊。

老太太却不管那么多,把脸对着庄睿,使劲地看着,要说这白内障,也不是完全看不见,只是眼中的晶状体发生了病变,变得混浊不透明,导致视物模糊不清,老太太这病拖的时间有些长,所以更严重一点,对着灯光看庄睿,也只是模模糊糊的有个影子,根本就看不到庄睿的眼睛。

在老太太看向自己的时候,庄睿心中动了一下,很显然刚才的灵气对外婆的腿很有帮助,不知道用在眼睛上行不行啊?

从拥有灵气以来,不管是对人还是对动物,似乎都只有好处而没有什么弊端。庄睿心中冒出这个念头之后,在对视老太太的时候,悄悄地释放出一丝灵气,从老太太的眼睑处渗入了进去。

"孩子啊,你长得可真像你妈啊。你妈年轻的时候,就是你这个脸盘,那会儿啊,别人都说我闺女长得秀气,这死丫头,是不想要我这个老娘了啊……"

老太太看着庄睿絮絮叨叨地说着话,把这些年来对女儿的思念,都对着庄睿倾诉了出来,听得一旁的儿子和孙子直发笑。这连人影都看不到,怎么就知道长得像啊,没听说老太太还会摸骨那一套江湖把戏。

"你这孩子,额头上怎么有个疤呀? 是不是小时候调皮捣蛋了啊? 那可不随你妈妈,婉儿的性子是很安静的……"老太太还在近乎自言自语般念叨着,不过欧阳振武叔侄俩都没在意,在旁边聊起了别的事情。

"外婆,您……您能看到我额头上的疤痕?"

庄睿自然知道自己额头处有个小拇指甲大小的疤痕的,那是小时候不小心摔的,只是平时被头发给遮挡住了,不把头发完全捋到后面,是看不到的。

庄睿略带惊喜的声音,也惊动了正在聊天的欧阳振武和欧阳磊,两人连忙走到老太太身后,向庄睿额头看去。没错,的确有块疤,不过并不是很起眼,而且这么多年过去了,疤痕很平整,用手摸感觉和头皮没什么两样。

"我……我是看到了啊,今天这是怎么了?"

人老了,反应就有些迟钝,直到庄睿喊出声来,老太太才意识到,自己已经都一年多看不清楚东西了,怎么突然就变好了呢?

"医生,快点来一下……"

欧阳磊的反应比较快,急步走到门前,按下一个红色的按钮,对着那个像是门铃似的东西喊了一句。

"是不是老爷子哪里难受?"

在欧阳磊按下按钮没过三分钟的时间,一辆救护车停到了院子门口,几个里面穿着夏常服军装,外面套着白大褂的中年医生,拎着个小金属箱子,快步走进了房间,后面还跟着两个年轻的小伙子,抬着一个担架。

他们都是常驻在这里为首长们服务的保健医生,是隶属于军队编制的,行事很是雷厉风行,为首的那个人问完话后,没等欧阳振武回答,就往里面的院子冲去。在他们想来,按下紧急救治开关,肯定是老爷子的病有什么反复,因为老太太正安然坐在屋子里,不像是有病的样子。

"哎,哎……窦医生,不是老爷子有事,是我奶奶……我也说不清楚,您看看就知道了,我奶奶的眼睛能看见东西了。"

欧阳磊一把拉住那个为首的医生,把情况说明了一下,只是他现在自己都没弄明白是怎么回事,心里都还稀里糊涂的。

"老太太? 不可能吧,前几天才检查过的啊……"

窦医生被欧阳磊的话说得有些发傻,他前天亲自检查过老太太的眼睛,必须要动手术,否则时间再长一点,就很有可能完全失明的,怎么会突然就能看见?

不过事实胜于雄辩,检查一下不就知道了吗? 窦医生连忙打开随身带的金属箱子,从里面拿出一个小手电筒,走到老太太的身旁,说道:"老太太,我给您检查一下,你等下看看这亮光明显吗?"

"不用检查了,把手电拿开,怪刺眼的。你是小窦,都在这里做了七八年了,我还能不认识你?"

老太太的话让窦医生差点陷入石化状态,这还真是不用检查了,因为老太太的手,很准确地把他拿着电筒的手给拨到一边去了。

"您几位跟我出来一下,小伙子,你也出来……"

窦医生把庄睿也给喊了出去,他要问明在这之前,究竟发生了什么事情。

"这事儿你还是问小睿吧,刚才就他和老太太离得最近……"

窦医生询问了欧阳振武和欧阳磊之后,都没有得到什么有用的信息,这让他有些迷惑不解。这白内障虽然是老年人常见的病症,以现在的医学技术是很容易治好的,不过也没听说过不经过治疗就好了的啊。

"小舅,我刚才不是和你们在一起嘛,外婆开始的时候情绪有些激动,后来慢慢地平复了下来。对了,外婆刚才还哭了,用手揉搓了眼睛一会儿,不知道是不是这个原因?"

庄睿当然不可能说是自己治好的,他就是说了,恐怕别人也不信。

"这就怪了,有过被重击导致视网膜脱离的,但是情绪激动会使白内障痊愈,这种病例你们谁听说过没有?"

窦医生眉头紧锁,看向他身旁的几位同事,那几人也是连连摇头。这些人都是专门为首长服务的,要是放在古代,那就是大内御医啊,个个可谓是医术高明见多识广,但是谁都没听说过老太太身上所发生的这种情况。

"窦医生,或许不是痊愈而是缓解了呢?我想咱们很有必要给老太太做一次细致的检查……"

场内的其中一位医生说道,窦医生也点了点头,他们都在从医学的角度上找出答案,却没有一个人能想到,使得老太太重见光明的人,正是一脸迷惘状的庄睿。

"孩子,快点到外婆这里来……"

见到几人走了进房间,老太太连忙向庄睿招手,那个拖住她的护士,也松了一口气,话说这短短的一会儿,老太太都问了七八句自己的外孙子去哪里了。

庄睿很顺从地走了过去,挨着老太太坐下了,这老人到了一定的年纪,其性格和小孩子也差不多,"老小孩"就是指的他们,看破世情之后,人也回归到了本我的心态。

看到那位窦医生不住地在向自己使着眼色,庄睿对老太太说道:"外婆,您真能看到我了吗?"

"你这孩子,外婆这么大岁数了,还能说瞎话吗?你妈妈这次怎么不和你一起来啊?唉,这么多年,也是苦了她了……"

老太太想念女儿想念得紧,三句话没过,又提到了庄睿的母亲,脸上现出了伤心的神色,而旁边的窦医生看到庄睿没有提及检查眼睛的事情,有些着急起来,站在老太太身后,不住地对庄睿打着手势。

庄睿回了窦医生一个眼神让他放心,说道:"外婆,我妈过几天就来看您,可是您的眼睛真好了吗?万一我妈来了,您又看不到了,那可怎么办啊?外婆,您还是让窦医生他们检查一下吧……"

"对,对,整整一年都看不见东西了,还真是不好受,检查,外婆明天就去检查。老三啊,你看你们,还不如我这个外孙子懂事呢,知道婉儿要来,让我保护好眼睛……"

老太太听到女儿过几天就要回来,喜的是眉开眼笑,不过她的思维跳跃性比较大,不知道怎么着就扯到欧阳振武身上,顺带着还把他教训了一顿。

"妈,您说的对,说的对,咱们还是先吃饭吧,过几天我就把小妹给您接来……"

欧阳振武听到老太太的话后,自然是哭笑不得。这一年多来,他也不知道劝过多少次老太太要动手术,可是老太太根本不搭理,这下倒好,反倒怪在自己头上了。

"窦大夫,还是明天早上让奶奶去检查吧,这会儿她老人家也没这个心思了……"欧阳磊对几位医生说道,现在是吃饭的点钟,估计这几人都没吃饭就跑来了,等在这里也不是个办法。

"好,欧阳师长,您一定要交代老太太,多注意休息,我怕这是老太太情绪激动之下,导致的暂时性恢复,具体是什么结果,咱们还要等到明天检查之后才知道。"

窦医生听到几人刚才的那番谈话,知道老太太是第一次见到外孙,估计还有许多话要说,当下也没继续催促老太太做检查,和欧阳磊交代了一番之后,告辞离去了。

窦医生等人走了之后,家里的保姆上起菜来,老太太知道今儿外孙子要来,要不是自己看不见东西,恐怕都要进厨房去亲自烧菜了。不过就算是这样,在庄睿来之前,也站在厨房边吩咐了半天。

庄睿看到,这些菜大多都比较清淡,是母亲最爱吃的,知道外婆是花了心思的,心中也有些感动。这天下果然是只有不是的儿女,没有不是的父母啊。

"孩子,多吃一点,这都是婉儿爱吃的……"

"奶奶,您放开小睿吧。这拉着他,可怎么吃东西啊?"

见到老太太一双手抓着庄睿的手,嘴里还不住地劝着庄睿吃饭,欧阳磊也笑了起来。

"对,对,你看奶奶都老糊涂了。小磊,给你弟弟夹菜啊,他可没你们几个有福气。"老太太松开庄睿的手,吩咐着一旁的孙子。

"外婆,我自己来。"

此时庄睿的心中,被一股浓厚的亲情深深地包围着,除了母亲之外,他从来没感受过这种被人关爱的情绪,心里很放松。

虽然是第一次见到外婆,第一次见到这个在特种师做师长的表哥,但是庄睿并没有拘束感。就着欧阳磊夹的菜,大口地吃了起来,只是在不知不觉之间,眼泪已经充盈在眼眶之中。

"好孩子,慢点吃。"老太太没有动筷子,一直在笑眯眯地看着庄睿,一脸慈祥的表情。

"嗯……"

庄睿答应了一声,头却低了下去,他不想让老太太看到自己眼中的泪水。

老太太环顾了一下，见到小儿子和长孙都没动筷子，说道："你们也吃饭啊，都这样看着我外孙子，他都不好意思了……"

"是，是，我们也吃。妈，您也吃饭……"

欧阳振武给老太太端过来一碗粥，老年人肠胃消化不好，晚上只能喝点粥，也就是说，这一桌子饭菜，都是给庄睿准备的。

"小兔崽子，进门了还往外跑，信不信奶奶我拿拐杖敲你？"

老太太坐的地方正对着房间大门，突然喊出的话让庄睿抬起头来，顺着老太太的目光看去，却是门口露出一个头来，贼眉鼠眼地张望了一番，才推开门走了进来。

当然，按照欧阳军的说法，这叫侦察敌情。万一老爷子起床了，自己好马上开溜，在这个家里，欧阳军天不怕地不怕，就怕老爷子。

"奶奶，您老眼神真……"

欧阳军笑嘻嘻地走了进来，那个"好"字还没说出口，忽然想到这老太太的眼睛可是一年多看不清东西了，不由张大了嘴巴，愣在原地。

"臭小子，发傻啊，过来坐下吃饭……"

欧阳振武的冷哼将欧阳军震醒了，顾不得和大哥与庄睿打交道，几步窜到老太太面前，伸出一个巴掌来，说道："奶奶，这是几，您能看到吗？"

"你这个猴崽子，一点都不稳重，多学学你弟弟。你看，我这外孙子多好啊。"

老太太在欧阳军头上敲了一下，笑呵呵地看向庄睿，老人家现在的心情就像是小孩子得到了一个心仪已久的玩具，见到谁都忍不住夸奖炫耀一番。

"奶奶，您偏心，我就不好啦？"

欧阳军拉住老太太的胳膊，不依不饶地说道，他这也是想逗个乐子。他从小就是跟着爷爷奶奶长大的，在几个孙子里面，是最受老太太宠溺的。

"好，都好，快，坐下吃饭吧，回头去看看那老东西……"

老太太笑得嘴都合不拢了，拉住欧阳军的手，让他坐在自己右手边，屋子里顿时呈现出一副儿孙绕膝、喜气洋洋的景象。

欧阳军答应了一声，坐下之后一张巧嘴逗得老太太直笑，自己却没怎么动筷子。他怕老爷子在，故意在外面吃完饭才来的。

"妈，您别老是宠着他啊。"欧阳振武看不过去了，自己这儿子从小就缺少管教，一有事就往老太太这里躲，搞得自己这个当父亲的都没法管了。

"我的孙子，我乐意……"都说是隔代亲，老太太这话就有些不讲理了，是您孙子不假，那也是欧阳振武的儿子啊。

欧阳振武被老娘的话说得为之气结，不过想想自己这儿子除了喜欢上个明星之外，倒也没什么出格的举动，也就不说话了。

有欧阳军在，屋里的气氛热闹了许多，一边哄着奶奶，一边还抽空和庄睿、欧阳磊说着话，一顿饭吃得其乐融融。

"孩子，吃饱了没有？我带你去看看你外公，我也有一年多没见过这老东西了。"等到吃完饭之后，老太太又抓住庄睿的手舍不得放了，生怕他跑了似的，另外一只手却是抓住了欧阳军。

庄睿和欧阳军一左一右搀扶着老太太，向后院走去。

"老爷子睡着了，你们说话的声音稍微轻一点……"

在老太太的带领下，几人走进后院的正房，一个三十多岁的特护马上迎了上来。

房间里开着空调，还有一台除湿器，空调温度并不是很高。庄睿刚吃过饭，进到这屋子里之后，身上有些燥热。

屋子里的摆设很简单，一个衣柜，一张桌子，桌子上面放了一个老花镜还有报纸，在门口处还有一张躺椅，另外就是那张单人行军床了，一位老人正仰面躺在上面，鼻子里发出轻微的鼾声。

"声音小点，别把老爷子给搞醒了……"

欧阳军小声地对庄睿说了句，他自然没有那么孝顺，而是怕老爷子醒了之后自己挨骂。自从十来年前这老头把自己送到部队，自己偷着复员之后，这老爷子就没给过自己好脸色看，绝对是来一次骂一次，就算是哪天心情好忘了骂，那下次也是要补上的。

欧阳磊和欧阳振武都没有进来，在外面说着话，只有老太太拉着庄睿和欧阳军走到了床头，借着那盏散发着柔和灯光的台灯，庄睿看清楚了自己外公的相貌。

第四十一章 虎老雄风在

老人有些偏胖,身上穿着一件白色汗衫,胳膊上的肌肉显得很松弛,微微往下坠着,脸上已经出现了老人斑,眼睛紧闭着,眉毛往上挑起,看起来就是很平常很普通的一老头,没有什么特别的地方。

见到老人正在熟睡,庄睿心中暗喜。他曾经在外甥女睡着的时候,用灵气帮那丫头梳理过身体,当时小丫头醒来之后,只是说睡得很香很舒服,而对于灵气入体的事情,完全是一无所知。

其实一般人对于灵气的反应还是很敏感的,当灵气进入身体时所产生的那股凉爽舒适,一般人都能感应得到。要不是老太太生理机能退化得太厉害,庄睿刚才也不敢对她使用灵气,因为一不小心,就有可能泄露出自己的秘密。

不过对于熟睡的外公,庄睿就可以放手施为了,他有意往前走了一步,装作仔细观察外公的模样,眼睛却是从老人的脚部、小腿、腰身、胸口和头部,各输入了一股灵气进去,并且数量不少。当这些灵气渗入老人的身体之后,庄睿眼睛也有些发涩,久未感觉到的刺痛又出现了眼睛里。

庄睿知道,这是由于灵气使用过量了,不过也不用担心,现在灵气无时无刻都在缓慢增长着。虽然到了一定程度就呈现出饱和的状态,但是数量减少之后,却会自动补充,而不需要再向以前那样从古玩里吸收灵气,这也是西藏之行带给他的惊喜。

有的朋友看到这里可能会说了,这老爷子的病应该是挺重的,你一次给他输入这么多灵气,万一都给治好了那怎么办。

其实庄睿这也是没有办法的办法,听欧阳振武话中的意思,老爷子随时都可能撑不住,现在趁着他睡着了的机会,庄睿自然是全力施为了,否则等老爷子醒着的时候去治疗,那保不准就会泄露出眼睛的秘密。

还有一点就是,庄睿通过白狮受伤后给它治疗得出的经验,这灵气对于生物的腑脏治疗,效果似乎没有像对外伤那样立竿见影。

再加上灵气刚才进入外婆身体后,外婆反应迟钝,庄睿心中有一个想法,那就是这灵气对于自然衰老效果应该也是一般,所以他才加大了对老爷子的灵气用量。

从庄睿靠近老爷子,到输入灵气,不过短短的十几秒钟,当感觉到眼睛刺痛的时候,庄睿就退了出来,老太太在身后看到庄睿泪流满面,拍了拍庄睿说道:"孩子,别伤心了,你外公能活到现在,已经是命大了。"

老太太倒是看得开,她也是从枪林弹雨的年代走过来的,不少战友都牺牲了,同时代的人也是所剩无几,知道早晚都会有那么一天,老伴也已经病了很多年,心里早就有了思想准备了。

庄睿点了点头,用手擦了下眼泪,话说他对这老爷子并没有多少好感。虽然是自己外公,可那也是把自己母亲赶出家门的罪魁祸首啊,要不是怕母亲伤心,庄睿还真不一定给他医治呢。

眼下这也算是见过外公了,庄睿就准备出去,谁知道刚一迈步,胳膊就被人给拉住了,紧接着一个身体躲到了自己身后。

"四哥,你这是干什么啊?"

庄睿有些不解地问道,眼睛向前看去的时候,却发现床上的老人已经醒了,眼睛睁得大大地正瞪着自己呢。

老人看着庄睿喝道:"小子,再敢跑老子把你的腿给打断,给我过来。"老人看到欧阳军心里就来气,不过却忘了自己是他老子的老子,这自称老子,辈分有点乱。

庄睿有些莫名其妙,这老头也忒不讲理了吧?怪不得母亲和他断绝父女关系呢,庄睿心中有气,也就没搭理那老爷子,转身向屋外走去。

"小子,你给我回来,还反了你啦?"

老人一激动,用手撑着床板,居然坐了起来,两条腿伸下地找鞋子。他没有发现,自己老伴站在床头都傻眼了。

"你站在这里干嘛?那小兔崽子都是被你给宠坏的,那丫头也是……"

老人找了半天没找到鞋子,抬起头来见到老伴站在床头,很不满地嘟囔了几句,不过那声音很洪亮,像是吵架一般。

"你这个死老头子,婉儿都是被你气的不回家的,再把我外孙子气走,这家我也不呆了,我跟着闺女过去……"

老太太看到庄睿似乎生气了,再听到这老头的话,顿时气不打一处来,扭头就往外走,老头还在后面喊着:"唉,我说,把鞋子给我找出来啊。"

外面的人听到里屋的动静,纷纷走了进来,那特护看到老爷子坐起身来,连忙走了过去,大声说道:"首长,您还是先躺下吧,有什么事情您说我去做。"

"那么大声干什么?我又不是听不到……"

老头没有意识到自己的声音更大,他耳朵不好使,平时都要用助听器,所以身边的人说话都要加大几分音量,他才能听清楚,久而久之,自己说话也变大声了。

"爸,您还是先躺下吧。"

欧阳振武叔侄两个也进屋了,劝说着老人。

"哦,小磊来了啊,怎么不喊醒我?"老人看到欧阳磊,脸色才好转起来,不过马上眼睛就往屋里瞅着,一眼看到欧阳军,马上喊道:"小军,你给我过来。"

欧阳军实在躲不过去了,极不情愿地走了过来,低着头喊了一声:"爷爷……"

欧阳军怕老爷子,这是有原因的。欧阳罡只有欧阳振武一个小儿子在北京,平时欧阳振武也忙,就把欧阳军交给父母去带了。

而老爷子带了一辈子的兵,那段时间闲下来之后倍感无聊,就操练起欧阳军来。他整天让三五岁的欧阳军去立正、稍息、踢正步,让欧阳军的童年充满了阴影,这也是他敢于违逆爷爷的话、不在部队工作的主要原因之一。

"哎,刚才你不是穿着这衣服啊?刚才那人是谁?"

老爷子的思维很敏锐,自己刚才冲人瞪眼,似乎那人不是自己孙子啊。

欧阳军被老爷子眼睛一瞪,立马哆嗦了下,老老实实地说道:"那是小姑家的孩子,您外孙……"

欧阳军此话一出,房间里顿时寂静了下来。所有人都知道,欧阳婉是老爷子心中的禁忌,平时除了老太太,谁都不敢提起,现在猛然说起,谁都拿不准老爷子是什么反应。

"我外孙?"

欧阳罡愣了一下,对这个词有些陌生,孙子倒是有不少,可是这外孙,似乎只有女儿生出来的才算吧?

"你是小婉的儿子?"

欧阳罡看向庄睿,倒是没有生气,但是那双眉毛却是竖立了起来,加上身上那种百战沙场的杀气,自有一股不怒而威的气势,俗话中的虎老雄风在,用在这老人身上,再合适不过了。

房间里的气氛,顿时变得压抑起来。

"死老头子,你敢动我外孙子一下试试?"老太太拦在庄睿面前。

"是!"

庄睿没有喊外公,也没有退缩,反而让开了外婆,身体上前走了一步,眼睛一眨不眨地正视着面前的老人。

这样过了有两三分钟,欧阳振武几人心都提了起来。他们倒不是怕老爷子把庄睿怎么着,而是担心老爷子身体顶不住,万一出个好歹,那可就麻烦了。

"好,好小子,像你妈,也像你爸,当年你爸就是这样看着我的……"

老人突然伸出手,重重地在床沿上拍了一下,不过说出来的话,却是让众人松了一口气。

老人沉默了一会儿,开口说道:"你……你妈还好吗?"

"我妈很好,她能来看您吗?"

庄睿说出了自己此行的目的,要是老头不同意的话,那就安排母亲只和外婆见面,省得父女见了又吵架。庄睿知道,母亲的性子是外柔内刚,虽然同意来见外公外婆了,不过却不一定会低头向他们道歉的。

老人没有回答庄睿的话,而是出言问道:"你父亲当年的身体虽然有点弱,不过也不是什么绝症,为什么去世那么早?"

欧阳罡虽然说和女儿断绝了关系,但是心中一直都还牵挂着这个最小的孩子。他刚回北京之后的那几年,一直都没有被安排工作,过着近乎半隐退的生活,所以对欧阳婉那段时间所发生的事情,并不怎么了解,只是在儿子去过之后,才知道庄睿的父亲也去世了。

其实父母对儿女的心理,是很奇怪的,尤其是父亲对女儿和母亲对儿子,总是舍不得将他(她)们交给儿媳或者是女婿,这也是婆媳关系不和最主要的原因之一。

而欧阳罡一向是强势惯了的,女儿没有和他商量就私定了终身,并且愿意为此和自己绝交,这其实是欧阳罡生气的最主要原因。至于早年订下的那门婚事,欧阳罡并没怎么放在心上的,当然,这些心里话,他是宁愿烂在心里,也不愿意对别人提起的。

"我出生之后父亲的身体就不太好,那时候家里比较困难,父亲好像做了许多工作,在我五岁的时候,父亲就去世了……"

对于往事,庄睿已经记得不怎么清楚了,他那时候年龄太小,但是记忆中父亲总是忙忙碌碌的。

"做了很多份工作?"

听到庄睿的话后,欧阳罡脸上的肌肉抽搐了一下,他自然能猜的出,是自己当年的话刺激到了庄睿的父亲,他这时也有些明白,为什么在后来大儿子去找欧阳婉的时候,欧阳婉说出了那么绝情的话来。

"你……就不肯叫我一声外公吗?"

老爷子这话说出来之后,满房间的人才想起,庄睿自始至终,都没有喊出外公两个字来。

"爷爷,您身体不好,还是先休息一下再说吧,来,我扶您先躺下……"

欧阳磊虽然刚认识庄睿,不过从刚才两人的交谈中,他看得出庄睿是个吃软不吃硬的性子,生怕他和老爷子吵起来,连忙上前打起了圆场。不过这心里的确也怕老爷子身体吃不消。

"让开,他还没有回答我的话!"让众人吃惊的是,一向最疼爱欧阳磊的老爷子,这次却丝毫没有给自己这个长孙一点面子。

"您还没有说让不让我妈妈来看您?"

庄睿直视着老人的眼睛,一步都不肯退让。话中的意思很明显,你要是不认自己的女儿,我又何必认你这个外公呢?

243

"来吧,再不来,恐怕就见不到我这老头子了……"欧阳罡在说这句话的时候,身上的气势消退了下去,整个人都显得很疲惫,再也不像那个威风八面的将军,而是个普普通通的老人了。

忽然,欧阳罡抬起头来,眼中闪过一丝旁人都没有发觉的神色,说道:"现在能叫我外公了吧?认了我这个外公,你可是不会吃亏的……"

庄睿抬起头,看着面前的这个老人,很认真地说道:"我父亲曾经给我说过一句话,那就是:流自己的汗,吃自己的饭,靠天靠地靠父母,不是真好汉。我叫您外公,只是因为您是我母亲的父亲,而不是我在电视里看到的将军。"

小时候庄睿对这句话并不怎么理解,但是始终记在心里,大学刚毕业那会儿在彭城的工作不怎么理想,母亲的意思是先待在家里,慢慢再找个合适的工作。不过庄睿还是决定南下上海,就是出于父亲当年的这句话。

老人听到这句话后,沉默了下来,从这句话里,他似乎又看到了当年那个倔强的小子,硬顶着脖子对他说道:"我能照顾好婉儿,我有能力照顾好她,我们不需要任何人的帮助,一样可以生活得很好。"

在欧阳罡的眼里,庄睿的形象和当年的那个毛头小伙子慢慢地重合了起来。老人没有想到,自己当年气愤之下说的一番话,对自己的那个女婿伤害如此之深,也让女儿数十年都断绝了与自己的来往,在这一刻,老人心中感到了一丝悔意。

"好,好孩子,有志气,做人就要靠自己,老子当年也是拿着把镰刀就参加革命了。这偌大的家业,都是老子自己打下来的,你说得没错,在家里,我只是你外公,而不是什么大将军。"

老人说这番话的时候,看向庄睿的眼神里,满是赞赏的眼光。这近二十年来,已经很少有人用庄睿这种口气和他说话了,不过就连欧阳罡自己都没有意识到,自己对庄睿的欣赏里面,其实夹杂了对女儿及女婿的一丝愧疚。

看到这爷孙俩的关系缓和了下来,欧阳振武连忙给庄睿使了个眼色,让他劝老爷子休息一下,欧阳振武心里也奇怪得很,这老爷子躺在床上快半年了,只有天气好的时候才出来晒晒太阳,今儿这精神头,可是第一次啊,难道是……回光返照?

欧阳振武想到这里,再也站不住了,连忙上前说道:"爸,休息一下再聊吧,小睿今天就住在这里了。"

"嗯,孩子,给你外婆搬张椅子,你过来坐在这里。"

欧阳罡坐了半天,也感觉有些疲惫了,毕竟庄睿的灵气也不是万能的,他病了这么久,哪里能说好就好的?

"咦,老婆子,你腿不疼啊?"

欧阳罡这会儿才发现,自己老伴居然站了半天了,平时可是走上三五步那腿就疼的受不了的。

"死老头子,你才看见我啊。"

老太太不满地骂了一句,让欧阳军又搬了一张椅子,把庄睿拉到身前,让他坐在了自己的旁边。

这时欧阳振武被那个特护喊了出去,再进来的时候,身后跟了一帮子人,为首的正是那位窦医生。敢情是刚才那特护看到老爷子精神亢奋,怕出什么意外,把窦医生等人又给喊回来了。

"小窦啊,我今天身体很好,就不用打针吃药了吧?行了,你们回去吧,让我外孙陪陪我。"老爷子看到窦医生,脸上有些不自然。

"首长,您是不是又偷着喝酒了啊?"

窦医生笑着走了过来,这老爷子要比老太太好伺候一点,只是经常忍不住酒瘾,会偷偷地喝点白酒。

"没,绝对没有,我说戒了就戒了。唉,只是喝了那么一点点……"

老爷子一口否认,却冷不防被窦医生从床头翻出来一个二两装的酒瓶子,老头这下脸上挂不住了,满是悻悻的神色。

"你们先出去一下,我们帮首长检查下身体……"

窦医生回头对庄睿等人说道,欧阳罡有心阻止,只是自己刚被抓住了小辫子,只能无奈地接受了。

庄睿搀扶着外婆走出了房间,在院子里坐了下来,玉泉山的夜晚即使在夏季,也不会那么炎热,一众人都在院子里等着医生的检查结果。

过了大概半个多小时之后,窦医生率先走了出来,脸上满是疑惑不解的表情,让在场中除了庄睿之外的人,心里都"咯噔"了一下。

"窦大夫,我父亲的身体怎么样?"

欧阳振武迎了上去,他刚才就怀疑父亲听到女儿的消息,受到刺激后回光返照了,这下看到窦医生的脸上的表情,又是证实了几分自己的想法,脸色不由变得很难看。

第四十二章 好事连连

"首长他……怎么说呢,有点奇怪……"

"嘿,我说窦医生,我爷爷到底怎么了? 您给个准话好不好?"欧阳军看窦医生说话吞吞吐吐的,出言打断了他的话。

窦医生说话的时候,一直在低着头想着心思,听到欧阳军的话后才抬起头,一看众人着急的模样,知道自己孟浪了,连忙说道:"哎,你们别担心,首长的身体没事,而且有些机能恢复得很好……"

"窦医生,请您说明白一点,我爷爷的身体究竟怎么了? 哪里恢复得很好?"

欧阳磊上前一步,追问道,老爷子的身体可是欧阳家族最重要的事情。

"这个很难说,有些工具是没法携带的,刚才检查的不是那么细致。但是首长的听力恢复了,而且右半边身体酸麻的症状消失了。

刚才我试着扶首长走了一下路,发现首长的腿部功能也有好转的迹象。当然,这些只是我们的初步诊断,距离下结论还为时过早,明天希望首长和老太太,都能来检查一下。"

窦医生在说这番话的时候,心里真的是很奇怪,虽然老爷子并没有患什么绝症,但是年龄大了,身上那些旧伤和老毛病一复发,也是能要老命的。可是刚才一检查,那些器官的毛病,居然有大半都恢复了功能。

这让窦医生等人心里是百思不得其解,还有老太太的眼睛,今儿的怪事,真是一桩接一桩。

"行,行,明天一定送老爷子去检查,窦医生,您先忙……"

欧阳磊等人听到是这个好消息,哪里还顾得上招呼窦医生等人,都急匆匆地冲进了房间。对于他们而言,老爷子能恢复健康,只要能在这大院里走一圈,那就是一种震慑。

庄睿没有进屋,他留在外面给母亲打起了电话,相信母亲现在在家里也等得心急如焚了吧! 当电话接通之后,母亲略带颤抖的声音从手机里传出:"小睿,你……你见到外婆了吗?"

庄睿可以想象母亲的焦虑，连忙说道："妈，我现在就在外婆家里，他们都很好，您别担心……"

"不担心，妈不担心……"

欧阳婉在电话中的声音变得哽咽起来，为人子女，能不担心父母的身体吗？

"孩子，是婉儿吗？把电话给外婆。"

庄睿正要再劝老妈几句的时候，身边传来了外婆的声音，原来在那帮子人拥进屋子去看老爷子的时候，老太太却一直都在关注着庄睿，关注着她第一次见面的这个外孙子。

"妈，外婆要和您说话。"庄睿对着电话说了一声之后，就把手机交给了老太太。

"婉儿，是你吗？"

电话中沉寂了一会儿，老太太小心地问了一句，却听到电话那头，传来一声撕心裂肺的哭声："妈，女儿不孝，对不起您。"

老太太的眼睛也湿润了，连声说道："好孩子，不哭，快点来北京看看妈，妈这几十年，可是想你啊……"

说着说着话，老太太的眼泪也是稀里哗啦地流了下来，声音也带了哭腔，不过这倒让欧阳婉止住了哭声，说道："妈，我明天就去北京，带您的外孙女和重外孙女一起去。"

"好，好，妈等着你……"

老太太再也说不下去了，庄睿连忙把手机接了过来，这老人的情绪不宜大喜大悲，万一出现点什么事情，可就都是自己的过错了。

"喂，小睿，你是怎么回事？电话里面说什么了？妈哭得这么伤心？"庄睿刚接过电话，庄敏的责问声就传了过来。

"没事，你劝劝妈，让她别太伤心了。对了，你订一下明天一早的机票，带着囡囡还有姐夫，都一起来吧。"

庄睿是想让她们快点进京来陪陪两位老人，要不然外婆肯定拉住自己，什么事情都别想干。

庄睿在北京还有一大档子事呢。昨儿接到德叔的电话，说是孟教授回京了，让自己去拜访下，这是应当应分的，还有古老爷子那里，自己进京总不能不去吧。另外房子要装修，自己也要看顾下，明儿苗菲菲还要自己陪着去潘家园。天哪，庄睿此时都恨不得自己有分身术，把身体劈成几半来使用了。

"小睿，我明天去不了北京。你要的那设备，明天到货，另外厂子也太忙，我走不开啊。"电话里的声音已经换成了赵国栋。

"姐夫，你来不了就算了，不过明儿一定把妈她们送上飞机啊，上飞机之后给我打个电话，我好去接。"

庄睿知道赵国栋那边生意不错，也没有勉强，反正以后日子长着呢，等老爷子九十大寿的时候来也不晚。

"小舅，你们怎么都出来啦？"

挂上电话之后，庄睿发现欧阳振武等人都来到了院子里面。

"老爷子睡下了，小睿，你在给小妹打电话？"

欧阳振武嘴里的小妹，自然就是欧阳婉了。

庄睿点了点头，说道："嗯，我妈明天早上的飞机，上午十点多钟的时候，应该就能到北京了。"

欧阳振武想了一下说道："明天上午？嗯，我到时候看看有没有时间去下机场……"

"小叔，不行我找架飞机把小姑接来吧？明天我一早就要离京了啊。"欧阳磊从没见过小姑，只是常听自己老爸提起。

"胡闹，你下次见不行啊？"

欧阳振武瞪了侄子一眼，不过这也就是老爷子身体好转了，如果情况相反的话，欧阳振武想必也会同意这个建议的。

"妈，您也去休息吧，明儿上午就能见到小妹了。"

欧阳振武看到自己老娘强撑着坐在院子里，不过已经是打起了盹。老太太平时的生活很有规律，每天九点多钟就要睡觉的，欧阳振武和庄睿连说带劝，才使得老太太回屋里睡下了。

晚上来回折腾了这么一摊子，欧阳振武也有些疲惫了，看着庄睿说道："小睿，你晚上就在这住下吧，明儿一早还能陪陪老人。"

"小舅，明天我还有事。唉，都挤到一块了，再说还要去接我妈，晚上就不在这里住了。"

庄睿有些头疼，明天老妈来，自己说什么也要陪着，估计答应苗菲菲去潘家园的事情又要泡汤了，另外刘川带着白狮庄睿也不怎么放心，要知道，白狮可是不怎么买他的账的。

欧阳振武也没勉强，明天去接欧阳婉，庄睿的确要跟着，从这里去机场也不怎么方便。和欧阳磊打了个招呼，交换了一下联系方式之后，庄睿就和欧阳军离开了，直奔会所而去。

到了会所庄睿才发现，刘川这小子果然摆不平白狮，只能将他关到庄睿所住的房间里，连晚饭都没吃。好在这会所餐厅是二十四小时供餐的，庄睿又跑去餐厅给白狮搞了点吃的，等忙完之后，已经是夜里十二点多了。

…………

第二天一早，庄睿就被手机铃声给吵醒了，拿过手机一看，却苗菲菲的，有心不接吧，想想那后果更严重，庄睿硬着头皮按下了接听键。

"庄睿，快点起来，你来接我，我请你喝豆汁……"苗菲菲清脆的声音从电话里传出。

"苗警官，那啥，今天……今天可能陪不了你去潘家园了。我妈和我姐姐要来北京，上午的飞机，我要去接她们。"

"哦,那你去接伯母吧,我自己去转转……"

电话里沉默了一会儿,不过苗菲菲倒没有庄睿想得那么不讲理,只是声音低了些,显然情绪不是很好。

庄睿有些不好意思,再怎么说苗菲菲也帮了自己的忙了,这放人鸽子可是有点不厚道,一时冲动,张嘴说道:"要不然这样吧,你陪我先去机场,我把我妈送回外婆家,再陪你去潘家园吧。"

话说出口之后,庄睿就感觉有些不对劲,这苗菲菲和自己只是朋友,跟自己去接老妈,这算是什么事啊? 只是话已经说出去了,却不好改口,只能希望电话对面的苗菲菲出言拒绝了。

"好啊,你来接我吧,我陪你去。"

苗菲菲的话让庄睿的打算彻底落空,无奈之下,只能起床洗漱,然后给白狮准备了早饭之后,拉上欧阳军,驾车往自己小舅的住处驶去,苗菲菲家也是住在那里的。

"你带那丫头去接小姑?"

欧阳军坐在庄睿的车上,那带着笑意的眼神,看得庄睿很不舒服。

"昨天答应她了,我有什么办法? 要不你给我出个主意?"庄睿无奈地回答道。

"得了吧,那丫头我招惹不起,不过你可要想好啊,这要是见过家长,那可就有说法了。"大明星这几天去外地拍戏了,欧阳军正闲得无聊呢,是唯恐天下不乱。

"没你说的那么邪乎。我们只是朋友,懂吗,朋友!"

庄睿加深了一下自己的语气,不过这心里也是有点发虚,不知道母亲见了苗菲菲之后会怎么想,话说自己可是说过女朋友是秦萱冰了啊。

"嗯,朋友,是朋友。"

欧阳军坏笑着重复着庄睿的话,那脸上却是一副鬼才信你的表情。

车子驶到舅舅那小区外面,苗菲菲已经等在那里了,今儿没穿裙子,上身穿了件白色T恤,下身一条牛仔裤,既干净清爽,又将火爆的身材显露无疑,再配上那小家碧玉般的脸庞,就连欧阳军一时都看傻了眼。

苗菲菲一上车,就把坐在副驾驶上的欧阳军挤到后排去了。

三人在去机场的路上吃了点早餐,将车开到机场的时候,距离欧阳婉的飞机降落,还有半个多小时。

几人把车刚停到机场出口那里,欧阳军的电话突然响了起来,接了电话说了几句之后就挂断了,回头看了一眼,指着后面开过的一辆车,对庄睿说道:"跟上那车,咱们进去接小姑。"

庄睿从倒车镜里看到,那车正是欧阳振武的红旗车,连忙跟了上去。

跟着欧阳振武的红旗车,庄睿很顺利地进入了机场,把车停在红旗车的后面。几人走下车来,先下车的欧阳振武看到苗菲菲,不由愣了一下,自己儿子似乎和苗家这丫头,没有什么来往吧？

"欧阳叔叔好。"

苗菲菲上前打了个招呼，然后站在庄睿旁边，见到这情形，欧阳振武似乎明白点了什么。

飞机带着巨大的轰鸣声降落在机场跑道上，庄睿一一看着走出飞机的人，终于，母亲那熟悉的身影出现在了视线里。

"妈，我在这儿……"

庄睿挥着手，大声地喊了起来，同时下飞机的人，无不羡慕地看着欧阳婉，能把车开到机场里面来接人，想必来头不小。

欧阳婉的眼神，在庄睿身上看了一眼，马上就发现站在他身旁的欧阳振武，连忙快步走了过来，而欧阳振武也迎了上去。

"小哥！""小妹……"

当握住了欧阳振武的大手之后，欧阳婉的泪水终于忍不住地流了下来，欧阳振武也是身躯颤抖，双目含泪，两人的手紧紧地抓在一起，这是血肉相连的兄妹之情啊。

"小哥，你的头发都白了……"

欧阳婉看着比自己只大了两岁的小哥，声音呜咽地说道，虽然欧阳振武的头发是染过的，不过依然可以从发根处，看到那根根白发。这还是记忆中的那个少年英俊、才情横溢的小哥吗？

"小妹，你也有白头发啦，咱们都老了喽，你要是再不来，小哥真的会生你的气了。"

欧阳振武用手帮妹妹将了一下被风吹散了头发，满是感慨。

"外婆，你怎么又哭了？是坐飞机害怕了吗？囡囡都没怕，外婆不哭，囡囡给你糖吃。"

庄睿等人都没上前打扰这数十年未见的兄妹，不过一个稚嫩的童音却响了起来，白嫩的小手里面，赫然抓着一个糖块。庄敏发现，原本在自己身边的女儿，这会儿却是跑到母亲那里去了。

欧阳婉有些不好意思地擦拭了下泪水，伸手拉过囡囡，说道："叫舅姥爷……"

小家伙有些认生，将身体躲到了外婆后面，怯生生地伸出小脑袋瓜，喊道："舅姥爷！"心里却是在计算着，舅姥爷究竟和自己是什么关系，不过看着她那皱着小眉头的模样，显然是没算清楚。

欧阳振武趁囡囡没主意，一把将她抱了起来，从口袋里拿出了一支精致的金笔，放在囡囡手心里，说道："这是舅姥爷给你的礼物，让我们的小公主长大当个女状元。"

说着话，欧阳振武带着欧阳婉向庄睿等人站着的地方走了过来，把自己的儿子介绍给了小妹。至于苗菲菲，那是庄睿的朋友，欧阳振武没有多嘴。

"上车吧，妈和爸都在家里等着呢。"

欧阳振武一句话,又让欧阳婉的眼睛红了起来,脸上现出了期待和微微有些惶恐的表情。俗话所说的近乡情更怯,应该就是现在欧阳婉的心理。

　　欧阳振武抱着囡囡和欧阳婉坐上了部长车,庄敏、欧阳军等人自然是上了庄睿的大切诺基,两辆车一前一后驶离了机场,向玉泉山的方向开去。

　　庄睿一边开车,一边对坐在副驾驶位置上的苗菲菲说道:"菲菲啊,您看今儿我可能是真没时间了。"

　　本来庄睿是想接了老妈之后,就和苗菲菲去逛潘家园的,只是刚才看到老妈激动的样子,再想想外公外婆的年龄,庄睿还真是有点儿不放心。有自己在跟前,万一出点什么事,那灵气可是能救命的啊,再怎么说都要等老妈她们情绪平复下来,自己才能离开。

　　苗菲菲刚才看到兄妹相见那一幕,眼睛也是有些红红的,听到庄睿的话后,连忙说道:"没事,你开车吧,我也去玉泉山看看爷爷。"

　　庄睿点了点头,没再说话,他也是第一次知道苗菲菲的爷爷也住在玉泉山,看看下午要是有时间的话,就拉上苗菲菲去转转吧。老妈一来,外婆应该不会再抓着自己不放了。

　　两辆车来到玉泉山,先后驶进了那个幽静雅致的大院里,还没下车,庄睿就看到在外公所住小楼的院子门口,两个老人相互搀扶着,正往自己这边张望着,那苍老的身影在旁边大树的映照下,显得有些萧索。

　　欧阳振武的汽车在距离老人还有十几米的地方就停了下来,欧阳婉打开车门,直奔老人而去。离父母五六米远的时候,就"噗通"一下跪倒在地,已然是泪流满面,再也说不出一句话来。

第四十三章 潘家园

"婉儿,你这狠心的丫头,终于回来了啊。"

老太太也是老泪纵横,走到欧阳婉的身边,母女两个抱头痛哭。还好这里每栋小院都有一个独立纵深几十米的空间,这个情景并不会被外人看到。

"孩子,起来吧,起来,去看看你爸。"老太太止住泪水,像对欧阳婉儿时那样,拿袖子帮女儿擦了擦眼泪,拉着她让她起来。

"爸……"

欧阳婉没有站起身子,而是看向了老父亲,泪眼朦胧中,看到父亲苍老的模样,她的心如刀割一般。

欧阳振武和庄睿都知道这父女两个的脾气,心里有些紧张起来,欧阳振武更是往老父亲那里走了几步。虽然说老爷了身体莫名其妙的好转起来,但是难保不会在心情激动之下,病情再反复啊。

"唉,你就不肯原谅你这个老子啊,起来吧。"

欧阳罡长叹了一声,他一生纵横沙场,到老了却是被女儿怨恨,老人心中不是滋味啊,他这会儿却是在心中怪庄睿的老子:"没那能力就别逞能嘛,自己累死了,却害的女儿数十年都不来见自己。"

"妈,起来吧,外公没怪您……"庄睿走到母亲身边,这石头路被阳光晒得火烫,跪在上面哪能受得了啊?庄睿在扶起母亲的时候,悄悄地又往其膝盖处注入了一丝灵气。

听到父亲的话后,欧阳婉的眼睛亮了起来,摆脱庄睿的手,扶住母亲向父亲走去,走到老父亲身前,伸出左手挎住了父亲的手臂。老人嘴里哼了一声,甩了一下没甩开,也就任由女儿挽扶着自己了,脸上却露出一丝不易察觉的发自内心的欣慰笑意。

看到这般情形,所有人都松了一口气,苗菲菲在和庄睿打了个招呼之后,自行离去了。刚才所看到的景象,也让她想多去陪陪自己那年迈的爷爷。

紧张的人不光是欧阳振武等人,在院子里还有五六个医生呢,在看到老人激动的时候,他们那心可是都提到了嗓子眼上了。直到欧阳婉挽扶着两位老人走回院子,窦医生等人才算是喘出来一口长气。

欧阳军被自己老子给踢到屋里陪着小姑和爷爷奶奶去了,而欧阳振武则和窦医生打了个招呼,问起上午检查的情况来。

"欧阳部长,检查的结果是好的,首长和老太太的身体机能仿佛一夜之间年轻了十岁,并且一些老年病也有缓解的迹象,不知道是不是由于心情所导致的。在医学史上,这样的事情从来没有发生过,这太不可思议了。"

窦医生把手中厚厚的一叠体检报告递给了欧阳振武,今天上午的检查,让所有在场的医生都是目瞪口呆,缠绕老爷子多年的高血压降低了不说,竟然还能下床行走,简直就不像是一个九十岁的老人。

至于老太太的白内障,通过检查显示,里面的晶状体混浊物居然消失不见了,而晶状体囊膜的损伤,也是不治而愈。除了老年人都有的老花眼之外,眼睛再没有别的毛病了。

窦医生等人设想了种种可能性,然后又自己给推翻掉,最后得出的结论是,两位首长由于心情舒畅,刺激到身体机能的恢复。虽然这份报告交上去肯定会挨骂,可是也只能这样写了。

听完窦医生的分析之后,欧阳振武出言问道:"窦大夫,你看我爸这身体,会不会有反复啊?"

"不会,平时让老爷子少喝点酒,就是过一百大寿,也不是不可能……"

窦医生给了欧阳振武一个很准确的答复。

听到窦医生的话,欧阳振武那颗心终于放了下来,他这会儿有点怪自己了,早知道小妹的到来,会让父母如此高兴,前几年就拼着挨顿骂,那也要把小妹接来啊。

窦医生和欧阳振武又交代了几句老人的日常保健之后,就告辞离去了。他们几个人都要回去想想,怎么才能把报告写得合理一点,要知道,这玉泉山可是住着十几位退下来的首长呢,万一让别人觉得自己厚此薄彼,那以后的日子可就难过了。

欧阳振武送走窦医生之后,马上拿起手机给大哥二哥打电话报喜,这对于欧阳家来说,可算是天大的喜事了。

在电话里几兄弟开始商议,老爷子的九十大寿要好好操办一下,这几年由于老爷子身体不好,兄弟几人一直都很低调,现在也是需要展示一下的时候了。

中午一家人在一起热热闹闹地吃了一顿饭,囡囡本来有些怕生,不过熟悉了之后也变得活泼了起来,小楼里到处都洋溢着她的"咯咯"笑声,让这幽静的地方也变得充满了人气。

欧阳振武的工作比较忙,在吃完饭后就离开了,临走之前给了庄睿一张名片,让庄睿有空和名片上的人联系,那是京大的一位建筑系教授的名片,庄睿那套四合院的布局装修,可就全指望这人呢。

老爷子和老太太都有午睡的习惯,吃完饭就去休息了,庄敏也哄着女儿睡觉了,留下庄睿在陪着母亲。欧阳婉虽然平时也喜欢睡个午觉，但是这时候显然睡不着，见到父母的喜悦，让她很兴奋，这和年龄无关。年龄再大，那也是父母的儿女嘛。

"妈，您要不也休息一会儿？是不是回头想给外公脸上画个大花猫啊？"

庄睿看到母亲的样子，心里有些担心，记忆中的母亲都是恬静淡然的，还从来没有像今天这么兴奋。

不过在饭桌上，庄睿也听到不少关于母亲儿时的趣事，那时候欧阳婉最喜欢干的，就是在父亲睡觉的时候，偷偷地用钢笔给父亲画成花猫脸。

"你这孩子，开起妈妈的玩笑来了，我还没问你呢，中午跟过来的那个姑娘呢？怎么来了都没进屋就走了？"

欧阳婉笑着说了庄睿一句。虽然中午那会儿见到父母的时候，心情很激荡，但是欧阳婉并没有忘记出现在庄睿身边的女孩，只是一直都没空闲下来，现在才有时间问庄睿。

"哦，您说苗警官啊？那是我在上海认识的一个朋友，现在调到北京来了。她家里也有长辈住在这里，去她爷爷那里了。"

庄睿对老妈可是不敢有什么隐瞒，和苗菲菲的确只是朋友，也没有什么不能说的。

"姓苗？嗯，这女孩不错，看起来脾气也挺好。对了，小睿，不是妈说你，你也该正儿八经地谈个女朋友了……"

欧阳婉点了点头，她对那女孩的第一印象不错，长得婉约动人，应该是个好脾气的女孩子。

庄睿被自己老妈说的是哭笑不得，苗菲菲性格是不错，很直爽，但是脾气绝对说不上是好，看来老妈这是被她那外表给蒙骗住了。

"妈，我不是有女朋友了嘛。萱冰您是见过的，她这段时间在英国工作，等她回来我再带她来见您。"

庄睿就怕老妈给自己来个拉郎配，他感觉和苗菲菲做朋友绝对比做恋人要舒服的多，当下就开口堵住了老妈的嘴。

"你这孩子，从小就有主见，你想找谁就找谁，这事我也不管你，不过三年之内，你必须要结婚。"欧阳婉想到自己的经历，也没有去刻意地介入到儿子的感情生活之中，不过还是给庄睿下了结婚期限。

"知道了，妈，对了，我在市区买了套四合院，这几天可能会比较忙，就不到外公外婆这里来了啊。您什么时候准备回彭城，就给我打个电话吧。"

庄睿这事要和老妈交代清楚，他还想着等四合院装修好了，将外公外婆都接过去住呢，一大家子人热热闹闹的，多开心啊，话说从小过年家里只有三口人的庄睿，最是渴望大家庭的生活。

"你买了套四合院？嗯，我知道了，你外婆这边我会说的……"

欧阳婉很少干涉儿子的事情，不过听到四合院眼睛也是一亮。她童年的时候，除了在部队大院，就是在四合院里生活的，到现在还是记忆犹新。

"对了，小睿，还有三个多月，就是你外公的九十大寿了，你帮妈准备点礼物，要用心点啊。"欧阳振武在临走的时候，和欧阳婉说了几句老爷子过寿的事情，这事欧阳婉只能找儿子帮忙了。

"外公大寿，嗯，这要找个好点的，妈，您放心吧。"

庄睿脑子转了一圈，心中就有了计划，不过这事还要找古老爷子，想到这里，庄睿就站起身来。

"你现在就要走吧？开车小心点儿……"欧阳婉见到儿子起身，连忙交代了一句，北京的车多，可不是彭城能比的。

"行，那我走了啊，回头外公他们醒了，妈您给我说一声。"

庄睿答应了一声，走出房门口，摸出手机给苗菲菲打了个电话。

庄睿准备下午去陪苗菲菲到潘家园逛一圈，然后晚上拜访下古老爷子，等到明天就去约那位教授看看四合院，还要找个放心的人看着施工。想到这许多事情，庄睿就有些头疼。

接了苗菲菲之后，庄睿在她的指点下，驱车直奔潘家园。

北京潘家园旧货市场位于北京三环路的东南角，是全国最大的旧货市场，每周四至周日开放四天，经营各种文物书画、文房四宝、瓷器及木器家具等，共有三千多摊位，全国二十四个省市都有人在此设摊经营。

不仅如此，还有许多少数民族在此经营本民族产品，因此经营的商品除了食品外可以说是五花八门，也有人说它像一个博物馆，这里是北京最便宜的旧货市场，吸引着大批中外游客。

北京最有名的几个古玩市场就是大栅栏、琉璃厂和潘家园了，大栅栏的老字号比较多，像明代就已开业的六必居酱园，清代康熙年间开业的著名国药店同仁堂，嘉庆年间开业的马聚元帽店、内联升鞋店，以及后来拥有四个门面的八大祥之一——瑞蚨祥绸缎皮货庄等，这里与其说是古玩市场，倒不如说是百年老店的缩影所在了。

而琉璃厂最早是个书市，在清朝的时候，官员和赶考的举子经常聚集于此逛书市，慢慢地就发展成了一个古玩文化市场，但还是以字画书籍为主，如槐荫山房、古艺斋、瑞成斋、李福寿笔庄、荣宝斋等百年老店都在此地。

潘家园和上面这两个地方不同，它之所以出名，却是缘于前文所说过的鬼市，而鬼市这个名称，就出自潘家园。

这还有个典故，潘家园最早的时候，是个废旧了的窑址，地方也有些偏僻，在清末民初的时候，当时国运衰落，许多达官显贵家道中落，便偷拿了家中的古玩来到潘家园这里变卖。

毕竟这是件有失身份的事，只能选在凌晨三四点打着灯笼交易，因为在这鬼市上脱手的物件,大多都是来路不明的,都有着不可言说的秘密,只能是贱价出售。

由此"鬼市出好货"的传闻也就传开了,当然,现在虽然不需要躲躲藏藏、掩人耳目,但是凌晨四点开市的传统被延续了下来。

在1992年以后,潘家园逐渐形成一个旧货市场,短短几年时间便发展成为全国最大的古玩旧货集散地。

现在的潘家园,在大众心里的名气,已经远超琉璃厂和大栅栏了。

潘家园一周只开四天,周末自然是最热闹的,当庄睿在苗菲菲的指点下停好车,走进潘家园的时候,也不禁被眼前的景象给小小地震撼了一把。

这哪里是古玩市场啊,简直就像是赶集的,到处都是人,而且外国人居然占了大多数,白皮肤、黑皮肤的随处可见,各种语言此起彼伏。庄睿打眼看去,一满脸麻子的小贩,正操着一口流利的英语,在和一外国姐讲着价钱。

"庄睿,怎么样?我说过潘家园比上海的古玩市场热闹吧?"

苗菲菲的性格外向,在家里待不住,又不喜欢逛街买衣服,以前时不时就会跑到潘家园来闲逛,虽然不买东西,但是和来自世界各地的人打交道,心情很好。

站在潘家园的大门口,入眼所及,除了人之外,就是密密麻麻排在一起的摊位,每个摊子上都摆着几十上百个物件,瓷器、青铜器、陶器、铁器、木器,包括文房四宝,珠宝首饰,那是应有尽有。

"热闹,是热闹了……"

看着这面前熙熙攘攘的人流,庄睿喃喃自语道,他想起德叔曾经说过的一句话,北京城里,想淘弄古玩,还是要去潘家园。庄睿现在才算是明白这句话的意思。

三千多个摊位,加起来足足有几百万件商品。

可是最关键的是,咱们国家虽然遗留下来的古玩不少,那也禁不住这样摆着卖啊。根本就不用看,庄睿心里就明白,别的地方是一百个物件里面或许能有一个真的,但是在这里,恐怕一万个物件里面,能有一个真的就不错了。

庄睿现在算是整明白了,苗菲菲为什么经常来逛古玩市场,但是对古玩却一窍不通了。在这里想淘弄个真玩意儿,那恐怕比买彩票中个头奖的几率大不到哪儿去。

熙熙攘攘的人群里,个个都是面带喜气,挥舞着手里刚买的玩意儿,大声呼朋唤友,有两个身材高挑的外国小妞,一个脸上戴着个京剧脸谱,另外一个人背着个扬琴二胡,看得庄睿颇为无语。

不过庄睿心中也有了一丝明悟,来这的人,只是抱着一个淘宝的臆想,真正享受的,还是这里热闹的环境和独具中国特色的文化氛围。

庄睿还站在潘家园的大门口计算着这里真假物件的比例时,苗警官已经是兴致勃勃地冲了进去。这里实在是太乱了,一个不留神就能走散掉,庄睿无奈,只能跟上去。

"得了,就权当是来参观旅游了……"

庄睿只能这样来安慰自己,这潘家园要是没有真物件,那也是不可能的,只是几百万件玩意里面,你要是能挑出真的来,那绝对是撞大运了,即使庄睿有灵气使用,也是如此。

要知道,每个摊位上都有几双甚至十几双手在挑拣着,这有灵气也没法用啊?难到让庄睿免费给那些人梳理身体去?

"等自己那四合院建好后,倒是可以买些高仿的玩意儿摆在里面……"

庄睿跟在苗菲菲的后面转了几个摊位,还别说,真来了点兴致,因为这里的高仿瓷器和一些陶器,制作得很是精致,如果不是拿在手上用灵气分辨,很难辨出真假来。从这烧铸工艺上来看,应该都是按照古代的烧制配方流程来的。

其实有些现代工艺瓷器,制作流程已经不亚于古代的烧制技术,在品质上更要超出许多,艺术观赏性也更强,只是古董这东西,玩的就是一个古字,它不像翡翠,品质好就值钱。这玩意不是老物件,没有传承历史,再精致那也是白搭。

转悠了半个多小时之后,庄睿算是发现了,这苗菲菲简直就是人来疯,哪里人多就往哪里挤,挤进去后就在那看热闹,庄睿跟的是苦不堪言,有心想挑拣几个仿得不错的物件,也没有空闲。

第四十四章 龙山黑陶

"庄睿,过来,过来帮忙……"

就在刚才庄睿蹲在地上想看个鼻烟壶的时候,苗大小姐又站在五六米外的地方向他招手了,不过身边还站着一个身材高大的白人男子,不远处还有十几个人在看着热闹。

"什么事?"庄睿走过去问道。

"我也不知道,这老外到处拉人说话,看模样挺着急的,你问问他要干什么?"

敢情苗警官是助人为乐的,只是英语不怎么过关,和老外指手画脚地比划了半天,愣是没搞懂对方的意思。

庄睿忍住笑,对着老外说道:"朋友,有什么需要我帮忙的吗?"

"哦,你会英语? 太棒了,我想问洗手间在哪里? 其实我的肢体语言很棒的,可惜这位是个美丽的小姐……"

那老外很幽默,虽然这会儿被尿憋得难受,还不忘和庄睿开个玩笑。庄睿很难想象,要是这老外对苗菲菲摆出个尿尿的肢体语言,苗警官会不会让他从此往后都尿不出来。

苗菲菲看庄睿只是笑而不说话,连忙推了他一把,问道:"你笑什么啊,这老外要干什么?"

"他要找洗手间,我也不知道在哪。"庄睿随口答道,他也是第一次来潘家园啊。

苗菲菲闻言脸红了一下,对潘家园她倒是熟悉,给那老外指了地方,看热闹的人也是一哄而散。经过这事苗警官倒是老实了很多,跟着庄睿一个个摊位逛了过去。

在人流的拥簇下,很快庄睿就逛完了一排摊位,仅仅是一排,这潘家园三千多个摊位,不知道要分成多少排呢,由于在每个摊位看不了几分钟,就被人流挤得要往前走,所以庄睿也没什么收获,用灵气分辨了几个物件也全是赝品。

在拐角准备进入第二排的时候,庄睿看到,在一家店铺的门口,围了一圈子人,那里是个死角,人流不经过那里。庄睿就准备过去看看,刚回头打算招呼下苗菲菲的时候,那大小姐已经是挤了过去。庄睿心中大汗,穿得那么火爆,也不怕被人吃豆腐了。

庄睿挤进去一看,不由得有些失望,原来是这个店铺在门口搭了几个摊子,上面摆得都是些陶瓷器,对于这些物件,庄睿不怎么感冒。真正值钱的陶瓷,那都是摆在店铺里面的,放在外面人多手杂,万一给碎了,那算是谁的啊。

"老板,您这东西能不能便宜点儿?"

一个有点古怪的声音传入到庄睿耳朵里,那话说的像是一个字一个字进出来的,不过发音却很准确,还带点北京腔调,但是怎么听怎么别扭。

庄睿循声望去,原来是个老外,是个白人,无法看出是哪个国家的。再往四周一打量,这围观的人里面,倒是有一半人都是外国游客。

"五万美金,不能再便宜了,这可是皇帝老子用过的啊,对了,像你们国家那个女王,叫啥伊丽莎白的,对,就叫伊丽莎白的那女王用过的一样,五万还贵吗?"

看摊子的是个和庄睿年龄差不多大的小伙子,张嘴就开出了五万美金的价格,还给老外打了个比方,不过这比方有点不伦不类。

在老外的眼睛里,中国向来都是以历史悠久和神秘著称的,而瓷器更是老外对中国的第一印象。没办法啊,谁让 china 翻译过来就是瓷器的意思,所以这些老外们,在逛潘家园的时候,对瓷器尤其留意。

不过一旁的庄睿对这摊主的狮子大开口倒是吃了一惊,往摆在他手边的瓷器看去,却是一个青花山水人物纹盖罐,连罐带盖是一整套,个头不小,罐直口,短颈,圈足。器盖平顶,微折沿,有环形抓钮。

罐通体饰青花山水人物图案。青花娇艳青翠,清新明快,具有水墨画的艺术效果。画面层次分明,富有立体感,画中的文人高士、独钓老翁等形象生动,从这造型来看,庄睿判断出,这应该是仿康熙年间的青花人物盖罐。

有些朋友不理解了,为什么说是仿的啊?那不是废话吗,真正的清康熙青花山水人物纹盖罐,那可是收藏在故宫博物院的,能摆在这里卖吗?话再说回来,那属于国家一级文物,禁止出口的,这老外买了也带不出去。庄睿根本就不需要用灵气去看,也知道这东西是假的,最多仿得不错,这摊主整个就是一大忽悠。

只是古玩这东西,有买有卖,愿打愿挨,都是双方自愿的,更何况摊主忽悠的是老外,庄睿干脆就在旁边看起热闹来了,而围在旁边的中国人,估计大半都是和庄睿抱着同样心思的。

不过那老外在中国也应该混了很长时间了,张嘴就说道:"二千块,卖就卖,不卖就算了。"

"二千美金?!"摊主追问了一句,真的假的他心里自然清楚,能卖两千美金的话,那也是三十倍以上的利润了。

"人民币,不贬值,比美金好……"

这老外是个人精,说出来的话引得四周的人群那是哄堂大笑,庄睿和苗菲菲也是笑得前仰后合。这两人实在是太逗了,讲起价格来像是对口相声一般。

"那不行,您看这烧制的工艺,绝对是一流的,再看……"

虽然卖两千人民币,这摊主也是赚大了,不过他有点不甘心,难得忽悠次老外,那还不往死里宰啊,当下鼓动起三寸不烂之舌,和那老外白话上了。

庄睿听了一会儿,就感觉有些无趣了,招呼了苗菲菲一声,准备继续逛逛去,他还准备淘个好物件送给古老爷子呢,晚上去老爷子那里,总不能空着手去吧。

"咦?"

庄睿正要转身的时候,眼睛看到摆在摊子角落里的一个陶罐,脚步就挪不动了。

"走啊,不看了,那摊主太黑了。"苗菲菲正义感发作,见到庄睿停下了脚步,以为他还想看热闹,就拉了庄睿一把。

"等等,我看见个不错的东西……"庄睿小声地说道,身体往前又凑了过去。

庄睿所看中的,是一个通体黝黑的平底陶器罐子,上面布满了灰尘泥土,从表面上看,就是黑色,没有别的釉色,而且包浆似乎也不怎么明显,有点像是做旧的玩意儿。

"老板,把边上那黑不溜秋的玩意拿给我看看。"庄睿挤到陶罐的旁边,用彭城话粗声粗气地说道。

"你自己过来拿,我这里都是宝贝,要是打碎了算你的?"那摊主有些不耐烦,心想没看到自己正谈着大生意吗?捣什么乱啊!

一般这古玩的摊子,都是有分类的,真物件和仿得比较好的东西,都是摆在摊主身边的,档次稍次一点的放在外围,再差点的就属于处理货,一般都是堆在一起或者是摆在不起眼的角落里。

这个陶罐应该就是处理品,放在角落里不说,前面还堆积了不少小玩意儿。

那地摊老板这会儿正攒着劲要赚外快呢,压根就没有搭理庄睿,一来那里都是些不值钱的玩意,二来庄睿是中国人,听口音又不是北京人,这样的外地游客,很少会出大价钱买东西,很难忽悠的。

庄睿把那罐子拿到手上之后,仔细地观察了起来,这是个大肚细口的陶器,高约三十公分左右,通体黝黑光滑,上面没有任何的纹饰,看起来有点像农村腌制咸菜的缸,就是小了一号而已。

但是庄睿把这物件一上手,心中就是一喜,这东西看体积不小,但是重量却是极轻,这么大一个罐子,只有一两斤重,伸手在罐子内部摸了一下,感觉很光滑,没有一丝棘手的感觉,庄睿也由此证实了自己的猜测。

"庄睿,你买这个破玩意儿干嘛? 拿回家腌咸菜? 咦,好轻啊? 不是铁皮做的吧?"

苗菲菲看庄睿抱着这罐子左看右看的,一伸手抓住罐子口抢了过去,还用手敲了下,那罐子发出了"当当"的金铁声,有点不像是瓷器。

"唉,小姑娘你这话可不对,我闲的没事摆个铁皮罐子干什么啊。告诉你,这可是新石器时代晚期的黑陶啊,活古董呀……"

正在和那几个老外扯皮的摊主听到苗菲菲的话后,很不满地回过头来说了一句,然后又拿起一个青铜器来,说道:"我这摊子上的东西,都是好物件。这位朋友,看您是个行家,您看看这青铜器,是以前西周的时候,贵族点灯用的烛台,正儿八经的好玩意儿。"

庄睿笑了笑,把苗菲菲抓在手里的陶罐拿过来放到地上,接过那个青铜烛台,说道:"这东西是西周的?"

这烛台高约半米,下面有个四腿支架,上面是一个被荷叶托起的莲花状的小碗,应该是放蜡烛或者是灯油的,整个烛台上还有一些刻纹,布满了绿色的铜锈,看起来倒真像是个老物件。

庄睿接过手看了一下,忙不迭地给扔了回去,好像手里沾染了脏东西一般。

"哎,我说你这人,不要也别扔啊,这物件可金贵着呢,绝对是西周的,最多不超过东周……"那摊主对庄睿的举动有些不满,小心地把那烛台放在身前,扭过脸去又和几个老外白活上了。

"庄睿,那东西看起来好旧啊,可能真是周朝的呢。"

苗菲菲刚才正想接过去看一下,却没料到被庄睿给扔回去了。

庄睿脸上呈现出一种很古怪的神色,看着苗菲菲说道:"西周,他说是恐龙时代的你也信? 别傻了,上周的还差不多……"

"那些铜锈可不是一天两天就能产生的啊……"苗菲菲有点不信庄睿的话。

"大小姐,我有几十种办法,都能做出那样的铜锈来,谁知道他那玩意儿是不是放在茅坑里面沤出来的?"

庄睿一边说话,一边用手里的矿泉水冲洗了下右手。他虽然没有洁癖,但是对这种做旧的手法,却是感到有些恶心。

苗菲菲已经听傻了,看着自己那双手有些发呆,敢情这些年来,她不知道在潘家园摸过多少物件,听到庄睿这么一说,要死的心都快有了。

庄睿看到苗菲菲的表情,笑了起来,说道:"没事,也不全都是我说的那种办法做旧,埋在土里一两个月,也能有这效果的。"

"恶心死了,别说了,咱们走吧。"苗菲菲气得打了庄睿一拳,拉着他的胳膊就往外挤。

"哎,别急啊,我还有东西要买呢。"

庄睿弯下腰把刚才放在脚边的陶罐又拿了起来,别人不明白这东西的价值,他可是一清二楚的,尤其是用灵气看过之后,更加肯定了这是件原装的老物件。

有很多朋友可能不知道,陶器并不是中国独有的发明,考古发现证明,世界上许多国家和地区相继发明了制陶术,但是,中国在制陶术的基础上又前进了一大步——最早发明了瓷器,在人类文明史上写下了光辉的一页。

瓷器和陶器虽然是两种不同的物质,但是两者间存在着密切的联系。如果没有制陶术的发明及陶器制作技术不断改进所取得的经验,瓷器是不可能单独发明的。

两者之间的区别主要是分为以下几点：

一是烧成温度不同，陶器烧成温度一般都低于瓷器，最高不超过1100℃，瓷器的烧成温度则比较高，大都在1200℃以上，甚至有的达到1400℃左右。

二是坚硬程度不同，陶器烧成温度低，坯体并未完全烧结，敲击时声音发闷，胎体硬度较差，有的甚至可以用钢刀划出沟痕。瓷器的烧成温度高，胎体基本烧结，敲击时声音清脆，胎体表面用一般钢刀很难划出沟痕。

三是使用原料也不相同，陶器使用一般黏土即可制坯烧成，瓷器则需要选择特定的材料，以高岭上作坯。

再有就是透明度和釉色也不尽相同，两者的区别很大，但是陶器早于瓷器，这一点上是毫无疑问的。

有的朋友就要说了，你不是说古董年代越早越值钱吗？这话也对也不对，陶器虽然出现的早，但是这玩意烧制起来比较简单，用料做工都很粗糙，一般的陶器，即使是新石器时期出土的，都不怎么值钱，像汉朝的那些陶罐，更是摆出来都没人要。

不过凡事都有两面性的，这陶器里面也有值钱的，像仰韶文化时期的红陶、彩陶，龙山文化时期的黑陶，商代后期的白陶以及汉代的釉陶，这些里面不乏精品，收藏价值很大，但是留存下来的数量极其稀少，所以玩陶器的人，也是古玩行里比较少的一个人群。

古玩这东西，没人追捧，价格自然就上不来，陶器现在的处境就是这样，除了真品稀有的陶器，其余的根本就无人问津。

庄睿的运气不错，他现在拿在手上的这件，还真是如那摊主所说，就是黑陶，不过并不是新石器时期的，而是纯正的龙山文化时期的黑陶。庄睿刚才在这黑陶内部使劲地用手擦拭了一下，细泥薄壁上，顿时变得黑亮，而且这陶器极薄，有点像蛋壳瓷一般，这都是龙山精品黑陶的特征。

当然，庄睿也是用灵气看过的，要不是这陶罐里面存在着大量的紫色气体，庄睿也不敢如此肯定，毕竟这物件太稀少了，他都没有想到能在这满地假货的摊位上碰到。

黑陶是无釉色的，所以不经过擦拭的话，看起来就有些暗淡无光，可能也是这个物件蒙尘的主要原因之一吧。当然，对于庄睿而言，这就是捡漏的好时机，别人都看明白了，那自己还指望什么去捡漏啊。

这会儿那摊主终于和老外白活明白了，那件康熙青花山水人物盖罐最终以两千八百元人民币成交了。那摊主拿出一个很精美的盒子把盖罐装好交给了老外，然后数好钱，这就算是两清了。

老外买到东西沾沾自喜，却没料到那笑眯眯的摊主心里正骂他傻呢，两三百块钱进的物件，转手赚十倍，也让这位年轻的倒爷心情大好，哥们儿咱就是卖嘴皮子的。

"老板，你这东西多少钱卖啊？"见到摊主闲下来了，庄睿出言问道。

"嘿，我说兄弟，你还在摆弄这玩意儿啊，看好就拿走，我给您便宜点儿。"

摊主这会儿心情不错,虽然没赚到美元,但人民币却已经揣腰兜里去了。他瞄了一眼那陶罐,说道:"这东西年代可比那康熙青花盖罐早多了,不过咱们都是自己人,我给您便宜点,三千块钱,您看怎么样?"

庄睿一听,马上露出一副生气的样子,用彭城话大声说道:"你糊弄谁啊,糊弄老外就算了,还想糊弄俺? 俺就看这玩意土气,买了回去放屋里,那也显得咱有文化不是? 老板你不地道,俺不要了。"

庄睿话声一落,顿时四周传来一阵鄙视的眼神,文化人向来都是自诩清高的,玩收藏的人,更讲究的是一个雅字,玩的是闲情逸致,陶冶的那是人的情操。虽然这些玩意儿就是用于显摆的,但是这意思是只能意会而不能说出来的,像庄睿这样的,那就是一个字的评价:俗。

"哎,我说,您别走啊,多少钱您开个价嘛……"

见到庄睿要走,这摊主着急了,他其实也不是北京人,只是在这租个摊位,每个月只摆一个星期的摊子,另外的时间都是跑到各地去收这些玩意儿。当然,一般都是去那些仿古玩的集中地收取,不过碰到看着有点老的玩意,他也收,这陶罐子就是他花了五块钱,从农村收来的,好像是那户人家用来给土狗喝水的玩意。

"二百块钱我就要了……"

庄睿这价格杀得挺狠。

"我说兄弟,我收上来都花了八百,您二百就想拿走? 我给您个实诚价,一千块钱,要就拿走,不要拉倒……"

第四十五章 | 黑如漆

这摊主深谙做生意的门道，知道自己不能松口，开出了一千块的最低价来，只是他没有看到，庄睿在转回身的时候，嘴角已然是露出了一抹笑意。

"老板，你说的这一千块钱，不会是美金吧？"

庄睿故意做出一副憨厚的样子问道，引来四周一阵笑声。围观的人都以为庄睿是在调侃这摊主的，因为这黑乎乎东西看起来不像是值钱的玩意，而且从三千叫到一千，直接缩水了三分之二，说明这老板也根本就不看好这物件。

"哥们，你有美金吗？一千块人民币，要就拿钱，不要别捣乱啊……"

地摊老板的脸色变得有些不好看了，虽然大家都知道这里卖的东西是假的，但那也不能说在脸上啊，庄睿刚才问的那话，是有点挤兑人了。

"我没说不要啊，我就是问清楚了再买，省得你一会儿说是美金……"

庄睿从牛仔裤的口袋里掏出钱夹来，数了一千块钱递了过去，他平时所带的包里，一般都会放个四五万的现金，不过这天气太热，他懒得拿包，就在钱夹里放了二千块钱，那摊主要三千的话，他一时半会儿还真掏不出钱来，而且这地摊可是不能刷卡的。

那摊主接过钱后，干瘦的脸笑得将肉皮都挤在了一起，就像个菊花似的，手脚很麻利地拿出一个纸盒子来。当然，没有那清康熙罐子的包装好，把这陶罐放到盒子里，中间还塞了点塑料泡沫之类的填充物，然后找根绳子打了个结，这才交给了庄睿。

"嘿，老板，您要不要再来点别的？我这里的物件可都是真东西……"

"谢了，下次我那房子翻新过了，再来你这买点东西充门面吧。"

庄睿的话再次引来一片鄙视的眼神，尤其是看到苗菲菲这么一婉约可人的女人跟在他身边，更是让不少自诩长得比庄睿帅，腰包比庄睿鼓的人眼睛里像是进了沙子一般难受。

等一直走出这个拐角，又向前走出三四十米，直到看不见那个摊位之后，庄睿实在是忍不住，哈哈大笑了起来，引得身边的人侧目不已，纷纷把身体和庄睿拉远了几米。这年头可是什么人都有，别是精神病院跑出来的，一犯病再挠自己几把。

"庄睿,别傻笑啊,你买的那个到底是什么东西,乐成这样?"

苗菲菲站在庄睿跟前,也连带着被人当稀有动物欣赏了一番,连忙拉了庄睿一把,往人群里挤去。

"哎,慢点,别把我这东西给挤坏了。"

庄睿双手抱住盒子,这物件可金贵着呢,没想到来次潘家园居然有此收获,也算是不虚此行了。

两人走到一家店铺门口,没再被人群拥挤的时候,庄睿才开口说道:"这东西叫黑陶,年代应该是新石器晚期的山东龙口文化时期,黑陶的制作工艺比原始彩陶更纯熟、精致、细腻和独特,早在瓷器产生的约2000年前,中国黑陶已达到与瓷器相媲美的工艺程度。这玩意的价值,比咱们在上海见到的那个鸡缸杯,还要贵出许多。"

黑陶在历史上一直声名不显,直到1936年的时候,梁启超的儿子梁思永先生,带领考古队在山东日照两城文化遗址发现了四千五百多年前的珍稀陶器——高柄镂空蛋壳陶杯,无釉而乌黑发亮,胎薄而质地坚硬,其壁最厚不过1毫米,最薄处仅0.2毫米,重仅22克,其制作工艺之精,堪称世界一绝。

由此黑陶就成为了龙山文化的典型代表物,又称为"标准黑陶",体现了一种单纯质朴的极致之美,具有极高的艺术性,在中国工艺美术史上占有重要的一席之地,被世界考古界誉为"四千年前地球文明最精致的制作"。

庄睿淘到的这个黑陶罐子,其精美程度自然不能与那个蛋壳陶杯相比,不过也是极其罕见的。黑陶存世量不算少,但是薄胎的精品,就很少见了,说不定庄睿手上的这个罐子,就是个孤品呢,那样的话,其价格更是难以估量。

"庄睿,那这个罐子能卖多少钱啊?"

苗菲菲对这玩意的来历不大感兴趣,她只是想知道,庄睿花了一千块钱买的东西,到底能值多少钱?

庄睿朝四边开了一眼,故意做出了神秘兮兮的模样,说道:"要是在行里出手或者和人交换,应该能卖到二百多万,不过要是拿到拍卖行里,最低要三百万以上,具体能卖多少,那就很难说了……"

"三百万?天啊,你可是一千块钱买的呀。庄睿,我现在才发现,你真的好黑啊。"

苗菲菲被这价格给震住了,她虽然家世不错,手上也从来没有缺过钱,但那都不是自己赚的,她从来没有想过,这钱居然能赚得这么容易。这让苗警官的思维产生了一些混乱,庄睿的形象在她心里,也无限度地拔高了。

其实庄睿这价格,刚才已经往少了说了,最近几年玩精品陶器的人也多了起来,尤其是黑陶、白陶和彩陶的价格,近年来是突飞猛涨,比之明清的一些官窑瓷器也是不遑多让。只是这类藏品精品数量比较稀少,拍卖的次数自然就很少,所以大众对它们的认知比较少。

不过玩陶器的圈子里，自然还是有这么一类关注的人群，庄睿这件黑陶作品如果拿出去拍卖的话，只要事先稍微做下宣传，底拍价估计就要高出四百万的。

"我说这位小哥，你这箱子里，装的是真的龙山黑陶？"

庄睿和苗菲菲冷不防被身边响起的一个声音吓了一跳，循声望去，却是一六十多岁的干瘦老头，穿着一件连体的长衫，脚下是一双布鞋，看起来有点像解放前当铺里的大掌柜的。

"是不是和你有什么关系？"

苗警官一双凤眼瞪了起来，这老头的外表长得有些猥琐，而苗大小姐向来对不美的事物与人都不怎么感冒的。

"没关系，一点儿关系都没有，不过这位小哥能不能让老头子我长长见识啊？"

老头把脸扭向庄睿，他看得出来这东西是庄睿的，自然也是他做主。

"对不起，我也就是随便一说的，不一定是真的，还是免了吧。"这地方有些杂，庄睿并不想把这物件示于人前，他刚才就想好了，等四合院修缮完毕之后，这东西肯定是第一个入驻进去。

见到庄睿要走，那老头连忙指着面前的这家店铺，说道："哎，小哥，你别急啊，我也不是坏人。喏，这店就是我开的，咱们进去坐坐，是不是龙山黑陶，大家也能相互学习下嘛……"

庄睿抬头看了一下，这店铺门面倒是不小，上面的招牌上写着"瓷来坊"三个大字，来来往往从身边进出的人也很多，这会儿也逛得有点累了，正好可以坐下休息会儿，于是点了点头。老头忙说道："行，那就请您指教下……"

苗菲菲本来有点不乐意，只是看到庄睿进去了，也无奈地跟在后面走了进去。

这家古玩店是专营陶瓷器的，大大小小的木架上，摆放着形形色色的陶瓷物件，庄睿大概看了一下，应该不低于上千件陶瓷器，不过在店里还有个柜台，后面也是一排木架，想必在那上面的，才是有传承的老东西。

走在前面的这老头姓那，算得上是个清朝八旗的二代遗少，从小家里有不少老玩意儿，只是让他那只会吃喝嫖赌抽大烟的父亲，全部都给败坏光了。

不过小那挺争气，靠着祖上留下来的几个小物件，在上世纪八十年代初期的时候倒卖起了古玩，那会儿北京城的古玩不值钱，梨花木的方桌才五块钱一张，小那做了几十年的古董买卖，人变成了老那，也赤手空拳地置办出一份不菲的家业来。

那掌柜的刚才是无意中听到庄睿和苗菲菲的对话，原本没怎么在意，只是当他看到庄睿脸上那副自信的模样，便想着要见识一下，这才发生了先前那一幕。

在那掌柜的带领下，三人进到里面的一个包间里，叫了伙计倒上茶水之后，那掌柜的眼神就放到了纸盒子上面。

庄睿也没啰嗦，在相互报了姓名之后，就伸手把纸盒子给拆开了，抓住那黑陶罐子的口沿，将之拎了出来，摆放到桌子上面。

"这东西，可是有点难说啊。这胎质挺薄的，倒是有点像龙口黑陶，不过这包浆釉色，有点拿不准……"

那掌柜拿着把放大镜，围着这宽沿大肚罐子转了半天，又用手敲了敲，脸上有点失望。他并没有见过真正的龙山黑陶，只是这东西有点像是后仿的，和传说中黑陶那"黑如漆、薄如纸"的特质，并不是十分的相符。

龙山黑陶"黑如漆"的特质，指的并不是单纯的黑色，而是黑中发亮，但是这件黑陶颜色暗淡，就连包浆也不是那么瓷实。

庄睿看到那掌柜的表情之后，呵呵笑了几声，说道："那老板，您这应该有桐油和白纱布吧？麻烦您拿点儿过来，我来清洗下这件黑陶。"

"桐油？那不是保养家具用的吗？"

那掌柜闻言有些疑惑，他沉浸在瓷器行中数十年，还没有听说过桐油可以清洗陶瓷器。不过庄睿既然这么说了，肯定有他的道理，那掌柜连忙出去准备桐油和纱布了。

桐油是我国特产油料树种——油桐种子所榨取的油脂。油桐属大戟科，原产于我国，栽培历史悠久，一千多年前的唐代即有记载，元代经意大利人马可·波罗介绍，桐油逐渐远传海外。

桐油的外观是澄清状的透明液体，具有迅速干燥、耐高温、耐腐蚀等特点，可代替清漆和油漆等涂料，直接用于机器保养室内木地板、木制天花板、桑拿板、木制阳台扶手等，室外木地板、花架、木屋、凉亭、围栏、木桥、船只、坐椅等。

不过一般人很少知道，兑水稀释后的桐油，还可以作为陶瓷器保养所用，这也是德叔教给庄睿的独门配方。庄睿之所以答应那掌柜，不外乎也是想借用他一点桐油，让他自己去买这玩意儿，还要费上一番手脚。

"小庄，让你久等了，我这店里没存放这东西，还是跑到别人那里借来的。"

一般的家具店里，都会存放一些桐油备用，但是瓷器店就没有了。庄睿等了大约十几分钟之后，那掌柜才端着个小碗，手里拿了厚厚一叠白纱布走了进来。

"那掌柜，麻烦您再拿两个大碗来。"

桐油虽然是透明状的，不过里面也有一些杂质，必须要先过滤之后才能使用，庄睿也是第一次使用德叔教的这个配方，心中不免有一丝紧张。

庄睿接过那掌柜递过来的大碗，用白色的纱布蒙住了碗口，将另外一个小碗里的桐油，缓缓地倒了进去，用肉眼就可以看到，纱布上留有一些杂质，然后庄睿又换了一个纱布，将大碗里的桐油又过滤了一次，如此三遍之后，才算是将杂质清理干净。

过滤好桐油，庄睿拿了一个干净的大碗，接了三分之二的水，然后将滤净的桐油，倒进去少许，大概有一勺根左右。桐油进入水中并不溶解，庄睿拿了根筷子不住地搅动，三四分钟之后，像蛋清一般的桐油，就消融在水里了。

将桐油和水兑好之后，庄睿拿了一块干净的白纱布泡在里面，由于桐油挥发比较快，很容易干燥，所以这纱布只有在用的时候，才能取出。

做好这些工作以后，庄睿又把黑陶罐子清洗了一下，然后用干布擦净，放到这房间通往后院的门口阳光能照射到地方。陶器的密度没有瓷器大，沾水之后，会渗入到里面，单是把外面擦干净是不行的，不过这八月的天气，阳光很强，放置一会儿估计就能将里面的水晒干的。

"庄小哥，老头子我今天可真是长了见识了，原来桐油还能这么使用啊。"

等庄睿做完这一系列的举动之后，那掌柜才长舒了一口气，刚才庄睿的一举一动，哪怕是再细微的动作，他都牢牢地记了下来。要知道，一般来说，懂得这些技艺的人，对此都是秘而不宣的，庄睿肯在他面前使用这种方法，对他而言，那就是天大的机缘了。

"一个小技巧而已，让那老板见笑了……"

庄睿倒是没怎么在意，德叔教给他这技术的时候，并没有说不能在人前使用。

"对了，那老板，您这有文房用具卖吗？"

庄睿刚才走进店铺的时候，看到柜台后面好像摆着几方砚台，庄睿知道古老爷子书法写的不错，平时没事就喜欢自己研磨挥毫。晚上去看老爷子买方砚台倒是不错，文人送雅物，买别的东西估计又会挨老爷子骂。

"呵呵，我这是专营陶瓷器的，文房四宝还真是没有。小哥是看到我店里的那几个砚台了吧？那玩意儿是前段时间有人找上门卖的，我看着不错就收下了，庄小哥要是有兴趣，我拿来你瞅瞅？"

那掌柜的一边说话一边站起身子，那几方砚台他收了之后一直没能出手，虽然收的时候价格很便宜，但是压在手上心里也不舒服。

"庄小哥，你看看，要是中意的话，就拿去玩好了。"

那掌柜也找人看过，这几方砚台都很寻常，年代也不怎么久，估计是民国的时候制造的。不过他话虽然说的大方，庄睿却不能真的就不给钱拿走，那样就太不讲究了。

庄睿对砚台所知甚少，只知道中国有四大名砚，分别是产于中国甘肃省临潭县境内洮河的洮河石砚、产于现今江西婺源龙尾山西麓武溪的歙砚、以过滤的细泥的材料制作的山西绛县澄泥砚，以及被推为群砚之首的广东肇庆的端砚，但是如何区分，他却是个外行。

说不得，庄睿只能动用灵气去查探一番，不过结果让他很失望，这几方砚台里面没有丝毫灵气的存在，并且制材粗糙，应该只是最普通的石砚。

庄睿摇了摇头，说道："那老板，这几方砚台我看不准，呵呵，还是算了……"

那掌柜的闻言也不失望，这几个砚台他本来就不看好，能糊弄出去自然最好，不过听庄睿这话，显然是看出来了，当下说道："小哥一会儿要是有空闲的话，我带你去对面的书雅斋看看，在那里估计能淘弄到不错的砚台。"

"成,那回头还要麻烦那老板。"

庄睿点了点头,站起身来,把门口处的陶罐拿到了屋子里,用手在上面摩擦了一下,已经没有湿润的感觉了,想必渗入到罐体内的水分,也都蒸发掉了。

这陶罐虽然经过清洗,但那黑色还是显得很黯淡,看起来一副不起眼的样子,不过庄睿知道,这是由于陶器的特性所造成的,像瓷器年代久了之后,瓷胎会微微泛黄,而陶器经过时间的氧化侵蚀,却是会在表层形成一种物质,使其表面蒙尘,黯淡无光。

庄睿伸手把泡在盛放桐油碗里的纱布取出,然后用沾着桐油水的纱布,仔细均匀地在黑陶罐子上擦拭了一遍,等到罐体都沾满桐油水之后,庄睿连忙又取过一块干净的纱布,快速地在罐子上用力摩擦了起来,而他所擦过的地方,那种"黑如漆,亮如镜"的颜色,呈现在了那掌柜和苗菲菲的眼前。

七八分钟之后,整件陶罐已然是焕然一新,这件蒙尘了数千年的龙山黑陶,终于在庄睿手上显露出了本来的面貌。那种黑中透亮、亮中带光、光中带肉的漆黑色彩,让满头大汗的庄睿,也是看得迷醉不已。

不管是什么色彩,只要它纯到了极致,都能显露出其独特的魅力来。这件龙山文化时期的黑陶就是如此,虽然上面没有一丝纹饰,但是那种质朴到了极点的轻巧、精雅、清纯却让其散发出一种神秘的魅力。

放在桌子上的黑陶在露出本来面目之后,显得是那样的端庄优美,其材质细腻润泽,光泽中沉着典雅,具有一种如珍珠般的柔雅、沉静之美。

第四十六章 | 文房四宝

庄睿把这件陶罐拿了起来,伸手轻轻地叩击了一下,一阵悦耳的鸣玉之声从中传出,这漆黑的罐体上,如同墨玉一般,又隐含青铜之光,将庄睿的面目反映得一清二楚,犹如镜子一样。

"庄小哥,真是好眼光,老头子我自愧不如啊……"

亲眼得见这件黑陶出世,那掌柜早已看得是眼冒精光,不能自已了。他就是玩陶瓷器的,自然知道这物件的价值,恐怕把他店里所有的真品瓷器加起来,都没这一个黑陶值钱。

"哪里,那老板太客气了,我正好听长辈描述过黑陶的特性,这才侥幸捡了个漏。运气,运气而已。"

庄睿谦虚地笑了笑,自己买得黑陶这事情,恐怕过不了几天就会传遍潘家园了,不知道那巧嘴的地摊老板,知道是自己卖出去的宝贝,会气成什么样子。

"庄小哥,你这黑陶,想不想出手?我老头子可以接下来,价格绝对让你满意。"

那掌柜在观察了许久之后,终于耐不住了。这样的精品黑陶,别说是在民间了,就是国内各大博物馆内,也不见得有,所以那掌柜起了将之收入囊中的念头。

还没等庄睿回话,那掌柜的就听到和庄睿一起进来的女孩的声音:"庄睿,不能卖啊,这么漂亮的玩意儿,等你四合院装修好了,摆在客厅里面多好啊。"

庄睿向那掌柜笑了笑,没有开口说什么,苗菲菲说的话,和自己的想法一样,这个物件,他是不会拿去卖钱的。

不过至于苗菲菲所说摆在客厅里,倒是要好好思量一下,毕竟这玩意过于贵重。恐怕到时候要学学伟哥他老爸,专门订做个展台搞几个射灯在里面,虽然有些招摇,哥们儿这也是为了弘扬民族文化啊。

那掌柜的看着庄睿重新把黑陶放入纸盒子里,眼中都快冒出火光来了,无奈东西不是自己的,看得见摸不着,只能在心中暗叹了。

"那老板,咱们去您说的那书雅斋看看吧,我正好要买点东西送给长辈……"

庄睿收拾好之后，把纸盒子拎在手上，这龙山黑陶最显著的特点就是轻，偌大一个物件拿在手里，都感觉不到几分重量。

"成，咱们这就去。不过我说庄小哥，你这龙山黑陶日后要是想转让的话，一定要优先考虑我老那啊，价钱绝对公道……"

那掌柜的还有点不死心，给庄睿递上了一张名片，他看庄睿年龄不大，说不准什么时候就会用到钱，那他的机会不就来了嘛。

庄睿笑了笑，说道："日后肯定还会和那老板打交道的，不过这物件，我是不会卖的。那老板要真是喜欢的话，不妨找点好东西，咱们可以私底下交流交流。"

庄睿一句话堵死那掌柜的心思，不过又给他留了个后门，想要这物件也不是不可能，但是你要拿出我看得上眼的东西来交换。

庄睿这个做法，是古玩行里最流行的。在这圈子里，你看中了别人的物件，要出钱买，但是别人不一定会卖，这种时候就要拿出别人喜欢的东西来交换。收藏品在行内的流通，真正买卖的并不是很多，物品互换占了绝大多数。

德叔就曾经给庄睿讲过这么一件事情。他前几年在山西掏老宅子，搞到一整套六件的黄花梨八仙桌椅，有一次，北京的一位藏友去他家里做客，看中了这套黄花梨桌椅，当时出价四百万，要将其买下来，那会儿黄花梨古董家具的价格正看涨，德叔自然是不同意了。

那位北京的藏友是真的看上这套桌椅了，一年中从北京往上海跑了十多次，都是缠着德叔要买这套物件，并拿了几个不错的藏品要与德叔交换，最后德叔实在被他磨不过去了，也看中了他拿出来的那件清康熙的矾红彩描金云龙纹直颈瓶，就与其交换了。

因为各人喜好不同，收藏方向不同，这种物件交换，说不上谁吃亏谁占了便宜。像德叔玩的是杂件，精于瓷器，对瓷器的偏爱就多一些，而北京那位藏友喜欢古董家具，也就舍得拿出那件清康熙的矾红彩描金云龙纹直颈瓶和德叔交换。

从价值上来说，清康熙的矾红彩描金云龙纹直颈瓶当年拍卖价就达到了七百万左右，而德叔的那套八仙桌椅，最多只能拍出五百万，但是这桩交易顺利成交了，北京的藏友也没有任何不满。

有的朋友看到这里就要说了，打眼你胡扯，我把那康熙官窑瓷器给卖掉，然后再去买黄花梨的桌椅不就行了，谁犯傻明知道会赔上两百万还去换？

道理虽然是这样，但实际操作起来，就不见得行得通了。那件清康熙的矾红彩描金云龙纹直颈瓶，能拍出七八百万不假，但是你有了这笔钱，却未必能收到德叔那样的一套八仙桌椅。

要知道，历朝历代遗留下来的老物件虽然不少，但是能凑成一套的却不多，就像乾隆时期的一对青花蟠龙瓷瓶，一只曾经拍出过三百二十万的价格来，但是当另外一只现世的时候，却拍出了九百八十万的天价，之所以这么贵，不外乎另外一只瓷瓶的主人，想将它凑成一对而已。

所以在古玩行里以物易物的做法，很难说得上是谁吃亏谁占便宜，这就是周瑜打黄盖，愿打愿挨。

"好，还请庄小哥留个片子，日后咱们多亲近亲近。"

那掌柜听到庄睿这话后，也知道他不是生手，自然是绝口不提出钱购买的话了，真正玩收藏的人，对于心爱的物件那是不能用钱来衡量的。当然了，更多的人却是看中了古玩升温，而用作投资的。

庄睿拿出一张玉石协会的名片递给了那掌柜，那掌柜的一看之下，连叫失礼，玉石协会理事这名头虽然不算大，那也是半官方人士了，这也是庄睿年龄太小，要是换个年龄大点的，那就是玉石行当的权威人士。

"庄睿，你不是要买砚台吗？走吧……"

苗菲菲的性子和她的外貌是完全相反，等了一会儿就有些不耐烦了，好容易来逛一次潘家园，她还想出去多听几个故事呢，这潘家园整个就是一人生百态图。

"好，两位跟我来，这'书雅斋'在潘家园也是老字号，保证不会让两位空手而回的。"那掌柜看出苗菲菲有些不耐烦了，连忙在前面引路。

古玩这东西，最重交流，藏友也是在与人交流过程中，才能感受到收藏的乐趣，所以这行当里并没有文人相轻的那种情况，反而大家都愿意相互帮衬，互通有无。

"书雅斋"距离那掌柜的店铺并不远，出门十几米外就是，刚一进店门，几个伙计就和那掌柜打起了招呼，看模样很是熟络。

"赵老弟呢？叫他出来，我给他介绍个大客户。"

那掌柜进门后就嚷嚷了起来，根本不拿自己当外人，走到店铺中间的一张方桌旁坐了下来。

这书雅斋并不是很大，面积要比那掌柜的店铺小了一半左右，各式古匾挂于四周壁墙，围着店铺一圈儿有个半人高的木架，上面摆满了各色砚台，在店铺的一个墙壁上，挂满了大小不一的毛笔，细的有如木筷，而最大的那个，却像个拖把一般，让人望而生叹。

"那老哥，您可是无事不登三宝殿啊，有什么关照小弟的？"

随着话声，从内堂走出一个四十多岁的中年人，身材微微有些发胖，也是穿了一身连体长衫，脸上带着副眼镜，看起来很儒雅。

"这位小哥想买套文房用具，有什么好物件拿出来摆摆吧……"那掌柜指着庄睿说道。

"哦，小兄弟需要什么样的？是送人还是自用？"赵老板的眼光转向庄睿。

"送给长辈的，赵老板帮我介绍一下吧，我对文房用具不是很了解。"庄睿读小学的时候倒是练过几天书法，不过那都是猴年马月的事情了。

"呵呵，文房四宝就不用多说了，笔、墨、纸、砚，各有各的用途，各有各的讲究。所谓：

名砚清水,古墨新发,惯用之笔,陈旧之纸,合起来是整个一套,咱们先看看这被古人誉为文房四宝之首的砚台吧。"

赵老板说着话把庄睿引到摆放砚台的架子边上,说道:"我这里广东肇庆的端砚、安徽的歙砚、山东鲁砚、江西龙尾砚、山西澄泥砚都有,不过像这几方砚台,都属于古董了,买去也是大多都用作观赏,一般人可舍不得濡水发墨了。"

庄睿向赵老板所说的古董砚台看去,这几方砚的确是造型古朴,颜色也有点陈旧,有一个甚至缺边少角,想必是使用的时候不小心摔到的。再用眼睛仔细查看,里面的确含有灵气,这赵老板倒不是信口开河。

"赵老板,您这方砚是个什么价?"

庄睿观察半晌之后,指着一方砚台问道,那是一方童子摘莲造型的砚台,砚体为船型,一个戴着肚兜的孩童站在船上,伸手去摘荷叶上的莲蓬,整个砚台石质细腻,雕刻古朴,造型极为有趣,而且庄睿通过灵气观察,这还是一方古砚,就存了买下来的心思。

"小兄弟好眼光啊,这是易水古砚,产于河北易水,不过价钱可是不便宜啊。"

"哦?赵老板您说个价……"庄睿对价格倒不怎么在意,这东西送给古老爷子是个心意,多花点钱也没什么。

"十二万,这方砚台是清朝李鸿章李中堂曾经使用过的,我留在手里有几年了,一直没舍得卖的……"

赵老板这话别说是庄睿不信,就是一旁的苗菲菲都撇了撇嘴,要说是李鸿章用过的,还有点可能,至于那句舍不得卖的话,恐怕是价钱没谈拢吧?

庄睿把玩了一下那个砚台之后,说道:"咱们先看看别的吧,赵老板您帮我挑几刀好宣纸,另外选块好墨和毛笔,咱们看好了再讲价格。"

对这方砚台的价格,庄睿还是能接受的,麻烦了古老爷子这么多次,送个十几万的物件,也不算什么。要知道,仅是古天风帮庄睿雕琢的那几个翡翠挂件,要是收取费用的话,没个十几万,老爷子都不会接这活的。

赵老板在刚才开价的时候,就一直在暗暗注意着庄睿的反应,看到庄睿听到十二万的价格后,脸上还是一副漫不经心的样子,知道自己遇到了大主顾,当下用心地给庄睿挑选起另外几个物件来。

毛笔这东西易损,不好保存,故留传至今的古笔实属凤毛麟角,赵老板这里也没有,给庄睿配了一支象牙笔管,狼尾笔毫的毛笔。当然,价格也是不菲,赵老板张嘴就是一万二。

文房四宝之中,纸是最不被重视的,但又是最重要的,因为没有纸,任凭你书法再好,技艺再高,那作品也都无法传世下来。

这年头,只要和文化沾上一点边,啥东西都有假的,宣纸也不例外。很多无良商人拿一些书画纸来冒充宣纸,赚取利润。

书画纸，只是一种具有润墨特性的普通纸张，使用寿命极短，而现保存完好的历代书画艺术珍品、古籍、文献、印谱，可以历千年而不腐，就是宣纸"纸寿千年"特性最好的证明，两者之间天差地远。

上好的宣纸，到现在还保持着竹帘过滤抄捞法进行捞纸，用火墙烘烤、人工揭贴的烘干法晒纸，检验时逐张逐张目测手检，其制作工艺和价格，都不是那种大批量生产的书画纸可以比拟的。

古人对宣纸的使用虽然挑剔，但是并不了解宣纸的制作工艺，而现代的几位书画大家，却流传下这么一段关于宣纸的美谈。

刘海粟、尹瘦石、吴作人、李可染等一大批书画艺术大师，在有生之年的时候，不顾年迈体弱、路途遥远，专程去制造宣纸的厂家，参观了解宣纸的制作工序。

刘海粟曾经感慨地说：我们用了一辈子的宣纸，却不了解宣纸是怎么造的，所以，在有生之年一定要来看看。一来为了却心愿，二来是向宣纸工人师傅们表示我们的感激之情，宣纸工人才是我们的衣食父母，如果没有好的宣纸就没有好的书画作品。

诸位大家分别以题字、作画的方式来表达对宣纸的感激之情，在书画界被传为一段佳话。从那时起，人们对于宣纸的使用也就愈加重视了起来。

赵老板给庄睿挑了五刀浙江绍兴的上好宣纸，这种纸外表洁白，按赵老板的说法是可以随意剪裁，润墨性强，遇潮湿都不会变形。

庄睿摸了一下，感觉到入手柔软坚韧，使劲小了居然难以撕开，也就点头默认了这一刀六尺大小的宣纸高达一千元的价格。都说是穷文富武，要是都按照庄睿的这标准，恐怕这词就要倒过来念了。

"赵老板，这墨我自己挑一块吧……"

正当赵老板为庄睿挑选墨块时，庄睿突然开口说道。因为他发现在摆放墨的那个架子上面，居然有一块墨，里面竟然蕴含着灵气，显然这墨也是有点年代的，庄睿走过去将那块椭圆形的墨块拿在了手上。

赵老板看见庄睿所选的墨后，脸上微微露出了诧异的神色，说道："小兄弟不是外行啊，这块松烟墨可是有些年代的，是我早些年从那老哥族人手里收上来的……"

"那掌柜的族人？"

庄睿想了一下，不由笑了起来，这文人说话就是拐弯抹角，你直接说是从旗人手里买的不就完事了。

"对，那老哥，卖我这松烟墨的人，当年可是你的主子啊……"

"呸，爷现在自己是自己的主子。"那掌柜笑着啐了赵老板一口。

两人看来关系不错，赵老板笑着说道："您还别啐我，那是恭亲王的后人，这块松烟墨也是恭亲王府库存里保留下来的，这可是用终南山的右松烧制成的烟料，现在这种做法的墨已经不多了。"

庄睿点了点头，随手把那块松烟墨递给了赵老板，说道："行，就要这块墨了，赵老板，您给算下一共多少钱，这几个物件我都要了。"

"那块易水古砚也要？"

赵老板出言问道，他先前介绍那块砚台的时候，庄睿的态度是不置可否，没想到这貌不惊人的小伙子，还是位财主。

"要，您算下吧。"

"砚台是十二万，五刀上好水纹宣纸五千元，象牙狼毫笔一万二，终南松烟墨九千，小兄弟，一共是十四万六千块，我给您抹去了零头，十四万五千，您看怎么样？"

赵老板拿过一个计算机，一边报着价格，一边计算了起来，算好之后，抬头望向庄睿。

"成，就按赵老板说的这价，您这可以刷卡吧？"

庄睿对这价格没有什么异议，他买这些东西本来就没抱着捡漏的心思。虽然明珠蒙尘的物件有很多，但是对于这些开店的人而言，早就将自己手里的物件给吃透了，能在古玩店里捡漏，那几率是很小的。

倒是那掌柜听到庄睿干脆的答复后，心里有点儿失落，他介绍庄睿来这家书雅斋，一方面是给老朋友拉生意，而另外一个目的，是因为这里所卖的文房四宝，价格稍微要比其他店里卖得贵一些，那掌柜还想着等庄睿买不起的时候，会不会考虑将那件龙山黑陶给卖掉呢，不过这打算显然又是落空了。

第
四
十
六
章
文
房
四
宝

第四十七章 无巧不成书

买了这套文房四宝之后，已经是下午五点多钟了，庄睿也没心思继续逛了，由于苗菲菲明儿要上班，庄睿就把她送回了家。自己给古老爷子打了个电话，开车直奔老爷子所住的四合院。

将车停在巷子外面，庄睿拎着那套文房用具向老爷子的家里走去，刚才电话里老爷子就说了，让他来家里吃饭。

"你这小子，上次不是给你说了嘛，不要买东西来，老头子我啥都不缺。"

庄睿进来院子里，发现原本清净的一地方，居然变得热闹了起来，几个小孩子正追逐嬉闹着。古老正坐在树下，和一个三十多岁的男人下着围棋，见到庄睿手上拎的东西，面色有些不悦。

庄睿笑嘻嘻地把手上的盒子放到棋盘旁边，说道："师伯，您看看什么东西再说啊！这位大哥是？"

"你好，我叫古云，你就是我爸常提起的庄睿吧？"

那男人站起来和庄睿握了下手，趁机将棋盘打乱掉了。

"你这臭小子，要输了又来这招……"古老笑着骂了儿子一句，顺手把庄睿买的东西给打开了。

"咦？小庄，你眼光不错啊，居然能买到这个好物件？"

老爷子一眼就被那方易水古砚吸引住了，也顾不得刚才自己说的话，拿在手中把玩了起来。这砚台的造型在古朴中带有一丝童趣，可谓是易水砚中的精品。

古云也伸手把那狼毫笔拿了出来，又用手捏了捏那块松烟墨，笑着对庄睿说道："庄兄弟，你可真会送东西啊。我这老爸，就爱这一口，不过这套文房四宝，价格不低吧？"

没等庄睿回话，老爷子就出言说道："嗯，这套玩意值个十几万，不过小庄是大款，老头子我就收下了。嗯，小庄你先坐，这东西要收好，不然被这几个小东西打碎了就可惜了……"

一边说话，古老一边将手中的易水砚放回到盒子里，然后拿着盒子匆匆往屋里走去，看得庄睿哑然失笑，这投其所好，效果果然是好。

"古哥，您对这玩意儿也懂？"

庄睿坐下来和古云随口聊了起来，老爷子能看出这东西贵重不奇怪，可是古云也一眼就看出来，想必也是个玩家。

"我是瞎玩的，就这点料，还都是跟我家老头子学……"

"你跟我学到什么啦？臭小子，放着好好的大学讲师不做，非要去当工头，没出息的东西！"

古云话没说完，就被从屋里出来的古老爷子给打断了，脸上是一副恨铁不成钢的神色。

"爸，您没听说嘛，这教授都去卖茶叶蛋了。我们这小讲师，自然要顺应时代潮流，下海扑腾一下啊……"

古云也不生气，和自己老爸贫着嘴，北京人都习惯，别的先不谈，那嘴上功夫绝对是一流的。庄睿第一次来的时候，都差点被那出租车司机给忽悠晕了。

"古哥，您现在在做什么啊？"

庄睿看到老爷子还要念叨几句，连忙把话给岔开了，他心里也有些好奇，前些年经常听说大学老师下海经商的，没想到自己面前就坐了一位。

古云看了一眼老爸的脸色，似乎不是真生气，笑着说道："呵呵，做点小买卖。我以前的导师是国内的古建专家，手头上经常有些古建需要修缮的活，国内也没这样的专业建筑队，我就出来组建了个公司，专门承接古建修缮……"

"什么？！古哥您是干这行的？"

庄睿一听，这可真是无巧不成书啊，自己正找这样的公司呢，这真是踏破铁鞋无觅处，得来全不费工夫啊。

"怎么了？咱这也是凭本事吃饭，又不丢人！"古云以为庄睿和他老子一样，看不起他的工作，脸色不禁变得有些难看。

庄睿连连摆手，道："不是，不是，古哥您千万别误会，我不是那意思，我是说这事儿真巧。前几天我刚买了套四合院，只是有些破旧，很多地方都需要重新装修下，正发愁找不到合适的公司呢……"

"哦？这四合院常年住人，有些地方修缮比较麻烦，还是先看下再说吧。"古云听到庄睿的话后，脸色缓和了下来。

"成，不知道古哥明天有没有时间啊？"

庄睿想早点把这事儿给定下来，不然花了六七千万买的房子，丢在那里只能看而不能住。

古建的修缮，一般人了解得比较少，毕竟现在城市中遗留下来的古建筑物并不是很多了，除了一些历史名城之外，或许就是那些远离尘世中的庙宇了。

但是古建修缮的利润相当高，要比普通的房屋装修高出许多，因为这行当不仅需要专业知识，还要有特定的渠道购买装修仿古建材，这些仿古建材的价格，也是普通建材的数倍，这里面可以做的猫腻就多了。

　　古云的古建公司近几年来发展得很不错，由于他们曾经接过故宫博物院的修缮工作，在这四九城也算是比较有名气了。现在业务已经不仅仅是修缮古建筑物了，还承接一些客户所要求的仿古建筑工程。

　　"庄兄弟，你那四合院有多大？准备装修的费用是多少啊？"

　　说老实话，古云并不怎么想接庄睿这活。因为在市内施工限制比较多，尤其是四合院，工程不大，花费的力气却一点不少，而且对方是自己老子的晚辈，他也不好意思再玩那些偷工减料的猫腻，要不是看在自家老子和庄睿的关系上，他都懒得问这句话。

　　"古哥，我对这装修是一窍不通，具体要花费多少钱，我现在也估算不出来，要你去看过才知道，那院子也不大，有两千多个平方吧……"庄睿是想把那四合院往好了建，至于钱他不怎么在乎，手头上还有两千多万，怎么花都应该够了吧。

　　"恩，两千多平方，是不怎么……"

　　古云顺着庄睿的话往下说着，只是那个"大"字还没出口，猛然惊醒了过来，瞠目结舌地看着庄睿，道："两千多平方的四合院？？？"

　　在看到庄睿点头确认之后，古云有些傻眼，过了半晌之后，才说道："成，明儿一早我就和你去现场看看。我说庄兄弟，你可是真人不露相啊，这两千多平方的复式院子，价格可不低，没个八千万，恐怕拿不下来吧……"

　　古天风和儿子说起过庄睿，却没有说过庄睿的身家，只是说他对于翡翠的鉴定，有一种异乎常人的直觉和天赋，所以古云猛地听到庄睿买的四合院有两千多平方，才会有这种反应，他每天和房子打交道，自然知道庄睿那四合院能值多少钱了。

　　"呵呵，没有那么多。对了，明天要去的话，我还要约个人……"

　　庄睿想起小舅帮他找的那个古建专家，连忙翻出钱夹把那张名片找了出来，明天就要去看房子，今儿约别人，庄睿心里也没底，万一对方要是没空呢？

　　古云坐得离庄睿进，凑上去看了一眼，连忙问道："咦？兄弟，你这名片是哪来的？"

　　"别人给我介绍的一个古建专家，说是在国内很有名气的，我想让他帮忙看下整体的布局。古哥，应该不会和你们有冲突吧？"

　　庄睿以为古云是怕那周教授把活抢去，才有这么一问，连忙给他解释了一下。

　　"咳，周教授就是我的硕士导师。还别说，你这面子可是够大的，我导师可是从来不帮私人看房子出图纸的。"

　　这还真是无巧不成书，听到古云的话后，庄睿也有些意外了，不过这是好事，再怎么说，古师伯的儿子也不会黑自己吧？只要装修的质量有保证，多花几个钱庄睿是不怎么在乎的。

不过听古云这么一说,对于是否能请到周教授,庄睿心里却是有点没底了,在电话通了之后,他连忙报上了小舅的名字。还好,周教授查看了一下自己的日程安排之后,就答应了下来。

庄睿连忙又给欧阳振武打了个电话,把这事说了一下,他知道,周教授能这么痛快地答应,那可不是看自己的面子的。

等到庄睿打完电话之后,古老爷子有些不满意了,敲了敲桌子,说道:"哎,我说你俩小子,有完没完了? 到老头子这里来,就是来谈生意了?"

"没有的事,古师伯,我不是来给您送那套文房用具来了嘛,您要是不满意,那回头我带走就是了。"古老给庄睿的感觉和德叔差不多,对他都是发自内心的爱护,所以庄睿说起话来也很随便。

"臭小子,我拿你一套文房四宝还不是应当应分的啊? 不过你比我家这小子要强,除了送些什么脑白金、脑黄金的,就不知道整点老头子喜欢的物件,一点都不孝顺……"

"老爸,您这可是冤枉我啊……"

古老爷子这话说得古云大喊冤枉,这也不是为了您老的身体嘛。得,到老爷子嘴里居然变成不孝顺了。

"爸,来吃饭了。"

就在古云准备继续喊冤的时候,他媳妇从厨房里走了出来,庄睿连忙站起来叫了声嫂子,古云的媳妇也是老师,现在还在大学里面教书,招呼了庄睿一声之后,又去把几个在院子里疯跑的小家伙们抓到了饭桌上。

古老爷子一共两个儿子三个女儿,大儿子今天有事情没来,几个女儿和小儿子都在,这顿晚饭也是吃得其乐融融。庄睿在吃饭的时候,不由想到了外公他们,自己现在要是在玉泉山,想必也是这般情形吧。

"小庄,你跟我来一下。"

吃过饭后,老爷子招呼了庄睿一声,走进了他的书房,在这个四合院里,有两处地方,要是没有经过老爷子允许,谁都不敢进的,一个是古天风的书房,还有一个就是他琢玉的地方了。

进到书房坐下之后,看到庄睿忙着去倒水沏茶,古天风笑了起来,开门见山地说道:"行了,别忙活了,说吧,你小子又有什么事情要师伯办啊?"

古天风可不相信庄睿真就是为了给自己送这文房四宝来的,而且他也没给庄睿说过自己儿子的工作,以他对庄睿的了解,肯定是有事相求。

"嘿嘿,师伯您真是火眼金睛,这都能看出来……"

"滚一边去,火眼金睛那是孙猴子。快说,我现在还念着你那套文房四宝,说晚了我可就忘了啊。"老爷子笑骂了庄睿一句。

"是这样的,师伯,我妈在京找到外公外婆了,再有三四个月,就是我外公的九十大寿,我是想给他老寻摸个祝寿的物件,您看上次那块杂色玉,能不能雕出个寿桃来?"

庄睿记得上次从新疆搞到的那块多色玉石料子,中间部位是粉红色,而且有拳头大小,雕成个寿桃应该问题不大。在老妈给自己说起礼物这事的时候,庄睿第一时间就想起了这块料子,只是料子已经交给了古天风,庄睿即使有这个心思,那也要古老爷子同意才行。

庄睿随后又说出了外公的名字,他并不是想显摆一下家世,而是对于古师伯,没有隐瞒的必要。

"是他老人家啊,那这物件要好好地思量下了。"

古天风对于庄睿外公的名字,也是如雷贯耳。

古老闭上眼睛思考了起来,右手食指还在桌子上比划着。过了足足有七八分钟,老爷子才睁开眼睛,眼中闪过一丝狡黠的神色,说道:"那物件我能帮你做好,不过你小子要帮我一个忙。"

庄睿在古老思考的时候,可是连大气都不敢喘一口,现在听到老爷子胸有成竹的话后,舒了一口长气,说道:"师伯您有事就吩咐好了,说什么帮忙不帮忙的。"

古老爷子微微一笑,站起身从一个书架上拿过一个半米大小的盒子,放到桌上打开之后,庄睿发现,里面放着十几个翡翠玉佩、挂件,另外还有两个不大的摆件,庄睿有点不明所以,抬起头看向古老爷子。

古老将那个盒子推到庄睿面前,说道:"这里面的翡翠有真有假,你先看看,能不能把假物件给挑出来。"

"嘿嘿,师伯,您老考我不是?我这段时间可是下了不少工夫研究翡翠呢。"

庄睿大言不惭地说道,低下头的时候,却是释放出了眼中的灵气,他这段时间忙得连轴转,哪儿有工夫去研究翡翠,不过有了这双眼睛,只是分辨真假,那自然难不倒庄睿。

庄睿故意一件件地拿起用放大镜看了下,磨蹭了十几分钟之后,将一个挂件,两个玉佩,还有一个摆件给挑拣了出来,说道:"师伯,您老看看……"

"嗯,还不错,都挑拣出来了,能说出这些作假的材料吗?"古老点了点头,眼中露出赞赏的神色。

"这两个挂件应该是树脂,这玉佩的材质是青玉,不是翡翠,至于这个摆件嘛,也是软玉,不过带点绿色。师伯,我说的对不对?"

庄睿把几个物件又摆弄了一番之后,说出了自己的见解。

"成,现在你有资格帮我的忙了。"

古天风笑了起来,从桌子的抽屉里,拿出一张大红帖子,递给了庄睿,说道:"后天,北京台有一个鉴宝栏目邀请我去做玉石类物件的鉴定嘉宾,你代我去吧。"

"要我去……去做电视台的鉴定嘉宾?"

庄睿闻言有点傻眼,说话都变得结结巴巴了。他虽然心理素质不错,不过从小到大可是没上过一次电视啊，猛然听到这个消息，还以为自己耳朵听错了呢。

"没错，就是去电视台做鉴定嘉宾……"古老爷子重复了一遍庄睿自己的话。

"不行，不行，这绝对不行。师伯，我入这行当还不到一年，万一出点岔子，那不是给您老脸上抹黑了嘛。"

庄睿看到古老爷子不像是在和自己开玩笑，连连摇头摆手。他一向秉承的都是低调做人、闷头赚钱，对于上电视这样的风头，向来都是避而远之的，就像是在上海受伤那次，电视台要求采访，都被庄睿给拒绝了。

古老爷子笑眯眯地看着庄睿，鼓励道："我说你行，你就行，年纪轻轻的，要有点冲劲嘛。"

"师伯，您这不是赶鸭子上架吗？我可是从来没有在人前鉴定物件的经验，搞砸了怎么办？"庄睿还是不答应，这事忒不靠谱了。让他和一群老头子坐在一起去鉴定古董，他现在都可以想象得到，别人看他的眼神是什么样子的。

"你不去做，永远都没有经验，搞砸了怕什么？老头子我现在还经常打眼交学费呢，我都丢得起这人，你就不行?!"古老看庄睿油盐不进，有些生气了，语调也高了起来。

"这老爷子，还就认准我了……"

庄睿有些无奈，不过眼睛看到那张大红帖子的时候，眼睛转了一圈，说道："师伯，这电视台邀请的是您，换成我去有点不合适吧？"

古天风似笑非笑地看着庄睿，说道："你看看那帖子，上面写了我的名字？"

庄睿从听到这消息，就一直忙着推脱了，还真没看那邀请函，当下从桌子上拿起，打开一看，顿时无话可说了。那邀请函上面还真没有写明具体邀请谁去，是发给玉石协会的，希望他们能出一位玉石鉴定专家，大力配合此次现场鉴宝活动。

而且这次现场鉴宝活动，并不是在北京举行的，而是北京电视台与山东电视台联合举办的，鉴宝地点放在历史悠久的文化名城——山东济南，时间就在后天。

第四十八章 赶鸭子上架

古老爷子看到庄睿的面色忽红忽白的，笑着说道："时间不长，两天就可以来回了，耽误不了你在北京的事情。你那四合院的事情，我让小云帮你盯着点就是了……"

得，庄睿最后一点借口也被老爷子堵死了，无奈之下，只能点了点头，说道："我去还不成嘛。不过师伯，咱们玉石协会这么多专家，怎么您偏偏让我这生手去啊？"

庄睿心中确实有些不解，万一要是在鉴宝现场出了点什么岔子，这丢的可是玉石协会的面子啊。

古老看了庄睿一眼，说道："小庄，你这玉石协会的理事，是我推荐的，你也是这里面年龄最小的一个，很多事情，做出来成绩，永远要比说出来的话，更加硬气！"

庄睿心中对这玉石协会理事的身份，并不是怎么看重的，当下苦着脸说道："师伯，我只不过是在协会里挂个名啊。"

"你这个臭小子，怎么就不明白老头子的意思啊？我还能再干几年？以后还不都是你们年轻人的天下？我告诉你……"

古老爷子颇有点恨铁不成钢地看着庄睿，这愣小子平时看着很机灵，怎么现在连自己这点意思都明白不了？当下仔细给他讲了起来。

庄睿听到老爷子的一番话后，算是明白过来了，敢情老爷子这是在帮他造势啊。玉石协会虽然说不属于官方机构，但是对于玉石检测在国内可是正儿八经的权威机构，所出具的证书是被所有珠宝公司认可的。

国内玉石销售这一块，每年的营业额要达到上百亿，而想要卖出高价和被消费者认可，就需要玉石协会下属鉴定机构的鉴定证书，这可是一块大蛋糕。有资格制订规则和分享成果的人，不外乎就是协会里这三四十个理事了。

当然，这里面也有许多人是不管事的，像宋军和庄睿这样的，根本就连玉石协会大门往哪个方向开都不知道，协会的权力基本上都掌握在少数几个理事和正副理事长手中的。

但是古老爷子年龄大了，对一些协会组织的活动已经有些力不从心了，所以这才想着把庄睿推出去，作为他的代言人。等再过上几年，庄睿年龄再大一些，就可以顺理成章地接受自己现在的职位,也算是把庄睿扶上马再送一程吧。

虽然明白了古老的意思,只是庄睿这心里,对老爷子既感激又有些无奈,他能感受到古老对他毫无保留的支持,但是说心里话,庄睿还真的不是很看重这玉石协会副理事长的位置。

权力同样意味着责任,真要是坐到那位置上,恐怕接踵而来的事情也就多了。这半年多来,庄睿的性子变得懒散了不少,让他再回到朝九晚五的生活里去,他自认是会受不了的。

"怎么着,有点看不上这协会理事的位置? 对这专家的身份不感兴趣?"

古天风人老成精,一眼就看出了庄睿的心思。他知道庄睿现在身家不菲,肯定会有这样的想法,不单是庄睿,换成任何一个人都会如此,本身就有上亿的身家了,何必去管那么多事啊,怎么逍遥怎么过好了。

再加上庄睿又不是做实业的,根本就不需要承受社会责任,守好自己那一亩三分地,后面还有个玉矿给予财力支持,庄睿似乎真的不需要再去做什么了。

庄睿点了点头,坦然承认了。在他的感觉里,专家都是胡子一把头发花白的老头儿,似乎和自己这还没结婚的纯情小处男搭不上什么关系,至于玉石协会的那块蛋糕,以他的身家还真的不怎么能看上眼。

古老这次没有生气,而是语重心长地说道:"小庄,人是群居动物,而一个人未来的发展有多大,完全取决于他的眼界有多么宽广。你几次赌石都赌涨了,现在也算是身家不菲,但是你能保证你一辈子都走鸿运吗? 那是肯定不可能的,所以你需要充实自己,玉石协会就是一个锻炼的平台,如果你能在这个行当里做出成绩,以后不管你去做什么,都会事半功倍的。对了,玉石协会对于市场玉石的价格,是可以做出指导性定位的。你要是有了话语权,对你新疆玉矿的发展,那也是有好处的。"

古老爷子的话让庄睿陷入了沉思,老爷子虽然没有直接指出自己有些浮躁,但是庄睿感觉到了,自己这段时间是有些自大了。手上有了钱之后,把很多事情都不放在眼里了,但是万一眼睛中的灵气消失,那应该怎么办呢? 而且专家这个身份,对自己也是有百利而无一害的,有了这个身份作为掩饰,自己以后淘宝捡漏,赌石赚钱,也就不会显得那样突兀了。

想明白这些之后,庄睿对于古老爷子感激莫名,站起身来,对老爷子鞠了一躬,说道:"师伯,我明白了,这鉴宝活动我去……"

"呵呵,想明白就好。人可不能坐井观天,而宝石也不仅仅是咱们中国才有,以后协会出国交流,你也可以参加下。像巴西的祖母绿,斯里兰卡的蓝宝石,南非的钻石,都是属于宝石的范畴,价值不菲,你要学习的东西还很多啊。"

"师伯,我知道了,关于这次现场鉴宝,是个什么情形? 您老有什么要交代我的吗?"

对于老爷子所说的这些宝石,庄睿心里也是充满了憧憬,等日后自己有机会,一定要去它们的产地看一看。当然,庄睿还是奔着捡漏去的,虽然国外的月亮不见得比国内的亮,但是从国外赚的钱,花起来感觉一定很爽。

古老爷子沉吟了一会儿,说道:"对于硬玉类的鉴定,你肯定是没有问题的,但是软玉是你的软肋,到时候要多看少说,看不明白就说拿不准,玉石的鉴定应该不是很多。听说你对古玩鉴赏也有研究,到时候也可以和同行们交流一下。"

古老爷子的话让庄睿笑了起来,"拿不准"这三个字是放之四海而皆准。虽然只是三个字,那涵义就大了去了,可以理解为这物件是假的,说这话是给您留面子,也可以说按字面理解,我就是拿不准,就像是"王"字倒过来写一样,怎么说都不会露怯掉份的。

不过听老爷子这么一说,庄睿心里倒是对这次鉴宝活动产生了几分兴趣,别的不说,能见到一些在古玩行里的前辈,那也是一个不错的学习机会。庄睿对于古董的兴趣,一向是大于翡翠玉石的。

"你小子在门外面转悠什么啊?进来吧,鬼鬼祟祟的。"

古老爷子突然冲着门边喊了一声,话音刚落,古云就推门走了进来,说道:"爸,您真是火眼金睛啊,这样都能发现我?"

"我在你们俩小子心里,就是孙猴子了是不?行了,少跟我贫嘴,有事你们说吧……"

老爷子被儿子的话说得哭笑不得,这小子和庄睿一样,愣把人往猴子身上夸,干脆起身出去逗弄孙子去了。

古云的确是在外面转悠半天了,他那公司虽然现在发展不错,不过古建这活并不是每天都有的,一年中总有那么几个月是闲着的,正好现在两支建筑队都没活干。当然,人闲着工资那还是要开的,那也是一笔不小的开支。

像古云这样的公司,干点小活不划算,赚得那点钱,还不够给工人发补贴的。不过吃饭前听到庄睿说他那四合院有两千多平方,古云就想着要把这活给接过来,这么大面积的古建修缮,即使不在材料上偷工减料,仅是工钱,也能让公司小赚一笔。

本来打算吃完饭找庄睿具体了解下情况的,没想到被自己老子给拉走了,一谈就是半天,古云这才到门口来转悠的。

明白古云的意思之后,庄睿笑了起来,把那套四合院的情况给他介绍了一下,古云听完之后,却皱起了眉头。

"怎么了,古哥,有什么不对的吗?"庄睿有些奇怪地问道。

古云想了一下,说道:"按你说的,那院子三四年没有住人,十多年没经过修缮,恐怕那些屋子的内部结构会出现问题,要真是这样的话,就有点麻烦。你也别急,明儿咱们看看再说吧……"

庄睿点了点头,就算那些屋子不能住了,大不了全给拆掉重建好了。按欧阳军的话说,那地方的地皮,也值个五六千万了,自己总不会亏本的。

把四合院的地址给了古云,然后约好明天见面的时间之后,庄睿就向古老一家告辞了。这一趟本来是想帮母亲准备外公的大寿礼物，却阴阳差错地找到了四合院的修建公司，还从古老爷子那里领了个差事，庄睿都感觉自己的运气似好了点。

············

"喂，木头，我明天回彭城，你走不走？"车往玉泉山的方向开到一半，电话铃声响了起来，庄睿这才记起刘川还被自己扔在欧阳军的会所呢。

"我走不了，恐怕还得十几天，你先回去吧。"

庄睿挂掉电话之后，将车掉了个头，往欧阳军的会所驶去，他这一天算是忙昏头了，白狮还留在会所里面没吃东西呢。庄睿知道，白狮除了自己和老妈、老姐之外，根本不会吃外人喂的东西。

回到会所，庄睿先是给白狮搞了点吃的，然后和刘川胡扯了几句，带着白狮往玉泉山开去，后天他要去山东，来回两天的时间，总不能让白狮饿两天吧。

谁知道庄睿车到玉泉山那个疗养所的大门前，却进不去了。前几天他都是跟着欧阳振武过来的，现在自己来，就被门口的武警给拦住了，他们可是认证不认人，再加上车上白狮那巨大的体型，更是不敢放庄睿入内。最后还是欧阳罡的警卫员来到门口，才将庄睿带了进去。

老人的作息比较有规律，现在九点多钟就已经睡下了，庄睿找到母亲说了会儿话，把这几天要出去的事情说了一下，将白狮交给了母亲。

欧阳婉在彭城也没什么牵挂，就准备在这里长住下去了，玉泉山的环境也很适合她恬静的性格，再加上数十年都没能孝敬父母，眼下也是尽尽孝心的时候了。倒是庄敏有些待不住，刚来一天就想着回彭城了，准备明天就走，过段时间再和赵国栋一起来，不过会把囡囡留下来陪陪老人的。

见到母亲这边没什么事，庄睿也放心下来了，睡觉之前去到外公外婆的房间里，偷偷用灵气帮他们又梳理了下身体，这才回到给自己准备的房间去睡觉了。

············

第二天一早，庄睿就来到了四合院，刚停好车进入到巷子里面，就看到自家四合院门口站了两个人，却是古云和一位头发花白的老人，在老人的肩膀上，还背了一个画板。

"庄睿，给你介绍一下，这是我的导师周教授。老师，他就是欧阳部长的外甥庄睿。"古云看见庄睿，连忙迎了上来，把老师介绍给庄睿。

"周老师好，这次要麻烦您了，实在不好意思。"

庄睿连忙上前毕恭毕敬地打了招呼，就算不提周教授和小舅的私人关系，单凭周教授在古建圈子里的威望，也值得庄睿敬仰了，昨儿古云可是说了，周教授从来不给私人干活的。

"不客气，小伙子，你能想着保护咱们祖宗留下来的这些建筑，就值得我来一趟。这套院子不错，地段很好，后面还可以开个侧门，改成一个车库……"

周教授在庄睿来之前，就和古云围着这套四合同外围转悠了一圈，在庄睿这套院子的后院那里，被人非法搭建了不少做生意的棚子。那里的巷子宽敞一些，倒是可以将车开进来，稍微改动一下，就能留出个车库来。

"那就谢谢周老师了……"

庄睿上前把那厚重的大门打开，将周教授和古云请了进去。

庄睿从买了这院子，一直都没有时间过来，打开大门之后，庄睿发现里面和第一次来的情形已经完全不同了，地上的杂草都被清理得干干净净，就连那些垂花门上的灰尘都被擦拭掉了，而前院和中院里那几棵高大的枣树与石榴树，也明显有被修剪过的痕迹。

周教授带着古云从门房看起，对那些木质结构的建筑尤为注意，只是一路看下去，眉毛也是越皱越紧，看得一旁的庄睿心里也是七上八下的，不知道自己这套院子到底有啥毛病。

"周老师，您先喝口水，休息一下吧！您看这院子要怎么修缮才好？"

周教授看得很细，基本上每间屋子都进去查看了一番，甚至用一根在地上捡的钢筋，把一个屋子的墙壁凿出一个洞来，以便观察里面砖石的情况，足足过了两个多小时，才把前面两个院子看完，后面还有两个院子的房间都没看呢。

庄睿也帮不上什么忙，见到周教授和古云忙得一头大汗，连忙回车里拿出几瓶饮料来。

"不着急，看完了再休息……"

周教授接过庄睿递来的饮料，喝了一小口之后就拿在手里，继续向后院走去。

庄睿一把拉住正准备跟过去的古云，开口问道："古哥，您看我这房子要怎么装修才好？"

古云停下了脚步，摇了摇头说道："老弟，你这院子里的这些房间，虽然外形上保存得不错，不过长年失修，地基虽然没事，但是房子里有些砖石都腐朽了。你来看，这块砖是我刚才从屋子里面掏出来的……"

古云边说话边从脚下拾起一块砖头来，两手一用劲，居然将这块青砖从中间给掰开了，再用手在青砖的断截面搓弄了一下，然后把手一扬，一团白灰从古云手心里散落到了地上。

古云的举动看得庄睿目瞪口呆，忍不住说道："古代也有豆腐渣工程啊?!"

"呵呵，那倒不是，主要是你这里常年没有人住，下水道可能被堵塞了。到夏天暴雨季节，积水就会蔓延到屋子里，经过浸泡，这些砖石还有木头，已经变得腐朽了……"

听到庄睿的话后，古云哈哈大笑了起来。不过他心里也有点可惜，这么大的一个院子，几十个房间，估计都要留不住了。

第四十九章 | 拜师礼

"古哥,那您看这怎么办?"

庄睿这次是真的有些着急了,看这砖石的模样,恐怕不仅仅是修缮一下就能住人的,要真是像昨天自己想的那样,全部推倒重建的话,自己买这房子,可就亏大了啊。

"别急,看看老师怎么说吧。"古云拍了拍庄睿的肩膀,往后院走去。

"古哥,周老师这是在干什么? 怎么不用照相机啊?"

进到后院,庄睿看到周教授把肩膀上的画板取了下来,正用铅笔在上面飞快地画着什么,应该是画这些房屋,只是自己看到古云明明带着相机,却不知道周教授为什么非要用手来画。

庄睿的声音有点大,正在画画的周教授听到之后,停下了手上的动作,说道:"小伙子,你要知道,拍照的时间很短,一秒钟就可以了,但是画下来可能却需要五分钟。五分钟里面你所看到的东西,一定会比一秒钟要多,这样你就能记住,不一定非要拍照的。"

庄睿若有所思地点了点头,现在这社会,的确浮躁了许多,人们都想着用最简洁的办法来完成一些事情,却忘了在这过程里面,其实已经失去了很多。

古云走到周教授的身边,和他低声说了几句话,然后对正在沉思中的庄睿说道:"小庄,这套宅子,已经不能用古建修缮的办法了,恐怕是要推倒,重建!"

"周老师,没有别的办法了吗?"

庄睿连忙问道,他再不了解建筑这行业,也知道装修和建房完全的两码子事,自己本来还打算一个多月之后就住进去呢,要是重建的话,鬼知道猴年马月能搬进新房。

"唉,但凡有一点可能性,我也不会让你把这些老建筑给推倒,不过这套宅子的地基被水浸泡过很久,木头早就腐朽了……"

周教授一边说话,一边把手中的画板递给古云,慢步走到后院的一个垂花门旁边,抓住一边门槛,使劲一拉,一个上面还带有彩漆的长条木头,就这样被拉了下来,庄睿过去接过那木头一看,里面的确是都腐朽了。

看到这般景象,庄睿有些沮丧地说道:"周老师,如果要是重建的话,还能保持原来的

287

风貌吗？另外需要多长时间才能建好？"

庄睿之所以买这四合院，也是看中了这种建筑风格，要是想买别墅的话，六千多万也足够他在京城买套顶级别墅了。话说这是 2004 年，房地产也是刚刚热起来而已。

"呵呵，这个你倒是不用担心……"

周教授闻言笑了起来，说道："还真是巧了，你这套宅子，是康熙年间为了安置六部大臣们，专门让工部的制造库承办的，这些房子的图纸，都还保留着。你想建得像原来一般原汁原味，倒也不是不可能的，只是……"

周教授说到这里顿了一下，看到庄睿一脸焦急的模样，接着说道："只是如果按照原来的图纸施工，这造价可是不菲啊。"

"大概需要多少时间呢？"

庄睿最紧张的是这个问题，要是等到明年来上学都建不好，那自己买这房子干嘛啊。

"用不了多少时间，一共大概三十多间屋子，算上这些比较细致的垂花门等，有两个月的时间足够用了。"

一旁的古云接口说道，这可是他的分内活，一打眼基本上就能估算个八九不离十，而且两个月的工期他还说久了一点，其实要是赶得紧一点，个把月就能建好了。

"行，那就按照原来的图纸来建！古哥，这大概需要花费多少钱呢？"

庄睿听到两个月就能建好，心里很高兴，原来的房子的确破旧得可以，能推倒重建又耽误不了多少时间，他当然选择重建了，而且有周教授在，连设计图纸都省去了。

古云在心中估算了一下，说道："老弟，咱们这关系，我也不赚你材料钱了，不过像这些彩色琉璃瓦还有这大青砖等古建材料，卖得要贵一些，全部建材加上工钱，恐怕要一千五百万左右。"

"一千五百万？"

"好吧，古哥。不过这外表按照原来的风格，房屋里面的装修你要给我整得现代化一些啊，厨卫都要备齐，别到时候还要跑公共厕所。"

庄睿闻言心中有些发苦，买这套宅子七七八八的就去掉了六千五百多万，再加上这一千五百万，岂不是八千万没了，不过开弓没有回头箭，庄睿硬着头皮也只能答应下来了。

"去掉这一千五百万，手上还真没几个钱了……"

花费如此巨大，庄睿自然要对这重建的四合院提出诸多要求了，不过他最注重的，当数洗手间了，这也缘于儿时的生活。

在上世纪九十年代以前，不光是北京的四合院，就是全国各地的平房区，也都是使用的公共厕所。上世纪七十年代出生的朋友们可能还会有记忆，那会儿所说的革命工作不分贵贱，这其中所谓的"贱"字，其实就是说的掏大粪的。

庄睿儿时住在老宅子的时候，可没少在过年的时候往厕所里面丢鞭炮，也经常半夜憋得难受提着裤子往厕所跑，所以对于这套四合院，他首先要求的就是一定要有独立的洗手间,最好是把每个院子里的主卧旁边的房间,都改造成洗手间。

另外就是厨房了,外面的建筑可以沿用古建的形状结构,但是里面一定要现代化,否则整个烧火的大灶台在里面,恐怕就是庄母来了,那也不会使用。

"古哥,这四合院里有个地下室,到时候您帮我拾掇一下,重新搞个通风口,另外再装一个除湿设备,防盗安全做好一点,我准备当做收藏室用……"

庄睿第一次来的时候,就知道这四合院有个储物用的地下室,刚好在后院主卧不远的地方,庄睿当时心中就有了计划。

"行,还有车库的侧门是吧? 我都记下了,现在说这些还为时过早,等整体施工效果图出来之后,要你签字时,有什么要求那会儿再提也不晚。"

虽然庄睿像"事儿妈"似的提了一大堆的要求,不过古云始终是笑眯眯的,都说顾客是上帝,古云显然对这句话理解得很透彻。一千多万的工程造价,即使不偷工减料,也能让古云赚个钵满盆溢了。

事情谈妥了,庄睿把大门钥匙也交给了古云,就等着效果图出来之后施工了,对于这冒着酷暑来看房子的周教授,庄睿心里有些过意不去,出言邀请道:"周老师,咱们去吃个饭吧?"

周教授摆了摆手,说道:"不去了,回头让欧阳老弟给我准备几瓶八十年的茅台就行了。小古,你也跟我来吧,这康熙年的资料,还不知道被他们收拾到哪个角落里去了。"

眼看庄睿这套宅子要推倒重建,周教授感觉有些负人所托,当下就急着要去查找资料,那些资料虽然保管得很好,不过数量太多,恐怕要翻上半天,所以周教授才喊上古云来帮忙。

不过庄睿却不知道,那所谓的几瓶八十年的茅台酒,可是有钱都买不到的。

庄睿锁好大门,把钥匙交给古云之后,看着他们开车离去,自己才上车离开,房子的事情搞定了,庄睿心里也轻松不少,却又不想回玉泉山,因为那通行证还没有办好,进出的时候很麻烦。庄睿打了个电话给老妈之后,知道没什么事,干脆翻出电话本,找到了孟教授的电话。

德叔可是一直催着庄睿去拜访一下自己日后的导师,左右今天没事,庄睿就拨了过去。

听到是庄睿打来的电话,孟教授很是惊喜,让庄睿马上到家里来,正好中午一起吃饭,庄睿想了一下也没客气。路过一个农贸市场的时候,看到有人在路边卖老鳖,庄睿小时候下河捉过这东西,看着像野生的,就买了两只。

周教授所住的地方,是京大的教师村,位于京大校园后面,绿树成荫,还有个人工湖,环境很优雅。庄睿将车停在周教授所说的楼下之后,拎着两只王八就准备上楼。

"庄睿哥哥,爷爷说你要来,我都没去逛街,给我带什么好东西啦? 你手上是什么啊?"

周教授住的是二楼,庄睿还没进单元,就听到二楼阳台传出一阵清脆的喊声。抬头看去,却是孟秋千那丫头,瞪着大眼睛看着庄睿手上的王八,脸上呈现出一副不可思议的模样。

庄睿抬头嘿嘿笑了下,进入了单元楼里,孟教授早就打开门在等着了,看到庄睿手上的老鳖,也笑了起来,说道:"小庄,我可是不收学生礼物的,你拿着这东西算什么啊?"

"孟老师,来的路上看到有人卖,像是野生的,就买来给您补补身子,算是学生的拜师礼啦。"庄睿在陕西和孟教授相处过一点时间,知道他为人很和善,笑嘻嘻地开起了玩笑。

孟秋千那丫头拿着一个洗菜用的盆子跑了过来,让庄睿把两只老鳖放到盆里去。

孟教授饶有兴趣的蹲到地上,看着盆中的那两只老鳖,口中还煞有其事地评价着:"嗯,四肢发黄,裙边厚实,是野生的。这个头也不小,老鳖肉可治虚劳盗汗、腰酸腿疼,还能滋阴补肾、清热消瘀、健脾健胃。小庄,谢谢你啦,这礼物我老头子收下了。"

听到孟教授的话后,小丫头急了,两只手端过盆子,护在身前,说道:"不行,我要养着,爷爷不准吃。"敢情她把庄睿买的这俩老鳖当成是宠物了。

"好,爷爷不吃它们。小庄,来,进屋吃饭吧,今儿我可是露了一手。"

孟教授对这个孙女很是宠溺,让她把老鳖端到厨房之后,招呼庄睿到饭桌边坐了下来。孟教授的手艺还真不错,从庄睿打电话到现在,不过三四十分钟,已经是做好了七八样菜,厨房里还炖着只老母鸡呢。

"庄睿哥哥,这个可乐鸡翅可是我做的,你尝尝好不好吃?"孟秋千把一盘炸得金黄的鸡翅放到庄睿的面前,满眼希冀地看着庄睿。

"我自己来,自己来……"

看着小丫头准备给自己夹过来,庄睿连忙拿起筷子夹了一块放入嘴中。

"这……这是可乐鸡翅?"

庄睿强忍着没把口中的鸡翅给吐出来,不过味蕾却是失去了知觉,这味道,也忒咸了一点吧?

"是啊,我做得好不好吃? 我也尝尝。"

小丫头看到庄睿的脸色,差不多已经猜出自己的杰作似乎并不怎么样,夹起一块鸡翅,却是只咬了一点,她可没有庄睿的忍耐力,当下就吐了出来。

"又失败了。卢卡斯,来,有好吃的了……"

小丫头眼睛滴溜溜地转了一圈,把主意打到自己养的那只卢卡斯身上,却不料原本趴在饭桌旁的卢卡斯一跃而起,"嗖"的一声钻到房间里的床底下去了,看得庄睿捧腹大笑了起来。

有了小丫头的插科打诨,这顿饭吃得倒也愉快,吃完饭后,孟教授把庄睿带进了书房。

孟教授指着放在桌子上的一摞书,对庄睿说道:"知道你这段时间要来北京,复习资料我都给你准备好了,有什么不懂的地方,就直接来家里好了……"

"谢谢孟老师，以后少不得要经常来麻烦您。"

庄睿翻看了一下，都是些古汉语和化学类的书籍，针对性比较强，正适合他看。

孟教授下午还有事情，庄睿在请他指导了一些复习重点之后，就告辞了，倒是孟秋千这个正在放暑假的小丫头有些舍不得，让庄睿答应下次带白狮来，才肯放庄睿离去。

…………

开着车的庄睿忽然听到手机响了起来，看了下号码有点陌生，按下接听键后，里面传出一个很好听的女声："喂，请问是庄先生吗？"

"我是庄睿，请问你是？"庄睿将车靠往路边，接起了电话。

"哦，是这样，庄先生，我是北京电视台的，关于明天前往济南参加鉴宝活动，和您确认一下，请问您确定明天可以参加这次活动吗？"

原来是这次鉴宝活动的组织方，古老爷子说了他们会给庄睿打电话的，只是一直都没有接到电话，庄睿本来还有些奇怪呢。当下说道："可以参加，具体行程是怎么样的？麻烦你先说一下。"

"如果您方便的话，明天在电视台集中，然后我们有车开往济南，中午吃过饭休息一下，下午三点钟就开始现场鉴宝活动。在济南住一天，第二天上午还有半天的时间活动，下午会组织嘉宾们游览下济南的名胜，晚上返回北京……"

刘佳是这次现场鉴宝活动的主持人，也是这次活动的监制。今天早上才收到关于庄睿这位玉石协会理事的传真资料。不过上面的年龄让她有些不确定，二十五周岁，这也忒年轻了一点，刘佳又打电话和玉石协会相关负责人确认之后，这才给庄睿的打的电话。

这也不怪刘佳，要知道，这次参加现场鉴宝活动的人来头都不小，有故宫博物院的副研究员，有著名拍卖公司的总经理，还有国内的书画杂件鉴定专家，以庄睿那二十五岁的年龄混迹其中，的确会让人产生一丝不信任。

"行，明天我会准时到的……"

庄睿答应下来之后就挂掉了电话，对于他而言，单纯地分辨玉石甚至古玩的真假，并没有什么难度，只是要说出这些物件真在哪里，假在何处，这才是庄睿所需要学习的。

第二天一早，庄睿就驱车赶到了电视台，由于对道路不怎么熟悉，需要用电子导航指路，又怕堵车，所以从玉泉山出来得早一点，刚刚七点四十分，就已经到了。

不过在电视台门口庄睿被拦住了，原因无它，因为他的车牌是外地的。没有电视台发的通行证或者是北京牌照的车辆，一般都是不让进的。

"哎，我说，有这通行证也不让进？"

庄睿指着车前面那张昨天才办好的玉泉山疗养所的通行证，对看门的那个年轻武警说道。

"对不起，这个通行证不能进入这里，请问您找谁？"

那个武警战士敬了一个礼，看了一眼那张特殊开头的通行证，却依然没有放行。

"是电视台邀请我来的,对了,给你这个……"

庄睿想起来那张邀请函,连忙从车窗递了过去,这东西果然好使,在核对了庄睿的身份证之后,就被放行了。

在电视台大院里面,已经停了辆豪华中巴车,一个身材高挑,穿着职业装的年轻女人正站在车前,不住地往门口张望着,看到庄睿的车进来之后,特意看了下车牌,见是外地牌照,就没怎么留意。

刘佳作为京城台的花旦主持人,虽然主持过不少次现场活动,不过作为监制独立策划节目,这还是第一次,加上又是与外地电视台联合举办的,所以心里也有些紧张,一大早就赶到电视台,准备迎接此次鉴宝活动的嘉宾。

最近几年古董投资市场大热,就连中央台都开办了鉴宝节目,地方台更是争相效仿,这次现场鉴宝活动,就是京城电视台和山东电视台合办的。台里的领导对这次节目也很重视,摄影主持队伍,都是台里的顶梁柱。

第五十章 鉴定专家

"喂,你好,我是庄睿,现在已经到了电视台了……"

庄睿停好车之后,拿出手机按着昨天那个号码回拨了过去。

"您好,庄先生,我是刘佳,我就在院子里这个车旁边,怎么没有看到您呢?"

刘佳的眼睛可是一直盯着电视台大门处的,这会儿离上班时间还有二十多分钟,进出的人很少,除了一辆外地车进来之外,她没有发现有人进来。

"我开车进来的,可能你没看见我吧。好了,我看见你了。"

庄睿停车的地方本来就在院子里,绕过那辆中巴车的车头,就看到了正在打电话的刘佳。

此时刘佳也看见了庄睿,连忙挂掉电话,向庄睿走了过来,伸出手说道:"您好,我是这次节目的主持人和监制,我叫刘佳。"

"我是庄睿,很高兴参加你们的栏目。"

庄睿伸出右手,握了一下对方那软弱无骨的小手,打量了对方一下,不由得在心中赞了一声。

刘佳今天穿的是一身白色的职业套装,西装式的开领,将姣好的面容下面那修长的脖子和锁骨显露无疑,再往下看去,一对不大但是却很坚挺的所在,将职业装秀出了一个完美的线条,盈盈一握的芊腰下面,那齐膝的短裙使得高翘的臀部向外凸出,如果从侧面看去,肯定是一个完美的 S 形。

以庄睿的眼光来看,这位主持人除了身高比秦萱冰稍矮一些之外,其相貌气质都有的一拼,只是这脸上的笑容有些职业化。

在庄睿打量刘佳的时候,刘佳同样也在观察着庄睿,从对方的资料上来看,这位玉石鉴定专家,比自己还要小上一岁,这就足以引起刘佳的好奇心了。

一米八左右的身高,相貌很普通,不过透过脸上的镜片,看到庄睿的眼睛之后,刘佳微微吃了一惊,那双注视着她的明亮眼睛里,向外散发着一种极强的自信,使得原本有些普通的相貌,也变得生动活泼了起来。

庄睿穿得很低调，上身是灰色带格子的短袖衬衫，下面配了一条西裤，这是他昨天特意去品牌店里买的，现场鉴宝，要面对很多人，总不能还是牛仔裤配体恤衫吧？

　　不过庄睿这套花了二千多块的行头注定还是穿不出去，因为在和刘佳进行了短暂的交谈之后，他就被引上了中巴车，在车内的一个小伙子，递给他一件崭新的连体长衫，说是嘉宾们的统一服装，并拿出一个袋子，将庄睿原本穿的衣服给装了起来。

　　"庄先生，给您介绍一下，这位是我们电视台的朱台长，也是这次活动的领队。"

　　等庄睿换好衣服走下车之后，刘佳身旁多了一个戴眼镜的中年人，皮笑肉不笑地和庄睿握了下手，显然对面前的这个专家有些不以为然，摆出一副领导的架子来。

　　"台长会亲自出马？估计就是个副台长。"

　　庄睿也没在意，这都是意料之中的事情，和那位朱台长打了个招呼之后，就上车吹空调去了。虽然是早上，这天气也热得让人有些受不了。

　　又等了十多分钟之后，另外几位鉴定专家也都一一到来了，庄睿坐在车上发现，那位朱台长原本不苟言笑的脸上，马上堆满了笑容，快步上前用力握住几位专家的手，连道久仰。

　　倒是那位主持人感觉有些冷落了庄睿，上车陪庄睿说了一会儿话。

　　人到齐了以后，朱台长大手一挥，中巴驶出了电视台。

　　加上庄睿，一共是六个人，就是此次鉴宝活动的专家组了，只是另外五位相互之间都很熟悉，来到之后就有说有笑的，虽然没有刻意冷淡庄睿，但是也没人去找这小伙子去交谈。

　　"很荣幸能请到诸位专家来参加这次民间鉴宝活动，弘扬民族文化。我是京城电视台的刘佳，到济南还需要三个多小时，大家是不是相互介绍一下呢？"

　　刘佳看到庄睿坐在窗边，也没有人和他交谈，显得有些影单身孤，于是站起身来，活跃了一下气氛。

　　"小刘，你可是咱们京城电视台的大拿啊，谁还不认识你？我老金可是你的粉丝……"

　　一位长得胖胖的，四十多岁年龄的圆脸中年人，调侃了刘佳几句之后，率先开口道："我姓金，在博物院工作，朋友们都叫我金胖子。各位都是老相识了，就不用多说了吧？"

　　庄睿听到这人的名字之后，抬起头打量他一眼，金胖子的名头他听德叔提起过，专攻书画类的鉴定，在行内名头很响，没想到这次也被电视台邀请到了。

　　"呵呵，我叫钱钧，和在座的朋友们大多也都打过交道，现在京都拍卖会工作，专业上肯定是不如各位，不过对于古玩市场的价格还是了解一点的。诸位要是有什么好物件不来找我小钱，那可是不够意思啊。"

　　坐在庄睿前排的一个中年人也站了起来，自我介绍了一番，在座的几位专家，恐怕也就是他的年龄和庄睿最接近，应该是三十七八岁的模样，脸上一直带着笑容，可能是职业使然吧。

　　随后另外三个人也站起身一一做了自我介绍,在古玩圈子里打滚的人,大多都是精于世故,几句话说得车内的年轻人们哈哈大笑,车里的气氛一下变得热闹起来。

　　那三个人的名头,有两位庄睿都曾经听说过,坐在庄睿身后,长得精瘦的那个六十出头的老者,外号叫做孙大圣,是国内著名的杂件鉴赏专家,和德叔关系不错,庄睿曾经见过他和德叔的一张合影。

　　而另外一位是青铜器和古董家具的鉴定专家,年龄在五十开外,人很幽默风趣,庄睿也听说过他的名头。

　　最后一位起身自我介绍的,叫田凡,是金胖子的同事,也是博物院的研究员,对陶瓷器的造诣很深,这人话不多,站起来说了几句就坐下了,还是金胖子出言帮他补充的。

　　庄睿虽然没有什么专家情结,不过能和这几位国内著名的古玩收藏鉴定专家在一起,心里也是微微有些激动,别的不说,能从他们身上学到几手,也就此行不虚了。

　　古玩一般分为六大类:瓷器(包括陶瓷之类的)、青铜器、杂项(牙雕、木雕、竹雕、鼻烟壶、漆器之类)、书画、玉器、家具,在这车内,基本上每个领域内的专家都到了,也算得上是阵容强大。

　　"庄先生,您也做下自我介绍吧?"

　　正当庄睿给这几人划分类别的时候,耳边突然传来刘佳的声音,不由得愣了一下,他刚才压根就忘了自己也是受邀的玉石类鉴定专家,也在有资格做自我介绍的人行列之内的。

　　庄睿连忙站起身来,微微躬了一下身体,说道:"能见到古玩行里的诸位老师,心情有些激动。小子叫庄睿,对翡翠玉石有点儿研究,现在玉石协会挂个理事的闲职,不过对古玩也是很有兴趣,也想借这次机会,向诸位前辈多多请教一下。"

　　"嗯,年轻人嘛,多向几位老师学习点东西总是没有坏处的……"

　　朱台长的声音有点阴阳怪气,他是心中有些不忿。这次活动邀请的各个单位,都是派出了精兵强将,在圈内都是数得上的人物,唯有玉石协会不怎么给面子,居然派出了个二十多岁的毛头小伙子,这让朱台长感觉有些没面子,所以一直都没给庄睿什么好脸色看。

　　庄睿淡淡地看了下那出言挤兑自己的朱台长一眼,却没有说什么,屁大点官就耀武扬威的,庄睿根本就懒得搭理他。

　　"不要说什么学习,小庄年纪轻轻的就能在玉石行里出头,肯定有一手绝活的,日后大家多交流下。"

　　说话的人是那位拍卖会的总经理,他是生意人,自然是八面玲珑,虽然庄睿年纪轻,却也没有瞧不起他的意思。

　　"呵呵,不知道小庄喜好哪方面的古董啊?"

金胖子也笑呵呵地问道,对于这个年轻的小家伙,他们心里也充满了好奇,二十五岁的玉石协会理事,他们还真是第一次得见。

"杂件和瓷器都有涉猎,在上海跟德叔学过一段时间……"庄睿有意提到了德叔的名字。

"老马?嘿,那咱们不是外人,来来来,坐前面来,马老哥还好吧?有段时间没来京里了,我还说什么时候去看看他呢。"

庄睿此话一出,孙姓老者马上给他招手,让他坐过去,以他和德叔的关系,不关照下庄睿,实在是说不过去的。

这古玩行里的物件,讲究的就是个传承有序,同样,搞收藏的人,一样也讲究身份来历的,庄睿师从德叔,那也就算是圈里人了。一时间,金胖子等人对他的态度也变得热情了起来,提携下晚辈,这也是行里的规矩。

绰号孙大圣的那人更是和德叔相交莫逆,自然把庄睿当成自己的晚辈看待了,把庄睿叫过去之后,问起德叔的近况来。

"庄睿?庄睿,这名字怎么那么熟悉啊?"

那位叫田凡的陶瓷器鉴定专家,听到庄睿的名字之后,就皱起眉头在想着什么。忽然眼睛一亮,也顾不得汽车的颠簸,站起身来,一步就窜到了庄睿坐的那排座位上,说道:"小庄,你是不是前天在潘家园收了个物件?"

庄睿被这突然窜过来的小老头给吓了一跳,看这位的年龄应该也在五十开外了,动作居然如此敏捷,不过在听到田凡的话后,庄睿愣了一下,前天下午的事情,怎么这么快就传开了啊?

前文曾经说过,古董这东西的流通,除了买卖之外,就是玩家们私下里的交流了,北京城看着不小,但是这行当里的人,大多都认识,那位那掌柜在庄睿走了之后,马上就将这风声放了出去。

要知道,龙山黑陶不仅极具收藏价值,而且考古价值也很高,算得上是陶器里为数不多的精品之一。田凡在陶瓷器里沉浸了一辈子,自然对这东西很上心,听那掌柜的一提,就留心上了,所以才有这般反应。

"小庄,我没别的意思,就是想问问,那物件是不是你淘到的?"

见到一车人都盯着自己,田凡老脸一红,有些不好意思。田凡虽然和金胖子都在故宫博物院工作,不过金胖子经常会参加一些社会活动,而田凡却是整天呆在单位搞研究,人有些呆气。

"是啊,前天我在潘家园碰到个龙山黑陶,运气还算不错,是瓷来坊的那老板告诉你的吧?"自己捡漏淘宝,那是光明正大的,庄睿大大方方地承认了下来。

"嘿,还真是你呀?这可够巧的,我还说让老那约一下你呢!小庄,等咱们做完节目回北京后,你这龙山黑陶,能不能给老头子见识一下啊?"

田凡紧跟着说道。精品黑陶的存世数量太少，就算是他，也仅见过一两件，还都是带点残缺的，要不是现在车正往济南开，他都想马上拉着庄睿去看那物件。

"成，没问题……"

庄睿很爽快地答应了下来，这田凡虽然声名不显，但是就凭他那博物院研究员的身份，也值得自己结交一下的，说不定还有机会去看一下故宫内那浩瀚如海一般的藏品呢。

"小庄，看不出来你还有一手啊，这捡漏可不是人人都能碰上的。来，给我们几个说说……"

田老头得到庄睿确切的答复后，心满意足地坐了回去，他只想看到物件，对于庄睿怎么得到的并不关心，但是金胖子等人却是提起了兴趣，纷纷围着庄睿坐了过来。

听故事的爱好谁都有，不光是这些古玩行里的人感兴趣，就是那几个摄制组的人包括司机，都竖起了耳朵听了起来，这事和买彩票差不多，等于是中了大奖。

收藏对于普通人而言，是很神秘的一件事情，而捡漏淘宝更是属于传说中的了，这对于普通人的吸引力，不是一般的大。

刘佳此时看向庄睿的目光，也变得有所不同了，原本还怕他和这些专家们格格不入，会影响到这个栏目的拍摄，没想到这貌不惊人的年轻人居然这么快就和众人打成一团了，现在更是隐隐以他为中心在引导着话题。

这会儿朱台长就显得有些尴尬了，刚才他挤兑庄睿的话都被几位专家听在耳朵里，虽然不至于为庄睿出头，但是对朱台长的再搭讪，就变得有些不冷不热了。

"庄先生，您那个黑陶一千块钱买的，不知道能值多少钱啊？"

等庄睿说完之后，那个扛着摄像机上车的大胡子中年人问道，他们可不关心这物件有什么研究价值，关心能卖多少钱才是真的。

"这个我来说吧，龙山黑陶从1936年问世之后，出土的倒是不少，在山东各地都有见到，不过精品极少。如果小庄那件黑陶的烧制工艺，能达到当年梁先生手中的那件的话，恐怕市场价格最低要在六百万以上……"

说话的人是京都拍卖会的钱总经理，他对各类古玩的市场价格，那可是了如指掌，说完之后眼睛又看向庄睿，道："小庄，怎么样，那件黑陶有没有意思出手？我可以给你安排个专场拍卖，可以保证成交价格在七百万以上。"

拍卖会的收入，主要就是来自拍品成交之后的佣金，每个拍卖会收取的佣金都不同，但是大抵都在百分之十二以上。拿庄睿这件黑陶来说，如果能拍出七百万，拍卖行最少就可以进账八十万以上，所以钱总经理知道庄睿手上有这个物件之后，马上打起了主意。

"呵呵，我最近在宣武那边买了个院子，正装修着，我还想着再收几个物件呢，这个就自己留着了，不过等以后有机会，肯定是要麻烦钱总的……"

庄睿的话让众人都倒吸了一口凉气，他们都是北京人或者在北京居住了几十年的。对于庄睿所说的院子，自然知道是四合院了，现在就是几百平方米的小院子，价格都在千儿八百万左右,没想到这位玉石协会的理事,身家如此雄厚。

玩收藏的人,不一定就是有钱人,车内的这几位虽然都是古玩圈子里的知名人士,但是他们也是拿一份工资的,身家远不能和庄睿相比,更不要提电视台的工作人员了,那个化妆师女孩现在看向庄睿的时候,眼睛已经直冒小星星了。

朱台长更是为了自己刚才的态度后悔不迭。他心想,这年轻人的身家,指定不是自己赚来的,估计是哪个大家族的子弟,自己刚才得罪他的举动殊为不智。

庄睿上面的那番话,其实是故意说出来的,现在这社会,人们都是把你成功与否和你的身家财富联系在一起的,文人清高那一套早不知道丢到哪儿去了。要不然车内的这些专家们,也不会受邀来参加这个鉴宝活动了。

古老爷子可是给庄睿说过,等这活动结束之后,那红包不会低于三万块钱,两天赚三万,包吃包住还顺带旅游,傻子才不来呢。

庄睿来参加这鉴宝活动,就是为了打响在玉石行里的名气而来的,没有必要玩低调,那岂不是弱了古老爷子和德叔两位长辈的名头啊。

果然,从庄睿这番话说出口之后,几位专家的态度在不经意间都发生了改变,就连原本对庄睿这位年轻专家有些看不起的电视台摄制组的成员,也是一口一个庄老师地叫着,喊的庄睿倒是有些不好意思了。

第五十一章 民间鉴宝

　　北京距离济南大概有四百多公里,山东的高速公路是全国有名的,一路高速下来,到了中午十一点半左右,就已经进入到济南地界了。

　　济南的名字来源于西汉时设立的济南郡,含义为"济水之南",又称"泉城",是中国东部沿海经济大省——山东省的省会,是国务院公布的国家历史文化名城之一。

　　闻名世界的史前文化——龙山文化的发祥地,就位于济南,更有新石器时代的遗址城子崖,有先于秦长城的齐长城,有被誉为"海内第一名塑"的灵岩寺宋代彩塑罗汉等。

　　济南盛水时节,在泉涌密集区,呈现出"家家泉水,户户垂杨"的绮丽风光。早在宋代,文学家曾巩就评价道:"齐多甘泉,冠于天下。"元代地理学家于钦亦称赞说:"济南山水甲齐鲁,泉甲天下。"

　　在进入济南市的高速出口,一辆车身喷着济南电视台字样的车子已经等在了那里。

　　和庄睿等人乘坐的中巴车司机打了个招呼,那辆车就在前面带路了,直接驶入到了一家五星级酒店的停车场,这次民间鉴宝活动,就是在这家酒店内举办。当然,专家们的吃住,也是在这里的。

　　酒店的大门口,还拉有一个上面写着"弘扬民族文化,收藏鉴宝天下"字样的大红条幅,想必山东方面在事前已经做了不少的准备工作。

　　其实此次的民间鉴宝活动,就是由山东方面主办的,京城台是属于兄弟合作单位,因为有些资源必须他们出面才请得到,就像是这六位穿着长衫走在酒店里的专家。

　　这年头除了拍电影的之外,哪里还有人着这青色长衫打扮的? 所以当几位专家出现在酒店内的时候,所有人的眼球都被吸引了过去,有个老外甚至举起照相机拍起照来。

　　庄睿很是有些不习惯,不过看看另外几位坦然自若的样子,只能硬着头皮跟上去了。不过还好,吃饭是在包间里,否则被人当成大熊猫来观看,庄睿真不知道自己是否还能有胃口。

　　济南方面迎接专家组的规格很高,除了济市电视台正副台长全部出席之外,另外主管文化教育的副市长也赶来敬了几位专家一杯酒,发表了一通演讲之后,就匆匆离开了。

　　庄睿作为玉石鉴定的专家,虽然看起来面相嫩了一点,不过见别的几位专家和他很娴熟的样子,这边接待的人对庄睿倒也不敢怠慢。

吃完饭之后,电视台的人聚在一起商量此次活动的一些具体细节,而庄睿等诸位专家,则是到酒店安排好的房间去休息了。

到了下午两点半的时候,庄睿被叫了起来,和金胖子等人汇合到一起,坐电梯来到此次民间鉴宝的举办场所,位于酒店一楼的大型会议室内。

此时在会议室的内外走廊上,已经是排起了长队,许多人手里拿着或者拎着各色古玩,在等待着专家们入场。

现在是全民娱乐时代,就连鉴宝也变成了娱乐的一种方式,在专家进场的时候不仅有配乐,还有一个光柱紧紧跟随着专家们的身影,旁边的主持人随着专家进场,向在场的人作着介绍,每介绍一位专家,都会迎来阵阵掌声。

在2004年的时候,专家教授们还是很受推崇的,几位专家都颇有名家风范,向四周拱着手,踱着小方步走到桌子后面坐下了。

只是轮到庄睿出场的时候,就有些纠结了,音乐灯光虽然是一样没少,就连刘佳那甜美的声音还特别抬高了几分。不过场内的群众有些不买账,响起一片嘘声,这要不是顾忌着手中的物件贵重,恐怕就要当成臭鸡蛋给扔出来了。

"庄老师,没事的,包子有肉不在褶上,回头他们鉴定玉器,就要求到您了。"

坐在庄睿旁边的钱总经理怕庄睿想不开,低声安慰了一句,除了他改口喊庄睿老师之外,其余几个都是称呼庄睿为小庄,毕竟年龄相差得太多。

"没事的,钱总,受不了这点打击,那我也甭来了……"

庄睿微微笑了一下,打开面前的矿泉水喝了起来,这种情形早就在他的意料之中,要是换做他是持宝人,见到鉴定专家如此年轻,恐怕也会送上几声嘘声的。

不过庄睿心里还是有些不服气,别说是玉器了,就是古玩,如果单论鉴别真假的话,这场内也没有任何一个人能比得过他。当然,只是在心里想想罢了,这十项全能当起来可不是那么舒服的,平白遭人嫉恨。

"各位来宾,各位藏友,欢迎大家来参加由北京电视台和山东电视台联合主办的第一届"弘扬民族文化,收藏鉴宝天下"民间鉴宝活动,下面有请谭市长讲话,大家欢迎……"

等到专家落座之后,刘佳和一位胖胖的山东台男主持人,站到庄睿等人前面的展台上一唱一和地做起了主持,随后那位中午露了一面的副市长上台讲话。不过还好,副市长大人并没有发表什么长篇大论,简单的几句话之后,就宣布此次鉴宝活动开始。

济南作为传统的文化名城,历史上各个朝代留连在此的文人墨客多不胜数,民间收藏的群众基础很是雄厚,再加上山东电视台提前一个多星期就做了广告,今天来到现场的人,足足有上千人。在酒店侧门处排起了长队,队伍太长,有很多人甚至冒着酷暑,在酒店外面等待着。

现场还有一个中队的武警战士在维持着秩序,距离专家鉴定的一排长桌前方五米处远的地方,用绳子拉了一条警戒线,由于怕几位上来的都持有相同类别的物件,所以每次只允许三位藏友持宝人带着自己的东西,进入到警戒线内。

"专家,麻烦您帮我看下这个玩意,家里长辈留下来的,我四五岁的时候就见到有了,这东西蛮尧巧奇怪的,您给看看是真的不?"

第一个进来的人是个四十多岁的中年男人,穿的很普通,可能是由于天热的原因,脚上还是穿的拖鞋,怀里抱着一个黄褐色的罐子,罐子足有半米多高,呈大肚小口的造型,看样子分量不轻,男人说话的时候还喘着粗气。

"来,先把东西放到桌子上吧……"

这活归陶瓷器鉴定专家田凡,他起身招呼那人将罐子放在自己面前的桌子上,拿了个放大镜观察了起来。

一排铺着红绸子的桌子后面,坐着六个人,庄睿坐的地方最靠边,看了一眼另外两人拿的都不是玉器之后,就将注意力放到了第一个人抱来的罐子上。那罐子四周有些不规则的花纹,只是庄睿越看这东西,越觉得有点像是小时候家里腌咸菜的缸。

田凡的位置离庄睿中间还隔了两个人,庄睿看得并不是很清楚,干脆直接释放出灵气,进入到那缸子里,却发现这缸子内部胎质粗劣,烧制得很不均匀,丝毫灵气也无,估计真是咸菜缸,而这时田凡也看完坐了回去。

那中年人看到田凡用放大镜看了一下之后就坐了回去,心里有些着急,开口说道:"专家,您可瞅仔细点儿啊,这东西在我爷爷活着的时候就有了……"

"这东西是腌咸菜用的缸,里面还有咸菜味道呢,倒是有点年岁了,应该是解放前生产的,不过做工粗糙,产量大,没有什么收藏价值,你还是拿回去吧。"田凡推了推鼻梁上的眼镜,说出一番让那中年人失望的话来。

"不是说保留时间长的就是古董吗?害得我大老远的从家里抱来。专家,您确定这玩意不值钱?"

中年人有些不甘心,又追问了一句,看到田凡点头之后,才从桌上抱起那咸菜缸,骂骂咧咧地离开了。

庄睿被这人雷得不轻,拿个咸菜缸当宝贝,难道这就是民间鉴宝?

离庄睿隔着一个位置的孙老,见到庄睿脸上的表情之后,笑着说道:"别奇怪,这些人都感觉自己的东西是宝贝,你给他们说实话吧,他们有时候还觉得咱们是骗他们的。老田的脾气有点直,向来都是这样的,小庄你到时候可别把话说满了啊,要是看不透实的话,就说看不准就行了。"

庄睿闻言笑了起来,看来这句话还真是圈里的行话,古老爷子教自己这么说过,现在身边的这位也是如此说,真是放之四海而皆准。

"我说小伙子,这东西是比你年龄大,不过也大不了几岁。上世纪六十年代那会儿的印刷品,再放几十年或许能成古董,现在时间还是短了点。"

庄睿正和孙老说笑着,旁边传来金胖子的声音,他看的物件也鉴定完了,他所鉴定的那个人拿的是个扇面,说是唐伯虎的真迹。金胖子看过之后也是哭笑不得,这就是一个上世纪六十年代的印刷品,说不得只能将这位请了出去。

由于现场来鉴宝的人太多,主办方和专家们商议了一下,不同类别的藏品,可以同时上来鉴定,这样六位专家都能忙活起来,也可以增加鉴别物件的速度。

如此一来,场上除了庄睿之外,人人都忙了起来,可能是古玉收藏的人比较少,接连上来二十多个人里面,居然没有一个人是鉴定玉器的。庄睿就显得有些清闲了,不过这也正合他的心意,饶有兴趣地看另外几位专家鉴别物件。

这其中书画类的古玩最多,而金胖子也是最忙的一个人,他连看了十一幅书画作品,全部都鉴别为赝品,眼光极其老辣独到。庄睿用灵气看过,这金胖子没有一件是看错的,不能不让庄睿心生敬佩。

"小庄,跟着马老哥,你对杂件应该不陌生吧?来,看看这个鼻烟壶。"

孙老见庄睿左看右看的没什么事做,把手里正把玩的一个珐琅彩鼻烟壶递给了庄睿。

"东西是假的……"

庄睿拿过来装模作样地用放大镜看了一下,给出了答案。

"哎,小伙子,这饭能随便吃,话可不能乱说啊,这鼻烟壶在我手里可是有些年头了。"

庄睿一不留神,话说得有些直接,把这物件的主人给惹火了。

庄睿抬眼看了一下,这鼻烟壶的主人是个五十多岁的老头,穿着挺考究的,正一脸不忿地看着自己。

"小庄,你怎么就能确定是假的呢?"孙老也有意考校庄睿一下。

"这玩意儿里面的壁画,纯粹就是先烧好后画上去的,能不是假的嘛?"庄睿脱口而出,他用灵气看的时候,发现这壁画和这玻璃瓶子,根本就不是烧制在一起的。

"那不可能的,我前段时间买来的时候用清水洗过,要是后来画的,肯定会掉颜色。"

鼻烟壶的主人愈发不高兴了,不过却说漏了嘴,这物件并不是像他所说,在手上有年头的。

庄睿想了一下,从桌子上拿起一个为了擦拭物件准备的单头长柄棉签,沾了一点面前瓶子里面的酒精,这些东西都是主办方准备的,鉴定的时候经常可以用到。

庄睿把沾了酒精的棉签,伸到鼻烟壶里使劲地来回摩擦了一会儿,然后把棉签取了出来,放到鼻烟壶主人的面前,说道:"大叔,有很多颜料,并不是水可以清洗的掉的,以后买这东西,还是小心点为好……"

那老头被庄睿说得满脸通红,不过看着这棉签上所沾的颜色,却是一句反驳的话也说不出来,一把抢过庄睿手里的鼻烟壶,钻出了人群。

"行,不错,得了马老哥的几分真传了。"孙老看到庄睿三两句话就把那想占便宜的老头臊走了，不由对着庄睿翘起了大拇指。

电视台主办这次节目，如果物件鉴定为是真的古董的话，会出具鉴定证书的，如此一来，也就不乏一些拿着假东西想浑水摸鱼的人。要知道，经过这些专家鉴定后出具的证书，那可是立马就能让本来一文不值的假古董，变成价值千金的真玩意儿。

中国每个朝代都会产生大量的赝品古董，所图不外乎是为了"利"之一字，但是现在玩收藏的人，也都学乖巧了，没有十分把握，一般都是不见兔子不撒鹰，很少花费巨资去买那些看不准的物件。

如此一来，许多古董商人的生意就不好做了，因为他们主要是靠那些赝品高仿的物件赚钱的，所以有些人就煞费心机地给自己的那些假物件来个包装，然后再倒手出售。

这个包装，指的就是专家或者专业机构所出具的鉴定书了。普通人的心里，对于专家或者专业机构，还是比较认同的，有了这个包装，赝品古董不仅能当成真的卖，就是价格，比之真品也是不遑多让。

有这种心理的人，也不单纯就是古玩商人，一些玩收藏打眼交学费的人，也会把假东西拿出来，想浑水摸鱼，搞张鉴定书，然后将自己花费的钱给赚回来，总之是林林总总，揣摩着各种心思的各色人物都有。

自古以来，古玩界就有一种说法，"古玩是不打假的"。古玩交易讲的是一手交钱一手交货，至于卖的东西是真是假，卖方没有义务告诉你，你买的东西是好是坏，全凭眼力，好坏都要认账，没有退货的道理。

但是，随着近几年来，拍卖会上众多拍品的屡创新高，艺术品市场再次成为投资热门。很多人倾尽家财，只为买上三五件不知真假的古董，做个"一夜暴富"的美梦。

几十万几百万不知真假的东西放在家里，怎样才能睡安稳呢？答案很简单——证书，这年头，一张盖了章的纸比任何其他东西都管用。

有这样想法的人虽然不在少数，但是在今天现场的人，更多的还是对自己手中的古董拿不准真假，想要请专家鉴别一下的。

刚才在庄睿的桌边，没有一个人主动上前找他鉴定，主要就是因为庄睿的面相看上去太年轻了点，没有专家的范儿，所以很多人不敢拿自己的收藏去给庄睿鉴定，万一自己的东西是个真物件，被他说假了怎么办啊？

不过台上一共六位专家，而台下却有上千双眼睛在盯着，庄睿刚才鉴定那鼻烟壶的举动，也被许多人看到了，那位想占便宜的老头刚走，庄睿桌边就过来了两个人。

"庄老师，麻烦您帮我看看这个手稿，是不是古董？"

走在前面的那个人，手里拿着一个木盒子，放到了庄睿的面前。

"对不起，我主要是看玉器，字画类的您要找金老师。"

庄睿虽然有些好奇，但是不能抢别人饭碗啊，还是出言让那人排队去了，金胖子现在可是最忙的。

第五十二章 小试身手

"庄老师,我这东西是玉器,您给看看吧……"

第二个上来的人手里同样拿着一个巴掌大小的盒子,放在了庄睿面前。

庄睿打开盒子一看,里面有五个拇指大小的用白玉雕成的玉人,有的腰间挂了一个鼓,有的手里高高举起一把鼓槌,还有的呈跪拜造型,五个玉人的造型不尽相同,面部表情被刻画得栩栩如生,并且上面还带有明显的沁色,从外表上看,应该是一套反映古代祭祀的玉雕。

拿在手上把玩了一下,包浆还算厚实,庄睿在举起放大镜的时候,眼中灵气悄无声息地溢入到这几个小物件里面,这一看之下,庄睿不禁大失所望,原本以为能碰到一个真物件,却还是假的。

也不能说是假的,玉是真的,而且雕工也算不错,但年代上却是做旧的,年代应该就是近几年的,因为庄睿发现,这几个玉人里面,虽然有微薄的灵气,不过颜色很淡,并且那些用颜料制成的沁色,也是依附在这几块玉的表层上,根本就没有侵入进去,也就是说,作假的人,给这些玉上色的时间并不是很长。

庄睿放下手里的放大镜,抬头看向面前的这位持宝人,问道:"这位先生,能说说您这套玉器的来历吗?"

持宝人的年龄在三十岁左右,戴着一副眼镜,文质彬彬的样子,听到庄睿的话后,连忙说道:"我是在中学教历史的老师,这东西是我前年从古玩市场里面买的……"

"花了多少钱呢?"庄睿追问道。

"呵呵,卖给我东西的那人说这是汉代古玉,当时上面还沾着土呢,一共花了我两千八百块钱。庄老师,这玉是不是假的?"

这位历史老师的心态比较好,看来心中早就存了物件是假的心理准备了。

庄睿笑了笑,说道:"玉不是假的,但不是汉代的古玉,而是现代雕刻后做旧的,玉质是和田的白玉,品质一般,不过这套做旧的祭祀玉器,雕工不错,可以自己留着把玩一下,以后再去古玩市场,多看少出手,这东西要是真的话,要在你买的那个价格后面,再加上两个零的……"

庄睿此刻也进入了专家的角色,虽然是动用了灵气才鉴别出这套玉器的真假,不过这也让庄睿长了见识,就是现代的雕刻工艺,不见得就比古代差,甚至还要超出一些,像这套玉器,留个上百年之后,不也是一套雕工精湛的古玉了嘛。

"谢谢庄老师,以后我会注意的。"来人对庄睿的答复很满意,鞠了一躬之后,拿着自己的物件走了下去。

庄睿等人的衣领上,都是有个小话筒的,在台上所说的话,下面的人都能听得一清二楚,刚才对这套玉器的鉴定,说得是有理有据,台下众人对这位年轻的鉴定师,也增加了几分信心,那位历史老师刚走下台去,一位打扮入时的女士就走了上来。

"庄老师,这是我前几年在缅甸旅游的时候,买的一只玻璃种的手镯,这几年听说翡翠价格涨了很多,您看看我这个手镯现在能值多少钱?"

见到上台来的女士手里并没有拿什么东西,庄睿正感觉奇怪,这时候,那个女人从手腕上褪下一只镯子,放在了庄睿面前。

庄睿拿起那只手镯,嘴里随口说道:"翡翠自身具有传热的特点,像现在这个天气,把翡翠贴放到脸上,就会有凉爽的感觉,而且天然翡翠中含有人体必需的多种矿物质,佩戴手镯时是直接和皮肤接触,所以玉石中的矿物质容易被人体吸收,可以补充人体所需的多种矿物质,也可以有效促进血液的循环。

"不过,您这只翡翠镯子,是假的,这是有色玻璃做成的手镯,戴着虽然没有什么坏处,但是对身体也产生不了什么好处……"

庄睿说话之间,已经把这只镯子给鉴定完了,就是一个被注入了氧化铬和氧化铜外表呈绿色的有色玻璃制成的。

"不可能的,这是我花三万块钱买的,还有鉴定证书,是 A 货。年轻人,你到底识不识货啊?"

那个女人听到庄睿说镯子是假的之后,面色大变,当即就翻脸了,对庄睿的称呼从老师也变成了年轻人,两人的对话引起台下一阵议论。

"我就说嘛,那人太年轻了,肯定经验不足……"

"就是啊,别人都有鉴定证书的,怎么可能是假的啊……"

"也不一定,这年头啥都有假的,鉴定证书就不能作假啊?"

种种议论,不一而足,有支持那个女人的,也有帮着庄睿说话的,顿时原本安静的会场,变得嘈杂起来。

"小庄,怎么回事?"

女人的声音惊动了另外几位正在鉴宝的专家,纷纷放下手中的物件看向庄睿,虽然庄睿比较年轻,但是他们是一起来的,要是出点什么差错的话,自己脸上那也是没有面子的,这可是一荣俱荣,一损俱损的事情。

"我花三万块钱买的玻璃种手镯,被他说成是假的了,不行,我要换专家鉴定,另外你们要给我出具鉴定书,不然我都说不清楚了。"

没等庄睿说话,那个女人就一脸怒容地喊了起来,她倒不是来搅局的,只是自己买了好几年,平时都舍不得戴的手镯,猛然听到是假的,生气之余心中也有些惶恐,所以提高了音量,以掩饰心中的不安。

"说的没错,嘴上无毛,办事不牢,换人!"

"年轻人就是不行,别人三万块钱买的东西,到他嘴里就变成一文不值了……"

她的话倒是博起台下的一片同情心,不少人出言支持起来,这些人也是有着同病相怜的心态,生怕等会儿自己上台后,物件也是假的。

"小庄,把手镯给我看一下……"

孙老从放着古玩杂项鉴定牌子的桌前站了起来,走到庄睿身边,从有些发呆的庄睿手中接过了那只手镯。

庄睿刚才还真被这女人机关枪一般的话给说愣了,直到手镯被孙老拿走之后才反应了过来,不由得连连摇头苦笑,还是年龄惹的祸啊,要是换成另外几个专家,恐怕这女人不会是这种态度吧?这他娘的连真话都不能说了。

不过随之庄睿就推翻了自己的这种想法,这人要是不讲理,谁的账都不会买的。

"这只镯子的确是假的。这位女士,缅甸虽然产玉,但是并不代表那里所卖的玉都是真的,相反,他们用产玉的噱头卖假货,国内上当的人不在少数。"

"你们都是一起的,当然维护自己人啦,你说是假的,有什么证据啊?"

孙老看完那只镯子之后,得出的结论和庄睿一模一样,不过很显然,对于孙老的结论,这位女士还是不能接受,连带着把台上的几位专家都给攻击到了。

"你要证据是吧?我可以给您。"

庄睿忍住气,从孙老手里拿过镯子,说道:"你可以过来用放大镜看一下,真的翡翠里面是没有气泡的,但是你看看这只镯子,里面布满了气泡。"

女人撇了撇嘴,身体虽然没有动,但是脸上却有了一丝疑虑。

庄睿见到这女人仍然不死心,开口说道:"这位女士,能给我两根头发吗?"

"你要头发干嘛?"

那女人虽然有些不明白庄睿的意思,还是从头上拔出两根长发,递给了庄睿。

"口说无凭,咱们来做个试验吧……"

庄睿把自己脖子上的那个玻璃种的挂件拿了下来,说道:"我这件观音挂件,也是玻璃种的料子,下面我做个试验,大家看完之后就明白了。"

"朋友们谁有打火机?"

庄睿边说边拿起一根头发,围着挂件缠绕了起来,一摸身上,却发现这长衫连个口袋都没有,点烟的打火机放在自己衣服里了。

"我有……"随着喊声,台下一个人跑了上来,递给庄睿一个打火机。

"刚才说过了,玉石传热比较快,所以用头发缠住这块翡翠,用火烧的话,热量很快会被传走,温度上升慢,所以一时半会儿的,头发不会被烧断。"

庄睿接过打火机,站起身来,把左手拿着的翡翠观音挂件举高,然后用右手把打火机打出火苗,放在有头发的地方烧了起来,过了四五秒钟之后,庄睿放下打火机,把缠绕在自己那个观音挂件上的头发取了下来。

"大家看看,这头发是不是没有断?"

庄睿将那根有些弯曲的头发拉直之后,展示给台下的众人。

"真的没断啊……"

"快点试试另外那个手镯……"

见到这般情景,台下的人纷纷议论了起来,而手镯的主人,却是脸色变得有些苍白。

"好,咱们再来试试这只镯子。"

庄睿边说边把另外一根头发缠绕在镯子上,然后用刚才同样的动作,用打火机烧了缠绕在镯子上的头发,镯子的主人离庄睿最近,清晰地看到那头发在火苗放上去两三秒的时候,就已经被烧得卷曲断开了。

放下手镯,拿起那根被烧成两半的头发,已经不需要庄睿再多说什么了,谁是谁非,场内所有人都看的清清楚楚。

"这位女士,如果您还有疑问的话,请您拿着这只手镯,去北京朝阳区 XX 路 XX 号国家玉石检测中心鉴定一下,我可以让他们给您免费鉴定……"

事实胜于雄辩,那个女人听到庄睿的话后,脸上露出既羞愧又心疼的模样,羞愧的是她刚才出口伤人,但是这个年轻人却用事实给了她一巴掌,心疼的自然是买镯子的三万块钱了。

"庄老师,对……不起,实在对不起您……"女人很不好意思地拿回了那只手镯,弯腰向庄睿鞠了一个躬,匆匆走下台消失在人群里了。

庄睿站起身来,对着所有看到这一幕的人说道:"各位朋友,各位藏友,你们来这里参加这个活动,自然是希望自己的宝贝都是真的。

"不过咱们国家虽然历史悠久,遗留下来的好物件不少,但是对于现在这个收藏群体而言,那就少得可怜了,在古玩市场买到假货赝品,也都很正常,并不是什么丢人的事情,就连我们这些人,也是有过打眼交学费的经历的。

"希望藏友们能摆正心态,认真对待鉴定结果,不要因为东西是假的,而对我们的专业知识产生怀疑,我们也会用自己的专业知识,帮助大家鉴别出手里物件的真假。

"至于我们分辨不出来真假的古董,也会实言相告,让藏友们去做进一步的检测,请相信我们的职业操守,绝对不会将假的说成是真的,也不会武断地去判断一个真的古董是假的,我要说的就是这些,谢谢大家!"

庄睿说完之后,对着台下深深地鞠了一躬,台下的众人都在思考着他的话,过了有一分多钟之后,不知道是谁率先鼓起了掌,顿时会议室内掌声如雷,久久不能停息。

大多人都会有这么一种心理,那就是自己的东西,自己可以说不好,但是却听不得别人来说。

打个比方来说,就像是朋友整天抱怨他的小孩调皮捣蛋不懂事,他说可以,您要是附和一句:"对,你那儿子真不懂事。"您这一说就得了,即使您那朋友不和您断交,恐怕往后也会疏远您了。

古玩也是一样,谁不想自己花钱买的古玩是真的啊?但是毕竟这世上的古董,假的要多过真的几百倍或者成千上万倍,自然买到假货的几率就要大于淘到宝贝的概率了,庄睿的话也是给场内的这些人提了个醒,不要过于执著了。

现在玩收藏的,虽然不乏投机的人,但是与几年之后相比,相对还是比较理性的,听到庄睿的话后,这些人也学到了一些东西。

如雷般的掌声足足响了一分多钟,才在主持人的干涉下,慢慢地停了下来,不过台下众人看向庄睿的目光里,却是充满了钦佩的神色。

虽然主持人说了后面的藏友今天无法进行鉴定了,不过围在外面的人却没有一个离开的,毕竟在这里看着,也能长不少的见识。

庄睿并不知道,等这个节目播出之后,他在国内的古玩行里,也打响了自己的名头,至少很多藏友们,在心里是认可了庄睿这个专家的名号,当然,这些都是后话了。

…………

掌声停歇下来之后,刘佳手持着话筒说道:"各位来宾,各位朋友,专家们已经连续鉴定两个小时了,请专家们退场休息半小时,然后再继续为大家鉴定手中的宝物……"

山东台男主持人的声音紧跟着响了起来:"另外,排在后面的朋友,今天肯定是无法进行现场鉴宝了,明天早上八点钟,北京专家团的专家们,将继续为大家进行鉴宝活动。"

主持人说完之后,就有工作人员过来引领庄睿等人去旁边的一个休息室,庄睿还好,只鉴定了两三个物件,可是另外几人却累得不轻,金胖子在冷气十足的会议室里,忙得那身长衫几乎都被汗水给浸湿透了。

"小庄,不错,基础知识扎实,应变能力也强,你就是单独出去,也能镇得住场子了。"到了休息室之后,金胖子擦了擦汗,对庄睿翘起了大拇指,今天这种情况,他们经常会遇到,即使庄睿不出来,也是有解决的办法的。

"金老师,您以前也遇到过这种情况?"

"嘿,这样的事情多了,不过这也都是一些人为因素造成的,咱们这圈子里,也有那么一些为了几个钱,弄虚作假的人……"

听到金胖子的一番解释,庄睿才明白了过来,原来随着收藏热的兴起,鉴定这个行业也随之水涨船高,于是,各种民间文物鉴定机构如雨后春笋般欣欣向荣起来。

这些打着"xx 委员会""xx 协会"旗号的组织和人员,有的是"理论不能联系实际"的老学究,有的是"光有实际没有理论基础"的古玩专家,更多的则是只要肯出钱,就给开证书的"好好先生"。

古玩界的各种证书,让本来就有作假传统的古玩市场,更加"乱花渐欲迷人眼"。"假的不一定是假,真的不一定是真",搅起这股浑水的,正是这形形色色的鉴定机构。

金胖子喝了一口水,笑着说道:"现在最需要鉴定的其实不是老百姓手头的古玩,而是给这些古玩开证书的'专家',咱们这几个,也都是在打假行列里的……"。

庄睿被金胖子的这番话说的是目瞪口呆,按照这么说,鉴定古董的专家们,是不是也要开出"证明此专家为真"的证书呢?

不过经金胖子这么一说,庄睿心中的怨气也少了许多,鉴定市场良莠不齐,也难怪那些藏友们会产生不信任。

其实庄睿刚才的那个火烧头发的表演,也是有一点猫腻的,用头发丝缠住玻璃,如果缠的稍紧一点的话,一两秒钟也不会烧断,有些商家就会用这种伎俩来欺骗消费者,不过如果烧的时间稍长的话,还是能分辨出真假来的,所以用这种方法鉴别玉的真假,还是可行的。

"小庄,你师出上海的马老哥,应该对瓷器也不陌生吧? 回头我这边的物件,你帮我也看一下,今儿的东西实在太多,有点忙不过来了……"

田凡研究员这会儿也是累得不轻,在沙发上休息了一会儿才缓过劲来,今天场内的东西,除了字画之外,就要数陶瓷类的古玩多了,当然,大多东西只能称之为现代工艺品,田凡刚才也看了二三十个瓷器,只有一个道光年间的花瓶是真的,不过有些残缺,市场价格也是大打折扣。

上海德叔的瓷器修复,在国内都是很出名的。对于陶瓷器的鉴赏,也有自己的独到之处,所以田凡才出言让庄睿等会帮他看一些物件,很显然,庄睿用自己的行动,赢得了这些专家们真正的认可。　.

第五十三章 唐三彩

十五分钟的休息时间很短暂,基本上就是喝口水,聊几句天的工夫,一位工作人员就出来催促了,众位专家们只能再次登场,这次登场虽然没有再次介绍专家,但是庄睿出场时,却是获得了长时间的热烈掌声。

原本在台上最为空闲的庄睿,在第二波鉴宝开始之后,却成了最忙的人了,也不知道开始这些持有玉器的人都藏到哪儿去了,现在纷纷冒出了头,各种精美的玉器层出不穷。

像一个清朝的白玉扳指,就价格不菲,这东西本意是拉弓射箭时扣弦用的一种工具,套在射手右手拇指上,以保护射手右拇指不被弓弦勒伤的专用器物。

这个扳指里面的灵气虽然是白色的,但是十分浓厚,并且玉质也是上等白玉,经过庄睿鉴定为真品之后,钱总经理也根据其同类古玩的市场走势,给出了三十万元的价格。

看到鉴定出了真的物件,并且价值不菲,台下的众人是群情涌动,使得庄睿也更加忙了,不过古玩这东西,只要你事先知道了真假,总归能说出一些道理来。

庄睿先用灵气辨别真伪,要是里面灵气充裕的,就扔给钱总去估价出具证书,要是灵气匮乏的物件,就直接挑出点毛病和持宝人一说,对方也是心服口服,相比之下,虽然庄睿这边围的人最多,但却是鉴宝速度最快的一个。

随着时间的推移,下午的民间鉴宝活动也逐渐进入了尾声,不过主持人没有宣布鉴宝活动结束,现场的藏友也就没有人离开,反而是越聚越多。

突然,正在鉴定陶瓷器的田凡出言说道:"几位,把手上的物件先放一下,来看看这个东西。"

虽然说是术有专攻,不过这些专家们对于自己专业之外的古玩,还是有一些了解的,相互之间也能给出点意见来。田凡既然开口求教了,显然这东西有点意思。庄睿等人都放下了手中的活,向他看去。

前文曾经介绍过唐三彩,这是一种盛行于唐代的陶器,以黄、白、绿为基本釉色,后来人们习惯地把这类陶器称为"唐三彩"。

唐代是中国封建社会的鼎盛时期,经济上繁荣兴盛,文化艺术上群芳争艳,唐三彩就是这一时期产生的一种彩陶工艺品,它以造型生动逼真、色泽艳丽和富有生活气息而著称。

现在摆在田凡教授面前的这个唐三彩,是个三彩双峰骆驼俑,高度近乎一米,搭挂着兽面纹饰的驮囊,丝绸和水壶也都安放就位。它引颈张口,后肢直立,前腿略弯,仿佛刚从卧姿直身而起,仰天长嘶,准备踏上西归的征途,造型极其威武恢弘。

仔细看着这个昂首嘶鸣的骆驼,庄睿在恍惚间,仿佛看到那长安城里喧闹的东、西市,驿站旁酒巷里巧笑的胡姬在你身旁铺张开来,似乎身处在大唐盛世的气氛里,感受着异域与东方的传奇。

金胖子和孙老等人,也被这件唐三彩骆驼给震住了。这件三彩作品不仅俑色彩鲜艳,釉色明亮,而且造型精致准确,更主要的是,在三彩骆驼那光亮的釉面上,有很多微小的开片,像一个个小裂纹一般。

这种开片主要是由于胎和釉的收缩比不太一致而造成的,胎的收缩比较小,釉的收缩比较大,这样在它烧制的过程中,冷却的时候釉子就会产生收缩,因此在釉子的表面,会形成这种裂纹。

唐三彩出土的多了之后,这种开片也就成了鉴定唐三彩釉面的一个非常显著的特征,当然,后世技艺高超的造假者们,也肯定会在这方面做手脚了。

"孙老师,您怎么看这物件?"

田凡知道在场的这几个人里,孙老是玩杂件的,对于唐三彩并不陌生,至于金胖子等人,恐怕懂的就不是很多了,所以在众人粗略的看了一圈之后,出言向孙老问道。

孙老拿着一个二十倍的放大镜,对着开片仔细地看了一会儿,摇着头说道:"这物件我看不准,从开片上看,是芝麻片,不像是后仿涂刷高锰酸钾溶液形成的,但是这物件太完美了,我拿不准……"

孙老所说的芝麻片,指的是唐三彩陶器受地下水和土壤中酸碱物质的侵蚀后,自然形成的开裂。这种开裂比较细碎,像是芝麻一样,距离其一尺左右远,就能明显观察到。

而造假者往往使用氢氟酸和高锰酸钾等化学药品,对器物釉面进行腐蚀和染色,然后再放置一段时间,釉面的"开片"也会变得明显,但是开裂的痕迹,却显得很宽,没有自然开片那样细碎。

这件三彩骆驼,无论是从釉色造型,还是开片来看,都是真迹无疑,但它就是太过完美了,比之故宫博物院珍藏的一尊三彩骆驼还要出色,所以不管是田凡教授,还是孙老爷子,都不敢妄下结论。

"田老师,我曾经听过您讲的一堂关于唐三彩器皿特征以及鉴定知识的课,后来见到这件作品之后,我就把它买了下来,也找过一些人看,都说是真品,今天借这个机会,也请您帮着鉴定一下。"

这个唐三彩骆驼的主人是位四十多岁的中年人,身材微胖,长着一张国字脸,即使是在众位专家面前,表现的也是不卑不亢,看样子应该是个有点身份的人。

"刘先生是我们济南收藏协会的会员,也是天X食品有限公司的董事长,很热衷收藏,曾经在我们收藏天下栏目组做过嘉宾的……"

山东电视台的那位男主持人,见缝插针地给庄睿等人介绍了一下持宝人的来历,也是间接地说明,对方是有财力收藏这种比较珍贵的古董的。

"刘先生,既然您是行内人,我就冒昧地问一句,这件唐三彩骆驼,您是怎么收到手上的呢?"

古玩鉴定这工作,不仅要从文物本身入手,也要去追究其传承来历,像一些珍贵的文物,都是从各大古墓中出土的,就算是被盗掘出来的古玩,也是会流传盗出的物件和数量的。

这位刘老板似乎并不忌讳谈这物件的来历,大大方方地说道:"呵呵,这件三彩骆驼,是我在一次朋友的私人聚会上见到的,当时看着喜欢,就买下来了……"

"聚会?"庄睿小声嘀咕了一声,应该是一些藏友组织的交流活动吧?

"就是黑市。"

坐在庄睿身边的钱总经理,用手捂住了话筒,小声地说道。

庄睿闻言愣了一下,因为他突然之间,想到了在草原黑市上所见到的那尊三彩马,也是仿制得几乎天衣无缝,被那个冤大头日本人以高价给买去了。这件三彩骆驼造型釉色如此完美,是不是也是假的呢?

这个念头在庄睿心头升起之后,就像是在心里蒙上了一层阴影般挥之不去了,说不得,只能再用灵气察看一番了,趁着几人正在交谈的工夫,庄睿走到这三彩骆驼的桌前,低头看了起来。

"刘先生,您淘到这物件,当时花费了多少钱啊?"

坐在田教授旁边的金胖子追问道,这也是鉴定物品过程中,必须要问到的,尤其是像这么完美的三彩作品,出手的人绝对不会将价格定得太低。

"四十万元,我感觉它是物有所值的。"

见到几位专家都不敢确定自己这件藏品的真伪,刘董事长心中也升起一股子豪情来。

按说以他购买这件唐三彩的价格,和国内正规拍卖行里拍出的三彩古董,也是相差无几了。

有些朋友看到这里就要说了,唐三彩是国宝,怎么会这么便宜啊?其实这些朋友是进入了一个误区,唐三彩被认可,最早是在国外,在上世纪八十年代的时候,价格达到顶峰。1989年12月,由伦敦苏富比推出的唐三彩陶大马,以四千九百五十五万港元创下中国艺术品拍卖最高价的记录,保持了十二年之久,风头一时无两。

但是由于假的东西冲击市场冲击得很厉害,导致很多人上当受骗,对唐三彩的信心变得不足起来,随后唐三彩在国际市场的价位就迅速下跌了。

最近几年国际市场上拍出的唐三彩作品,价格大多都是在几十万美元左右,而国内就更低了一些,即使一些精品,价格也是在几十万至百万元上下浮动。

由此可见,如果这尊唐三彩骆驼是真的话,刘老板的这笔生意,还是赚了。

"金老弟,孙老哥,我看这物件应该是真的,估计是从哪个唐墓里盗出来的,你们的意见呢?"

田教授在思考了一会儿之后,说出了自己的见解。前些年盗墓成风,难保会有一些精品流失出去,而面前的这位持宝人也说明了东西的出处,就是从黑市中拍来的。种种迹象表明,这件三彩骆驼是真品的可能性极大。

"假的,这尊唐三彩骆驼是个现代仿品!"

金胖子等人还没有答话,一直默不作声的庄睿,突然从桌前抬起头来,斩钉截铁地说道。

"哦?何以见得?"田教授见到庄睿说得如此肯定,知道他应该是看出了一点端倪。

"庄老师,您说是假的,也总该有依据吧?几十万块钱我不在乎,如果真是假的,就当是买个教训了,但是,假在哪里,还请您给指出来。"

刘董事长虽然没有像那个女人一般咄咄逼人,但也是语露机锋。既然您说是假的,那好,拿出证据来吧。

庄睿闻言皱起了眉头,他之所以说是假的,因为在这尊三彩骆驼里面,没有丝毫的灵气存在。庄睿现在见过的古玩也有上千件了,或多或少都是灵气存在的。

所以庄睿可以肯定,这尊三彩骆驼,一定是赝品,但是假在什么地方,以他对唐三彩的了解,实在是编不出什么理由来。

"这个嘛,自然是有依据的……"

庄睿围着三彩骆驼又转了起来,用灵气从头至尾检查起来,想发现点不同出来。突然,他的眼睛瞪直了,在一瞬间,脸色露出了不可思议的神情,不过由于庄睿的头一直是低下来的,倒是没有被人看到。

"他娘的,这样的玩意竟然也能量产?!"

庄睿之所以会这么震惊,是因为他在看到这件三彩骆驼弯曲抬起的前蹄时,赫然发现,在那前蹄内壁里面,居然也有着一个许字,和在草原黑市上所见到的一模一样。

庄睿现在对这位作假的人是佩服得五体投地。整出了个三彩马不说,这又出现了个三彩骆驼,要知道,赝品那也是有档次高低,要分个三六九等出来的。

以这尊三彩骆驼而言,恐怕所用的工艺和土壤,都是按照唐朝三彩烧制程序来的,即使去做碳十四都未必能检测得出来。如此完美的仿制工艺,其造价应该在十万元以上。这位三彩骆驼的缔造者,绝对是位作假行当里的大师级人物。

"小庄,过来一下……"孙老站在鉴定台进入休息室的门口,向庄睿招了招手。

这会儿庄睿已经围着这件唐三彩骆驼转悠了几圈,却没有开口指出问题所在,台上台下的人都有些不耐烦了。虽然庄睿之前表现不错，但是也不能如此信口雌黄吧。

刘佳见到庄睿眉头紧锁，原本就想打个圆场，看见孙老师招呼庄睿之后，连忙站出来说道："各位藏友，请给专家们一点时间，对这件唐三彩作品做出评估。到底是真是假？下面将更加精彩。"

听到主持人的话后，金胖子等人干脆也站起身离开桌子，走进了里面的休息室。

"孙老师，有什么事？"

庄睿这会儿发愁的是要如何解释这件唐三彩骆驼假在何处，以他对唐三彩的认知，如果不是用灵气探查的话，还真的挑不出毛病来。现在他虽然知道这件三彩骆驼里另有玄机，却总不能直接将其打碎掉吧，那样更无法解释了。

"我对这件唐三彩也不怎么看好，因为它太完美了。出土文物中，还少见到这么釉色明亮，毫无瑕疵的作品，但是咱们挑不出毛病，就不能妄言真假。你刚才说的那话，有些冒失了。"

从德叔的关系论起，孙老也算是庄睿的长辈了，所以对庄睿刚才的举动，提出了批评。不过他对这件古玩的看法，也代表了田教授等人的想法，均是听得连连点头。

"孙老师说的不错。我在去年也拍出过一件唐三彩的仕女像，那件作品已经算是保存的比较完好了，但是在腰部的釉色，还是有些残缺，像这件三彩骆驼，我还是第一次得见。"

钱总经理也说了自己的意见，对于他们这些人而言，见过的古董实在是数不胜数。到了他们这种境界，当看到一个物件的时候，心里往往就会产生一种直观的感觉，就像这件三彩骆驼，虽然挑不出刺来，但是感觉不对。

当然，这也不是绝对的。如果他们有机会得到这件三彩骆驼的话，只要价格不是太离谱，多半也会出手购买的，因为至少从表面上，他们找不出任何作假的痕迹来。这其实就是专家也会打眼交学费的根源，有时候会过于相信自己的专业知识。

"小庄，我看这样吧，等一会儿出去，你就赔个不是，说是看走眼了，人无完人嘛。相信对方也不会多说什么。咱们给他出具一个鉴定证书得了，这证书我来写。"

田教授这番话，看似是让庄睿承认眼拙看错了，但是由他来在鉴定证书上签字，等于这个风险是由他承担下来了。日后要是传出这件古董是假的话，丢的还是田教授的脸面。

"嗯，田老师说的有道理。小庄，不行咱们就这么办吧，我可是饿的前胸贴肚皮，就想着去吃饭了。"

金胖子等人也出言附和了田教授的意见。这真假二字说出来简单，上下嘴皮子一碰就可以了，但是你不讲出个道理来，别人是不会信服的，而且这位持宝人又算得上是圈内的行家，如此拖下去，只能降低专家团在众人心目中的权威地位。

"我说几位老师，您几位怎么就不问问我为什么说这物件是假的啊？"

庄睿苦笑了起来，在众人劝他这会儿，他也在开动着脑筋想着说辞，还真被他想到了一个。

"哦？你还真看出问题来了？"田教授有些吃惊。这尊三彩骆驼，无论是从造型釉色还是开片而言，都是无可挑剔的。他自问自己是找不出毛病来，没想到庄睿居然还有依据。

"没有看出问题，但是我以前有个圈外的朋友，曾经在南方的一个黑市上，花了三十多万拍到过一件唐三彩马的作品。当时拿给许多专家鉴定，确定是真品无疑。我曾经也见过。从釉色和造型上来说，与今天这件相比也是不遑多让的。

"但就是在上个月，他不小心把那件三彩马给打碎了。在收拾那破碎了的三彩马时，发现了猫腻，他在一块破碎的瓷片内壁上，居然发现了一个简化字。这代表着什么，就不用我多说了吧？"

庄睿所谓的朋友，自然是莫须有的。那件假三彩马是被日本人给拍去了，恐怕现在被当成宝贝一般给供在家里，根本就不可能打碎的。

其实庄睿这番话，是不怎么经得起推敲的。因为任谁花个几十万买的物件，都不可能轻易地打碎，但这样的事情也不是没有发生过，所以庄睿话声一落，另外几位专家都是面面相觑。他们没有想到，庄睿居然就是因为这个，来判断这件三彩骆驼的真假的。

第五十四章 | 一鸣惊人

"小庄,咱们不能要求对方把这物件打碎了来鉴定吧?"

"是啊,这唐三彩流传下来的不算少,或许这件就是真的也说不准啊。"

几人对庄睿的说法都提出了异议。他们虽然都是职业操守良好的古玩鉴定专家,但是也不会冒着风险去打碎一件看起来很真的物件来断定真假,这种方法未免有些太疯狂了一点。如果是真的,这损坏古玩的责任,由谁来负呢?

"小庄说的这事情,倒也是有过的。有些作假的高手,喜欢在瓷器或者别的物件上留下一点东西。但是小庄,你能确定这件唐三彩骆驼里面,也会留有名字吗?"

田教授沉吟半晌,也是不看好庄睿所说,最为关键的一点还是在于,如果损坏了这物件,而又没找出毛病,这责任由谁来担负?要知道,四五十万元,对于这些专家而言,虽然掏得起,但也是一笔不小的数字了。

几人正在讨论的时候,在旁边听了有一会儿的主持人刘佳,突然开口说道:"我能打断一下吗?"

"几位专家的意思,是不是只有打碎这件三彩陶器,才能做出真假的结论呢?"

刘佳对于古玩这行当不是很懂,但是几人说的直白,她也听出这意思来了,问出这话的时候,一脸的激动。

"这个……是小庄的意思,不太可行。因为如果这东西是真的话,那可是要赔偿给别人的,这笔费用可是不低……"田教授虽然不明白这位女主持人为何这样兴奋,还是出言给她解释了一下。

"那也就是说,如果有人承担这笔费用,就可以现场打碎这个唐三彩来鉴定了,是吗?"

田教授被刘佳给说糊涂了,下意识点了点头,然后连忙又摇起头来,说道:"这个必须要征求古董主人的意见。他如果不同意的话,咱们说什么都是白搭的。"

如果有人愿意承担打碎唐三彩的后果,那众位专家们是不介意用这种办法的,因为他们也不想给这件唐三彩下结论。要是真的还好,但如果是假的话,这么多人都挑不出毛病来，日后传出去可是件非常丢面子的事情。

"好，我去找持宝人商量一下，然后再看看这笔费用能不能由电视台来出，几位稍等一下。"

刘佳不知道吃错了什么药，说完话后就扭着细腰转身走了出去，留下一屋子专家面面相觑。这主持人怎么对打碎唐三彩有这么大的兴趣啊？女孩子小时候好像不玩那摔泥巴的游戏吧？

话再说回来了，这在电视录制现场去砸宝，可是需要足够的勇气的。万一把东西砸碎了，还看不出什么端倪，挑不出什么毛病，那砸宝人可是英明丧尽啊。

几位专家想到这里，不由对庄睿有些抱怨。这小伙子各方面都不错，但就是有点太较真了。这世上真假难辨的物件多了，也不差这一件啊。

刘佳这会儿可不知道几位专家正在腹诽她和庄睿，她心里现在正兴奋着呢。做栏目怎样才能吸引住观众的眼球？那就是要新闻，要有看点的新闻。

今天这现场鉴宝，虽然也有几个小高潮，但总的来说有点波澜不惊。如果能上演一出"专家现场砸宝，真假三彩现世"的戏码，不管是谁输谁赢，这期鉴宝栏目，绝对会大放异彩。

刘佳兴冲冲地找到持宝人刘老板，把这事一说，刘老板不知道出于什么想法，居然同意了。不过如果砸碎他的唐三彩，还是找不出毛病的话，那赔偿的金额就不是四十万了，而是八十万。

但是当刘佳去给朱副台长汇报这件事情的时候，却被打击了。朱副台长对她的想法给予了表扬，但是对出这八十万块钱，却是一口拒绝掉了，因为他并不看好庄睿。年纪轻轻的，专业鉴定陶瓷器的田教授都不敢肯定的事，他出什么幺蛾子啊？

"庄先生，几位老师，台里的经费也比较紧张，依我看，这事就算了……"

朱副台长还是给了刘佳和众位专家一个面子，亲自来到休息室解释了一下。

"东西要是真的，这钱，我来出，不过我有一个条件……"

庄睿突然打断了朱副台长的话，引得众人纷纷向他看去，不知道这个行事有些冲动的年轻人，会提出什么样的条件来。

庄睿的话让休息室里一片寂静。按几位专家的心里话，自己等人不过是来客串一下的，没有必要那么较真吧？看来这年轻人就是年轻人啊，不吃上一些亏，是成长不起来的。

别说你只是猜测这三彩骆驼是假的，就算它真是假的，万一那作假的人没有在里面留字怎么办？你还是挑不出什么毛病来？话再说回来了，即使你证明了它是假的，也得不到一分钱的好处。相反，证明不了的话，就要掏出去八十万，这买卖正常人似乎都不会干的。

不说几位专家了，那朱副台长现在看庄睿的眼神，就像是在看大熊猫一般，估计心里在想着这有钱人怪癖就是多，没事拿几十万块钱砸砸瓷器听响儿，纯粹是闲的。

"小庄,这事你可是要考虑清楚啊。你还年轻,偶尔走眼看错个物件,都是很正常的,过段时间也就忘了,没人能记得住这事的……"

孙老自恃和德叔关系不错,又出言劝解了庄睿几句。他认为庄睿不过是刚才把话说满了,现在面子上挂不住,所以执意要鉴定出这个三彩骆驼的真假。

在古玩圈子里,这样话赶话搞到最后下不来台的事情,也是比较常见的。有些老朋友因为意见不一,都会经常闹矛盾,但是这件事还没有到那样的程度,只要庄睿退后一步,服个软也就算了。

不仅是孙老,就是金胖子和田教授等人,也是认为庄睿是出于这个心理。年轻人下不了台,难免会做出一些年轻气盛的事情来,这都是可以理解的。

其实庄睿固然有意气的成分在内,不过更多的,却是不愿意让这件假古玩从自己等人的手上变成真物件。要是看不到就算了,既然碰上了,那他就不能视而不见。

至于赔钱,那根本就是不可能的,在那个扬起的骆驼前蹄里面的内壁上,清清楚楚地写着一个拇指大小的简化"许"字,只要在动手打碎这物件的时候,让脚先落地,马脚自然就会显露出来的。

"对了,庄老师,您还没说出有什么条件呢?"

在房间里的这些人,可能就只有刘佳不关心庄睿是出于什么心理,非要鉴定出这物件的真假。她所关心的,是如何提高节目的收视率,如何吸引观众的眼球。

要知道,这期节目的策划主持都是刘佳兼任的,如果这节目火起来,说不定她就有机会调人到中央台呢。

庄睿笑了一下,说道:"既然贵台不愿意承担砸宝鉴定的后果,那么我的条件就是,这次鉴定,虽然可以在场内举行,不可以进行录制。当然,更不能播出了,这也算是我们行内的一次交流吧。"

庄睿话声说完之后,朱副台长脸色瞬间变得难看无比。在他看来,庄睿这话等于是在打他的脸。你不是不肯出钱吗?那我自己出,不过对不住,你要录播的权利也没了。

"庄老师,这样精彩的现场鉴宝,如果播出去的话,虽然对我们也是有一定的好处,但是会让全国观众都记住您的。这可是一个千载难逢的机会啊。"

都说是当局者迷,旁观者清。刘佳只顾着她的电视节目了,却也不想想,庄睿砸宝鉴定,如果物件是假的,那对庄睿的声名的确有好处,如果东西是真的,挑不出毛病来呢?那岂不是在全国人民面前丢人了嘛。

这就是所处的位置不一样,看问题的角度也不一样。朱副台长感觉庄睿是给他难堪。刘大主持人在用名利诱惑庄睿。而金胖子等人,想法却以为庄睿心中没底,所以留了条后路,就算物件是真的,最多赔上八十万,总不至于到全国电视观众面前丢人去。

其实在庄睿心里,并没有想这么多的弯弯道道。他虽然决定了要把这三彩骆驼的真面目呈现给众人,但是心里也是觉得这砸宝鉴定有些不靠谱,风头出得太大了。

一向都比较低调的庄睿,这次来参加民间鉴宝的活动,是被古老爷子赶鸭子上架。而前面解决的几个问题,已经得到行里这些专家们的认可了,后面就没必要再显摆了,所以才提出的这个要求,和众人所想的都不一样,不过他的想法要是被在场的这些专家们知道,肯定会啐他一脸唾沫星子,都要砸宝鉴定了,居然还说不想出风头。

见到庄睿的态度很坚决,刘佳看向自己的领导。朱副台长虽然心里对庄睿很不爽,但是先前已经得罪过庄睿,这会儿却是想借着这个机会弥补一下,于是笑着说道:"就按庄老师的意思做吧,和持宝人商量一下,这就算是他们之间的私人交流。对了,小刘,你找人起草一份协议,把事情写清楚,这样对大家都好。"

要不然怎么说,朱副台长和开车的那司机年龄差不多,他就能当上领导呢?这领导看问题的眼光就是不同,朱副台长首先想到的就是要分清责任,省了事后扯皮。

"好的,小乔是学法律的,让他起草一个协议好了。外面观众等的时间不短了,咱们还是出去吧。"

虽然没能争取到录播的权利,刘佳有点心有不甘,不过当事人不同意,领导不支持,这工作没法开展啊,只能顺着庄睿的意思,将这件事情定性为私人藏友之间的交流。

"各位观众,各位朋友,现在出现了一个很有趣的事情,庄老师怀疑这件三彩骆驼是赝品,而持宝人刘先生坚持他的物件是真品,如何才能分清真假伪劣呢?庄老师提出了一个建议,那就是打碎这个三彩骆驼,然后由庄老师指出造假的根据来……"

"什么?把三彩骆驼打碎掉?这也太扯了吧?"

"就是,价值几十万的物件,打碎了要是真的,谁来赔啊?"

"你不是废话吗,谁打碎的当然谁赔,少说几句,不然没热闹看了……"

"对,对,老哥说的对,这种热闹可是难得一见的,都别吵了,咱们听主持人还有什么要说的……"

刘佳话音未落,台下就响起了嘈杂的议论声。谁都没能想到,专家们经过讨论之后,居然会提出一个这么激烈的手段来。这东西要是真的,砸坏了可是没处赔啊,不过却也没人出言反对,毕竟有不花钱的热闹看,不看白不看。

"大家安静一下,这件事情是经过了庄老师和持宝人同意的。他们双方会签订协议,如果这尊三彩骆驼经过鉴定是假的,持宝人刘先生不会追究物件被打碎的责任;如果庄老师拿不出证据证明这是个假古董,那么庄老师会赔偿给刘先生八十万元。

"可以说,这是一场对古玩造假行为的宣战。不管这尊三彩骆驼是真是假,庄老师和持宝人刘先生的行为,都值得我们大家尊重和学习……"

刘佳的话很有煽动力,台下的一些人已经鼓掌叫好了,但那都是些年龄在二十啷当岁的年轻人。那些老成持重的人都在心里暗自嘀咕着:拿自己的钱去打假,纯粹是吃饱了撑的,有毛病!

刘佳在台上说话这工夫,摄制组的小乔已经拟好了一份协议。这协议很简单,事情明摆着的,东西是假的,那就是一拍两散,大家没事;要是物件是真的,那对不起,庄老师您要掏出八十万来听这瓷器落地的声响。

并且协议上注明了这一点,就是如果这件三彩骆驼是真的话,庄睿赔钱之后,破碎的陶片,依然归持宝人刘先生所有,不管输赢,都等于庄睿是一无所获,连片碎瓷他都摸不着。这时台下已经有人在小声骂庄睿脑子有毛病了。

现场也来不及去找电脑打印了,干脆就是手写两份,庄睿和持宝人刘老板,都在协议下面签了自己的名字。而庄睿则是拿出衣服里的支票本,现场开出一张八十万元的现金支票,交由刘佳来保管。他这个举动,就是想让人认为,自己心里也是没底的。

看到双方签字完毕,并且那位年轻的庄老师,已经掏出了八十万,场下所有人的心都提了起来,耳朵也竖了起来,等待着庄睿去砸那件三彩骆驼。这声响可是值钱得很啊,说不定一声落地,八十万元就变成别人的了。

"庄老师,锤子找来了,给您……"

这么大一物件,砸起来也是不方便。那位山东台的男主持人,刚才是跑到酒店里借锤子去了,期间把两人打赌的事这么一说,引得后面浩浩荡荡地跟进来一群看热闹的酒店客人,更是将会议室内外围的是水泄不通。

庄睿摇了摇头,没有接那把锤子,笑着说道:"不用锤子,还是来个自由落地吧。"

他的话引起台下一片哄笑声,却不知道庄睿要是用锤子砸,会很为难的,难不成直接就往骆驼腿上面敲?那傻子都能看出毛病来了。举起来直接往地上摔,只要掌握好力度,让脚先落地并不是很难的。

庄睿向四周打量了一下,喊了几个保安,把地上铺的厚厚的红地毯给掀了起来,露出了大理石地面,然后用红地毯围成一个两三方平方米大小的圈子,这是防止破碎的陶片四处飞溅的。

见到准备就绪之后,庄睿走到桌前,抱住那尊唐三彩双峰骆驼俑,来到地毯围成的圈子外面,双手将这尊唐三彩高高举起,用力地向地上摔去。

"砰,啪……"

偌大的会议室里,鸦雀无声,只有这沉闷之后变得清脆的声音回响在整个会议室中,只是刚才刘佳在地毯下面塞了一个微型话筒,这使得唐三彩落地的声音,传遍了整个会议室。

"快点看看,看到底是真是假?"这是鉴宝现场的人喊出来的。

"太过瘾了,这鉴宝活动好,回头咱们也建议市里组织下。"说这些话的,是酒店住的客人。

就在唐三彩落地之后,会议室里所有人的热情都被点燃了,要不是武警战士们维持着秩序,恐怕那些人都要冲上台来一看究竟了,虽然他们也看不懂。

"行了,把地毯放下吧。"

要说现场最冷静的人，就要数庄睿了。从这件唐三彩落地，就注定了最后的结果，因为庄睿看到那只扬起的前蹄已然是破碎开来。

"田老师，都过来帮忙看下吧。刘先生，您也看看……"

庄睿蹲下身子，装模作样地拿起一块碎陶片看了起来，却是故意远离那块脚上有字的陶片，风头已经出了，最后的结果，就让别人去宣布好了。

"小庄啊，你看这胎质细腻平滑，颜色略微发黄，应该是真物件无疑了。唉，可惜了，这东西被打碎，世上可就少了这么一个物件了啊。"

陶器和瓷器一样，外面是釉色，里面是胎。田教授捡起一块碎陶片，看着看着，脸上露出了惋惜的神色。他是搞研究的，见到如此精致的物件被毁掉，自然是心疼无比。

要说这造假的手艺，真算得上是登峰造极了，连里面的胎质都仿的和真的一样，不能不让人佩服。

"这……这怎么可能，不可能的啊？"

就在田教授话音刚落的时候，从那位持宝人刘先生的嘴里，传来一声惊呼，将所有人的目光都吸引了过去。

"这是'许'字？"

刘老板嘴里很艰难地读出了手中那块呈半圆形的碎陶片上面的字，那个蓝色的字体像是激光一般，射向他的眼睛。虽然刘老板是半路出家开始玩收藏的，不过对于繁体'许'字怎么写，他还是会的，眼前的这个字，让他的心如坠深渊。

"怎么了？台上发生了什么事情？"

刘老板嘴里念叨的几句话，被他衣领上的微型话筒无限放大了。台下众人不知道发生了什么事情，纷纷议论了起来。

第五十五章 口服心服

从传说中的仓颉造字开始,中国的文字历经了长达数千年的进化与演变,从甲骨文、金文、小篆、隶书、楷书、行书到近代的简化字,形成了世界上独有的象形文字,是汇聚了前人无数心血和智慧的结晶。

在每个朝代,基本上都有其官方所用的文字。上面所说的几种书体,其中隶书、楷书、行书这三种,自汉朝之后沿用最广,都有着极其严格的书写规范。但是在民间,还流传着一些书写方便的简化字,被称为俗体字。

不过"許"字,却不在这些俗体字之列,直到 1956 年国务院通过《汉字简化方案》以及《关于公布(汉字简化方案)的决议》,开始正式推行汉字简化方案后,1959 年推行第四批简化字和简化偏旁的时候,才有了现在"许"字的写法。

所以说,在刘老板手中所拿的这个碎陶片上的"许"字,完全可以给这件唐三彩双峰骆驼定性了。它的存在历史,一定是新中国成立之后开始的,这是毋庸置疑,根本就不要再去讨论的事实。

刘老板现在心里像是打翻了五味瓶,酸甜苦辣咸,齐齐涌上心头。他首先是一位商人,然后才算得上是个收藏家。商人逐利,他同意打碎这件三彩骆驼鉴宝,也是存了赚一笔的念头,毕竟四十万买进,转手八十万卖出,已经是一倍的利润了,但是谁知道结果是自己那四十万打了水漂不说,还当着众多人的面,丢了个大人。

"居然被小庄说准了,厉害,厉害啊……"

"还真是赝品,这造假的人,真是位高手啊……"

"是啊,能将外表的釉色和里面的胎质,都烧制得和真品一般无二,绝对是造假行当里的大师级人物……"

此时田教授等人都凑到了刘老板的身边,在会议室那亮如白昼的灯光下,清清楚楚地看到那足有拇指大小的一个"许"字,当下纷纷议论了起来。当然,这其中也有他们掩饰自己没有鉴定出来这物件真假的尴尬。

这时一扛着摄像机电视台摄制组的工作人员的挤到几人中间,把摄像头对准了刘老板手中的碎陶片。顿时，会议室内那个宽大的屏幕上显露出一个蓝色的"许"字，让所有在场的人都看了个清清楚楚。

"怎么里面还有个字啊？"这是反应比较迟钝的人说的话。

"有个字就能说明真假了吗？"估计说话的这位，压根就不知道什么叫做繁体字。

"唐朝的许字不是那样的写的，说明这件唐三彩骆驼，是现代的仿品……"总算还有明白人，给上面的两位讲解了一下。

"庄老师真是厉害啊，居然能看到这里面有字？"还别说，这位的猜测最为准确。

"你就扯淡吧，这是凭借经验鉴定出来的。要是能隔物识字，还用得着来鉴定古玩？直接去澳门赌场还不发财啦？"

这人的话代表了大众心理。一时间，台下变得嘈杂起来，见到如此精彩的现场鉴定，所有人都像打了鸡血一般，兴奋地发表着自己的意见。

"刘小姐，我不是说了不准摄制的吗？"庄睿看到那个摄像机和屏幕上的画面，有些不快地对刘佳说道。

"是啊，这是我和庄老师之间的私人交流，你们拍个什么劲啊？"

持宝人刘老板听到庄睿的话后，也是对刘佳摆出了一副生气的脸孔。他早先拿着这件三彩骆驼，四处显摆过，节目要是播出去被自己那些藏友看到的话，以后可是没有脸面在古玩行里混了。

"对不起，庄老师，刘先生，我们这是为了方便现场观众能看得清楚才拍摄的，保证不会在节目正式播出的时候将这一段播出来的。"

刘佳本来不打算让摄制去拍的，但是朱副台长吩咐下来，她也只能照办。刘佳虽然保证不播出，其实自己心里也没底，万一领导执意要上这一段，她能抗得住？

"庄老师，这一段砸宝鉴物，实在是太精彩了。咱们商量一下吧，这段要是您肯让播出的话，我们台里会出十万块钱给您和刘先生，您看怎么样？"

身材有些胖的朱副台长也挤了进来，抓住庄睿的两手，不住摇晃着，口中更是开出了价码，要购买这一段录像的播出权。

"刘先生，您缺钱吗？"

庄睿松开朱副台长的手，侧头问向身边的那位刘老板。

"这不是钱的问题，这是我和庄老师私下里的交流，属于私人行为。如果你们敢播出的话，我会告你们的。"

孙子才不缺钱呢，不过五万块钱刘老板还是看不上的，马上义正言辞地对朱副台长提出了警告。他四十万都只听了一声响，还会在乎电视台五万块钱的那点儿补偿？

"咱们还可以再商量下嘛？"

朱副台长也是主抓业务的，对现场砸宝这个噱头对观众所能产生的冲击力太了解了，绝对能提升不少的收视率。

庄睿盯着朱副台长，一字一句地说道："事先咱们是有协议的，朱台长，如果您私自让这个节目上了电视，您肯定会后悔的。"

要说朱副台长还真有这想法。他对于刘老板的警告，根本就没有放在心上，你要告我？欢迎啊，咱是媒体就是玩炒作的，还会怕你告？不过对于庄睿的话，他就要掂量掂量了，能在北京这圈子混出点名堂的人，哪个没有背景？

庄睿警告过朱副台长之后，向刘老板伸出手去，说道："刘先生，说实话，我以前是见过类似的物件，和您这件，都是出一个人的手笔。虽然是赝品，不过它的烧制工艺和艺术水平，也是相当高的，砸碎了的确有点可惜，还请您不要见怪。"

"庄老师，您太客气了，今儿我也算是长见识了。以后有机会来济南，一定要通知我，家里还有不少物件，到时候好向您请教下。"

庄睿的话说得刘某人心里十分舒坦，原先的怨气也去掉了一大半，对于庄睿他也是十分佩服的。这有才不在年高，虽然别人年轻，但是那眼光不是一般人比得了的，栽在他手上，刘老板也是心服口服。

"各位朋友，今天的专家现场鉴宝，就到这里了。明天上午八点钟，专家们还会为大家进行半天时间的现场鉴宝，希望朋友们不要错过机会，谢谢大家的参与。"

在庄睿和刘老板客套的这会儿工夫，刘佳也上台宣布了今天活动结束。只是下面的藏友们却不肯散开，纷纷涌上台来，请专家们签名。庄睿也享受了一把明星待遇，感觉还不错。

晚上的这顿饭，不是由电视台安排的，而是济南收藏协会请客，邀请几位专家赴宴，那位刘老板也在其中。在席上，东道主们充分展示了山东汉子们的豪情，把酒量不浅的庄睿居然给灌醉了，迷迷糊糊也不知道是如何回到酒店的。

不知道是口渴嘴干还是被电话铃声吵醒的，庄睿醒来的时候，外面的天色已经大亮了。还有点头重脚轻的庄睿从床头摸出电话，按下了接听键。

"小庄，昨儿打了你一晚上电话，都没人接听，出了什么事了吗？"

电话中的声音略显陌生，庄睿晃了晃脑袋，人清醒了一点，才听出是古云的声音。

"古哥，别提了，昨天被山东藏协一帮子人给放倒了。您找我什么事情啊？"

庄睿这会儿正在骂金胖子几个人老奸巨猾呢，喝酒的时候他们杯子端得挺痛快，但都是放在嘴边抿一下，只有自己傻乎乎地一口一杯，不醉倒才怪呢。

"你那套四合院的图纸，已经找到了，大的格局不需要改动，至于室内的装修，我做了几套方案，要等你拍板拿主意啊。"

古云有些郁闷，自己和老师在资料堆里查了两天才找出那份资料来，没想到正主却在逍遥快活，把这事都给忘到脑后去了。

庄睿听到是这事，连忙从床上坐了起来，说道："古哥，今天回去估计就会很晚了，咱们明天上午见个面吧。对了，你可以安排人先把那四合院给拆掉啊，这又不冲突。"

"我也想先动工啊，可那里是文化保护区，要拆的话，必须先打申请，而且还需要你这业主出面才行。"

古云早先也是忘了这茬，昨天带人准备去拆房子的时候，却被保护区的工作人员给拦了下来。打庄睿的电话，可庄睿那时正在鉴宝现场，手机根本就没开。

"这样啊？古哥，您今天就带人去拆，保护区这边我给他们打个招呼。"

庄睿想了一下，这动工是越早越好，在挂断古云的电话之后，给那位郑主任打了一个电话。

郑主任听庄睿说完这事之后，在电话中一口就答应了下来。他在北京也是有根基的人，早打听清楚庄睿的来历了，欧阳振武的外甥，可就是那位老爷子的外孙啊，这样不花钱的顺水人情，可是平时想送都送不出去的。

刚放下手机，门外就传来了敲门声，是电视台的工作人员来通知吃早饭了。庄睿看了下时间，已经是七点半了，连忙冲进洗手间，洗漱完毕之后，套上那件青色长衫，才走出了房间。

"庄老师好……"

"庄老师早……"

"庄老师，您给我签个名吧？"

走出房间之后，庄睿就感觉有些不自在了，似乎这酒店里的服务员全都认识自己了，招呼打得那叫一热情，搞得庄睿有点吃不消。

"奶奶的，五星级酒店的服务就是好。"

庄睿心里犯着嘀咕，坐电梯来到位于三楼的餐厅，发现田教授他们已经在喝着早茶聊天了，似乎自己是最后一个来到的。

"不好意思，今儿起晚了……"

庄睿向众人打了个招呼，找了把椅子坐了下来。

"小庄，没事，你今儿能爬起来就算是不错了。要知道，昨天你一个人可是放倒了他们济南收藏协会四个人啊。"金胖子见到庄睿来了，哈哈笑了起来。

"是啊，我们刚才还打赌说你早上起不来呢。"

田教授也和庄睿开着玩笑，庄睿在昨天现场鉴宝的表现，从专业角度而言，已经是有足够的资格和他们这些专家平起平坐了，所以也没有谁在这里摆弄老资格。

"喝点热粥，清清肠胃，今儿上午还有的忙呢……"

孙老看见庄睿脸上还带有一丝酒意，打了一碗粥放到庄睿面前。"几位老师，昨天那节目已经在北京台和山东台播出了，等回到北京之后，我们会把节目制作成光碟，赠送给几位老师的……"

在专家这桌上，只有刘佳一人陪同，据说那位朱副台长昨天为了工作，也倒在酒桌上了，只是他没庄睿体质好，到现在还没爬起来呢。

"我说呢,今儿起来这么多人打招呼。"

听到刘佳的话后,庄睿才明白过来,敢情是那些服务员都看了昨天的节目了啊。这也难怪,在她们酒店拍摄的节目,自然会关注一点。等自己拿下眼镜走出这里,估计就没人能认出自己了。

匆匆吃了早点之后,几人又赶到了酒店的会议室。虽然上午只有三个小时的鉴宝时间,不过来的藏友不减反增,将会议室内外围得水泄不通,要不是有隔间可以进入,恐怕庄睿等人都挤不进去了。

时间紧,任务重,两位主持人也没什么废话,上台宣布民间鉴宝活动开始之后,专家们又开始忙碌了起来。

今儿和昨天不同,昨天刚开始的时候,庄睿的桌子前面是门可罗雀,压根就没人来找他鉴定古董。今天却相反,在庄睿桌子前面,排起了长队,许多人就是冲着他来的。

"庄老师,你就帮我看看吧,您说是真的就是真的,您说是假的,我立马就摔了他。"现在站在庄睿桌前的这位持宝人,抱着一个青花瓷器,说什么都要庄睿给他鉴定。

"这位藏友,还有下面的朋友们,我是玉石协会的理事,这次来也是专门鉴定玉器的。至于别的物件,另外几位老师,都要比我经验丰富,大家先看看自己的古玩属于哪个类别的,然后再选择专家鉴定,好不好啊?"

庄睿往面前这人的身后看了一眼,发现这些藏友们拿来鉴定的物件,从字画到青铜器,什么都有。居然还有人扛着把红木椅子,搞得庄睿哭笑不得,只能站起身来解释了一下,自己只看玉器。

经庄睿这么一说,下面的人虽然有些不情愿,但不是玩玉的人,也都排到另外几个队伍里去了。庄睿这边顿时压力大减。

玉器的鉴定比较麻烦一点,因为有些玉器虽然是做旧的,但本身的玉质不错,里面也蕴含灵气。要不是古玉里面灵气的颜色不同的话,庄睿还真是难以辨认出来。因为现在做旧的手法实在是太高明了,稍有不慎,就可能打眼上当。

"庄老师,这是我前年买的一个物件,找人看过了,应该是汉代的老玉,您再给掌掌眼?"

庄睿现在手里拿着的这个玉蟾就是如此,是上好的白玉雕成的,拿在手里就有种湿润的感觉,很明显是盘过的物件。上面有三种泌色,按照主人的说法,这东西是汉朝的物件。

"玉是好玉,上好的和田白玉,这么大一块,也能值万儿八千了,不过这泌色是做旧的,颜色太正,而且用放大镜仔细看,颜色渗入得不深。不过这东西还是有收藏价值的,您留着把玩一下,不见得就比古玉差多少。"

在用灵气观察之后,庄睿发现,里面的灵气虽然数量不少,但是呈白色,并没有唐宋之前那种浓郁的紫色。也就是说,这所谓的汉代玉蟾,也是后仿做的旧。

今儿庄睿说的话，就很少有人再去质疑了。那位玉蟾的主人听到庄睿的解释之后，还很感激地冲着庄睿鞠了一躬。这要是换在昨天，说不准又要指鼻子开骂了。

由于人太多，庄睿也就加快了鉴定速度，基本上是两三分钟一个。这些物件，从摆件挂件到古代的祭祀礼器是应有尽有，几乎囊括了所有玉器的种类，虽然是真少假多，不过也让他大长见识。因为就算是仿品，从造型上而言，与真物件也是相差不多的，不同的只是年代而已。

"咦?"

庄睿看着手中的这个只有七八厘米大小的青玉玉琮，心里有些惊疑不定，就在他刚才用灵气检测的时候，发现里面的灵气居然是金黄色的。从庄睿知道灵气可以鉴物以来，这种颜色他还是第一次碰上。

这件玉琮呈四方形，器形外方内圆，中孔贯通。器身四折角处分别浅浮雕神人兽面纹，在四面直槽内上下各刻一神人兽面复合图像。图案主体的神人，脸面呈倒梯形，眼为重圈，两侧有小三角形眼角，其形象诡异而又神秘。

整个玉琮的雕刻，线条纤细有力，而区域间隔线条则粗犷圆熟，造型古拙，纹饰神秘莫测，表现出原始的宗教意识和图腾崇拜的神权思想，只是保存得不是很好，各部位都有一些残损。

第五十六章 | 三足鼎

"难道是良渚文化中的玉器?"把玩着这个玉琮,庄睿能感觉到从中传出的一种古朴的气息,心中泛起这个念头。

良渚文化距今四千二百年至五千三百年左右,主要分布于长江中下游地区。良渚文化玉器加工非常发达,除装饰外主要用于巫术、祭祀和殓葬。良渚文化对于用玉有着严格的规定,是我国礼玉制度的开端。

而玉琮是良渚文化玉器中最有特色的玉器,也是良渚文化玉礼器的核心。在那个时代,就已经用上了钻孔与线切割的技术,已经达到了当时玉器加工工艺的顶峰。

"应该是不会错的……"

庄睿虽然是第一次接触良渚玉器,不过这玉器里面蕴含的灵气和精湛的雕刻工艺,都能证明,这是一件良渚玉文化的代表作品。

"孙老师,您看看这玉琮。我觉的这是一件良渚玉,可以作为此次民间鉴宝的重宝之一……"

庄睿招呼了正在鉴别杂件的孙老一声,把这玉琮递了过去。电视台为了增加收视率,吸引观众眼球,特意让专家们评出三件最珍贵的古董。不过到现在为止,除了金老师鉴定的一幅明代沈周的真迹之外,其余还没有哪个玩意能被定为重宝的。

"嗯,这东西有点儿意思,小庄,你能确定吗?"

孙老把这玉琮在手里把玩了一番之后,向庄睿问道。评定重宝的的条件之一,就是要所有专家都认可,所以庄睿先把玩杂件的孙老拉上,除了他本人之外,对于玉器的鉴定,孙老是最有发言权的。

"小庄,说说你的看法……"

见到庄睿选定一个物件,要评为重宝,金胖子等人也围了上来。

庄睿拿过那件玉琮,沉吟了一下说道:"我是这样看的,各位老师都知道,商周时期的玉琮,数量不多。从出土的实物看,这一时期琮的形体普遍较矮小,多光素无纹,基本上可以排除掉了。而宋代以后出现了一些仿古玉琮,但宋至明的仿品上多饰当时流行的纹饰,显然与这件不相符。

"明末至清代的仿古玉,以仿商周素面矮体玉琮为多,虽然也有仿良渚文化玉琮,但是因为加工工具、习惯的不同,仿品多数显得圆滑有余而古意不足,熟旧的程度更难做得逼真。

"综合以上几点,我可以断定这件玉琮确实为良渚玉文化中的杰出作品。按照现在的文物划分,似乎能归类到国家一级文物里面,作为此次的三件重宝之一,应该不为过吧?"

庄睿话声刚落,台下观众的掌声就响了起来,田教授等人也是连连点头,最终将这件良渚玉琮确定为此次民间鉴宝的重宝之一。

济南距离北京天津这两个古玩大市都不远,要说这好物件,还真是出了不少。庄睿鉴定出来的那件良渚古玉,其价值最少在三百万左右。

而金胖子选中的明代沈周的一幅画,也是价值不菲,在去年京城的一场古玩专场拍卖会上,就有一幅沈周的画拍出过六百八十万的高价。

另外还有许多小玩意儿,像鼻烟壶、蝈蝈葫芦、紫砂壶具、元宝钱币,品相好的也能值个几十万,差点的万儿八千的也不少。但是今天的第三件重宝,却是一直没有选出来,因为按照庄睿等人的标准,这样的宝物最少要有一定的代表性,当然,价格也是考究其是否贵重的标准之一。

随着时间的推进,已经是上午十点半了,而这次民间鉴宝的活动,到十一点就要结束了。由于几位专家把关严格,基本上没有鉴定错一个物件,所以那些想浑水摸鱼的人,今天上午也都没敢上来,今儿鉴定的都是一些真正收藏爱好者的藏品,素质比较高,庄睿等人鉴定得也很轻松。

庄睿鉴定玉器的速度很快,再加上古玉流传下来的并不是很多,排在他桌子后面的人,也变得越来越少。相比另外几位专家,估计庄睿能最早收工。

"庄老师,您能帮我看看这个物件吗?刘老师那边人太多了,恐怕排不到我了。"

就在庄睿鉴定完最后一个持宝人的玉器之后,一位中年人拿着个纸盒子走到庄睿桌前。

庄睿打量了这人一眼,看这人的相貌,应该四十多岁的年龄,不过头发花白了一片,显得有些老相,穿着也很普通,家境估计不是很好。

他所说的刘老师,就是那位青铜器和古董家具的鉴定专家。

庄睿向那边看了一眼,果不其然。刘老师在这冷气充足的地方,正满头大汗忙得不可开交呢;就是金胖子也比他悠闲一点。

要知道,一般的老户儿,家里都有那么几件老家具。这几年古董家具的价格涨得很快,经常会传出某某黄花梨桌椅拍出上百万的新闻来,所以今儿有不少人整了很多大物件过来。来的时候在酒店门口停了几辆大货车,不知道的还以为是搬家的呢。

"你要鉴定的是什么物件？我只能先看看,除了玉器和瓷器之外,我对别的物件不是很精通……"

庄睿这次没敢把话说满,因为他鉴定真伪很容易,但要是不熟悉的玩意儿,挑不出毛病那也是个问题,就像那件唐三彩骆驼,最后生生给逼的要砸碎才算是真相大白。

"庄老师,我要鉴定的是个青铜器,您先看看。"

中年人把手上拎着的纸盒子放到了桌子上。庄睿这才发现,居然是个皮鞋盒子,心里就不怎么看好这物件,要是值钱的玩意,肯定要给其做个好点的包装。

"好,我先看看再说。先生您贵姓？这物件是个什么来历？"

庄睿一边解开那系着鞋盒子的绳子,一边和这中年人搭着话。古玩鉴定不仅要看东西,也要看人,知晓其传承来历,要不然说不准就会碰到件赃物,或者是土里刨出来的物件。私下里遇到这些东西倒是没什么,不过在这场合就有些不合适了。

"庄老师,我姓杨,家里祖上就是开古玩店的,不过'文革'的时候把那些玩意儿全部都毁掉了,只留下了这么一个物件。家里长辈去世早,也没说明是什么东西。

"我就是个普通下岗工人,平时也见不到诸位专家们,借这个机会,还请庄老师您帮忙看一下。是不是古董,能值多少钱?"

杨姓中年人有些拘谨,把家世来历都报了一遍,两手握拢在一起,显示出心中的紧张。祖上的荣耀早就成为过去了,现在他生活的并不如意,老婆孩子都靠他做点小买卖维持生计。

本来杨先生并不知道这次民间鉴宝的节目,只是昨天在看新闻的时候看到了,今天就想来碰碰运气。家里留下的这老物件就算只卖个三五万,那也能解决孩子读大学的学费了不是。

"呵呵,杨先生您先坐。青铜器我虽然了解的不是很多,但是这类古玩,只要是真的,那可都是天价。您别急,我先看看……"

说老实话,庄睿还真不怎么相信这中年人所说的话,不是因为他没有同情心,而是在古玩这行当里面,最不缺的就是故事,别说下岗工人了,就是老婆瘫痪,儿女神经病的故事,都有人能编出来。这些事情,庄睿在典当行工作的时候听得多了。

所以说再多,那都是虚的。真的假不了,假的真不了,还是要看完东西再说。

解开绳子之后,庄睿伸手掀开了那鞋盒子,一件带着绿色铜锈的三足小鼎映入了眼帘,让庄睿眼睛顿时亮了一下。

这是件战国时期造型的三足鼎装青铜器簋,器型端庄大气,三兽足挺拔有力,器身蟠虺纹清晰流畅富有立体感,足胫兽纹简单明了,形象生动。红斑绿锈自然切入胎骨,采用陶范法制作,范线清楚。

鼎是青铜器中最重要器种之一,是用以烹煮肉和盛贮肉类的器具。自夏商周到秦汉延续两千多年来,鼎一直是最常见和最神秘的礼器。

一般来说,鼎有三足的圆鼎和四足的方鼎两类,又可分有盖的和无盖的两种,向来都被视为传国重器,国家和权力的象征。相传大禹在建立夏朝以后,用天下九牧所贡之金铸成九鼎,象征九州,可见鼎在古代帝王心中的重要性了。

这尊青铜鼎包括了鼎身和鼎盖,是一套完整的器簋,这可是极为少见的。要知道,战国时期的青铜鼎,一来是很少出小件,也就是大多数鼎都没有盖子;二来即使有这样的器皿,历经数千年的岁月,也早就是鼎盖分离,劳燕分飞了。能保存的如此完整的,可以说是凤毛麟角。

庄睿把这尊鼎从鞋盒子里拿了出来,捧在了手里,摸着冰冷的鼎身,感受着那蟠虺纹在指尖划过时所留下的质感。即使没有使用灵气,庄睿心中几乎可以断定,这是件大开门的战国时期青铜鼎。

在青铜鼎的三个兽足连接鼎身的位置,都有一只兽头,虽然只是寥寥数刀刻画出来的,但是却将猛兽的神情显露无疑,制作得栩栩如生。

可能是经常被人抚摸把玩的原因,这尊青铜鼎的包浆很厚实,完全看不出作假的迹象,并且鼎身的红斑绿锈都像是渗入器皿之中一般,好像是与生俱来的,显得是那样的协调。庄睿握在手里,久久舍不得放下。

拿过手边的皮尺量了一下,这件三足青铜鼎小件,高二十三厘米,中间圆肚最大直径为二十七厘米,将之托在手上观察,立体感极强。

"刘老师,您把手上的物件先放一下。我想,咱们今儿的第三件重宝出来了。"

在出言招呼刘老师之前,庄睿特意用灵气进入到这青铜鼎之中。那里面紫金色的灵气说明,这的确是件战国时期的青铜鼎,因为庄睿看过秦汉时期的古玩,里面的灵气只是紫色,却没有金色的迹象。

除了那件良渚玉器之外,这也是庄睿所见到的第二个蕴含金色灵气的古玩了。从这两个物件中,庄睿感觉到,自己眼中那紫色的灵气似乎还有进一步进化的可能,但是这种事情是可遇而不可求的,庄睿也没太过放在心上。

"小庄,你又发现了什么好东西啊?这济南的宝贝,都被你看去了。"

最先过来的不是刘老师,而是金胖子。这个胖乎乎的国学大师的传人,一点架子都没有,为人很和善,这两天和庄睿处的极好,经常开些无伤大雅的玩笑。

"金老师,您选中的那幅沈周的画,可是要比良渚玉贵重许多啊,我看要给您颁发个济南荣誉市民才行。"

庄睿相信,这件青铜鼎,一定可以作为自此活动的三件重宝之一,也就乐呵呵地和金胖子开起了玩笑。

"庄……庄老师,您……您说这东西是真的?"

一直都没有坐下,双眼在紧盯着庄睿的那个中年人,在听到庄睿的话后,一步抢到桌前,紧张地看着庄睿问道。

"是真的,杨先生,您别激动,先坐下,再让刘老师看一下,然后钱总会给您评估出一个最适当的市场价格来……"

庄睿此时心里已经相信了这中年人所说,知道他可能在生活中有些窘迫,也能理解他的心情。换成谁在贫穷的时候猛然得到这样一笔财富,都会如此激动的。

中年人最终还是没有坐下,隔着一张桌子紧张地看着庄睿把青铜鼎交到了刘老师的手上。在刘老师拿着放大镜观察的时候,就连眉毛那么一挑,都让中年人心跳急速了几分。

"不错,是件大开门的战国青铜鼎。这位先生,恭喜您。"

刘老师的话如同天籁之音,让中年人激动地哆嗦着嘴唇,却是一句话都说不出来。

"刘老师,能给在场的观众朋友们介绍一下关于青铜鼎的知识吗?"

刘佳拿着话筒挤到专家们的中间,作为一个现场类别的节目,是很需要主持人和专家的互动的,刘佳对时机把握得很好。

"当然可以,古代的鼎本来是烹饪之器,相当于现在的锅,用以炖煮和盛放鱼肉的。最早的鼎是黏土烧制的陶鼎,后来又有了用青铜铸造的铜鼎。

"传说夏禹曾收九牧之金铸九鼎于荆山之下,以象征九州,并在上面镂刻魑魅魍魉的图形,让人们警惕防止被其伤害。自从有了禹铸九鼎的传说,鼎就从一般的炊器而发展为传国重器。

鼎是我国青铜文化的代表,它是文明的见证,也是文化的载体。根据禹铸九鼎的传说,可以推想,我国远在四千多年前就有了青铜的冶炼和铸造技术,从地下发掘的商代大铜鼎确凿地证明了我国商代已是高度发达的青铜时代。

"中国历史博物馆收藏的司母戊大方鼎,就是商代晚期的青铜鼎,长方四足,高一百三十三厘米,重八百三十二公斤,是现存最大的商代青铜器,鼎腹内有'司母戊'三字,是商王为祭祀他的母亲戊而铸造,可谓是无价之宝。

"因为青铜鼎上的铭文,经常会记载商周时代的典章制度和册封、祭祀、征伐等史实,而且把西周时期的大篆文字传了后世,形成了具有很高审美价值的金文书法艺术。鼎也因此更加身价不凡,成为比其他青铜器更为重要的历史文物。"

刘老师的话深入浅出,将青铜鼎的历史价值,都用简单明了的话语阐述了出来,让台下的观众听得津津有味。话声刚落,就传来雷鸣般的掌声。

庄睿这时已经坐回到自己的桌子后面,刘老师的话也让他加深了对于青铜器的了解,心里正思量着回头也去收个几件摆在家里。这玩意虽然时代长久了点,不过总比那些陶瓷书画类的古玩容易保存,应该数量不会太少吧。

"刘老师,那现场这件青铜鼎是个什么来历? 能值多少钱呢?"

刘佳的这个问题,也是现场所有人都想知道的,尤其是能值多少钱。从广义上而言,古董的珍贵之处,就是直接体现在它的市场价值上的。

"这是件典型的战国时期青铜鼎,已经失去了鼎最原始的意义,而是作为一种礼器的存在,供在家中观赏所用。

"战国时期的青铜鼎,从市场价值上来说,比之夏商周三代的要低出不少,不过这件青铜鼎器形古朴典雅,保存完好,包浆厚实,还是价值不菲的。至于能值多少钱,还是让咱们京都拍卖会的钱总来给大家说吧。"

刘老师说完之后,把手中的青铜鼎交给了身边的钱总。这物件的价格,没有实物参照,他还真不敢胡乱估价,还是交由专业人士吧。

钱总经理接过青铜鼎后,脸上苦笑了一下,说道:"刘老师,您这可是将我的军啊,这物件……"

第五十七章 功成身退

"怎么了？钱老师,这东西不值钱吗?"

青铜鼎的主人看到这两位专家在说到价格的时候,有些相互推诿的意思,不由得急起来。

钱总笑着摇了摇头,说道:"那倒不是,只是青铜器是受国家文物部门保护的,不准随意在市场交易和上拍,每年少之又少的青铜器拍卖,必须遵守《文物法》的相关规定,上拍必须是1949年前出土的,并有明确著录的才可以。

"这样一来,拍品数量少、成交率差是必然的,而且在价格上,浮动也很大。不过由于国内文物部门对青铜器一直采取不开放和加强监管的政策,导致国际市场对中国青铜器的拍卖反应强烈,高价频出。

"在2001年的时候,美国纽约佳士得艺术品拍卖会上,商代青铜器'皿天全方罍',就以九百二十四万美元天价成交,成为青铜器拍卖历史上的神话。"

钱总是在拍卖行里厮混的,对于国内外各种珍贵古玩的交易情况了如指掌,在随口介绍了几句青铜器的市场行情之后,指着这个三足青铜鼎说道:"这尊战国三足青铜器,器制沉雄厚实,纹饰狞厉神秘,刻镂深重凸出,是我国青铜艺术成熟期最具审美价值的青铜艺术品。

"虽然没有关于它的历史明确著录,无法上拍卖会,但是价格应该不会低于六十万元。当然,这是我个人的看法。"

钱总的话让持宝人眼睛亮了一下,不过继而又显出了失望的神色。这东西虽然好,但是无法拍卖啊。他也不认识什么藏友玩家,难不成就将这物件供在家里?那还要每天提心吊胆的,得不偿失啊。

"钱老师,那……那这件青铜鼎,您收不收?我就六十万卖给您……"

拿不到钱,它就是价值一千万,那也不过是空中楼阁,看得到摸不着。中年人想的很明白,把它卖出去改善下自己的生活环境,那才是真的。

另外中年人还有一个顾虑,今儿这节目可是要上电视的啊,万一被人知道自己家里有这物件,起了歹心,那不是招惹祸事吗?

"这……我不是玩这个的呀……"

钱总被这持宝人说得愣了一下,继而苦笑了起来。这要是私下里和他沟通,或许他会接下来,然后找个玩青铜器的藏友出手,但是自己刚说过这东西上不了拍卖会,现在再买的话,谁都能想到自己是倒手卖出的。钱总可丢不起这面子。

见到钱总无意购买,持宝人有些急了,居然伸手抢过刘佳手里的话筒,对着台下喊道:"朋友们有没有要这件青铜鼎的啊?我愿意出让!"

中年人的话说出之后,原本议论纷纷的台下,顿时变得寂静了起来。今儿来这里的人,大多都是来鉴宝的,倒也不是没有有钱人,只是他们未必就是玩青铜鼎的、俗话说隔行如隔山,六七十万不是个小数目,所以也没人敢接这话茬。

看到没有人答话,中年人有些失望,又把目光看向台上的几位专家,说道:"刘老师,您是青铜器这方面的专家,这物件您要不要?"

"我倒是很喜欢,可是没钱呀……"

刘老师听到持宝人的话后,脸色露出一丝尴尬的神色来。虽然战国青铜器远不如夏商周三代的器皿值钱,不过这件算是战国青铜鼎中的精品,倒是有很大的升值空间,无奈他是有心想要,但是腰包不鼓啊。

或许有的朋友看到这里又要说了,作者你乱写,刘老师那么大的一个专家,六七十万都掏不起啊?去市场捡个漏也值那么多了。

不过事实就是如此。的确,鉴定专家一般也都有些藏品,但那些物件都是摆在家里的,并不是现钱。他们也不过就是拿着份工资吃饭偶尔赚点小外快的人,手上有点余钱都扔进古玩市场了。六七十万对他们而言,还真不是一笔小数目。

可以这么说,全国玩收藏的人不少,但是除了那些投资收藏品的生意人之外,其余的人都和你我一样,都是普通老百姓。并不是很多朋友想象的那样,玩收藏的都是有钱人,或许有些藏友手上的物件值个几百万,但是你让他掏现钱的话,三五万的都能难倒他们。

"杨先生是吧,这解铃还须系铃人啊。谁把您这宝贝鉴定出来的,您就卖给谁去啊。"一旁的金胖子看到这人纠结的模样,张嘴给他出了个主意。

"庄老师?"

昨天那节目并没有播出庄睿砸唐三彩的事情,所以中年人无意间就把庄睿给忽略了。在他想来,庄睿虽然是位专家,但是忒年轻了点,未必就能掏出这么多钱来,所以他找了刘钱二位,却忘记了庄睿。

庄睿听到金胖子的话后,笑着说道:"金老师您别挤兑我啊,买就买了,也不算什么。"

"庄老师,您真的买?"中年人没想到庄睿虽然看上去年纪轻轻的,说出来的话却没把那几十万当回事。

"嗯,这东西我看着挺喜欢的。既然您有意出让,我就要了,价格咱们就按照钱总所

335

说的六十万,您看怎么样?"

庄睿第一眼看到这青铜鼎的时候,就感觉很对眼。这件青铜器出土的时间应该很长了,体表被把玩得很润滑,闪烁着青铜器特有的光芒,放在家里的确是件不错的摆件。

另外就是这件青铜器里的灵气,让庄睿也想把它收到手里慢慢研究一下,看看是否能找到让眼睛灵气继续进化的途径。羊脂白玉倒是可以吸收,不过那物件实在太少,根本不足以让眼中灵气再产生异变,所以庄睿就把主意打到青铜器身上了。

"行,行,就按庄老师您说的,六十万,我卖了。"

中年人激动得双手都有些颤抖了,对于他而言,这六十万足以让他的家庭发生翻天覆地的变化了,一时间,对庄睿是感激莫名。

"杨先生,这里是六十万的现金支票,您拿好了,不要折了,否则没法支取的……"

既然决定要买了,庄睿当场拿出支票本,开出一张六十万的现金支票来,从桌前拿了一本金胖子所著的《字画古玩赏析》,将支票夹在书里之后,交到中年人那双布满老茧的手中。

"谢谢庄老师,谢谢庄老师……"中年人小心地抓住那本书,眼睛里已经是有些雾水了。

随着庄睿买下这战国青铜鼎,此次民间鉴宝活动也进入了尾声。在给众多藏友颁发了鉴宝证书之后,主持人上台宣布此次活动圆满结束。

中午这顿饭是济南台请客,吃完饭后,已经是下午两点多钟了。按照计划应该是去趵突泉等地游玩一番,不过庄睿等人商量了一下,就不在济南停留了,干脆驱车直接返回北京。这济南离得近,想玩什么时候以后都可以再来。

庄睿此时并没有意识到,这次民间鉴宝活动,其实已经确立了他在玉石界以及古玩圈子里的地位。虽然不一定就能藉此称之为专家,但是也被众多藏友们所认知,最起码在齐鲁和津京等地,已经算得上是小有名气,日后也带给庄睿不少的好处。

在上车的时候,济南台的工作人员给北京来的专家,还有他们的同行们,每人发了一个硬纸做的方便袋,里面放的都是济南的特产。只是专家们袋子里,要比北京台的那些工作人员们多出了一个黑色的手包。

上车坐下之后,庄睿悄悄把手包的拉链拉开看了一眼,里面整整齐齐地放了五刀粉红色的,估计金胖子他们也都发现了,脸上全部都笑呵呵的,话说这专家也不是圣人,见了钱谁不高兴啊。

昨儿半天加上今天上午,总共一天的鉴宝时间,让众位专家们消耗了不少体力精神。小憩一会儿,车过廊坊之后,众人才回过劲来,开始相互递发名片,留下联系方式。

其实都主要是和庄睿交换联系方式,他们几个都是北京厮混,很熟的。这会儿庄睿那玉石协会的片子也派上了用场。

"小庄,明儿有空没? 带你去通州转悠一圈去……"

金胖子坐在庄睿后面一排，笑嘻嘻地伸出大手拍了拍庄睿的肩膀。

"明天？明天还真没空，买的那宅子要定图纸，过几天施工还要看着，金老师，去通州干吗啊？"

虽然没空，不过庄睿这心里也好奇啊。金胖子在北京地头广，说不准就知道一些好去处。

"他小子整天不是掏老宅子，就是逛黑市，还能去哪里啊？他这兜里的钱，从来都放不过三五天的……"

孙老和金胖子很熟，也不怕揭他的老底。话说这些人可是经常会在某个黑市里面撞车的，北京看似不小，不过玩古董的圈子却不大。

"北京也有黑市？"

庄睿有些诧异地问道，即使是在拉萨那种地方，黑市都要摆在离市区数十公里远，鸟不下蛋的地方去。四九城作为国家的政治经济中心，也会有这种黑市交易？

"嘿，你问的多新鲜啊，咱们这是全国文物贩子最集中的地方，能少得了黑市？不过在市区的很少，一般都在通州、大兴几个地方，怎么样，明儿去不去？"

金胖子说这话的时候压低了嗓门。虽然圈内人都知道黑市的存在，不过这车上坐的人里面，不还是有圈外人不是，怎么说自己也是个专家嘛。

"下次吧，下次得空了一定跟您长长见识去……"

庄睿心中有些遗憾。这黑市可是好地方，虽然那些玩意来历不明，不过价钱也低啊。如果能碰到个黑市主办方也摸不透的东西，那也是捡漏的好地方。庄睿那幅唐伯虎的李端端图不就是在黑市用白菜价买到手的嘛。

一个多小时后，中巴车开进了京城电视台的大院里。几位专家或者打的，或者自己开车来的，都纷纷离去了，庄睿拎着那装着战国青铜鼎的鞋盒子，向自己的大切诺基走去。

"庄老师，等一等……"突然，身后传来漂亮女主持人的声音。

庄睿停住了脚步，看向刘佳，问道："刘小姐，还有什么事吗？"

"没事，这次的民间鉴宝节目是我自己策划的，庄老师您的表现让这次节目多了不少亮点。我想请您吃顿饭，表示下感谢，不知道庄老师肯不肯赏脸？"

刘佳说话的时候，不经意地用右手捋了一下发梢，胸前高耸的地方由于胳膊的挤压，愈发显得丰满，看得庄睿眼睛都有些发直了。他一纯情小处男，哪里见过这种风情万种的熟女啊。

"没……没，没时间……"

庄睿憋了半天才吐出口的三个字让刘佳脸色变了一下。她原本以为庄睿会说出"没问题"三个字呢，却没想到居然是被拒绝了，这让刘佳心里有点小纠结。话说刚才那还没醒酒的副台长，还上赶着要请自己吃饭呢。

其实刘佳也没有什么别的想法。一来这次庄睿给民间鉴宝的节目带去不少收视率，是应该好好感谢一下;二来刘佳对庄睿这个人发生了一些兴趣,年纪轻轻,身家不菲,偏偏行事还很低调,整个人像是蒙上了一层面纱,让人捉摸不透。

不是有句话说:男人可以征服整个世界,而女人只需要征服一个男人就行了。刘佳现在也不小了,虽然身边从来不缺少追求者,不过对于那些依仗着长辈的纨绔子弟,她向来都是不感兴趣的,难得碰到一个自己看得上眼的男人,刘佳也就主动了一次,却没想到,被庄睿直接就给拒绝了。

"难道是因为自己比他大?"

刘佳在有些难堪之余,开始胡思乱想了起来,不过随后就推翻了这个结论,年龄那根本就不是问题,俗话说女大三抱金砖嘛。

要是庄睿知道这刘佳眨眼间转了这么多道小心思,肯定会大呼冤枉的。别说他不知道刘佳比他大了一岁,就是知道的话,大家朋友吃个饭,也不算什么。话说刘佳的气质对男人的吸引力,可不是一般地大。

其实庄睿刚才是想说"没问题"这三个字来着,可是话到嘴边却想起下午在车上接到老妈的电话,让他晚上回玉泉山吃饭的。一个是刚认识一天的女人,一个是养了自己二十多年的老妈,庄睿当然要拎得清了。

"刘小姐,不是没时间,哎,真是没时间,我都不知道怎么说了……"

庄睿是越解释越乱,就是面对那些稀世珍玩的时候,他也没有这么尴尬过。这没经历过女人的男人,还是不成熟啊,在心里组织了一下语言,庄睿又说道:"今儿家里长辈让回去吃饭,真是没时间。要不这样,改天我请你,好不好?"

要说庄睿对刘佳的印象,还真是不错,几次出言帮自己解围,不过他可是没有别的想法。这一口一个老师的叫着,那可是不能犯错误的。

看到庄睿慌乱的样子,刘佳心情莫名地开朗了起来,嫣然一笑道:"那好,你算是欠了我一顿饭啊。对了,我没开车,你住在哪里? 能不能坐下顺风车?"

"我要去玉泉山那边,你要是顺路就上车吧……"

"刚好,我也住那个方向,庄老师您在半路放下我就行了……"

庄睿没有看到刘佳的脸上变了一下。北京人谁不知道玉泉山这个地方,那里住的人,都曾经在这个国家叱咤风云。她走到庄睿的车前,才看到了那个特殊通行证,心中对庄睿不由又高看了几分。

刘佳的确是住在这个方向的,在半个小时之后,她到了自己的住所,和庄睿握了下手之后,就告辞下车了,只是在握手的时候,鬼使神差的用小指甲划了一下庄睿的掌心。这个举动使得庄睿随后那车开的是歪歪扭扭的,几次差点没吻上前面的车。

将车开进玉泉山疗养院的时候,庄睿的心才慢慢地平静了下来。此时已经天近黄昏了,太阳已经西斜,刺眼的阳光已经微微暗淡,只在它的周围流着一圈金光,光亮耀眼。

把车拐进外公所住院子的小路时,眼前的树木遮住了夕阳的半边脸,落日的身影随着时光的流逝也在慢慢地消失，忽隐忽现，只在西边的天空留下了一片红光。透过薄薄的云层，折射出各种颜色。

忽然，庄睿一脚踩死了刹车，因为他看到，在外公小院的门口，出现了两个身影，母亲正搀扶着外公，慢慢地散着步。

庄睿可以清晰地看到，外公那张充满了威严的脸上，此时露出慈祥的笑容，而母亲一向紧锁的眉头也放开了，不时传来母亲阵阵清朗的笑声，笑得是那样开心。

落日的余晖洒在两人身上，像是给父女二人披了一层金光，是那样的和谐、温馨，让庄睿都不忍去打扰他们。

第五十八章 老爷子

看着母亲扶着步履蹒跚的外公,庄睿不知道为什么,鼻子有些发酸。为人子,他能理解母亲的心情,但是从未有过为人父经历的庄睿,现在似乎也能感受到外公那种喜悦的心情,那是对儿女们无私的爱。

忽然,一道白影从院子里蹿了出来,惊醒了正沉浸在这落日霞辉中的父女二人。

"臭小子,几天不回家,是不是躲着外公啊?"

老爷子随着白狮的身影,看见了庄睿,伸直了手中的拐杖,指着他笑骂了一句。

"外公,哪能呢,我这不就回来了。妈,我来扶外公……"

"你这孩子,和外公没大没小的,一边去,妈扶着就行……"

庄睿抚弄了下白狮的大头,向母亲那边走去,欧阳婉却没有放开挽住父亲的手,和庄睿一左一右扶着老父亲在旁边的一张石凳上坐了下来,白狮乖巧地趴在庄睿的脚边。

"这孩子真像你啊,不仅是长得像,性格也像你,脾气倔强得很,胆子也大得很。那天老头子我要是不答应让你回来,他就敢不叫我外公……"

老爷子坐下之后,双手拄着拐杖,仔细在女儿和外孙脸上来回打量着。欧阳罡这段时间不仅身体好起来了,心情也愉快得很,到了他这种年岁,对于世上的许多事情都看得很淡了,但是唯一割舍不下的,就是眼前这个不听话的女儿。

庄睿却是不怕这个老头,嘻嘻笑着说道:"外公,我不仅像我妈,还像您呢,您的脾气不是和我妈一样吗?我可是听小舅他们说过,当年您老带着一个师,在辽东就敢想着把国民党的一个军给包饺子,那才叫胆子大呢……"

欧阳罡当年可是某野战军一员勇将,打起仗来不要命,只要是和敌人交起手了,那不占优势是绝对不会后撤的。

"咦,你这臭小子怎么知道我当年的事情啊?嘿,外公那会儿可是说一不二的……"

庄睿的话刚好挠在欧阳罡的痒痒上,这病了两年多,耳朵也不好使,可是有段时间没给人回忆往事了,这会儿揪住了外孙,滔滔不绝地讲了起来。

庄睿开始的时候还有些不耐烦,可是听着听着,就听进去了。听外公讲述以前的事情,那可都是真实的历史再现,和电影电视上所演的完全不同,随着老人那语调激昂的话语,一个硝烟战火纷飞的大时代,真实地展现了在庄睿面前。

欧阳婉也安静地坐在旁边,微笑着听父亲讲述着自己从小就听说过无数次的故事。其实老人的要求真的不是很多,只要有儿女肯花上一点时间听他们倾诉,那就足够了。

"老头子,吃饭啦,又在吹嘘以前的老黄历啦,也不怕外孙子笑话……"

在夜幕降临,华灯初起的时候,庄睿的外婆也从院子里走了出来,扶在她身边的是欧阳军。庄睿不禁有些汗颜,这欧阳军怕老爷子胜过老鼠怕猫,都还硬撑着到老人面前尽尽孝心,自己反而整天东奔西跑的,实在是有些不应该。

老爷子看到欧阳军后,用力地在地上顿了一下拐杖,喊道:"对了,小军,你过来……"

"爷爷,什么事?我可是没惹什么祸。"

欧阳军听到老爷子喊他,浑身打了个激灵,脚下条件反射似的就是一个立正,看来这童年阴影真是很难消除。惹得一旁的庄睿母都笑了起来。

欧阳婉拉住老父亲的手臂摇了摇,说道:"爸,小军是个好孩子,别吓唬他。您老瞪眼的样子可吓人啦。"

"心里不虚,有什么好怕的啊?小军,你这弟弟可还没什么工作呢,你小子整天自己在外面吃香的喝辣的,就不想着照顾点自己弟弟?"

敢情老爷子是想让欧阳军给庄睿找点事情做,说白了,就是让他给庄睿找点赚钱的活。老爷子虽然耿直,但并不迂腐,革命工作总归是要人做的,难不成别人可以做的事情,自己外孙就不能干啦?

虽然这事对欧阳罡来说是再简单不过的,一个电话就有人上竿着安排,不过那动静就太大了点。他知道自己这小孙子折腾了一份不小的产业,这是故意在欧阳军身上割块肉呢。

"爷爷,您让我照顾小弟?他照顾我还差不多,他现在倒腾古玩,那身价不是一般的肥啊,连我看着都眼红。您老可不能偏心呀,不信您问问他……"

欧阳军一听是这事,那心里叫一个纠结啊,一时间也顾不得害怕了,嗓门也高了起来。这都是孙子,老爷子您怎么就想着从我腰包里面掏钱,然后塞到另外一个孙子口袋里面去啊?话说那孙子前面还要加上个"外"字。

"哦,还有这事?小睿,你干投机倒把的买卖?那可不行,咱们可不能干这样的事情……"

老爷子退下来快有二十年了,对于欧阳军口中的"倒腾"两个字,理解为了投机倒把,马上板起了脸,自己外孙哪能干这事啊?倒不是说这事犯法,关键是那眼皮子也太薄了,干这玩意儿能赚几个钱?

"爸,小睿可不是在投机倒把。他是收藏古董,就是那些字画花瓶什么的,以前咱们家里也有,然后再卖出去,这是合法的,利润也很高。最近才在新疆投资了一个玉矿场……"

欧阳婉听到老父亲的话后,笑着帮儿子解释了一下,语气中充满了自豪。儿子可全都是凭着自己的本事赚到的钱,没有沾自己娘家一点光。

欧阳罡听到女儿的话后,激动地一拍大腿,说道:"哎,你这丫头,怎么不早说,那些字画就是古董?老子当年带领部队打土豪分田地的时候,可是抄家搞了不少那些玩意儿,不过那些画啊啥的擦屁股都嫌咯得慌,全让我一把火给烧了……"

"哈哈,哈哈……"

老爷子话声未落,引得周围一圈人,也包括刚出来的警卫员都笑了起来。这哪跟哪啊,您那会儿打土豪分田地的时候,欧阳婉还没出生呢,怎么去提醒您啊?这也难怪,老爷子都九十岁的人了,脑子难免有些糊涂。

不过这时的老人,更像是自己的亲人,而不是在外面那个威风八面的大人物。要知道,老爷子可是以严厉著称的,在上世纪八九十年代那会儿,很多军中上将,在他面前连大气都不敢喘。

"你这个死老头子,整天就以没文化为荣,别吹嘘了,都去吃饭吧……"

庄睿外婆笑着骂了老头子一句,一家人都回到了院子里。这顿饭是摆在院子大树下面吃的。小囡囡刚在屋里看完动画片,见到舅舅回来了,也是很兴奋,一张小嘴叽叽喳喳地说个不停,也为这顿饭平添了不少笑声。

"小睿,出来一下,有事给你说。"

吃过晚饭之后,已经八点多了,老爷子和老太太都准备去休息了。庄睿这两天也累得不轻,正准备去自己房间冲洗一下睡觉的时候,却被欧阳军给拉住了。

"四哥,什么事?"庄睿看到欧阳军躲躲闪闪的样子,还非要走到院子外面说,不由有些好奇。

"其实……也没什么事情,就是,就是我和徐晴的事情,你知道吧?"欧阳军吭吭唧唧地磨叽了半天,说出来的话更让庄睿摸不清头脑了。

"哎,我说四哥,您和大明星的事情,关我什么事啊?"庄睿不解地问道。

"嗨,我就跟你直说了吧。我想和徐晴结婚,老爸那边不同意,这不是求你给说一下嘛,现在家里除了小姑,可就是你最受宠了……"

敢情欧阳军还真是个多情种子,早些年虽然有些风流荒唐,不过这几年倒是定下性子来了,徐大明星也是功不可没的。

原本欧阳军今儿来这里是想求小姑帮忙的,不过见到庄睿之后,就改变了注意。他怕小姑和自己老爸一个思想,那反而会适得其反的。

"嘿,四哥,这家里可不是我最受宠啊,还有囡囡呢……"庄睿和欧阳军开起了玩笑。

"别废话,你小子就说帮不帮忙吧,我还想着明儿把老白介绍给你呢。"

欧阳军是真急了,这事去求表弟,本来就有些磨不开脸,又被庄睿取笑了,当下有些恼羞成怒。

"老白是谁?"庄睿问道。

"就是上次和你说的那个玩古董的。明天要是有空,就到会所见见他去吧,他门路可不少。"

"明儿没空,和人约好了要去四合院那边,等等再说吧。四哥,哪天您看小舅心情好的时候,给我打个电话,我去给小舅说说,看看您那事能成不……"

对欧阳军这破事,庄睿也是有些哭笑不得,自己媳妇还没着落呢,居然去帮人说合。

送走欧阳军后,庄睿悄悄地进到外公外婆的房间里,用灵气给他们梳理了一下身体,等回到自己屋里时,已经是泪流满面了。没办法,老人身体机能比较差,庄睿每次只能多使用一点灵气,还好现在灵气可以自己恢复,否则的话,庄睿也不敢如此肆意使用。

第二天六点多钟庄睿就起来了,陪着母亲和外公外婆吃了早饭之后,就驱车赶往四合院了。今天不光要确定图纸,还要把钱支付给古云,本来应该是分三次付款,可是庄睿过几天就要回彭城,心里想着还是一次结清算了。

有古老爷子这层关系在,庄睿也不怕古云给他玩什么猫腻,至于别人该赚的钱,庄睿是不会小气的。这年头,谁家里也没余粮啊。

…………

七点左右的北京城还比较安静,开车上班一族还能睡会儿懒觉,不过立交桥上的自行车却是交织如流。路边的街心公园里,树上挂满了鸟笼子,树下却是一帮老人在打着太极拳,呈现出一幅和谐的城市画卷。

庄睿那四合院的后侧门搭建的窝棚还没有清理掉,只能把车停到巷子外面。走进保护区的巷子里,各种声音随之传来,有卖早点的,有喊小孩起床的,间接夹杂着某位文艺工作者"咿咿啊啊"练嗓子的声音。

在巷子入口卖早点的旁边,还有个长得精瘦的老头,摆着个剃头摊子,正给一七八岁的小孩刮光头呢。

这四合院是最能体现老北京生活的。当然,现在很多四合院都改建了洗手间,公共厕所已经是不多见了。

如果不是看到进进出出上班的人所穿的衣服,庄睿甚至怀疑自己置身于百年前的老北京呢。这也算是原汁原味地地道道的北京一景了,处处洋溢着生活的气息。

庄睿打定了主意,等四合院建好之后,一定要把外公他们接过来住段时间。玉泉山虽然好,但是未免太冷清了点,还不如在这里整一帮子老头老太太们下棋聊天呢。

"哎,里面施工呢,别乱闯……"

来到自家宅子的门口,院门是打开的,许多头戴安全帽的工人在进进出出,很多从这门口路过的老住户们,都要好奇伸头看上那么一眼,庄睿正要进去的时候,却被人喊住了。

"古工在吧?我找他的……"

庄睿对那个胸前挂了个牌子的工人说道。古云虽然是古建公司的老板,但也是位工程师,他手下人更多的还是喊他为古工。

"里面太乱了,您就在这里等下吧,古工在里面,我去帮您喊……"

庄睿闻言苦笑了起来,自己家反而自己都进不去了。不过还好,一两分钟之后,古云就出现在了门口,身后还跟着个庄睿认识的人——保护区的那位李副主任。当然,这个主任比起区办公室的郑主任,那官可是差了好几级的。

"庄老弟,你怎么来这么早啊?给,把帽子戴上。"古云出来之后,递给庄睿一个安全帽。

"李主任,怎么你也在这啊?不好意思,这段时间要麻烦你们了……"

庄睿先和那位保护区的李副主任握了下手,回头对古云笑着说道:"你们不是比我还早啊?这么早施工,不会影响旁边的住户吧?"

庄睿接过帽子戴上,和古云向院子里走去。

"我们也是刚刚到,这天太热,趁着早上把屋顶都先给拆掉。北京人起得都早,不会有影响的。再说有李主任在,许多事情处理起来都很方便……"

"应该的,应该的,这也是为了更好地保护文化区内的建筑嘛……"

李副主任也是学古建出身的,身上有股子书呆子气,毕业之后就进入政府部门,给发配到保护区这个清水衙门来了,混了十来年才是个副主任,不过和古云倒是挺聊得来的。

"保护?"

听着李主任的话,庄睿也进到院子里,顿时被雷住了。这哪里是保护,分明就是破坏嘛。原来的院子虽然里面破旧,但是外面看起来还像那么一回事,现在却是千疮百孔,惨不忍睹了。

所有房子的屋顶都已经被拆下来了,只留有四个墙壁孤零零地伫立在那里,地上全部都是残砖破瓦,连个落脚的地方都没有,连同几个院子的垂花门也全部都拆除掉了,站在院子门口,就可以看到四边那青砖垒砌的围墙。

"古哥,那几棵大树你可要给我留下来啊,这种年岁的树我可没地方找去。"

庄睿指着中后院花园里的几棵枣树和石榴树对古云说道。这些树都有上百年的历史了,枝叶繁茂,也是四合院里面重要的一景,庄睿也准备在树下做几个石头桌椅,是个夏天纳凉的好场所。

"你就把心放到肚子里去吧。这树不但要留,到时候我还会给你整点丁香海棠花来,那可是能体现出身份和文化修养的。

"行了,这里没什么好看的,咱们去亭子那边,那里还没拆。你把图纸看一下,该签字的签字,后面的活儿我也好接上。"

"古哥,要钱您就直说嘛,嘿嘿。"

庄睿知道古云的意思,没钱购买建材,后面的活自然就接不上了。

"你小子，又想马儿跑，又想马儿不吃草，哪有这样的便宜事啊……"几人说着话，走到原来假山池塘边的一个凉亭里坐下了，古云从随身的包里掏出一叠厚厚的资料，递给了庄睿。

上面几张图纸是数百年前清朝工部建这房子原图纸的复印件，下面的是古云根据这些复印件做的一些细微处的改动，还有房间的内部装修图，这些东西都比较简单，可以参照别的装修案例。

古云把中后两个院子设计成两款完全不同的风格，一款是仿古装修，里面的摆设及装修完全依照古代建筑的风格；而后院主人宅子，就全部是现代化的装修，用的是最先进的智能管理系统，水电空调电视冰箱等所有家电都由电脑控制。

"有些古建材料必须去厂家定做，所以价格要比普通的建筑材料高出不少，但是质量也比普通建材要好……"

最下面几张纸，是这次工程的造价预算，以及购买材料的费用。古云做事情很讲究，虽然是熟人的工程，但是把每一笔钱都列的清清楚楚的，甚至把自己该赚的那部分钱都给标出来了，这可是接别的活儿没有的。

庄睿看了一下最后的那个数字，一共是一千三百八十六万，当即点了点头，说道："行，古哥，这钱，我一次性给您一千四百万。如果能提前完工的话，多了也不用退，就当是给工人们发奖金了。要是不够的话，您再找我，行不行？"

第五十九章 有求必应

古云当然点头同意了，很多搞房地产的朋友都知道，这开发商付款，向来都是拖拖拉拉的。打个比方说，一个工程分为三期，开始说好的三期完工后支付百分之九十五，留下百分之五的质量押金一年后支付。但是往往等工程结束，开发商能支付百分之七十的款项就算是很厚道的了，至于剩下的百分之三十，也不是不给，但是拖拉上几年的时间，等房子卖完了或许还是欠着的呢。

"行，老弟，你就放心吧。这房子盖好，我保证住个几百年都没问题……"

古云也明白，庄睿连房屋质量押金都不扣除，那明显是看在自家老子的脸面，而且他也知道庄睿的背景，什么钱该赚，什么不该赚，古云分得很清楚。

至于工期，如果抓紧一点的话，最多两个月就可以完工。古云打算前脚把房子盖起来，后脚马上就另外进驻装修队，这样会让整体进度大大加快，等到最后整修花园的时候，基本上房屋建设与装修，都可以同步完成了。

庄睿就车库和地下室的问题又和古云交流了一会儿，李主任看样子今天是全陪了，也没有离开，不过他也是学建筑出身的，看着图纸也能给出点建议，一上午的时间很快就过去了。

庄睿看了下时间，已经过十一点了，连忙说道："古哥，李主任，咱们一起去吃个饭吧，我过段时间都不在北京，这房子的事情，就全拜托二位了。"

"不用，不用，单位有食堂，离得不远，我过去吃就行了。"

李主任是个厚道人，连连摆手。这要是换做郑主任，肯定屁颠屁颠地跟去，然后吃完饭把单给买掉了。

"李主任，一起去吧，咱们今儿也宰次大款……"

古云一把拉住了李主任，他心里明白，这位李主任和昨天来的郑主任，给的可是庄睿的面子，动工后庄睿不在，自己与他们处好关系，日后也会少很多麻烦的。

李主任见推辞不过，也就跟着走出了四合院。

刚出宅子大门，庄睿的电话响了起来，接起来一听，却是昨儿下车时刮了自己手心一下的刘大主持。

"晚上请我吃饭？别介，中午我请您吧，晚上没时间……"

庄睿现在也学得一口地道的京片子，说起话来京味十足。

作为京城台的花旦主持人，刘佳工作时间比较自由，除了自己主持的节目之外，剩下的时间都可以自由支配。一般晚上的黄金时段刘佳是最忙的，不过今天电视台里的节目调整了一下，她也难得能休息一个晚上。

女人做事情一向都比较有计划，得知晚上没事，刘佳本来想约几个朋友去逛街买衣服的，不过拿起电话之后，脑子里却鬼使神差的冒出了庄睿的面孔，于是就把电话打了过去。

"庄老师，咱们去济南的节目光碟我做好了，不过可能要下午才能取出来，您要是晚上不忙，还是晚上见面吧……"

今天上午的时候，刘佳特意让人把此次济南民间鉴宝的光碟给做了出来，这时正好可以当成借口。其实光碟已经在她手上了，但是刘佳故意说出下午才能拿到，想把吃饭的时间安排在晚上。

虽然刘佳中午也没什么事，但是晚上吃饭不是可以更加浪漫一些嘛。都说男追女隔层墙，女追男隔层纱，刘大主持既然有了这个想法，自然要精心安排一下了。

"晚上还真没时间，那光碟不急着要，我先请你吃饭吧。"

庄睿可不知道刘佳在想什么，只是对方三番五次的要请自己吃饭，作为一老爷们，怎么着也要主动点吧。当然，只是主动请对方吃个饭而已，庄睿没有什么别的想法。

"晚上要陪女朋友？"电话里传来的声音有些低沉。

"女朋友在英国呢，晚上陪我母亲外公，我过几天要离开北京一段时间……"

庄睿很老实地回答道。话说秦萱冰的确是她女朋友，前段时间不是连父母都见过了嘛，虽然庄睿很不厚道的第一次见面就赚了未来老丈人两千多万。

"那好吧，去哪里吃？我自己开车过去……"

听到庄睿晚上要陪长辈，刘佳虽然心有不甘，但是也说不出什么话来。

"你稍等下。"

庄睿捂住话筒，看向古云，问道："古哥，咱们中午去哪吃？全聚德怎么样？现在去还有包间吗？"

"你小子，请吃饭都没诚意，饭店都没订，随便吧，没包间咱们就在大厅吃。"古云笑着开起了玩笑，听庄睿的电话，似乎还要请个客人。

"那好，就全聚德吧……"

对于北京的饭店，庄睿也就知道这一个地方。话说他想去几次了，都没成行，倒是在欧阳军会所里吃了好几顿。

在电话里通知了刘佳之后，庄睿打开车门，把钥匙丢给了古云。他对北京路不熟悉，要是让他开,不定什么时候才能摸到全聚德呢。

"喂,四哥,什么事啊?"

车刚开出胡同口,庄睿的电话又响了起来,这次是欧阳军打来的。

"废话,你说什么事,昨天哥哥让你办的事呗。今儿早上看我老爸出门的时候心情不错,晚上可能要去爷爷那里吃饭,到时候你找个机会把那事说一说。"

欧阳军还真是没耐性,不过也是被大明星给催得急了,别人没名没分的跟了他好几年,眼瞅着两人都奔四十了,再不给别人个说法,这不是老爷们儿干的事情啊。

"四哥,我觉得吧,这事由我来说,不大合适……"

"哎,我说你小子,昨儿可是答应我了啊,怎么这就反悔了?"庄睿话没说完,就被欧阳军给打断掉了。

"你别急啊,我觉得这事让我妈去说,一准能成,你想想,我自己那事都没着落呢,怎么去给你当说客?"

"小姑要是不答应怎么办?"

欧阳军在电话那头一想,庄睿这话说得也不错,只是他心里有些顾虑,小姑能帮他说好话吗?

"肯定会答应了,这事包在我身上了。"

庄睿知道老妈的性格,对于什么门当户对之类的事情,向来都是深恶痛绝的,所以才敢给欧阳军打包票。

"也是,小姑当年不也……"

欧阳军话说到一半,感觉自己评价长辈有些不合适,改口说道:"你现在在哪?中午咱们一起吃饭,把这事再合计合计。"

"怎么着,请我吃饭?"

庄睿乐了,哥们的人品不错啊,这一上午有两拨人要请吃饭了。

"少废话,你在什么地方?"欧阳军有些不耐烦了。

"我正去全聚德呢……"庄睿回答道。

"全聚德?离我这倒是不远,你订包间了没?算了,估计你也订不到,你到了全聚德给我打电话吧。"

欧阳军赶着出门,也没问庄睿是不是一个人,说完就把电话给挂掉了。

庄睿到了全聚德后,分别给刘佳和欧阳军打了个电话,那两位还在路上。他也没急着进去,干脆在门口与古云和李主任聊起天来。

"庄老师……您还有朋友啊?"

刘佳停好车后,一眼就看到了庄睿,不过让她没想到的是,庄睿居然还带了两个人,不过来都来了,也只能故作大方地走了过去,向古云二人点了点头。

"呃,我给你们介绍一下,这位是京城台的刘大主持,你们应该在电视上见过吧?这位是古大哥,我们两家是世交,这位是李主任……"

庄睿没怎么注意到刘佳的神情,不就是吃顿饭嘛,人多才热闹呢,却没想到刘佳这会正在心里恨得牙痒痒呢,这分明是没诚意嘛,请人吃饭还带了俩人。

古云和李主任果然都认识刘佳,刚打了个招呼,欧阳军就赶来了,当然,身边还跟着刚从外地拍戏回来的徐大明星,只是大热天的帽子纱巾墨镜一样没少,庄睿都怀疑她那雪白的肌肤是不是就这样被捂出来的。

欧阳军可不是刘佳,他一来见到这么一圈子人,马上把庄睿拉到一边去了,脸色不快地问道:"我说老弟,你这唱得是哪出啊?"

按照欧阳军的意思,咱们哥俩要谈的那是家事,你喊了这么一帮子人,那话我还能说出口啊? 他心里这怨气,可是要比刘佳大多了。

"都是朋友,一起吃个饭嘛,我那房子还指望别人给我盖呢,喏,那位是电视台的主持人。这么看我干吗? 都说了是朋友,得了,进去吧,今儿你请客啊。"

庄睿推了欧阳军一把,欧阳军有些无奈,悻悻地带头走了进去,直接带着几人进入到一个带着卡拉OK的包间里。

徐晴进到包间之后,就把帽子眼镜什么的都拿掉了。这却让古云几人吓了一跳,没想到经常在电视电影里见到的大明星,居然就在自己身边。要知道,徐晴的腕儿,可是比刘佳大了去了。

不过都是娱乐圈的人,刘佳和大明星倒也说过话,很快就熟络了起来。

娱乐圈里面的事情,是很难做得滴水不漏的,徐大明星和欧阳公子的事情,圈内的人几乎都知道,刘佳自然猜得出欧阳军的身份。

看到欧阳军和庄睿两人说话的语气,刘佳对庄睿却是愈发好奇了,就想着从徐晴嘴里套出点话来。

两个女人走到包间沙发处聊天去了。

倒是古云和李主任有些坐立不安,李主任知道欧阳军来头不小,而古云是开公司做买卖的,自然也能看出欧阳军身上那若有若无的傲气。

"这全聚德有什么吃的啊? 我那里刚进的俄罗斯鱼子酱,你小子就是不会生活……"

欧阳军当着全聚德服务员的面,嘴里还念念叨叨的,不过那服务员知道这包间是不对外开放的,来的人都是有点门路的,当下也没敢说什么,等着欧阳军点菜。

"凉菜来个水鸭肝、芥末鸭掌、酱鸭胗、泡菜,热菜就要雀巢鸭宝、火燎鸭心、清炒芥兰、蝴蝶鱼片,外加两只烤鸭,喝点白酒? 嗯,再拿两瓶茅台来……"

虽然心里不高兴,不过欧阳军也没扫庄睿的面子,点好菜后又要两瓶白酒,真当是自己请客了。

庄睿和欧阳军回头都要开车,也就没喝酒,古云和李主任当着欧阳军和大明星的面有点放不开,两人喝了一瓶茅台之后,就借口有事情先离开了。

而刘佳套了半天话,却没从老练的徐大明星嘴里问出一句关于庄睿身份的事情,在古云二人离开不久,也悻悻地告辞了。

　　等刘佳走后,大明星对庄睿说道:"这女人太有心计,不大适合你。"

　　"你手腕也不差,要不然怎么能把欧阳军给吃得死死的啊。"

　　庄睿暗自在心里想着,正要说话时,兜里的手机响了起来。看到是庄敏的电话,庄睿站起身来,走到门口去接了。

　　"给奶奶打包个鸭架汤吧,她好这口。"

　　见到庄睿吃饱出去接电话,欧阳军站起身来招呼服务员打包。

　　"你说什么?姐夫被人打了?"庄睿充满了愤怒的声音,从门口传了出来。

　　"怎么回事?"

　　欧阳军听到庄睿的话后,连忙走了过来。

　　庄睿摆手示意欧阳军先不要说话,他自己还没搞清楚是怎么回事呢,老姐电话打过来就带着哭腔,这断断续续地说了半天,庄睿还没理清头绪。

　　"姐,你别急啊,到底是怎么回事?姐夫在旁边吗?你让姐夫说话。"

　　庄睿有些急了,姐夫那人老实巴交的,别是吃了什么大亏了吧?

　　"小睿,我没事,就是腿上被人砸了一棍子。"

　　听到赵国栋的声音从电话里传出,庄睿才松了一口气,说道:"姐夫,究竟是怎么回事?你说清楚点……"

　　"是咱那修理厂被人看上了……"

　　赵国栋在电话里叹了一口气,把事情经过给庄睿说了一下。

　　庄睿听姐夫说完,才知道是怎么一回事了。原来赵国栋在国道那里干上汽车修理厂之后,由于价格公道,加上手艺也好,几乎没有他修不了的车,慢慢时间长了之后,生意越发好了起来,来来往往的司机在车坏了之后,首先就是打他们厂里的电话,叫拖车去拖。

　　原本在国道周围,也有几家修理厂,只是不管从规模上,还是修车师傅的技术,都远远不如赵国栋的汽修厂。一开始他们还能接到点小活,但是越往后生意就越难做。在赵国栋扩大了规模之后,有两家已经是干不下去倒闭了,把车子转卖给了别人。

　　倒闭不干了的,那是自认竞争不过赵国栋的正经买卖人。但是这世道,搞歪门邪道的也不少,倒闭的那两家汽修厂,都被一个人给接手了过去。

　　接手这两家汽修厂的人姓张,叫张玉凤,听名字很秀气,像个女人似的,其实却是个不折不扣的大老爷们,长得更是满脸横肉,他在彭城也算是个风云人物。

　　张玉凤最早是个工厂工人,由于脾气暴躁,把自己的车间主任给打了,丢了当时所谓的铁饭碗,干脆就在社会上混了起来。他这人很讲义气,也很会笼络人心,没多久手上就聚了一帮子人,那会儿有个绰号叫做"镇关西"。

　　在上世纪八十年代那会儿的混混,大多都是好勇斗狠的,却很少有人想到去敛财。

而张玉凤这人虽然脾气不怎么好,但是头脑绝对好使。他召集了一帮子小兄弟凑了点钱,在上世纪八十年代末期的时候,买了一辆二手快报废了的破车。

张玉凤买车可不是为了显摆去的,而是碰瓷用的。他开着这车没事就上街转悠,他车技不错,经常整个急刹车搞的后面的车追尾。张某人自诩是个讲道理的人,你追我车尾,责任自然在你了,没二话,赔钱吧,这道理也说的过去,交警来了都没辙。

赔的钱倒是不多,可是打不住这车多啊,张玉凤专拣那些企业的车来撞,但是对于公检法和政府的车,他是躲得远远的。

那会儿单位上的司机来钱的外水很多,朋友结个婚借个车什么的,都能赚个几百块钱,张玉凤要的也不多,三五百的要,人又占着理,多数司机都是自认倒霉。要是遇到比较横的,那张某人也不是白混的,打完之后钱还要照赔。

上世纪八十年代末九十年代初期那会儿,三五百可不算少了,很多工人的工资都没那么多。而镇关西一天下来,生意好的时候居然能赚个上万块,这也算是张某人独创的发财之道了。

第六十章 镇关西

到了1993年的时候,张玉凤就靠着碰瓷撞车,竟然积累了数十万的身家。在出租车刚刚开始运营的时候,他借着这些年在公安系统处下来的关系,转型开了一家出租车公司,当时在彭城大大有名。

他这出租车公司,不是以服务态度好出名,而是打架打出名来的。那会儿彭城的治安不是很好,每个区域都有几个混混,这些人坐车向来是不给钱的,用小兵张嘎里胖翻译的话说,那就是爷在县城下馆子都不要钱,坐你个车还敢收钱?

下馆子不要钱没事,可是张玉凤这公司开车的人,都是以前跟他混社会的,没一个好脾气的,听到这话,肯定是会打起来。可是架不住在别人地头,经常会吃亏啊。

后来还是科技帮的忙,那些黄面的(天津大发)上全都装了电台,相互间一喊,马上百十辆出租车就呼啦啦地围过去了。经过了几次扳手和菜刀的对决,张玉凤的出租车公司算是彻底出名了。

有句老话说的好,这人怕出名猪怕壮,常在河边走,哪能不湿鞋。在一次因为车资问题斗殴事件中,死了两个人,巧的是那次正好是张玉凤带队去打的架,如此一来他怎么都躲不过去了,被抓入狱八年。

老大进去了,下面自然也是树倒猢狲散,偌大的出租车公司转让掉了,曾经的彭城一霸也成为了历史。

张玉凤是前年出狱的,由于上山(蹲监狱)前也赚了不少钱,所以一时半会儿也没想做事情,再加上现在的出租车行业,可是门槛高得很,他就在家里老实了两年,但是以前的一帮子小兄弟有混得不如意的,就来鼓动他东山再起,整点儿生意做做。

张玉凤做生意的历史,就仅限于开车碰瓷和出租车公司了,但是出车祸了有保险公司,谁还买他的账啊?这两样显然都不适应现在的社会了,于是他就把主意打到了汽修厂上,早些年他可是没少和汽修厂打交道。

正好听到有两家汽修厂转让,张玉凤就接手了下来。原本他也是想好好做生意的,话说这碗饭哪有这么好吃的?谁知道接手了汽修厂之后,张玉凤却发现没生意做,三五天的修不到一辆车,这下把他给整急了,要知道,接手这两个厂子的钱,可都是他的养老钱啊。

四下里一打听,原来生意都被一姓赵的小子开的汽修厂抢去了,那生意好得让人眼红,张老板自然也不例外,于是就找上门去了。按他的想法,那是去谈合作的,以自己两家汽修厂入股,占赵国栋那家汽修厂百分之八十的股份。

赵国栋当然不肯答应了,这家汽修厂前前后后投资不下百万了,现在每个月赚的钱也有七八十万,净利润都在五十万以上。而张玉凤两家厂子加起来还不值一百万呢,张嘴就要百分之八十的股份,这简直就是明抢。话再说回来了,庄睿才是这汽修厂的大老板呢。

谈判自然是不欢而散,赵国栋也没在意,该干什么还是干什么,这段时间汽车内部装潢的生意不错,他慢慢也把重心放到了这上面,没几天就将张玉凤找来的事情忘到脑后去了。

这生意做大了,人也就比较忙。今儿中午赵国栋去应个饭局,喝了点酒中间去洗手间,谁知道刚从洗手间出来,脑袋上就挨了一闷棍,迷迷糊糊的还没看清楚人,膝盖上又挨了一棍子,当时就给打趴在那儿了。

还好打闷棍的人没敢下死手,头上那棍子挨的不是很重,但是膝盖上那一棍子,却是伤到了骨头,让赵国栋走不了路了。一起吃饭的人听到赵国栋的喊声,连忙把他给送到了医院,又通知了庄敏。

庄敏一个女人,在彭城也没有多少社会关系,见到老公头包得像粽子似的,马上就急得哭了起来。这才有了庄睿现在接到的这个电话。

"姐夫,你能确定这事是那张玉凤干的吗?"

庄睿此时已经冷静了下来,事情发生了,着急也没用,只能理清楚头绪之后,尽快赶回去了。

"不知道,这距离他找我要合股,都过去三四天的时间了,我也不知道是不是他。可是除了他之外,我就没得罪什么人了……"

赵国栋头上挨的那棍子虽然不重,但也让他有些昏昏沉沉的,想了半天除了那镇关西之外,再也想不到什么人了。

庄睿知道赵国栋是个老好人,绝对不会轻易得罪人的,想了一下之后,说道:"这样吧,姐夫,你先不要去汽修厂了,我今天就赶回去,那人既然算计你,肯定是要露面的,等我到了彭城再说吧。"

挂上电话之后,庄睿马上又给刘川打了个电话,让他下午带几条藏獒去汽修厂里看着点,防止有人来捣乱。刘川那边并不知道这事,一听就炸了,嚷嚷着要去找张玉凤,被庄睿在电话里给拦下了。这年头,很多事情并不需要打打杀杀的了。

"四哥,你们两口子那事,我现在就回玉泉山给我妈说去。对了,我姐夫挨打这事,你可别告诉我妈啊……"

庄睿简单的给欧阳军说了下事情经过,又交代了他一句,就准备起身去玉泉山接白狮了。他这一趟回去再来北京的话,最少要一个月之后了。

"小敏的老公,那就是我妹夫吧?正好我也没去过彭城,陪你跑一趟吧。"让庄睿没有想到的是,欧阳军居然要和自己一起回去。

"四哥,一点小事,你不用跟去了。等我给妈说完你的事,你在北京等着准备结婚吧……"

庄睿想了一下,还是决定不让欧阳军跟去了,这事应该不大,一个过气的老混混而已,找到刘川他老爸,收拾张玉凤是小菜一碟。

还有就是庄睿不想借助外公这边的势力,颇有点大炮打蚊子的感觉。他也不知道欧阳军行事的秉性,别把本来不大的一件事情给无限扩大化了。

谁知道庄睿这句话反而把欧阳军给惹毛了,瞪着眼睛说道:"屁话,你姐夫不是我妹夫啊?哥哥我没结过婚是怎么着?还上赶着等着结婚?"

"还真是没结过婚,哎,我说你给我瞪什么眼啊!"

这话说完,欧阳军感觉不大对,发现身边的大明星面色不善,一眼瞪了回去:"老爷们说话,老娘们掺和什么啊?"

其实欧阳军要去彭城,也有着躲避自己老子的意思。他估摸着姑妈给老爸说了这事之后,老爸即使同意了,也会把他找去臭骂一顿,先出去躲躲风头才是真的,等老爸气消了,再回来不迟。

庄睿拿欧阳军有些没办法,得,愿意跟去就跟去吧。

徐晴开着欧阳军的车自己离去了,庄睿带着欧阳军直奔玉泉山,找到母亲之后,把欧阳军的事情说了一下,果然,欧阳婉一听这事,马上就答应了下来,也让欧阳军放下心来。

庄睿随后就给母亲说了要返回彭城的事,欧阳婉也没多想,毕竟这里又不是自己家,儿子要回去也很正常,只是嘱咐庄睿开车小心一点。

带上白狮之后,庄睿驱车驶出了北京城,他性格比较稳,即使心里着急,开车也是不急不缓的,在晚上十一点钟左右,才来到彭城。欧阳军却是没有坐车跑过这么远的长途,开始时还找庄睿说着话,现在早就在车后座沉沉睡去。

…………

"四哥,起来了,咱们到地方了。"

庄睿将车直接开到了第一人民医院的停车场,停好车后,回身拍了拍熟睡的欧阳军。

"啊?到啦?"

欧阳军迷迷糊糊地坐了起来,拿出一瓶矿泉水洗了把脸,对着倒车镜梳理了下头发,这才施施然地走下车来。

"什么味道这么难闻?"

欧阳军下了车就闻到一股子难闻的漂白粉味道,四处张望了一下,才发现是在医院里,看着庄睿问道:"不是说腿上挨了一棍子吗,怎么还要住院? 很严重?"

"头上也挨了一下,住院观察下比较好。"

庄睿把白狮留在车里,带着欧阳军走进了住院部。

"哎,你们两个,站住。"刚出了八楼的电梯,庄睿正准备去病房的时候,被一个小护士给喊住了。

"我们是来看病人的……"庄睿出言解释了一下。

"多新鲜啊,来这的人不是看病就是看人的,还能来干吗? 现在探视时间已经过了,要来请明天吧。"

小护士不知道是刚被男朋友甩了,还是内分泌失调,说话的语气有点冲,庄睿倒是没感觉什么,彭城人说话就这样,声音大得像吵架似的,不过欧阳军可是听不惯,当下眉头就皱了起来。

"怎么说话呢,叫你们院长出来……"

欧阳军每年都陪爷爷去解放军总医院,也就是 301 医院去检查身体。别说是小护士了,就是那些大校少将军衔的院长见了他,也是客客气气的,眼下被个小丫头挤兑,心里自然不爽,顺口说出要见领导的话来。

还别说,欧阳军虽然经常和庄睿嘻嘻哈哈的,不过在京城那圈子混的人,谁不是戴着几张面具啊。这一绷起脸来,居然透露出一股子威严,顿时把小护士给镇住了。

"院……院长不在,你们要看哪个病房?"

虽然在医院看病的人都可以称呼为病人,但是这病人的身份也是有高有低的,小护士拿不准这说普通话的人的身份,倒也不敢再得罪人了。话说现在医学院那么多,每年毕业没工作的医生护士多了去了,万一得罪了自己招惹不起的人,丢了工作怎么办啊?

"812 病房,中午住进来的病人。"

庄睿在后面拉了欧阳军一把,这里可不是北京城,就算你把院长叫来又能怎么样? 别人不买你账还不是干瞪眼。

"哦,那是单人病房,可以探视,从这里直走拐个弯第二个房间就是,不过时间不能太长啊。"

小护士给自己找了个台阶下,又偷偷地看了欧阳军一眼。实在是刚才欧阳军说话的时候气势太胜了,那语气好像对院长也是呼之即来挥之即去的,要是她知道欧阳军压根就不认识什么院长,保证会让欧阳军见识一下什么叫做悍妇。

"走吧,四哥,还想请人吃饭啊?"庄睿拉着还有些不情愿的欧阳军向 812 房间走去。

"大川,你怎么在这里? 这都几点了啊。"

推开病房的门,庄睿发现,除了庄敏与病床上躺着的姐夫之外,刘川和周瑞居然也都在。

"四哥,您也来啦?"

庄敏和刘川一眼看到庄睿身后的欧阳军,连忙站起身来打了个招呼。

"嗯,我听说妹夫出了点事,跟着小睿来看看,怎么样,要不要紧? 不行咱们转到北京去看。"

欧阳军走到病床前,看了一下赵国栋,只是这会赵国栋的头包得像个粽子似的,也看不见脸面。

"小敏,这是?"

赵国栋下午睡了一会儿,现在人正清醒着,看到眼前站了一个陌生的人,口口声声喊着自己妹夫,不由看向了庄敏。

"是小舅家的哥哥,你喊四哥就行了。"

赵国栋听到庄敏的话后,用手撑起身体坐了起来,说道:"麻烦四哥了,这点小事还让你从北京跑来。对了,这事妈不知道吧? 可别告诉她……"

"小姑不知道,我就是看看有什么能帮上忙的,你先躺下休息……"欧阳军在外面虽然傲气,不过在自家兄弟面前,那面子是摆不起来的。

"大川,怎么回事,搞清楚了没有?"

看到欧阳军在和赵国栋说话,庄睿把刘川拉到了一边。

"没有,还真不知道是不是张玉凤干的,我下午叫了王哥去他的汽修厂,可是一问三不知,死不承认,我拿他也没有办法。"

刘川挠了挠头,他所说的王哥,庄睿也认识,那是刘川父亲的一位老部下,现在是分局治安科的科长,正好管着这事。刘川接到庄睿的电话之后,就让王哥带人过去查了一下,可是当时没有目击证人,谁都没看到砸闷棍的那人。

"先把他整进局子关上一天再说啊。"

庄睿对警察的这些门道很清楚,用犯罪嫌疑人的名义,就可以把你揪进去关上二十四个小时,虽然没证据,先出口恶气也好。

庄睿从小亲人比较少,对于亲情是最看重的,而且赵国栋一向对他都很不错的,像亲大哥似的照顾着他。庄睿刚上大学那会儿,赵国栋和庄敏还没有结婚,每次庄睿放假回家,赵国栋都从自己那千儿八百块钱的工资里拿出五六百塞给庄睿去用。

这会儿见到姐夫那副凄惨的模样,庄睿心中早就是怒火中烧了。

"我也想啊,可是……"

庄睿看到刘川一副欲言又止的样子,奇怪地问道:"怎么了? 这点事对刘叔来说没啥吧? 你不敢说我去说。"

庄睿进刘川家就像是自己家似的,知道刘川那老子最是护犊子,这事只要自己张嘴了,他肯定帮忙。

"我爸上个月退下来了,这事我没和老头说,偷偷找的王哥,不过现在是王哥提副局长的关口,不能出什么事,所以……"

"刘叔退休了? 我还真不知道这事。"

庄睿这下明白了,虽然说这人走茶凉不一定就会应在刘父身上,但是万一他出面找了人被拒绝的话,刘父这面子可就丢大了。人刚从领导岗位退下来的时候,一般都是最敏感的时候,所以刘川根本就没找他老子。

"那这事还真的不能给刘叔说,对了,刘叔退休后心情怎么样啊? 过俩月我北京的宅子搞好后,让刘叔刘婶都去住段时间,不然我妈一个人住那儿,也怪冷清的。"

庄睿想了一下,又说道:"明天再说吧,对方砸了闷棍,肯定是有目的,咱们等他们找上门好了。你和周哥都回去吧。"

一直没有说话的周瑞点头说道:"我这几天去汽修厂待着。"

"废那事干吗? 小睿,咱们先找个地方睡觉去,明天这事我给你办了,先把人抓起来再说。咱们挨了打,再等人找上门? 没这样办事的……"

欧阳军和赵国栋聊了几句之后,走过来正好听到庄睿的话,当下就不满地嚷嚷了起来。这被人敲了闷棍还要忍气吞声的,他可不答应,话说欧阳四哥年轻的时候,那也是四九城里的一顽主啊。

"四哥,你在彭城还认识人?"庄睿问了一句。

"行了,明儿再说吧,这都快十二点了。"欧阳军伸了个懒腰,一副胸有成竹的模样。

第六十一章 猛龙过江

"姐，你带四哥去我房子那儿吧，我今天留在这里……"

庄睿看到老姐的样子有些疲惫，就准备自己留下陪床，反正房间里还有一张床，就是给陪护人员准备的。

"不用，你笨手笨脚的能干什么，我留下就行了，你们都回去吧，大川，这事别给你爸妈说啊……"庄敏对老弟不放心，执意自己留下来。

"好吧，那我明儿早上再来。"

庄睿开了八九个小时的车，这会儿也累得不轻，和赵国栋说了几句话后，与欧阳军等人退出了病房。

彭城人喜欢吃羊肉，尤其是在夏天，路边有很多烧烤的摊子，庄睿和欧阳军都没吃饭呢，拉着刘川和周瑞，找了家烧烤摊坐了下来。

老北京人对烧烤都是情有独钟的，上世纪八十年代那会儿，王府井大街上，一条马路都是新疆人卖烧烤的，不过近些年都不让摆了。欧阳军也有段日子没吃，几人叫了点羊肉串和羊腰子，喝着啤酒吃了起来。

"四哥，明儿这事怎么处理啊？你在彭城有熟人？"

等到每人一瓶啤酒下肚之后，庄睿向欧阳军问道。刘川老爸现在使不上力，这事的确有些难办，现在分局的王哥正在往上提的节骨眼上，确实不适合硬来，话说这警察也不能无缘无故地抓人吧，说是我打的人，拿证据来，这些老混混肯定是深谙此道。

"没熟人，老爷子在广东福建东北都有根基，江南这边却不行。"欧阳军摇了摇头，将手中塑料杯子里的啤酒喝了下去，这烧烤摊什么都不错，就是喝酒的杯子忒小了点。

"那这事咱们怎么处理？"

庄睿被欧阳军搞迷糊了，刚才还自信满满地说这事交给他办了，敢情他对彭城两眼一摸黑啊。

欧阳军看了庄睿一眼，说道："什么怎么处理啊？老弟，要我说，咱们哥几个，每人准备一把砍刀，要是有部队的那三角刮刀是最好了，那玩意放血收不住……"

"等等,等等,四哥,打住,你要那些玩意儿干吗啊?"庄睿听到欧阳军说的邪乎,连忙打断了他的话。

"你听我说完,别插嘴,咱们哥四个就够了,拿着家伙直接找到那个叫张……张什么的,一人砍上一刀,还怕他不说实话,这证据不就来了嘛,咱们这也算是帮助警察办案了。"

欧阳军说得兴起,浑身那是热血上涌啊,也顾不得什么仪态了,将那件价值不菲的品牌衣服也脱了下来,往肩膀上一搭,露出白净的上身,胸口处居然还有处刀疤。

欧阳军小的时候,被家里老爷子给操练得不轻,稍大一些放出去后,在四九城里可就变成一霸了,倒不是说依仗爷爷的名声,而是自己实打实地打出来的,经常拉着一帮子人去外校打架,庄睿的那位同学岳小六,小时候也曾经跟在其后面摇旗呐喊过。

上世纪八十年代北京的顽主不少,欧阳军也能算得上一号,下手狠又有背景,只要不打死人,一般没啥大事,久而久之,名气却也不小,比那些靠着父辈花钱玩女人的纨绔子弟强多了。

只是年龄大了点之后,被家里老头管得也严了,打架是不敢了。再说现在这社会,什么都要往钱看,欧阳顽主也摇身一变,先是整点批文赚钱,后来进入到娱乐圈混迹了一段时间,干脆就开了家电影公司和那个会所。

虽然钱比以前赚得少了,但怎么说都是正经生意,不会予人口实和把柄的。欧阳军自己虽然是下海经商了,但是却要顾忌点从政的家里人,官场可是没有硝烟的战场啊,再说了,北京那圈子里的人,也有他招惹不起的。

可是到了彭城之后,欧阳军就没有那么多的顾忌了,也不需要像在北京时那样处处小心,再加上几杯酒一下肚,身体内的不安分因子被激发了出来,早把原先的打算给忘到脑后去了,拍着桌子就喊着要抄家伙去找那帮子人去。

欧阳军的话,正好对了刘川这个唯恐天下不乱的家伙的胃口,刘川当下拿起一瓶冰镇啤酒,咕咚咚地灌下肚子之后,一抹嘴说道:"四哥说的没错,费那些劲干吗? 不就是一青皮老混混嘛,早就不是他们的年代了。四哥,明天我准备家伙,咱们干他们去。"

"呦喝,没看出来,你小子比我老弟有血性。这事就这么办了,管他是不是那人干的,先打一顿再说……"

欧阳军听到刘川的话后,看他也比以前顺眼多了,拿起酒瓶和刘川碰了一下,俩人现在是王八看绿豆,对眼啊。

"你们俩消停点啊,有完没完啊? 四哥,你要是打的这主意,得,明儿我给小舅打电话,你还是先回北京去吧,这里的事情我自己来处理……"

庄睿开始都被欧阳军的这番言论给说傻了,亲自拿砍刀去砍人? 有毛病不是,这又不是拍电影,单枪匹马去闯敌人老巢,庄睿看欧阳军是电影拍多了,英雄情节太严重了。

"哎,我说你小子,一点儿都不爷们儿,想想咱们哥几个拿刀砍人,多爽啊……"

欧阳军还想说下去,看到庄睿从口袋里掏出了电话,连忙改口道:"得,千金之子坐不垂堂,咱不去还不行嘛,真是没劲。"

"木头,我觉得四哥这主意不错啊,你想想咱们小时候打架,把对方只要打服气了,就再也不敢招惹咱们了,管他镇关西还是镇关东,打一顿先出出气嘛。"

刘川这浑人还没看清形势,对欧阳军的主意还是赞同,嘴里嘟嘟哝哝在旁边劝说着庄睿。

"打个屁啊,你小子马上也是快结婚的人了,万一出点啥事,让雷蕾守活寡去?别扯淡了,喝完一瓶不喝了,都回家睡觉去,这事都不用你们管了。"

庄睿被这两个家伙给气得不轻,看样子都是被酒劲给拿的。欧阳军那是当哥的,自己不敢训,对刘川就没那么客气了,把他面前摆的几瓶酒都拿了过去,只留下一瓶启开了的。

"没劲,不喝了,散了散了……"

见庄睿不采纳自己的意见,欧阳军也没了酒性,难得出了北京城想放纵那么一把,却被自己这外号叫木头的表弟给拦住了。不过欧阳军也不想想,万一他在这里要说出点儿什么事,庄睿怎么向自己小舅去交代啊。

…………

回到云龙山庄的时候已经是深夜一点多了,欧阳军也没了精神,连庄睿这别墅都没细看,就找了个客房睡下了,庄睿也是累得不轻,头一挨上枕头就睡着了,只有白狮在自己的地盘上巡视一圈之后,才返回到庄睿专门为他搭建的小木屋里。

"起来了,起来,老弟,我说你这别墅不错啊,多少钱买的?这要是放在北京,没有五六千万拿不下来的。"

第二天一早,庄睿就被欧阳军给喊了起来。这哥们儿像是刚跑完步,一身的汗,不过精神头很好,很兴奋地打量着庄睿房间里的摆设。

"没那么贵,一千多万,比四哥你那会所差多了。"

庄睿说话间看了下表,已经是八点多了,连忙爬了起来,他是想看完姐夫之后,然后就去汽修厂守着,看看这砸闷棍的人,到底是露不露面。

"咦,这车库里摆着这些玩意儿干吗,做什么用的?"

洗漱一番之后,庄睿和欧阳军出了别墅,刚一走进车库,欧阳军就瞪直了眼睛,庄睿也是愣了一下,昨天累得够呛,停了车没细看就出去了,现在才发现,偌大的车库里除了自己这个车位,再没有一点空闲的地方了,满满当当地摆着一些机器。

仔细地分辨了一下,庄睿算是认出来了,这是他让赵国栋买的磨轮机等制作玉器的机械,东西虽然不大,但是种类不少,倒是占去了车库一大半的面积。

"做玉器用的,我手上还有点原料,过几天请人来打点小物件。"庄睿随口给欧阳军解释了一下,拉开车门坐了进去。

"就是上次在珠宝店里的那种玉器？要是那种的,等我结婚的时候你要送我件啊。"欧阳军后来从徐晴口中知道那种翡翠的难得,可不是用钱就买得到的。

"差不多吧,不过帝王绿的料子,我就没了,等你结婚送你副好镯子吧。"庄睿苦笑,这物件还没做出来呢,就被人给敲诈了。

欧阳军一副奸计得逞的样子,笑着说道:"都行,反正你这亿万富翁送的玩意,价钱低了丢你自己的份儿,对了,咱们这是去哪啊?"

"先去看下我姐夫,然后去汽修厂守着去。"庄睿把自己的打算说了出来。

"唉,我说你小子,怎么就那么实诚啊,这事十有八九就是那张玉凤做的,把他提溜住不就完事了? 行了,我来处理吧……"

"别,你那法子不行。"庄睿算是看出来了,这表哥绝对不是个省油的灯。

"咱哥几个不动手,看别人动手还不行啊?"

欧阳军边说话边摸出手机,翻了一个号码打了出去。

"白狮,上车,四哥,你给谁打电话?"

庄睿把车倒出了车库之后,招呼了一声白狮,今天说不准要动手,也是白狮逞威的时候到了。

"嘘……大哥吗,我是小军,你现在有空吗?"

欧阳军打了个手势,示意庄睿不要说话,不过庄睿也听到了,能让欧阳军喊大哥的,应该只有欧阳磊了。

"咱妹夫这边出了点事,哪个妹夫? 就是小敏的老公,对了,我忘了你没见过,就是小姑的女儿,是这么回事……"

欧阳军在电话里面,把事情原原本本的给欧阳磊讲诉了一下,他怕欧阳磊不了解地方警察办案的程序,又说了没有证据的事情,最后提了出来,让他想办法动用一下当地的驻军。

"你怎么跑彭城去了? 让小睿接电话。"

说老实话,欧阳磊对他这个堂弟是不怎么放心的,呆在北京他还算老实,这出了四九城,却是个很能折腾的主。

"大哥,我是庄睿……"

"小军说的事情,属实吗?"欧阳磊的声音从电话里传出。

"是真的,我姐夫是个很老实的人,从来没有惹是生非过。不过大哥,这事我能处理,您别听四哥的,调动驻军动静忒大了点。"

庄睿不想把事情搞得这么大,等对方找上门来,然后让分局的王哥把人带走就完事了,要是欧阳磊出面,那事情就不是自己所能控制的了。

"谁说我要找驻军? 老弟,我还没这么大的面子,不过咱们的人也不能白挨打,这事我来办了,你把电话给小军吧。"

欧阳磊在电话那头笑了起来,他虽然是个少将,也是军中少壮派的代表,但是他的影响力只局限于自己手上的那支特种师,老爷子的关系,却不是他现在就能指挥得动的。

"嗯,嗯,行,好,我知道了大哥,行,你去忙吧,对了,我快结婚了啊,你到时候一定要来。那啥,人不到礼物一定要到啊。"

欧阳军接过电话之后,一直都是欧阳磊在说他在听,直到末尾才把自己要结婚的事情说了出去,电话里还不忘敲诈老大一下。

欧阳军挂断电话之后,得意洋洋地冲庄睿说道:"行了,搞定,咱们去汽修厂等着吧。"

"大哥怎么说?"庄睿问道。

"等会儿你就知道了,先去医院吧,看完妹夫,咱们就去你那个汽修厂。"

欧阳军这会儿反倒卖起关子来了。庄睿也没多问,带着欧阳军吃了早点,然后又给姐姐两口子带了一些,来到了医院。

早晨的医院里味道实在不怎么好闻,尤其是住院部,充斥着各种药水的气味。直到走进赵国栋的病房,庄睿和欧阳军才松了一口气。

"姐,怎么姐夫还在睡呢?"

庄睿看到赵国栋躺在床上,似乎还没醒,心中动了一下,边把早点放在床头柜上,边向赵国栋的伤腿和头部注入了一丝灵气,昨天来的时候赵国栋是清醒的,庄睿没敢帮他治疗。

庄敏招呼了欧阳军一声,气呼呼地说道:"你姐夫半夜非要看球,你说这人吧,伤成这模样了,还关心那球赛……"

"呵呵,没事,他平时忙得厉害,正好这段时间休息下。姐,没事我和四哥就去汽修厂了啊。"庄睿坐了一会儿,看到赵国栋没有醒来,就起身要走。

"嗯,你们小心点,有事就报警,那些混混很野蛮的……"庄敏有些不放心,交代了庄睿一句。

"行了,小妹,等妹夫病好点,都去北京住段时间……"

欧阳军摆了摆手,跟着庄睿走出了病房。野蛮?他巴不得对方野蛮呢,正好把事情搞大点,自己也能活动下手脚。

…………

"庄哥,你来啦。"

庄睿把车直接开进了汽修厂,赵国栋的那个徒弟马上跑了过来。

"四儿,没什么事情吧?"

"没事,庄哥,我们兄弟们都准备好家伙了,有人敢来捣乱,就和他们拼了。"四儿挥舞了下手里的无缝钢管,却引来庄睿脚下白狮的一阵低吼声,吓得连忙不敢动弹了。

庄睿和四儿打了个招呼,回头正要介绍欧阳军的时候,却发现这位大哥面色不善的正瞪着他呢。

"四哥,四儿是姐夫的徒弟,哎,你说你们排行怎么就一样啊……"

庄睿挠了挠头,不光是欧阳军听起来难受,他叫着也不舒服。

"喊我军哥吧,现在家里你最小,以后叫你五儿……"

欧阳军给庄睿想了小名,也不生气了,这当惯了家里最小的一个,眼下有个能被他欺负的了,欧阳军高兴得很。

过了一会儿周瑞和刘川也跑来了,身后还带着那只金毛狮王,这哥俩是怕庄睿吃亏,连镇园之宝都给牵来了。

"乖乖,这藏獒竟然比你的白狮还大啊?"

欧阳军是第一次见到金毛狮王,看得差点没把眼珠子给瞪出来,这整个就是一牛犊子啊,那身金毛在阳光的照射下,散发点点金光。

"怎么样? 四哥……"

"叫军哥……"欧阳军纠正了下刘川的喊法。

"呃,军哥,我这配种的藏獒怎么样啊? 纯血统的西藏獒王,在大草原上可是能斗十几只草原狼的。"

刘川笑嘻嘻地从欧阳军手里蹭了一根大熊猫,给自己的獒园做起广告来。

金毛狮王见到庄睿之后,就挣脱了周瑞手中的绳子,跑到庄睿身边用大头蹭了蹭他,但是对于一旁的白狮,却是不怎么亲热,这让庄睿有些好奇,难道说白狮不是金毛的后代?

看着两头獒犬一副井水不犯河水的模样,再对比下二者的毛发,庄睿脑子里冒出一个很荒谬的结论:或许白狮是金毛老大的夫人红杏出墙所生的?

"大川,这头金毛的后代,第一窝里面,你一定要给我挑一只最强壮的啊。"

摇头摆脱掉这可笑的想法之后,庄睿发现,欧阳军正在那和刘川预定金毛狮王的小崽子呢。

"没说的,军哥,就是一只不卖,我也留给你先挑。"刘川做起生意来那巧嘴,可是比庄睿强多了。

第六十二章 | 小人如鬼

几人说笑着走进了汽修厂的办公室，让外面那些技工们也安下了心，别的不说，有这几只堪比虎狼的藏獒在，除非对方有枪，否则没啥好怕的了。

"嗯？我接个电话。"

刚走进房间，欧阳军的电话就响了起来，站起身神神秘秘地跑到门口去讲电话了。

"五儿，把你这地址说一下。"敢情这才起的小名，欧阳军就迫不及待地喊了起来。

庄睿苦笑着把地址报给了他，也没问什么事，心里估摸着应该是欧阳磊找了帮手了。

欧阳军打完电话之后，笑眯眯地走回到房间，也不提电话的事情，和几人侃起大山来，充分发挥了北京人的特长，说的刘川等人是一愣一愣的，差点都找不到北了。

"庄哥，庄哥，来了一群当兵的，好几辆车呢。你快点出去看下，不会是他们打了师傅吧？"

屋里正聊得热火朝天，四儿突然跑了进来，神色有些慌张。话说军车他们也修过，不过那都是被拖来的，眼下这几辆车可是自己开进来的，从里面蹦出来三十多个背着枪的当兵的，也不说话，就在汽修厂的空地上排起队来。

四儿哪见过这场面啊，急匆匆闯进屋里找庄睿了。

"请问哪位是欧阳军先生？"

四儿的话刚说完，那已经被打开的门上，忽然传来几下敲门声，一个穿着军装的少校站在了门口。

"我是欧阳军，你是？"

听到欧阳军的话后，少校立正后敬了一个军礼，声音宏亮地喊道："报告首长，我是彭城武警支队第三大队大队长方政，奉总队命令特来报到，请首长指示。"

"请稍息，不用那么紧张，我现在可不是军人了。方大队长，请坐下说话吧。"

欧阳军虽然在跟来人客套着，不过面色很严肃，和刚才好像换了一个人一般，如果不是穿着便服，倒真有点首长的味道，看得刘川有些发傻，这还是刚才那位和自己开玩笑的军哥吗？

彭城市武警支队第三大队是特勤大队，专门处理一些城市反恐等突发事件的，里面的士兵全部都是经过选拔才得以进入的,可谓是内卫部队中的精英,而方大队长,也是数年武警总队大比武的标兵。

说实话,方大队长在开始接到总队的命令,让他来这个地址找一个叫欧阳军的人时,心里还是有些不满的,自己是军队系统的,和地方没什么大关系,凭什么要听那个人的指示?

不过在见到欧阳军之后,方大队长从欧阳军的身上看出对方当过兵的影子,心中的那丝不满倒是消失掉了,说不定这人转业的时候军衔真比自己高呢。

欧阳军看到外面空地上排列的整整齐齐的队伍,对方大队长说道:"先让部队解散,在车间里休息一下,我来给你讲一下案情……"

张玉凤这几天都有些心绪不宁,尤其是昨天被警察找上门之后,更是感觉哪里有些不对,心里对接手这两个汽修厂,已经开始感到后悔了。

张玉凤入狱前把那出租车公司,还有几十辆破黄面的都给转手卖掉了,手上有了一百多万,可是接手这两个破厂就花了六七十万,两个月来除了补几个车胎之外,其余居然没接到什么活,每月还要养着一帮子吃闲饭的,张玉凤已经感觉有点支撑不下去了。

这两个汽修厂是挨在一起的,地理位置也是相当不错,在 314 国道的中段,这里前不搭村后不搭店的,按理说车坏了应该就来他这里修的。谁知道那些人宁愿叫拖车,也要把车拉到那个叫国栋汽修厂去,这不是他娘的有毛病吗?

"是不是叫人往那条破路上扔点小石子啊?"

张玉凤摸着长满了硬须的下巴,在思考汽修厂下一步的生存之路。他场子所处的位置,有一段整修的不是很好的路,坑坑洼洼的,很容易让车趴窝,张玉凤在想着是不是再帮上一把。

跑长途的朋友都知道,这汽车轮胎经过长时间摩擦之后就会发热,要是碰到个比较尖锐的石头,很容易就会炸胎的。张玉凤是玩车的老手,自然对这门道很清楚,话说他能想到的,基本上也都是这些歪主意了。

…………

"大哥,咱们再去那个什么国栋汽修厂去看看吧,说不定他们改变了主意,就愿意卖了呢?"

张玉凤正坐在汽修厂内那装修还算豪华的办公室里长吁短叹的时候,以前手下的一个老伙计推门走了进来。这家伙叫黑蛋,当年打架也进去了,不过只判了两年,出来的要比张玉凤早,但是这几年混的很不如意。张玉凤接手这俩汽修厂,就是他和几个人鼓动的。

"愿意个屁,你也不看看别人一月赚多少钱?我怎么就听你小子的话,去要百分之八十的股份啊?别人那厂子俩月赚的钱,就够咱们这俩破厂了,会和咱们合股?"

听到黑蛋的话后,张玉凤是气不打一处来。他前段时间让黑蛋去打听那国栋汽修厂投资了多少钱,黑蛋回来说是二十万,张玉凤就找上门了,自己这厂子前前后后扔进去小一百万了,和国栋汽修厂合并,要个百分之八十的股份,也不算多,谁知道被对方一口给拒绝掉了。

张玉凤事后自己又打听了一下，原来别人的厂子一月都进账四五十万，当然不肯与自己合股了，恐怕自己这俩厂子拿出去，要个百分之二十的股份，对方都不见得会同意。

打听清楚之后，张玉凤大为恼火，要不是念着黑蛋以前跟了自己好几年，现在混得又不如意，早就把他给踢出汽修厂了，不过这几天也是没给黑蛋什么好脸色看。

黑蛋凑到张玉凤跟前，神秘兮兮地说道："大哥，前几天不同意，不代表现在也不同意啊，在彭城道上，谁不知道大哥您的名声，那小子总会给几分面子吧？"

"嗯？黑蛋，那汽修厂老板被打的事情，是你干的吧？"

张玉凤听到黑蛋的话后，反应了过来，昨儿警察找上门的时候，这小子就躲躲藏藏的，现在又说这话，十有八九是去敲别人闷棍了。

黑蛋掏出烟来，递给张玉凤一根，帮他点上火后，得意洋洋地说道："大哥，没凭没据的，谁敢说是我啊，警察昨儿也来了，又能把咱们怎么样？那小子要是再不识相，回头我再去教训他一顿。"

"你大牢还没蹲够是不是，你那叫蓄意伤人。不行，你出去躲段时间，我拿三千块钱给你，这几个月都别回来了。你小子做事情就不长脑子的。"

张玉凤一听真是黑蛋干的，顿时火了起来，一巴掌扇到黑蛋头上，把他噙在嘴里的香烟也给打落在地。

"大哥，您这是干什么啊？兄弟我一人做事一人当，连累不到你的。"

黑蛋看到张玉凤已经在开身后的保险柜拿钱了，不由傻眼了。这大哥变得怎么这么陌生了啊，以前撞车碰瓷的威风都去哪了呀？按说这从大狱里出来，只能比以前更加威风才是。

其实黑蛋并不怎么了解蹲监狱人的心理，虽然他自己也蹲了两年，但是时间太短了，体会不出来那味道。

蹲大狱出来的人，一般都分为这么几种心理，一种是短刑犯，判了两三年的，出来之后要不然就是洗心革面重新做人，要不然就是破罐子破摔，用在监狱里学到的"技能"，继续为非作歹。

第二种就是刑期在三年以上，十年以下的，不用说，这些人都把人生最美好的时光奉献给了监狱。七八年的劳动改造和教育学习，一般都能矫正他们身上的毛病，而且还能在监狱里学个一技之长，出来后也能混口饭吃。还有几十年的大好人生，只要不是反社会人格，绝对是不想再去吃公家饭的。

另外一种就是十年以上的重刑犯了，这类人一般出来之后，都是人到中年，再大点的五六十岁也是正常。这类人群对社会的危害比较大，一辈子基本上已经是毁掉了，并且大多都是老无所养，孤苦伶仃的，而且数十年待在那封闭的环境里，心理也容易发生扭曲，出来后极易报复社会。

而张玉凤则是属于第二种人，在监狱里学习了七八年，再也不想进那个见了只母猪都双眼发亮的地方了。再说他也有点老本，吃喝不愁，虽然还没找老婆，但是三天两头去次桑拿泄火，日子过的算是逍遥自在。

所以那天去谈合作，虽然被拒绝了，倒也没用起什么歪心思。昨儿警察来盘问他的时候，也是理直气壮一点儿都不心虚，却没想到这事不是自己干的，却是黑蛋整出来的。如果不是跟了自己好几年的老弟兄，他连大义灭亲去举报的心思都有了。

张玉凤拿出一叠钱扔到了黑蛋面前，恨铁不成钢地骂道："拿了钱抓紧走人，找个地方躲几个月，有吃有喝的，非要去干犯法的事情，你小子就没过好日子的命。"

黑蛋这会儿早就傻眼了，自己听着话，怎么和以前在监狱里教导员说的那么像啊？迷迷糊糊地把钱塞到口袋里，正想说几句什么的时候，大门"砰"的一声被从外面给端开了。

"得，事发了！"

张玉凤看到七八个手持微型冲锋枪的武警冲了进来，条件反射一般的从老板椅上蹦了起来，双手抱头，面朝墙壁蹲了下来，口中还大喊着："政府，报告政府，我没犯法啊。"

"谁是张玉凤？"

"我是，我是张玉凤，我可是奉公守法，从来不逃税漏税的好市民啊，你们这是干吗？咱虽然犯过错，不过政府不也讲惩前毖后、治病救人嘛。"

张玉凤蹲在墙边没敢抬头，他认识这些人是武警。在监狱里面的时候，他没少吃武警的亏，当下是一动也不敢动，不过心里在犯着嘀咕，抓人这事好像应该是警察干的吧？

"吆喝，这嘴倒是挺能说的，赵国栋被打，是你干的吧？蓄意伤害算不算犯法啊？"

庄睿刚一进门，就听到张玉凤的这套说词，不由自主地笑了起来。俗话说久病成良医，这大狱蹲久了，居然成了法律专家了。

跟在后面的欧阳军和刘川颇感无趣，闹了这么大动静，原本还指望着对方反抗一下，也能有理由动下手，活动一下筋骨，没想到这老混混直接就蹲下了，他们也不好意思上去再端两脚。

"这，这没我什么事啊。"

黑蛋看到这全副武装的武警，心里那也是哇凉哇凉的，知道自己捅了马蜂窝了，当下挪动着脚步就往门口溜，刚才所说的一人做事一人当的话，只当自己是放屁了。

"你也蹲下，把外面的嫌疑人都带进来。"

张玉凤这修理厂一共就十来个人，全被包了饺子，一个没跑掉，其中有几个人可是本本分分的修车技工，被这场面吓得哆嗦着身体走进了屋子。

"就这样子，也敢强卖强买去砸人闷棍？"

欧阳军对张玉凤的怂样很是看不起，也懒得啰嗦了，直接说道："张玉凤，赵国栋被打，是你指使的吧？"

"政府，冤枉，我冤枉啊，这事真的不是我干的啊！"

张玉凤大声喊起冤来，早年进监狱就是因为太讲义气，帮手下的司机打架，现在他可是没有要帮黑蛋顶罪的念头了。

"我……我知道这事是谁干的，不关张老板的事情。"

张玉凤这人做事还算地道,虽然这两个月没什么生意,不过从来没少了那些修车师傅一分钱,有个胆大的站了出来,帮张老板说了句话,这也是黑蛋在他们中间吹嘘时,被那修车师傅听到的。

"小子,你找死啊?"

黑蛋听到有人要指证他,当下把眼睛瞪了过去,不过旁边站的一个小战士,马上就是一枪托砸了上去。

"啊!救命,救命啊,我说,我说,是我干的,快把这狗牵走啊!"

等到黑蛋再抬起头来的时候,一张血红大嘴出现在了眼前,那如同匕首一般锋利的牙齿,吓得黑蛋尖叫了起来,那声音凄惨的仿佛是有某位男士在帮他疏通肠胃一般。

"白狮,回来。"

一股难闻的气味在屋子里蔓延了出来,看着黑蛋那湿漉漉的裤裆,庄睿连忙叫回了白狮。对着黑蛋又发出一声低吼后,白狮昂着头、慢悠悠地走回到庄睿身边。

这白狮出马,效果就是不一样,没多大会儿工夫,黑蛋就老老实实的交代了,是他想从赵国栋的汽修厂分上一杯羹,所以才瞒着张老大偷偷地去敲了赵国栋的闷棍,倒真是没有张老大什么事情。

这个结果有些出乎众人的意料,原本以为是张玉凤干的,却没想到只是黑蛋的个人行为。庄睿走出门和刘川欧阳军等人商量了一下之后,还是决定报警处理,毕竟武警没有执法权,把黑蛋带走最多就是打一顿了事,没多大意义。

过了大概半个多小时之后,一辆警车拉着警报开进了张玉凤的汽修厂,是刘川老爸的那个老部下王立国来了。赵国栋被伤害是立了案的,把这案子交到王哥手上,那也是一份人情了。

"大川,你朋友是什么人啊?怎么能出动武警?"

王哥让人把黑蛋押进警车之后,悄悄地将刘川拉到了一边。虽然武警是属于内卫部队,但是一般除了兼任驻地武警部队第一政委的公安局长之外,其余人是无法调动武警部队的。

"王哥,这事没法和你细说,北京的关系,以后国栋哥的汽修厂,你要照看好了啊。"欧阳军这背景有点忒大了,刘川也不敢乱讲,点了王哥一句。

"放心吧,大川,就凭咱哥俩的关系,我还能掉链子?那打了赵国栋的小子,我最少让他在里面蹲几年。"

王立国也是眉眼通透之人,听到刘川这话之后,在心里就打定了主意,这人走茶凉过河拆桥的事自己绝对不能干,以后还要多去老局长家里坐坐,话说自己还年轻啊,还是要求进步的。

罪魁祸首被揪出来了,这件事情也算是告一段落。方大队长和欧阳军聊了几句之后,就收队回营了。张玉凤那厮今天被吓得不轻,拿着条毛巾擦着汗,在后面点头哈腰的目送这群当兵的离开。

第六十三章 | 皆大欢喜

"五儿,你还不走站这儿干嘛?"

欧阳军对这件事情的处理感到很无趣,根本就没有让他发挥的地方嘛,拉来武警都显得有点大炮打蚊子了。不过他也不想想,要是庄睿听他的话,哥几个打上门来,那张玉凤还不冤死啊。

庄睿这会儿却是想到一件事,他自己虽然是在彭城长大的,不过在这里实在是没有什么亲戚了,日后在哪个城市生活都没所谓,不过姐姐一家就不行了,因为赵国栋家里还有很多人都在彭城,肯定是不愿意离开的。

现在眼馋赵国栋那汽修厂的人,肯定不止刚才被带走的黑蛋一个人。今天虽然能镇住一部分人,但是也难说有胆大不要命的再黑赵国栋一次。庄睿要想个办法把日后的一些隐患消除了才好。

"四哥,你坐大川的车先走吧,让大川带你在彭城转悠转悠,去燊园看看也行,我晚点去找你。"庄睿想了一下之后,在心里打了个主意。

"我说你小子不讲究,哥哥从北京过来,你都不陪我逛逛……"

"行了,四哥,晚上我请你去喝羊肉汤,保证正宗。大川,带四哥去燊园看看吧。"

庄睿没等欧阳军发完牢骚,就把他给推上了刘川的悍马车。

"回头办完事给我电话啊。"

刘川虽然不知道庄睿留下来想干什么,不过量张玉凤也没胆子再对付庄睿,当下发动汽车带着欧阳军就离开了。

"这位……小兄弟,您,还有事?"

张玉凤见到庄睿居然不走,小心翼翼地问了句,心里直打鼓,难道还要追究自己知情不报的罪名?可是自己也是刚知道那事是黑蛋干的啊,想报告政府也来不及,张玉凤却把要给黑蛋钱跑路的事情自动从脑海里过滤掉了。

"我叫庄睿,张老板喊我名字就行了,咱们进去说吧。"

庄睿返身走回到张玉凤的办公室里,两个正在打扫刚才黑蛋遗留物的人见到庄睿和白狮进来,连忙走了出去。

"庄……庄兄弟,不知道你还有什么事情?"

张玉凤刚才看到那位挂着少校衔的军官,在和庄睿说话的时候都很客气,不知道这年轻人留下来要和自己谈什么,不过看他和善的样子,倒不像是来算后账的。

"嗯,是这样的,赵国栋呢,是我姐夫。而国栋汽修厂,也是我的,听说张老板想入股是吧?"

庄睿进到房间之后,一屁股坐在了张玉凤的那张大班椅上,不客气地从身后小冰柜里拿出一瓶啤酒。庄睿倒是想拿饮料来着,可是里面除了啤酒就没别的了。

"庄兄弟,就别开我的玩笑了。你可能也知道,我张某人是个大老粗,没什么文化。我当时也不知道你那厂子那么赚钱,就是觉得我自己这俩厂子是五六十万买来的,比你那厂子要贵,所以才说出那股份的事情,您就当我当时放了个屁,别跟我计较了,成不成啊?"

张玉凤一听庄睿提这事,那张满是横肉的脸顿时苦了下来,这还是要找后账啊。

"张老板你别急,听我说完嘛,你这两个厂子想入股,也不是不行,只不过股份咱们就要商量一下了,你看这样行不行,把你这两个汽修厂并入到国栋汽修厂内,我给你百分之十的股份,你可以考虑一下。"

庄睿说出这番话,也是经过了深思熟虑的,张玉凤这两个汽修厂是靠在一起的,要是论地理位置,比赵国栋的那地方要好很多,赵国栋的汽修厂靠近国道和高速的入口,虽然车流量大,但是车坏在那里的几率比较小。

张玉凤这厂子却是位于国道中段,平时遇到的汽车故障和交通事故也多,只要挂上国栋汽修厂的牌子,马上就能发展起来。

再一点就是张玉凤这个人,并不算坏,从刚才他手下员工有人愿意站出来维护他就能看出来,而且这人在彭城道上人头很熟,虽然现在从大狱出来洗手上岸老老实实做生意了,但是凶名在外,却也没人敢来招惹他。给他点股份将他拉进赵国栋的汽修厂,日后在黑道这一块,自然也就没人再敢来捣乱了。

至于官面上的事情,有现在的那位王科长……日后的王副局长照应着,应该也没多大问题,再不行还有宋军呢,彭城可是他们家族的势力范围,不过一般事情庄睿估计是用不上宋军的。

庄睿是想把赵国栋汽修厂的业务,全部都搬到张玉凤现在的厂址来,而原来的那个厂,改成一个4S汽车专卖店,另外做些汽车内部装潢的生意,这卖汽车可是要比修车赚钱多了。

"庄老板,我这两个厂子接手就花了六十多万,又进了一些设备,前前后后的也将近一百万了,这百分之十的股份,有点少了吧?"

张玉凤在那盘算了半天,觉得有些不划算,面前这个年轻人比他还狠,当初他可是想给赵国栋留下百分之二十的呢。

"我那个汽修厂,一年大概有六百至八百万的纯利润。张老板你可以再考虑一下,要是同意的话,就去找我姐夫谈吧……"庄睿见张玉凤不同意,也没有勉强,他不喜欢太贪心的人。

"庄老板,你说的可是真的?"

庄睿却是误会张玉凤了,他不是贪心,而是对国栋汽修厂所能产生的利润估计不足。张玉凤虽然自称是大老粗,不过脑子还是相当好使的,一年六百万的纯利润,百分之十就是六十万,一年半就能让他收回成本。这样的好事,可是要比放高利贷都划算多了。

庄睿笑了笑,说道:"当然是真的,不过汽修厂的业务,你不能插手,每年拿分红。另外合并之后,厂子的治安问题就交给你了,你看怎么样?"

"那没问题,我老张在彭城地界上,还是有点面子的,咱们这事具体怎么操办?"

张玉凤一听这话,立马拍着胸脯答应了下来,不用干事每年都有钱分,他求之不得呢。

"回头我姐夫出院了,我让他来找你。"

庄睿不想在这些琐事上耽误工夫,就是办4S店的事情,他也是准备让赵国栋去处理的。

"小睿,你在哪呢? 没出什么事吧?"

庄睿刚刚带着白狮开车驶出了张玉凤的汽修厂,掏出手机正要给欧阳军打电话的时候,却接到了赵国栋的电话。

"没事,事情处理完了,不是张玉凤指使的,是他手下一个人私自干的,被警察带走了。姐夫你放心吧,这事最少要关他个五六年的……"

黑蛋的行为已经是可以构成蓄意伤害罪了。昨天验伤的时候,刘川故意让法医把伤情写的严重了一点:重伤害,判黑蛋十年都可以。这事情里面也是有操作空间的。

"那就好,我今天起来发现头不疼了,腿也能下地走路了。回头我就出院,要好好谢谢小舅家来的哥哥……"

赵国栋是个实在人,别人大老远的从北京跑来帮忙,自己不陪着,心里有点儿过意不去。

"再住一天观察一下,别有什么后遗症。"旁边传来庄敏的声音,却不同意老公出院。

"晚上一起吃个饭就行了,自家人,说不上什么谢谢。对了,姐夫,我给你说个事,我想把……"

庄睿把车停到国道旁边,打起了双闪灯,在电话里将自己的构想给赵国栋说了一下。话说他只是个想法,具体实施起来却还是要赵国栋来执行的。

庄睿说完之后,电话里沉默了一会儿,过了好一会儿赵国栋才出言说道:"张玉凤那两个汽修厂的地段,的确要比咱们的好,搬过去倒是没有问题。只是要开4S汽车专卖店,小睿,不是你想的那么容易的,投资大不说,还要和汽车厂商谈代理的问题,还需要交一笔保证金……"

"打住,打住,姐夫,你别和我说这些,你说大概需要多少钱就完事了嘛。"

"那要看代理的品牌的,大概需要两三千万吧。"

赵国栋这半年来经常要去南京进配件,和一些代理商混的也蛮熟的,看到现在汽车的销售旺势,也曾经心动过,只是一打听这入市的条件,心里就打了退堂鼓了。

"两三千万?"

庄睿愣了一下,他本来以为只需要花个五六百万就够了的,两三千万他现在可是掏不出来了,想了一下说道:"那先和张玉凤谈汽修厂的事情吧,咱们原来的厂址先改作汽车内部装潢,4S店的事情我再想想办法。"

庄睿手头上一共还剩下一千两百多万,而新疆玉矿虽然有产出,但是还没有销售出去,听阿迪力老爷子的意思,到年前应该可以有次分红,不过这远水解不了近渴啊。庄睿还是要留点钱在手上,应付一些突发的事情,万一四合院修建需要增加投资呢?

"行,咱们再干上两三年,未必就开不起4S汽车专卖店。我回头出院先去找张玉凤谈一下,把厂子合并的事情解决了吧……"

赵国栋此时也有些兴奋,汽修厂搬了厂址之后,生意绝对会再上一个台阶的,而车内装潢今年也慢慢走俏,想必在未来也会变成一个很重要的利润增长点。

不谈赵国栋怎么去和庄敏说出院的事情,庄睿这边刚发动汽车,准备回市里的时候,手机却又响了起来,拿起来一看,却是个陌生的手机号码。

"庄睿?"按下接听键,传来一个女声,有点熟悉,庄睿一时没想起来是谁。

"是我,你是?"

"我是邬佳,石头斋的……"那张圆圆脸,笑的很甜的女孩形象出现在庄睿脑中。

"哦,是邬小姐,你爷爷身体还好吧?"庄睿对那位邬老爷子很敬重,也想着偷偷给他治疗下,不过却没有机会在他休息的时候接近,这也是没有办法的事情。

"爷爷的身体好多了,谢谢你。庄睿,那块帝王绿的翡翠,让爷爷欣喜了好长时间呢。"邬佳也算是个可怜人,父母双亡,只能和爷爷相依为命,眼看爷爷从丧子的悲痛中慢慢走出来,邬佳对庄睿的感谢是无以言表的。

庄睿笑了笑,说道:"不用谢的,我不也是赚了你们的钱嘛,等有时间我去看看老爷子。对了,邬小姐,你打电话给我,还有别的事情吗?"

电话对面的邬佳吐了吐舌头,光顾着和庄睿聊天了,却把爷爷吩咐的事情给忘了,连忙说道:"爷爷让我告诉你,他有个徒弟明天到彭城,是和你约好的,让我问问你现在在不在彭城。"

"嗨,怎么把这事给忘了……"

庄睿用没拿电话的手拍了下脑袋,算下时间,的确是过去两个星期了,可是自己那毛料还没解开啊。明天人就要来了,自己拿什么东西去给人雕琢啊?

"庄睿,你还在吗?"邬佳听到手机里没有声音了,追问了一句。

"在,在,我人在彭城的,告诉你爷爷,明天我上午会去石头斋的,咱们明天见面说吧……"庄睿被邬佳的声音惊醒了过来,和邬佳约好时间之后,就将手机挂断了。

其实距离明天还有一天的时间呢,庄睿完全可以把那块红翡解出来,只是欧阳大少跟在身边,这解石肯定会被他发现的,欧阳军虽然不懂翡翠,不过庄睿并不想在别人面前解开这块红翡,一时间有些头疼。

"要不然现在就去解开,反正刘川陪着他呢。"

庄睿心中冒出了这个念头,马上准备发动汽车回别墅,只是今儿这电话像是催命似的,手刚摸到汽车钥匙,手机又响了起来。

"五儿,你事情办完了没?我都从獒园出来了,嘿,这规模真不小,看样子明年我那会所就要变成藏獒俱乐部了。小川说去吃羊肉,你快点过来吧。"

庄睿苦笑着摇了摇头,但是也不能把欧阳军扔下不管吧,当下问了地址,发动车子找了过去。

"来来,你小子先罚三杯,听说这是你们彭城的规矩。"

等庄睿赶到饭店的时候,欧阳军和刘川已经吆五喝六地喝上了,看见庄睿过来,倒了整整三大杯啤酒摆在庄睿面前。

三杯酒也就是一瓶,虽然等会儿要开车,不过这点啤酒也不会超标,庄睿正嘴渴呢,一口气都给喝了下去。

"对了,木头,你找张玉凤那老流氓干吗?"刘川一旁问道。

"没事,他不是想合股吗,我和他谈合股的事情了,给他百分之十,然后将姐夫的厂子搬过去,现在那地以后开个4S汽车专卖店。"

在座的都是自己人,庄睿把自己的想法说了一下,当然,这只是构想,他现在根本就投资不起那4S专卖店。

"4S店,那玩意儿先期可是很烧钱的……"欧阳军对这个倒是有些了解。

"我知道,现在手上没钱,放放再说。"庄睿也不是非搞不行,只是有这个想法而已。

"过几天你跟我回北京吧,我介绍下奥迪中国的老总给你认识,到时候押金和先期购车款都可以暂缓一下,只要你这边的门面按照他们的标准装修好,也能先干着,有个七八百万应该就能开起来了。"

欧阳军想了一下,给庄睿指出条路子,这4S店的投资,主要是分为店面装修,购车的流动资金和交给厂方的押金,如果能省去后面两个,其实也用不了多少钱的,而且奥迪这个品牌在国内也是很知名的,销路可以保证的。

"下次再说吧,我要等段时间才能回北京,到时候再麻烦四哥……"

"嘘,等下说……"

欧阳军的电话突然响了起来,他看了眼号码,连忙摆手示意房间里面的人安静下,拿着手机走到门口。

过两三分钟之后，欧阳军面色古怪地走了回来。

"四哥，怎么了？小舅打来的电话？"能让欧阳军陪着小心接电话的，不外乎就是家里那几个人了。

"嗯，送我去火车站吧，车上再说，小川，别忘了给哥把最好的幼葵给留着啊。"

欧阳军屁股都没坐下，就把庄睿给拉了起来，不过电话里的内容他却是没说出来，想必看刘川在旁边不怎么方便。

"到底怎么回事？这么急着就要回去？"

庄睿一边开车一边看向欧阳军，不过心里是透着高兴，晚上再也没人打扰自己解石了。

"小姑给老头子说了那事，我刚打电话给小姑了，小姑说老头答应了，不过这次回去肯定是要挨骂的。"

欧阳军说话的时候，脸上都有股子喜气，困扰了好几年的问题解决了，挨顿骂怕什么啊。

"呵呵，四哥，恭喜啊，定好日子告诉我，我肯定要去喝喜酒的。"

"唉，老头子说要让徐晴少上荧幕，以后这事还有得烦呢。"

欧阳军刚高兴了一下，又愁眉苦脸起来。老辈人的思想比较保守，欧阳家的媳妇要是继续在大屏幕上和人卿卿我我的，欧阳振武可是丢不起那人。

去北京方向的车很多，庄睿找了一班五个小时就能抵京的快客，将欧阳军送上了火车，然后掉头就驱车往别墅方向开去，想着那块极品红翡即将问世，庄睿的心头也不禁变得火热了起来。

全国古玩市场地址

北京古玩城:北京市朝阳区东三环南路 21 号

北京潘家园旧货市场:北京市朝阳区华威里 18 号

上海国际收藏品市场:上海市江西中路 457 号

天津古物市场:天津市南开区东马路水阁大街 30 号

天津古玩城:天津市南开区古文化街

重庆市综合类收藏品市场:重庆市渝中区较场口 82 号

重庆市民间收藏品市场:重庆市渝中区枇杷山正街 72 号

广东省深圳市古玩城:广东省深圳市乐园路 13 号

广东省深圳华之萃古玩世界:广东省深圳市红岭路荔景大厦

广东省珠海市收藏品市场:广东省珠海市迎宾南路

广东省广州带河路古玩市场:广东省广州市荔湾区带河路

江苏省南京夫子庙市场:江苏省南京市夫子庙东市

江苏省南京金陵收藏品市场:江苏省南京市清凉山公园

江苏省苏州市藏品交易市场:江苏省苏州市人民路市文化宫

江苏省常州市表场收藏品市场:江苏省常州市罗汉路

浙江省杭州市民间收藏品交易市场:浙江省杭州市湖墅南路

浙江省绍兴市古玩市场:浙江省绍兴市绍兴府河街 41 号

福建省白鹭洲古玩城:福建省厦门市湖滨中路

福建省泉州市涂门街古玩市场:福建省泉州市状元街、文化街及钟楼附近

河南省郑州市古玩城:河南省郑州市金海大道 49 号

河南省洛阳市西工古玩市场:河南省洛阳市洛阳中州路

河南省洛阳市潞泽文物古玩市场:河南省洛阳市九都东路 133 号

河南省洛阳市古玩城:河南省洛阳市民俗博物馆大门东

河南省平顶山市古玩市场:河南省平顶山市开源路

湖北省武昌市古玩城:湖北省武昌市东湖中南路

湖北武汉市收藏品市场:湖北省武汉市扬子街

四川省成都市文物古玩市场:四川省成都市青华路 36 号

辽宁省大连市古玩城:辽宁省大连市港湾街 1 号

辽宁省沈阳市古玩城:辽宁省沈阳市沈阳故宫附近

辽宁省锦州市古文物市场:辽宁省锦州市牡丹北街

黑龙江省哈尔滨市马家街古玩市场:黑龙江省哈尔滨市南岗区马家街西头

吉林省长春市吉发古玩城:吉林省长春市清明街 74 号

山东省青岛市古玩市场:山东省青岛市昌乐路

河北省石家庄市古玩城:河北省石家庄市西大街 1 号

河北省霸州市文物市场:河北省霸州市香港街

河北省保定市文物市场:河北省保定市 新北街 207 号

山西省平遥古物市场:山西省平遥县明清街

山西省太原南宫收藏品市场:山西省太原市迎泽路

陕西省西安市古玩城:陕西省西安市朱雀大街中段 2 号

安徽省合肥市城隍庙古玩城:安徽省合肥市城隍庙

安徽省蚌埠市古玩城:安徽省蚌埠市南山路

甘肃省兰州古玩城:甘肃省兰州市白塔山公园

云南省昆明市古玩城:云南省昆明市桃园街 119 号

江西省南昌市滕王阁古玩市场:江西省南昌市滕王阁

贵州省贵阳市花鸟古玩市场:贵州省贵阳市阳明路

湖南省长沙市博物馆古玩一条街:湖南省长沙市清水塘路

湖南省郴州市古玩一条街:湖南省郴州市兴隆步行街